ELETRÔNICA I

O autor

Charles A. Schuler recebeu o título de doutor em educação da Texas A&M University em 1966, onde foi membro da N.D.E.A. (*North Dakota Education Association*). Publicou muitos artigos e sete livros-texto sobre eletricidade e eletrônica, aproximadamente a mesma quantidade de manuais de laboratório, e ainda outro livro que aborda a norma ISO 9000. Ministrou disciplinas relacionadas às tecnologias da eletrônica e da engenharia elétrica na instituição California University of Pennsylvania por 30 anos. Atualmente, é escritor em tempo integral.

S386e   Schuler, Charles.
            Eletrônica I / Charles Schuler ; tradução:
           Eduardo Bento Pereira, Fernando Lessa Tofoli ; revisão técnica:
           Antonio Pertence Júnior. – 7. ed. – Porto Alegre : AMGH, 2013.
            xviii, 316 p. em várias paginações: il. ; 25 cm. –
           (Habilidades Básicas)

           ISBN 978-85-8055-210-2

           1. Engenharia Elétrica. 2. Eletrônica. I. Título.

                                                            CDU 621.3

Catalogação na publicação: Ana Paula M. Magnus – CRB10/2052

CHARLES SCHULER

ELETRÔNICA I

7ª EDIÇÃO

Tradução:

Eduardo Bento Pereira
Engenheiro Eletricista
Mestre em Engenharia Eletrônica e Computação
pelo Instituto Tecnológico de Aeronáutica
Professor da Universidade Federal de São João Del-Rei

Fernando Lessa Tofoli
Engenheiro Eletricista
Doutor em Engenharia Elétrica pela
Universidade Federal de Uberlândia (UFU)
Professor do Departamento de Engenharia Elétrica (DEPEL) da
Universidade Federal de São João del-Rei (UFSJ)

Consultoria, supervisão e revisão técnica desta edição:

Antonio Pertence Júnior, MSc
Mestre em Engenharia pela Universidade Federal de Minas Gerais
Engenheiro Eletrônico e de Telecomunicações pela Pontifícia Universidade Católica de Minas Gerais
Pós-graduado em Processamento de Sinais pela Ryerson University, Canadá
Professor da Universidade FUMEC
Membro da Sociedade Brasileira de Eletromagnetismo

AMGH Editora Ltda.
2013

Obra originalmente publicada sob o título
Electronics: Principles and Applications
ISBN 0073316512 / 9780073316512

Original edition copyright © 2008, The McGraw-Hill Companies, Inc., New York, New York 10020.
All rights reserved.

Portuguese language translation copyright © 2013, AMGH Editora Ltda.
All rights reserved.

Gerente editorial: *Arysinha Jacques Affonso*

Colaboraram nesta edição:

Editora: *Verônica de Abreu Amaral*

Capa e projeto gráfico: *Paola Manica*

Foto da capa: *iStockphoto/mamadu*

Leitura final: *Gabriela Barboza*

Editoração: *Techbooks*

Reservados todos os direitos de publicação, em língua portuguesa, à
AMGH EDITORA LTDA., uma empresa do GRUPO A EDUCAÇÃO S.A.
A série TEKNE engloba publicações voltadas à educação profissional, técnica e tecnológica.

Av. Jerônimo de Ornelas, 670 – Santana
90040-340 – Porto Alegre – RS
Fone: (51) 3027-7000   Fax: (51) 3027-7070

É proibida a duplicação ou reprodução deste volume, no todo ou em parte, sob quaisquer formas ou por quaisquer meios (eletrônico, mecânico, gravação, fotocópia, distribuição na Web e outros), sem permissão expressa da Editora.

Unidade São Paulo
Av. Embaixador Macedo Soares, 10.735 – Pavilhão 5 – Cond. Espace Center
Vila Anastácio – 05095-035 – São Paulo – SP
Fone: (11) 3665-1100   Fax: (11) 3667-1333

SAC 0800 703-3444 – www.grupoa.com.br

IMPRESSO NO BRASIL
PRINTED IN BRAZIL
Impresso sob demanda na Meta Brasil a pedido de Grupo A Educação.

Agradecimentos

Por onde começar? Este livro é parte de uma série que começou com um projeto de pesquisa. Muitas pessoas contribuíram para este esforço… tanto no ramo da educação quanto da indústria. Sua dedicação e empenho ajudaram a lançar o que se tornou uma série de sucesso. Então, agradecemos a todos os instrutores e alunos que nos deram conselhos sábios e atenciosos ao longo dos anos. Além disso, há a equipe atenciosa e dedicada da editora McGraw-Hill. Finalmente, agradeço à minha família, que me apoiou e me encorajou. Agradecimentos também vão para os seguintes revisores da sétima edição:

Ronald Dreucci
California University of Pennsylvania (PA)

Robbie Edens
ECPI College of Technology (SC)

Alan Essenmacher
Henry Ford Community College (MI)

Surinder Jain
Sinclair Community College (OH)

Randy Owens
Henderson Community College (KY)

Andrew F. Volper
San Diego JATC (CA)

Apresentação

A série *Habilidades Básicas em Eletricidade, Eletrônica e Telecomunicações* foi proposta para promover competências básicas relacionadas a várias disciplinas do ramo da eletricidade e eletrônica. A série consiste em materiais instrucionais especialmente preparados para estudantes que planejam seguir tais carreiras. Um livro-texto, um manual de experimentos e um centro de produtividade do instrutor fornecem o suporte necessário para cada grande área abordada nesta série. Todas essas ferramentas são focadas na teoria, prática, aplicações e experiências necessárias para preparar o ingresso dos estudantes na carreira técnica.

Há dois pontos fundamentais a serem considerados na elaboração de uma série como esta: as necessidades do estudante e as necessidades do empregador. Esta série vai de encontro a tais requisitos de forma eficiente. Os autores e os editores utilizam sua ampla experiência de ensino aliada às experiências técnicas vivenciadas para interpretar as necessidades e corresponder às expectativas do estudante adequadamente. As necessidades do mercado e da indústria foram identificadas por meio de entrevistas pessoais, publicações da indústria, divulgações de tendências ocupacionais por parte do governo e relatos de associações industriais.

Os processos de produção e refinamento desta série são contínuos. Os avanços tecnológicos são rápidos e o conteúdo foi revisado de modo a abordar tendências atuais. Aspectos pedagógicos foram reformulados e implementados com base em experiências de sala de aula e relatos de professores e alunos que utilizaram esta série. Todos os esforços foram realizados no sentido de criar o melhor material didático possível, o que inclui apresentações em PowerPoint, arquivos de circuitos para simulação, um gerador de testes com bancos de questões relacionadas aos temas e diversos outros itens. Todo este material foi preparado e organizado pelos autores.

A grande aceitação da série *Habilidades Básicas em Eletricidade, Eletrônica e Telecomunicações* e as respostas positivas dos leitores confirmam a coerência básica do conteúdo e projeto de todos os componentes, assim como sua eficiência enquanto ferramentas de ensino e aprendizagem. Os instrutores encontrarão os textos e manuais acerca de cada assunto estruturados de forma lógica e coerente, seguindo um ritmo adequado na apresentação de conteúdos, por sua vez desenvolvidos sob a ótica de objetivos modernos. Os estudantes encontrarão um material de fácil leitura, adequadamente ilustrado de forma interessante. Também encontrarão uma quantidade considerável de itens de estudo e revisão, bem como exemplos que permitem uma autoavaliação do aprendizado.

Charles A. Schuler

Habilidades básicas em eletricidade, eletrônica e telecomunicações

Livros desta série:

Fundamentos de Eletrônica Digital: Sistemas Combinacionais. Vol. 1, 7.ed., Roger L. Tokheim
Fundamentos de Eletrônica Digital: Sistemas Sequenciais. Vol. 2, 7.ed., Roger L. Tokheim
Fundamentos de Eletricidade: Corrente Contínua e Magnetismo. Vol. 1, 7.ed., Richard Fowler
Fundamentos de Eletricidade: Corrente Alternada e Instrumentos de Medição. Vol. 2, 7.ed., Richard Fowler
Eletrônica I, 7.ed., Charles A. Schuler
Eletrônica II, 7.ed., Charles A. Schuler
Fundamentos de Comunicação Eletrônica: Modulação, Demodulação e Recepção, 3.ed., Louis E. Frenzel Jr.
Fundamentos de Comunicação Eletrônica: Linhas, Micro-ondas e Antenas, 3.ed., Louis E. Frenzel Jr.

Prefácio

Eletrônica I e II representa um texto introdutório a dispositivos, circuitos e sistemas analógicos. Além disso, são apresentadas diversas técnicas digitais muito utilizadas atualmente e que outrora eram consideradas domínio exclusivo da eletrônica analógica. O texto é direcionado para estudantes que possuem conhecimentos básicos acerca da lei de Ohm, leis de Kirchhoff, potência, diagramas esquemáticos e componentes básicos como resistores, capacitores e indutores. O conteúdo sobre eletrônica digital é explicado ao longo do livro, não representando um problema para os estudantes que não concluíram os estudos nesta área. O único pré-requisito necessário em termos de matemática consiste no domínio da álgebra básica.

O principal objetivo deste livro é fornecer conhecimentos fundamentais e desenvolver habilidades básicas necessárias em uma vasta gama de profissões nos ramos da eletricidade e eletrônica. Além disso, o material pretende auxiliar no treinamento e na preparação de técnicos que podem efetivamente diagnosticar, reparar, verificar e instalar circuitos e sistemas eletrônicos. O texto ainda apresenta uma base sólida e prática em termos de conceitos de eletrônica analógica, teoria dos dispositivos e soluções digitais modernas para profissionais interessados em desenvolver estudos mais avançados.

Esta edição combina teoria e aplicações mantendo uma sequência lógica dos conteúdos em ritmo adequado ao aprendizado. É importante que o primeiro contato do aluno com dispositivos e circuitos eletrônicos seja pautado na integração progressiva entre teoria e prática. Essa aproximação auxilia na compreensão do funcionamento de dispositivos como diodos e transistores. O entendimento desses princípios pode então ser aplicado na solução de problemas práticos e aplicações em sistemas.

Este é um texto extremamente prático. Os dispositivos, circuitos e aplicações são os mesmos tipicamente utilizados em todas as fases da eletrônica. São apresentadas referências a ferramentas auxiliares comuns como catálogos de componentes e guias de substituição, e guias de solução de problemas práticos reais que são empregados de forma apropriada. Informações, teoria e cálculos apresentados são os mesmos utilizados por técnicos na prática. Os capítulos avançam de uma introdução ao amplo ramo da eletrônica à teoria de dispositivos de estado sólido, transistores e conceitos de ganhos, amplificadores, osciladores, rádio, circuitos integrados, circuitos de controle, fontes de alimentação reguladas e processamento digital de sinais. Como exemplo da praticidade do texto, tem-se um capítulo completo dedicado à solução de problemas em circuitos e sistemas; em outros capítulos, seções inteiras tratam desse tópico fundamental. Desde a última edição, a indústria eletroeletrônica tem continuado sua marcha em direção a soluções cada vez mais digitais e à combinação de sinais mistos com funções analógicas. A diferença entre sistemas analógicos e digitais começa a se tornar menos evidente. Este é o único-livro texto da área que busca evidenciar esta questão.

>> Destaques

- LED (diodo emissor de luz)
- Teste de capacitor
- Saturação forte e fraca
- Dependência de β
- Amplificador acoplado com transformador
- Amplificadores classe D

>> Características de aprendizado

Cada capítulo inicia com os *Objetivos do Capítulo*, que visam alertar o leitor sobre o que deve ser realizado. Diversos problemas *Exemplos* são apresentados ao longo dos capítulos para demonstrar a utilização de expressões e métodos empregados na análise de circuitos eletrônicos. Termos-chave são destacados no texto para que o leitor atente aos conceitos fundamentais. A seção *Sobre a Eletrônica* foi incluída para enriquecer o conhecimento e destacar tecnologias novas e interessantes. As seções de cada capítulo são encerradas com um *Teste*, permitindo que os leitores verifiquem o aprendizado dos conceitos antes de prosseguir com a leitura.

Todos os fatos críticos e princípios são revisados na seção de *Resumo e Revisão do Capítulo*. Todas as equações importantes são apresentadas de forma resumida ao final de cada capítulo nas *Fórmulas*. *Questões* são propostas ao final de cada capítulo; além disso, *Problemas* são propostos como desafio. Finalmente, cada capítulo e encerra com as *Questões de Pensamento Crítico* e *Respostas dos Testes*.

>> Recursos para o estudante

No ambiente virtual de aprendizagem estão disponíveis vários recursos para potencializar a absorção de conteúdos. Visite o site WWW.BOOKMAN.COM.BR/TEKNE para ter acesso a jogos, diversos arquivos do MultiSIM relacionados aos circuitos descritos no livro, folhas de dados de semicondutores e muito mais.

>> Recursos para o professor

Na Área do Professor (acessada pelo ambiente virtual de aprendizagem ou pelo portal do Grupo A) é disponibilizado um conjunto de materiais para o professor, como apresentações em PowerPoint com aulas estruturadas (em português), bancos de teste (em inglês) e o Manual do Instrutor (em inglês). Visite o site WWW.GRUPOA.COM.BR, procure o livro no nosso catálogo e acesse a exclusiva Área do Professor por meio de um cadastro.

Segurança

Circuitos elétricos e eletrônicos podem ser perigosos. Práticas de segurança são necessárias para prevenir choque elétrico, incêndios, explosões, danos mecânicos e ferimentos que podem resultar a partir da utilização inadequada de ferramentas.

Talvez a maior ameaça seja o choque elétrico. Uma corrente superior a 10 mA circulando no corpo humano pode paralisar a vítima, sendo impossível de ser interrompida em um condutor ou componente "vivo". Essa é uma parcela ínfima de corrente, que corresponde a apenas dez milésimos de um ampère. Uma lanterna comum é capaz de fornecer uma corrente superior a 100 vezes este valor.

Lanternas, pilhas e baterias podem ser manuseadas com segurança porque a resistência da pele humana é normalmente alta o suficiente para manter a corrente em níveis muito pequenos. Por exemplo, ao tocar uma pilha ou bateria de 1,5 V, há uma corrente da ordem de microampères, o que corresponde a milionésimos de ampère. Assim, a corrente é tão pequena que sequer é percebida.

Por outro lado, a alta tensão pode gerar correntes suficientemente grandes de modo a ocasionar um choque. Se a corrente assume a ordem de 100 mA ou mais, o choque pode ser fatal. Assim, o perigo do choque aumenta com o nível de tensão. Profissionais que trabalham com altas tensões devem ser devidamente equipados e treinados.

Quando a pele humana está úmida ou possui cortes, sua resistência elétrica pode ser drasticamente reduzida. Quando isso ocorre, mesmo tensões moderadas podem causar choques graves. Técnicos experientes estão cientes desse fato e ainda têm consciência de que equipamentos de baixa tensão podem possuir uma ou mais partes do circuito que trabalham com altas tensões. Esses profissionais seguem procedimentos de segurança o tempo todo, considerando que os dispositivos de proteção podem não atuar adequadamente. Mesmo que o circuito não esteja energizado, eles não consideram que a chave esteja na posição "desligado", pois este componente pode apresentar falhas.

Mesmo um sistema em baixa tensão e alta corrente como um sistema elétrico automotivo pode ser perigoso. Curtos-circuitos causados por anéis ou relógios de pulso durante eventuais manutenções podem causar diversas queimaduras severas – especialmente quando esses dispositivos metálicos conectam os pontos curto-circuitados diretamente.

À medida que você adquirir conhecimento e experiência, muitos procedimentos de segurança para lidar com eletricidade e eletrônica serão aprendidos. Entretanto, cuidados básicos devem ser adotados, a exemplo de:

1. Sempre seguir os procedimentos de segurança padrão.
2. Consultar os manuais de manutenção sempre que possível. Esses materiais contêm informações específicas sobre segurança. Leia e siga à risca as instruções sobre segurança contidas nas folhas de dados.
3. Investigar circuito antes de executar ações.
4. Se estiver em dúvida, não execute nenhuma ação. Consulte seu instrutor ou supervisor.

❯❯ Regras gerais de segurança para eletricidade e eletrônica

Práticas de segurança irão protegê-lo, assim como seus colegas de trabalho. Estude as seguintes regras, discuta-as com outros profissionais e tire as dúvidas com seu instrutor.

1. Não trabalhe quando estiver cansado ou tomando remédios que causem sonolência.
2. Não trabalhe em ambientes mal iluminados.
3. Não trabalhe em áreas alagadas ou com sapatos e/ou roupas molhadas ou úmidas.
4. Use ferramentas, equipamentos e dispositivos de proteção adequados.
5. Evite utilizar anéis, braceletes e outros itens metálicos similares quando trabalhar em áreas onde há circuitos elétricos expostos.
6. Nunca considere que um circuito esteja desligado. Verifique este fato com um instrumento próprio para identificar se o equipamento encontra-se operacional.
7. Em alguns casos, deve-se contar com a ajuda de colegas de modo a impedir que o circuito não seja energizado enquanto o técnico estiver realizando a manutenção.
8. Nunca modifique ou tente impedir a ação de dispositivos de segurança como intertravas (chaves que automaticamente desconectam a alimentação quando uma porta é aberta ou um painel é removido).
9. Mantenha ferramentas e equipamentos de testes limpos e em boas condições. Substitua pontas de prova isoladas e terminais ao primeiro sinal de deterioração.
10. Alguns dispositivos como capacitores podem armazenar carga elétrica por longos períodos de tempo, o que pode ser letal. Deve-se ter certeza de que esses componentes estão descarregados antes de manuseá-los.
11. Não remova conexões de aterramento e não utilize fontes que danifiquem o terminal terra do equipamento.
12. Utilize apenas extintores de incêndio devidamente inspecionados para apagar incêndios em equipamentos elétricos e eletrônicos. A água pode ser condutora de eletricidade e causar sérios danos aos equipamentos. Extintores à base de CO_2 (dióxido de carbono ou gás carbônico) ou halogenados são normalmente recomendados. Extintores com pó químico seco também são utilizados em alguns casos. Extintores de incêndio comerciais são classificados de acordo com o tipo de material incendiado a que se destinam. Utilize apenas os tipos adequados para suas condições de trabalho.
13. Siga estritamente as instruções quando lidar com solventes e outros compostos químicos, que podem ser tóxicos, inflamáveis ou causar danos a certos materiais como plásticos. Sempre leia e siga rigorosamente as instruções de segurança contidas nas folhas de dados.
14. Alguns materiais utilizados em equipamentos eletrônicos são tóxicos. Como exemplo, pode-se citar os capacitores de tântalo e encapsulamentos de transistores formados por óxido de berílio. Esses dispositivos não devem ser amassados ou friccionados, devendo-se lavar adequadamente as mãos após seu manuseio. Outros materiais (como tubos termorretráteis) podem produzir gases irritantes quando são sobreaquecidos. Sempre leia e siga rigorosamente as instruções de segurança contidas nas folhas de dados.
15. Determinados componentes do circuito afetam o desempenho de equipamentos e sistemas no que tange à segurança. Utilize apenas peças de reposição idênticas ou perfeitamente compatíveis.
16. Utilize roupas de proteção e óculos de segurança quando lidar com dispositivos com tubos a vácuo como tubos de imagem e tubos de raios catódicos.

17. Não efetue a manutenção em equipamentos antes de conhecer os procedimentos de segurança adequados e potenciais riscos existentes no ambiente de trabalho.

18. Muitos acidentes são causados por pessoas apressadas que "pegam atalhos". Leve o tempo necessário para proteger a si mesmo e a outras pessoas. Correrias e brincadeiras são estritamente proibidas em ambientes profissionais e laboratórios.

19. Nunca olhe diretamente para os feixes de diodos emissores de luz ou cabos de fibra ótica. Algumas fontes luminosas, embora invisíveis, podem causar dano ocular permanente.

Circuitos e equipamentos devem ser tratados com respeito. Aprenda o funcionamento desses dispositivos e também os procedimentos de manutenção adequados. Sempre pratique a segurança, pois sua saúde e sua vida dependem disso.

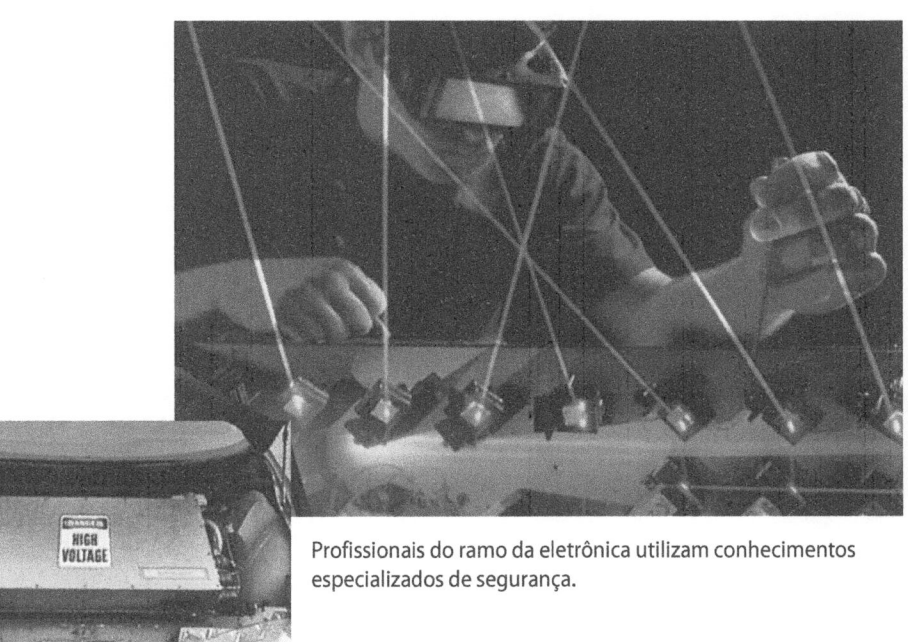

Profissionais do ramo da eletrônica utilizam conhecimentos especializados de segurança.

Sumário resumido

Este é o primeiro livro sobre eletrônica de Schuler. Além deste, está disponível o título *Eletrônica II*. Para conhecer os assuntos abordados em cada um deles, apresentamos os sumários resumidos a seguir.

Eletrônica I

capítulo 1 INTRODUÇÃO 1
capítulo 2 SEMICONDUTORES 25
capítulo 3 DIODOS 41
capítulo 4 FONTES DE ALIMENTAÇÃO 71
capítulo 5 TRANSISTORES 115
capítulo 6 INTRODUÇÃO A AMPLIFICADORES DE PEQUENOS SINAIS 159
capítulo 7 MAIS INFORMAÇÕES SOBRE AMPLIFICADORES DE PEQUENOS SINAIS 197
capítulo 8 AMPLIFICADORES DE GRANDES SINAIS 241

Eletrônica II

capítulo 1   AMPLIFICADORES OPERACIONAIS

capítulo 2   BUSCA DE PROBLEMAS

capítulo 3   OSCILADORES

capítulo 4   COMUNICAÇÕES

capítulo 5   CIRCUITOS INTEGRADOS

capítulo 6   CONTROLE ELETRÔNICO – DISPOSITIVOS E CIRCUITOS

capítulo 7   FONTES DE ALIMENTAÇÃO REGULADAS

capítulo 8   PROCESSAMENTO DIGITAL DE SINAIS

Sumário

capítulo 1   INTRODUÇÃO   *1*

Uma breve história   2
Digital ou analógico   5
Funções analógicas   9
Circuitos híbridos CC e CA   12
Tendências em eletrônica   18

capítulo 2   SEMICONDUTORES   *25*

Condutores e isolantes   26
Semicondutores   29
Semicondutores tipo N   32
Semicondutores tipo P   33
Portadores majoritários e minoritários   34
Outros materiais   36

capítulo 3   DIODOS   *41*

A junção PN   42
Curvas características dos diodos   46
Identificação dos terminais do diodo   49
Tipos de diodos e suas aplicações   53

capítulo 4   FONTES DE ALIMENTAÇÃO   *71*

A fonte de alimentação   72
Retificação   73
Retificação de onda completa   75
Conversão de valores RMS para valores médios   77
Filtros   84
Multiplicadores de tensão   90
Ondulação e regulação   96
Reguladores zener   98
Busca e solução de problemas   101
Substituindo componentes   105

capítulo 5   TRANSISTORES   *115*

Amplificação   116
Transistores   118
Curvas características   124
Dados de transistores   130
Teste de transistores   133
Outros tipos de transistores   140
Transistores empregados como chaves   149

capítulo 6 INTRODUÇÃO A AMPLIFICADORES DE
PEQUENOS SINAIS   159

Medição do ganho   160
Amplificador emissor comum   167
Estabilizando o amplificador   176
Outras configurações   182
Simulação e modelos   188

capítulo 7 MAIS INFORMAÇÕES SOBRE AMPLIFICADORES DE
PEQUENOS SINAIS   197

Acoplamento do amplificador   198
Ganho de tensão em estágios acoplados   204
Amplificadores com transistores de efeito de campo (FETs)   213
Realimentação negativa   221
Resposta em frequência   230

capítulo 8 AMPLIFICADORES DE GRANDES SINAIS   241

Classe do amplificador   242
Amplificadores de potência classe A   246
Amplificadores de potência classe B   251
Amplificadores de potência classe AB   256
Amplificadores de potência classe C   262
Amplificadores chaveados   267

APÊNDICES   A1

GLOSSÁRIO   G1

CRÉDITOS   C1

ÍNDICE   I1

» capítulo 1

Introdução

A eletrônica é uma tecnologia relativamente recente que vem experimentando um crescimento estrondoso. Ela é hoje de tal maneira difundida que está presente em nossas vidas de várias formas. Este capítulo ajudará você a compreender como o desenvolvimento da eletrônica se deu ao longo dos anos e em quais áreas ela é dividida. Isso facilitará a compreensão de algumas das funções básicas que estão presentes nos circuitos e sistemas eletrônicos e, também, o ajudará a relacionar o conhecimento que você já aprendeu anteriormente.

Objetivos deste capítulo

- » Conhecer alguns dos principais eventos na história da eletrônica.
- » Classificar os circuitos em analógicos ou digitais.
- » Classificar as principais funções de um circuito analógico.
- » Iniciar o desenvolvimento de uma visão de sistemas para busca por defeitos.
- » Analisar circuitos alimentados por fontes CC e CA.
- » Listar os desafios atuais da eletrônica.

» Uma breve história

A eletrônica é uma área muito jovem e não é fácil datar exatamente quando ela começou. O ano de 1899 é uma possibilidade, pois foi neste ano que J. J. Thompson, da Universidade de Cambridge, na Inglaterra, descobriu o elétron. Duas importantes descobertas do início do século XX fizeram as pessoas se interessarem por eletrônica. A primeira foi em 1901, quando Marconi enviou uma mensagem através do oceano Atlântico utilizando um telégrafo sem fio. Atualmente, podemos nos comunicar utilizando sistemas de rádio sem fio. A segunda descoberta ocorreu em 1906, quando De Forest inventou o tubo de áudio a vácuo*. O invento recebeu o termo ÁUDIO no nome devido ao fato de ter sido utilizado primeiramente para produzir sons altos. Não demorou muito para que os inventores de sistemas de comunicação sem fio utilizassem o TUBO DE VÁCUO para melhorar seus equipamentos.

Outro desenvolvimento pouco mencionado ocorreu em 1906, quando Pickard foi o primeiro a empregar um receptor de rádio utilizando cristal. Essa grande inovação ajudou a popularizar o rádio e a eletrônica. Isto também sugeriu o uso de SEMICONDUTORES (cristais) como materiais promissores para as novas áreas do rádio e da eletrônica.

O nascimento do rádio, comercialmente falando, ocorreu em Pittsburgh, no estado americano da Pensilvânia, com a estação KDKA em 1920. Este acontecimento marcou o início de uma nova era, com dispositivos eletrônicos sendo utilizados em várias residências.

Por volta de 1937, mais da metade das casas norte-americanas possuíam um rádio. Por sua vez, o comércio de televisões iniciou-se por volta de 1946. Em 1947, eram produzidos e vendidos centenas de milhares de receptores residenciais de rádio. A complexidade dos receptores de televisão e dos equipamentos eletrônicos motivou a busca dos técnicos por algo melhor que os tubos a vácuo.

O primeiro projeto de um computador a tubo a vácuo foi idealizado pelo governo americano e a pesquisa iniciou-se em 1943. Três anos depois, o ENIAC foi formalmente doado à escola Moore de engenharia elétrica da Universidade da Pensilvânia em 15 de fevereiro de 1946. Este foi o primeiro computador digital do mundo, cujas especificações técnicas são:

- Tamanho: 30 pés $\times$ 50 pés
- Peso: 30 toneladas
- Número de tubos a vácuo: 17.468
- Número de resistores: 70.000
- Número de capacitores: 10.000
- Número de relés: 1.500
- Número de chaves: 6.000
- Potência: 150.000 W
- Custo: US$ 486.000 (aproximadamente US$ 5 milhões, nos dias de hoje).
- Confiabilidade: 7 minutos MTBF (*Mean time between failures*, que, em português, significa tempo médio entre falhas).

Um grupo de estudantes da escola Moore participou do aniversário de 50 anos do ENIAC desenvolvendo um equivalente para o computador utilizando um *chip*** CMOS (*complementary metal oxide semiconductor* – semicondutor óxido metálico complementar):

- Tamanho: 7,44 mm $\times$ 5,29 mm
- Encapsulamento: 132 pinos PGA (*pin grid array*)
- Número de transistores: 174.569
- Custo: alguns dólares (estimado, por unidade, se colocado para produção em massa.)
- Potência: 1 W
- Confiabilidade: 50 anos (valor estimado)

Há muito tempo, os cientistas têm conhecimento de que muitas das funções realizadas pelo tubo a vácuo podem ser desempenhadas de forma mais eficiente por cristais semicondutores. Porém, eles

---

* N. de R. T.: O termo tubo a vácuo é mais conhecido no Brasil como válvula. Trata-se de um equipamento que era utilizado como amplificador de sinais, não somente de áudio até a difusão dos transistores.

** N. de R. T.: O termo *chip* é mais utilizado que sua tradução em português, pastilha, e por isso foi mantido no texto.

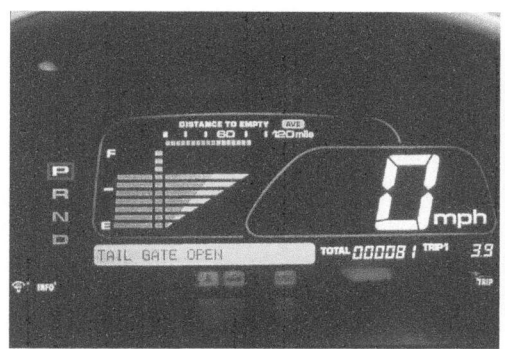 

Visores analógicos e digitais. (Esquerda) Velocímetro digital. (Direita) Velocímetro analógico.

não tinham tecnologia para produzir cristais puros o suficiente para efetuar as tarefas desejadas. O avanço necessário ocorreu em 1947 quando três cientistas trabalhando nos Laboratórios Bell construíram o primeiro transistor operacional. Esta foi uma contribuição tão significativa para a ciência e tecnologia que os três pesquisadores – Bardeen, Brittain e Shokley – foram agraciados com o prêmio Nobel.

Na mesma época (1948), Claude Shannon, também dos Laboratórios Bell, publicou um artigo sobre comunicação baseada em código binário. Seu

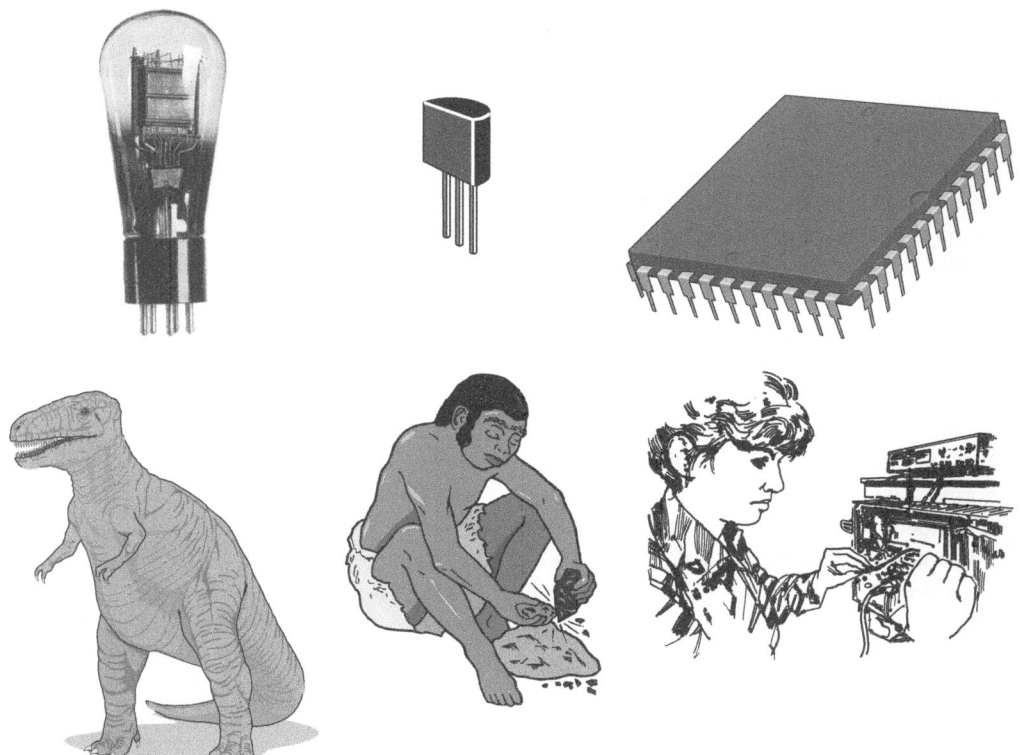

O tubo de vácuo, o transistor e o circuito integrado. A evolução da eletrônica pode ser comparada à evolução da vida.

trabalho constitui-se na base para uma revolução nas comunicações digitais, dos telefones celulares à Internet. Shannon também foi o primeiro a aplicar álgebra booleana em sistemas de telefonia quando trabalhava no Instituto de Tecnologia de Massachusetts em 1940. O trabalho de Shannon formou a base para a maioria das coisas que nós agora utilizamos tanto em telecomunicações quanto computação.

Os avanços na área dos transistores vieram rapidamente. Atualmente, eles substituíram totalmente os tubos a vácuo e, assim, o termo "estado sólido" se tornou conhecido por todos. Muitas pessoas acreditam que o transistor seja uma das maiores invenções de todos os tempos.

Circuitos de ESTADO SÓLIDO são pequenos, eficientes e mais confiáveis. No entanto, os cientistas e engenheiros continuavam insatisfeitos. O trabalho realizado por Jack Kilby da empresa Texas Instrument levou ao desenvolvimento do CIRCUITO INTEGRADO em 1958. Robert Noyce, trabalhando na Fairchild, desenvolveu um projeto similar. Os dois estudiosos dividiram o prêmio Nobel em física pela invenção do circuito integrado.

Circuitos integrados são uma combinação complexa de vários tipos de dispositivos em uma mesma base denominada SUBSTRATO, ou, uma fina camada de silício. Eles oferecem baixo custo, alta performance, boa eficiência, tamanho reduzido e confiabilidade maior em comparação a circuitos feitos de partes separadas. A complexidade de alguns circuitos integrados permite que um único chip de silício com apenas 0,64 centímetros (cm) (0,25 polegadas (")) quadrados possa substituir enormes quantidades de peças em equipamentos. Embora um chip possa conter milhares de transistores, ele também possui diodos, resistores e capacitores.

Em 1971, a Corporação Intel na Califórnia anunciou um dos mais sofisticados de todos os circuitos integrados, o microprocessador. Um MICROPROCESSADOR é formado pela maioria dos circuitos encontrados em um computador, porém, reduzidos a um único circuito integrado. Microprocessadores, que con-

têm o equivalente a milhões de transistores, proveram um crescimento [faturamento] de bilhões de dólares para a indústria eletrônica e têm permitido o desenvolvimento de áreas de aplicação totalmente novas.

Em 1977, o sistema de telefonia celular entrou em fase de testes. Desde então, o sistema tem experimentado um crescimento imenso. Este tremendo sucesso permitiu o desenvolvimento de novas tecnologias, tal como as comunicações digitais e os circuitos integrados lineares para comunicações.

Em 1982, a empresa Texas Instruments apresentou um processador digital de sinais (DSP) em um único chip. Com isso, tornou-se prático aplicar um DSP em vários projetos de novos produtos. O crescimento continuou desde então e o DSP é agora um dos segmentos que mais se expandem na indústria de semicondutores.

O circuito integrado está produzindo uma explosão na área da eletrônica. Atualmente, a eletrônica vem sendo aplicada de modo nunca feito antes. Em um primeiro momento, o rádio foi sua principal aplicação. Mas hoje, a eletrônica exerce uma contribuição fundamental para nossa sociedade e para os esforços existentes em todos os campos do conhecimento humano. Isso nos afeta de uma forma que ainda não podemos ter a exata consciência. Nós estamos vivendo na era da eletrônica.

Sobre a eletrônica

Temperaturas extremas e componentes/ Processamento digital de sinais

- Mudanças de temperatura podem ter uma maior influência na performance do circuito do que a influência devido à tolerância dos componentes.
- DSP pode ser usado para reconhecer a fala humana e identificar impressões digitais.

Teste seus conhecimentos

Verdadeiro ou falso?

1. Eletrônica é uma tecnologia jovem que se iniciou no século XX.
2. As histórias iniciais do rádio e da eletrônica estão intimamente relacionadas.
3. Transistores foram inventados antes dos tubos a vácuo.
4. Um circuito integrado moderno pode conter milhares de transistores.
5. Um microprocessador é um pequeno circuito utilizado para substituir receptores de rádio.

» Digital ou analógico

Atualmente, a eletrônica é um campo tão extenso que, geralmente, é necessário dividi-lo em subáreas. Você lerá aqui termos como eletrônica médica, eletrônica automotiva, aviônica, eletroeletrônicos, eletrônica industrial e outros. Uma das formas nas quais se pode dividir a eletrônica é em analógica e digital.

Um DISPOSITIVO OU CIRCUITO ELETRÔNICO DIGITAL irá reconhecer ou produzir uma saída que possa assumir um número limitado de valores. Por exemplo, a maioria dos circuitos digitais responde apenas a duas condições: baixa ou alta. Circuitos digitais podem ser denominados binários desde que eles se baseiem em um sistema numérico de apenas dois dígitos: 0 e 1.

Um CIRCUITO ANALÓGICO pode responder ou produzir uma saída que assume um número infinito de estados. Uma entrada ou saída analógica poderia, por exemplo, variar entre 0 e 10 volts (V) e seu valor atual poderia ser 1,5, 2,8 ou 7,653 V. Teoricamente, um número infinito de valores ou algarismos é possível. Por outro lado, um CIRCUITO DIGITAL típico reconhece entradas com faixa entre 0 e 0,4 como baixa (0 em binário) e faixas entre 2 a 5 V como alta (1 em binário). Um circuito digital não responde de forma diferente se a entrada for 2 ou 4 V. Estas duas tensões estão na faixa de valores da condição alta. Valores de entrada na faixa entre 0,4 e 2 V não são permitidas em um sistema digital, porque elas causam uma saída que não pode ser predita.

Durante muito tempo, quase todos os dispositivos e circuitos eletrônicos operavam de forma analógica. Esta parecia ser a forma mais óbvia de se realizar uma tarefa em particular. Afinal, a maioria das grandezas que são medidas é de natureza analógica. Sua altura, peso e a velocidade que você viaja em um carro são todas grandezas analógicas. Sua voz é analógica. Ela contém um número infinito de níveis de frequências. Portanto, se deseja um circuito para amplificar sua voz, você provavelmente pensará em utilizar um circuito analógico.

A comunicação telefônica e os circuitos para computadores forçaram engenheiros a explorar a eletrônica digital. Eles precisavam de circuitos e dispositivos que tomassem decisões lógicas baseadas em determinadas condições da entrada. Eles precisavam, também, de circuitos com alta confiabilidade que operassem sempre da mesma forma. Pela limitação do número de condições ou estados nos quais os circuitos podiam operar, eles puderam ser feitos de modo a serem mais confiáveis. Para eles, um número infinito de estados (o circuito analógico) não era necessário.

A Figura 1-1 nos dá exemplos de comportamentos de circuitos que nos ajudam a identificar a operação digital ou analógica. O sinal que está entrando no circuito está à esquerda e o sinal que sai do

Sobre a eletrônica

Componentes de estado sólido
- Receptores de televisão com LCDs são 100% de estado sólido, mas os aparelhos que utilizam um CRT não o são.

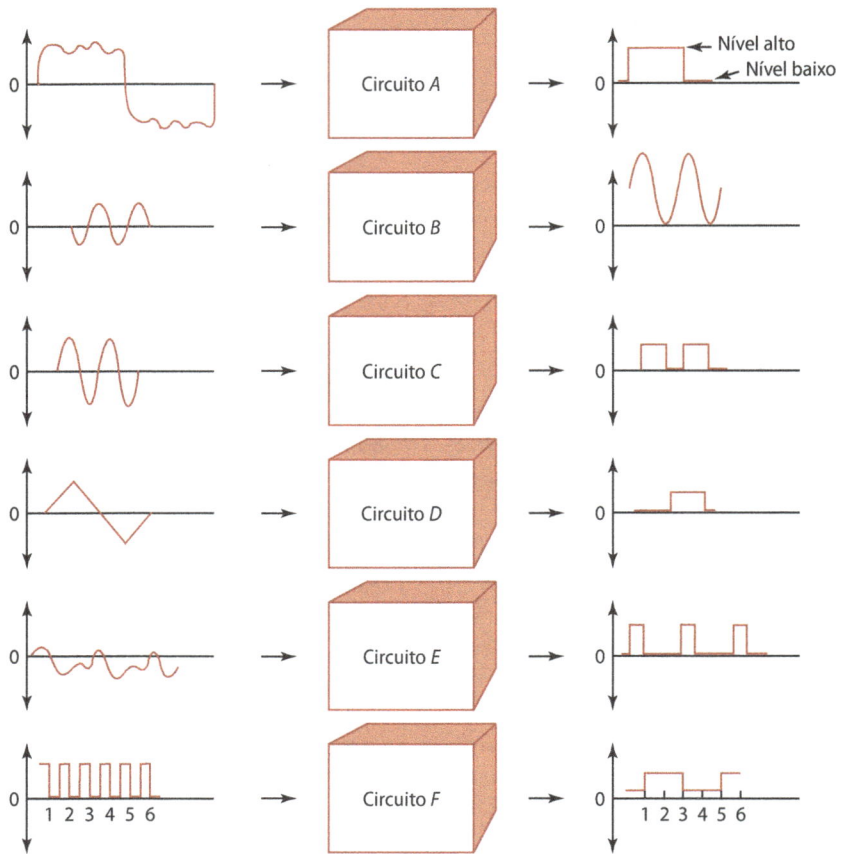

Figura 1-1 Comparação entre circuitos digitais e analógicos.

mesmo está à direita. Por enquanto, pense no sinal como uma quantidade elétrica, tal como tensão, a qual varia com o tempo. O circuito A é um exemplo de dispositivo digital. O sinal de saída é uma onda retangular, o sinal de entrada não é exatamente um sinal retangular. Ondas retangulares possuem somente dois níveis de tensão e são muito comuns em dispositivos digitais.

O circuito B na Figura 1-1 é um dispositivo digital. A entrada e a saída são ondas senoidais. A saída possui uma amplitude maior que a entrada e está deslocada em relação ao eixo horizontal. A característica mais importante é que o sinal de saída é uma combinação de um número infinito de tensões. Em um CIRCUITO LINEAR, a saída é uma réplica exata da entrada*. Embora o circuito B seja linear, nem todos os circuitos analógicos o são. Por exemplo, um amplificador de áudio pode ter um som distorcido. Este amplificador continua sendo categorizado como analógico, mas é não linear.

Os circuitos C a F são todos digitais. Note que a saída são todas ondas retangulares (dois níveis de tensão). O circuito F merece uma atenção especial. Sua entrada é uma onda retangular. Este poderia ser um circuito analógico respondendo a somente

---

* N. de R. T.: Esta afirmação é válida para sinais senoidais, que são compostos por uma única componente em uma única frequência.

dois níveis de tensão exceto que alguma coisa tenha acontecido com o sinal, o que não ocorre nos demais exemplos. A frequência de saída é diferente da frequência da entrada. Circuitos digitais que permitem isso são chamados de contadores ou divisores.

É comum, hoje, converter sinais analógicos em um formato digital, para que possa ser armazenado em uma memória de computador, em discos magnéticos ou ópticos, ou em fitas magnéticas. O armazenamento digital tem vantagens. Qualquer pessoa que tenha ouvido música tocada a partir de um disco digital sabe que ela é livre de ruídos. Gravações digitais não se deterioram com o uso enquanto as analógicas sim.

Outra vantagem em converter sinais analógicos para digitais é que computadores podem ser usados para melhorar estes sinais. Computadores são máquinas digitais. Eles são processadores de dados poderosos e altamente velozes. Um computador pode fazer várias coisas com um sinal, tais como eliminar ruído e distorções, corrigir erros na frequência e na fase e identificar pares de sinais. Esta área da eletrônica é conhecida como processamento digital de sinais (**DSP** – *digital signal processing*). O DSP é usado em eletrônica médica para melhorar imagens escaneadas do corpo humano, em áudio para retirar ruído de gravações antigas e em muitas outras coisas. PDS é estudado no Capítulo 16.

A Figura 1-2 mostra um sistema que converte um sinal analógico em digital e depois o converte novamente em analógico. Um **CONVERSOR ANALÓGICO PARA DIGITAL (A/D)** é um circuito que produz uma saída binária (somente 0s e 1s). Note que os números armazenados na memória são binários. Um *clock* (circuito temporizador) faz com que o conversor A/D amostre o sinal analógico num intervalo de tempo constante. A Figura 1-3 mostra uma forma de onda analógica em maiores detalhes. Esta forma de onda é amostrada por um conversor A/D a cada 20 microsegundos (μ.s). Assim, para um período de 0,8 ms, 40 amostragens são feitas. A taxa de amostragem requerida para um determinado sinal é uma função da frequência deste sinal. Quanto maior a frequência do sinal, maior a frequência de amostragem.

Arquivos do MultiSIM

Existe um arquivo EWB no IPC relacionado à Figura 1-2.

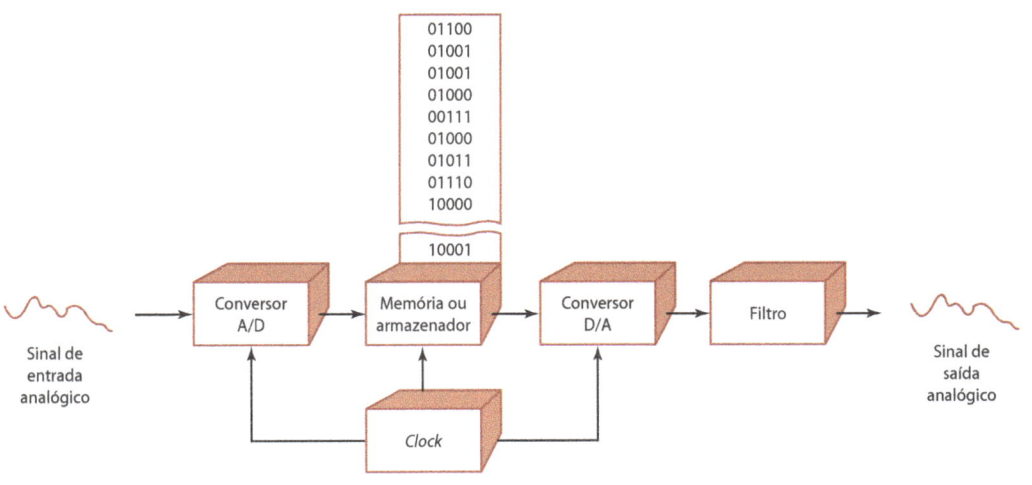

Figura 1-2 Um sistema analógico para digital para analógico.

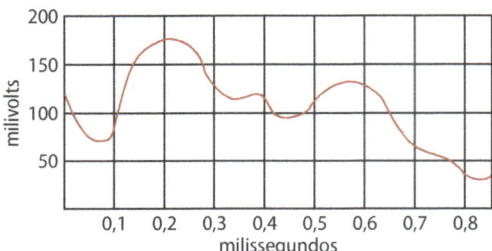

Figura 1-3 Uma forma de onda analógica.

> **EXEMPLO 1-1**
>
> Um disco compacto de áudio (CD – *compact disk*) utiliza 16 bits para representar cada amostra do sinal. Quantos passos ou níveis de volume são possíveis? Utilize a potência de 2 apropriada
> $2^{16} = 65.536$
> Isso é fácil de resolver utilizando uma calculadora com a tecla x^y. Pressione 2, depois x^y, e então 16 e em seguida a tecla $=$.

Voltando à Figura 1-2, o sinal analógico pode ser recriado enviando os valores binários contidos na memória para um **CONVERSOR DIGITAL PARA ANALÓGICO (D/A)**. A informação binária deve ser lida na memória na mesma na mesma taxa a qual o sinal original foi amostrado. A Figura 1-4 mostra a saída de um conversor D/A. É possível observar que a forma de onda não é exatamente a mesma do sinal analógico original. Ela é, na verdade, uma série de passos discretos. Porém, aumentando o número de passos, pode ser obtida uma representação mais próxima do sinal original. O tamanho deste passo é determinado pelo número de dígitos binários (*bits*) utilizados. O número de passos é obtido elevando 2 à potência do número de *bits*. Um sistema a 5 *bits* permite

$2^5 = 32$ passos

Um sistema a 8 *bits* permite

$2^8 = 256$ passos

O filtro mostrado na Figura 1-2 suaviza os passos, resultando em um sinal analógico completamente aceitável para muitas aplicações como, por exemplo, a fala.

Se o número suficiente de bits e a taxa e amostragem correta são utilizados, o sinal analógico pode ser convertido em um equivalente digital exato. O sinal pode ser convertido novamente para uma forma analógica e não será possível distingui-lo do sinal original. Isso será visivelmente melhor se um DSP for utilizado.

Eletrônica analógica envolve técnicas e conceitos diferentes daqueles da eletrônica digital. O restante deste livro é dedicado principalmente à eletrônica analógica. Atualmente, muitos dos técnicos em eletrônica necessitam ser hábeis tanto em circuitos e sistemas analógicos quanto nos digitais.

O termo sinal misto refere-se a aplicações e dispositivos que utilizam tanto técnicas analógicas quanto digitais. Circuitos integrados para sinais mistos são estudados no Capítulo 13.

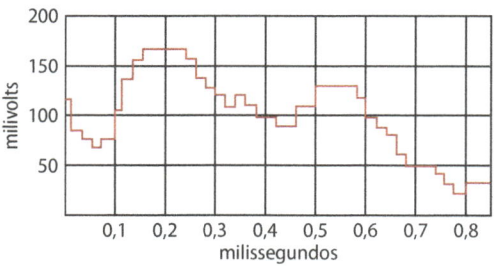

Figura 1-4 Saída de um conversor D/A.

Teste seus conhecimentos

Verdadeiro ou falso?

6. Os circuitos eletrônicos podem ser divididos em duas categorias, digitais e analógicos.
7. Um circuito analógico pode produzir um número infinito de valores de saída.
8. Um circuito analógico reconhece apenas duas condições de entrada.
9. Ondas retangulares são comuns em sistemas digitais.
10. Conversores D/A são utilizados para converter sinais analógicos para seus equivalentes digitais.
11. A saída de um conversor D/A de 2 bits pode produzir oito diferentes valores de níveis de tensão.

>> *Funções analógicas*

Esta seção apresenta uma visão geral de algumas das possíveis funções que um circuito eletrônico analógico pode realizar. Um sistema eletrônico complexo pode ser desmembrado em uma coleção de funções individuais. A habilidade de reconhecer uma função individual, como ela interage, e como cada uma contribui para a operação do sistema tornará fácil a análise e busca por defeitos de sistemas.

Circuitos analógicos executam algumas possíveis operações. Estas operações são usualmente realizadas sobre SINAIS. Sinais são quantidades elétricas, tais como tensão e corrente, que possuem uma determinada aplicação ou uso. Por exemplo, um microfone converte a voz humana em uma pequena tensão cuja frequência e amplitude variam com o tempo. Essa pequena tensão é chamada de sinal de áudio.

Circuitos eletrônicos analógicos são comumente denominados pela função ou operação que eles executam. Amplificação é o processo de tornar um sinal mais largo ou forte, e circuitos que realizam esta operação são denominados amplificadores. Abaixo, segue uma lista contendo a maioria dos tipos de circuitos eletrônicos analógicos.

1. Somadores: circuitos que somam sinais a outros. Existem, também, os subtratores.
2. Amplificadores: circuitos que aumentam o sinal.
3. Atenuadores: circuitos que decrementam um sinal.
4. Limitadores: estes preveem que o sinal não exceda um limite ou limites de amplitude definidos.
5. Comparadores: comparam um sinal em relação a uma referência, a qual geralmente é uma tensão.
6. Controladores: regulam sinais e carga em dispositivos. Por exemplo, um controlador pode ser usado para definir e manter a velocidade de um motor.
7. Conversores: mudam a forma de um sinal para outra. (Exemplos: conversores de tensão para frequência e frequência para tensão).
8. Detectores: extraem informação de um sinal (um detector de rádio extrai voz ou música de um sinal de rádio).
9. Divisores: calculam a divisão aritmética de um sinal.
10. Filtros: removem frequências indesejadas de um sinal.
11. Misturadores*: outro nome para somadores.
12. Multiplicadores: executam a multiplicação aritmética de alguma característica de um sinal (existem multiplicadores de tensão e frequência).
13. Osciladores: convertem corrente contínua em corrente alternada.
14. Retificadores: convertem corrente alternada em corrente contínua.

---

* N. de R. T.: Mesmo na literatura em português, o termo *mixer* é mais utilizado para o circuito eletrônico que tem a função de misturador de sinais.

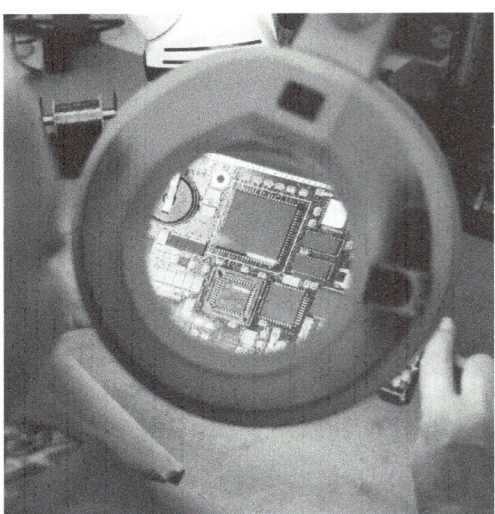

Técnico inspecionando uma placa de circuito.

15. Reguladores: circuitos que mantem o mesmo valor, tanto corrente quanto tensão, constante.
16. Chaveadores: ligam ou desligam sinais ou mudam suas rotas em um sistema eletrônico.

Um DIAGRAMA ESQUEMÁTICO mostra todas as partes individuais de um circuito e como elas são interconectadas. Esquemas utilizam símbolos padrões que representam suas componentes. Um DIAGRAMA EM BLOCOS mostra todas as funções individuais de um sistema e como os sinais fluem através do sistema. Diagramas esquemáticos são usualmente requeridos para algo que é conhecido como busca de DEFEITO NO NÍVEL DE COMPONENTES. Uma componente é uma única parte, tal como um resistor, um capacitor ou um circuito integrado. O reparo no nível de componente requer que o técnico isole e substitua partes individuais que estão defeituosas. O reparo no nível de sistema geralmente requer apenas o diagrama de blocos ou o conhecimento do diagrama de blocos. O técnico observa sintomas e faz medições para determinar qual função ou quais funções estão inapropriadas. Então, um módulo completo, painel ou placa de circuito é substituído. A busca de defeitos no nível de componente usualmente é mais demorada que a busca no nível de sistema. Como tempo é dinheiro, pode ser mais econômico substituir um módulo completo ou uma placa de circuito.

A BUSCA DE DEFEITOS inicia-se no nível de sistema. Utilizando o conhecimento das funções do circuito, o diagrama de blocos, a observação dos sintomas, as medidas, os técnicos isolam uma ou mais partes do circuito no qual a função está sendo realizada com dificuldade. Se as placas e os módulos reservas estão disponíveis, uma ou mais funções podem ser restabelecidas. Porém, se a busca de defeito no nível de componentes se faz necessária, o técnico continua o processo de isolamento no nível de componentes, geralmente utilizando um multímetro ou osciloscópio.

A Figura 1-5 mostra um bloco pertencente a um diagrama de blocos para que você possa observar o processo. A busca por um defeito é, geralmente, uma série de decisões "sim" e "não". Por exemplo, o sinal de saída mostrado na Figura 1-5 está normal? Se sim, não há necessidade de fazer uma busca por defeito no circuito que executa tal função. Se ele não está normal, quatro possibilidades existem: (1) um problema na fonte de alimentação, (2) um problema no sinal de entrada, (3) a parte do circuito que executa a função está defeituosa, (4) alguma combinação desses três itens. Geralmente, voltímetros e/ou osciloscópios são utilizados para verificar a fonte de alimentação e o sinal de entrada de um bloco. Se a fonte e o sinal de entrada estiverem normais, o bloco pode ser, então, substituído ou a busca por defeito no nível de componente no circuito defeituoso pode ser iniciada. Os próximos capítulos deste livro irão detalhar como circuitos eletrônicos funcionam e esclarecer como efetuar a busca por defeitos no nível de componentes.

A Figura 1-6 mostra um bloco com somente uma entrada (alimentação) e uma saída. Assumindo

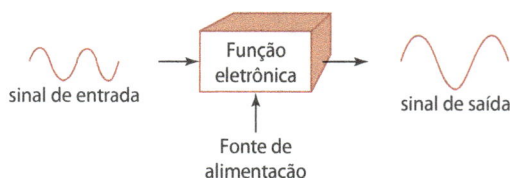

Figura 1-5 Representação de um único bloco de um diagrama de blocos.

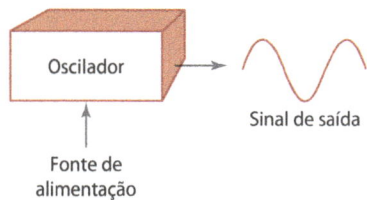

Figura 1-6 Bloco contendo apenas um sinal de alimentação.

que o sinal de saída está ausente ou não está correto, as possibilidades são: (1) a fonte de alimentação está defeituosa, (2) o oscilador está defeituoso ou ambos estão defeituosos.

A Figura 1-7 mostra um amplificador que é controlado por uma entrada separada da entrada do sinal. Se o seu sinal de saída não estiver correto, as possíveis causas são: (1) a fonte de alimentação está com defeito, (2) o sinal de entrada é defeituoso, (3) a entrada de controle está em falha, (4) o amplificador está com mau funcionamento, (5) alguma combinação desses quatros itens.

A Figura 1-8 mostra uma parte do diagrama em blocos de um receptor de rádio. Ela mostra como os sinais percorrem entre os blocos do receptor. O sinal de rádio é amplificado, detectado, atenuado e amplificado novamente e, então, é enviado a um alto-falante que irá produzir o som. Saber como o sinal flui de um bloco a outro permite ao técnico trabalhar de forma eficiente. Por exemplo, se o sinal está faltando ou é fraco no ponto 5, o problema pode ser causado por um sinal ruim no ponto 1, ou qualquer um dos demais blocos pode estar defeituoso. A fonte de alimentação deveria ser verifi-

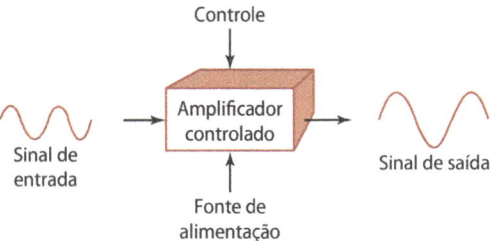

Figura 1-7 Amplificador contendo um sinal de controle.

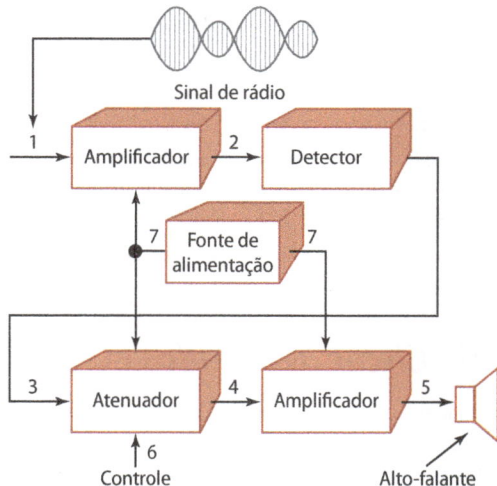

Figura 1-8 Diagrama de blocos parcial de um receptor de rádio.

Dica de aprendizado

Técnicos normalmente empregam o método da "meia regra" na busca de problemas verificando o estado do sinal no ponto central. Se o sinal estiver em perfeitas condições, então o problema se encontra à jusante do estágio.

cada primeiramente, já que esta afeta a função da maioria dos blocos mostrados na figura. Se ela estiver funcionando corretamente, então o sinal pode ser verificado no ponto 1, depois o ponto 2, e assim por diante. O estágio defeituoso será rapidamente localizado seguindo este raciocínio ordenado. Se o sinal está correto no ponto 3, mas não no ponto 4, então o bloco atenuador e/ou o sinal de controle estão defeituosos.

Grande parte deste livro é dedicada a apresentar os detalhes de um circuito necessários para que a busca de defeito no nível de componente seja feita. Porém, cabe lembrar que a busca por defeito inicia-se no nível de sistema (blocos). Sempre tenha em mente qual é a função de um determinado circuito e como ela pode ser combinada com outras para cumprir a operação do sistema como um todo.

Teste seus conhecimentos

Verdadeiro ou falso?

12. Amplificadores aumentam o sinal.
13. Se um sinal aplicado a um amplificador está correto, mas o sinal na saída não, então, o amplificador está defeituoso.
14. A busca de defeito no nível de componentes requer apenas o diagrama de blocos.
15. Um diagrama esquemático mostra como as partes individuais de um circuito são conectadas.
16. O primeiro passo na busca por defeitos é verificar a condição dos componentes individuais.

❯❯ Circuitos híbridos CC e CA

A transição entre um curso de eletricidade para um curso em eletrônica pode causar uma confusão inicial. Uma das razões para isso é o fato de que, no curso de eletricidade, os conceitos de circuitos CA e CC são tratados separadamente. Agora, apresentamos ao estudante os circuitos eletrônicos, que possuem ambas as componentes, CA e CC, simultaneamente. Esta seção pretende tornar um pouco mais fácil a transição de conceitos.

A Figura 1-9 mostra circuitos contendo ambas as componentes CA e CC. A bateria, que é uma fonte CC, é conectada em série com uma fonte CA. A forma de onda medida sobre o resistor mostra que tanto a corrente contínua quanto a alternada estão presentes. A forma de onda no topo da Figura 1-9 mostra um sinal senoidal com média positiva. A forma de onda abaixo desta mostra um sinal senoidal com média negativa. O valor médio em ambas as formas de onda é chamado COMPONENTE CC DA FORMA DE ONDA, e este é igual ao valor da fonte CC. Sem as baterias, a forma de onda deveria ter o valor médio igual a 0 V.

A Figura 1-10 mostra um circuito RC (resistor-capacitor) que possui uma fonte CA e uma fonte CC. Este circuito é similar a muitos circuitos eletrônicos lineares, que são energizados por fontes de alimentação, tal como baterias, e que geralmente processam sinais CA. Assim, a forma de onda em circuitos lineares normalmente apresenta ambas as componentes CA e CC.

A Figura 1-11 mostra a forma de onda que ocorre em vários nós da Figura 1-10. Um nó é um ponto onde dois ou mais elementos de circuito (resistores, indutores, etc.) são conectados. As duas figuras irão auxiliar na compreensão de algumas ideias necessárias no estudo de circuitos eletrônicos lineares.

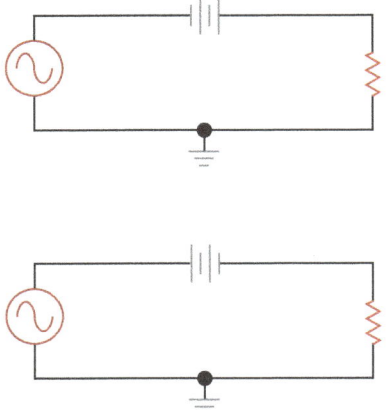
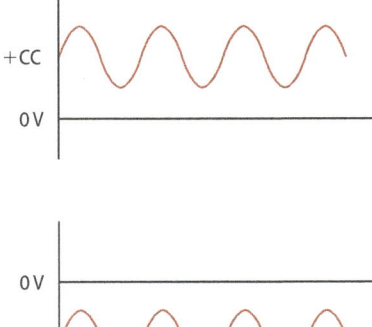

Figura 1-9 Circuitos contendo fontes CC e CA.

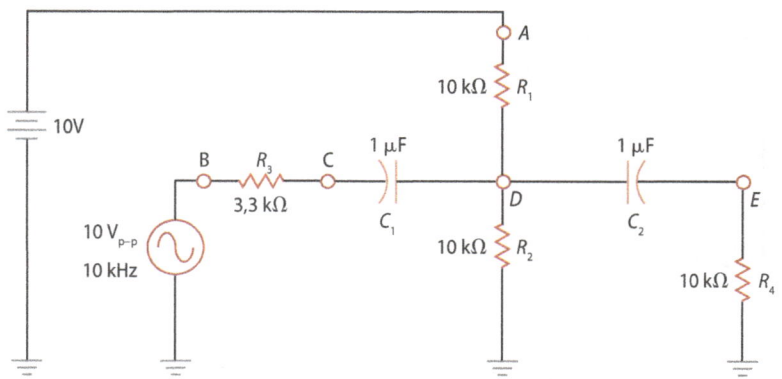

Figura 1-10 Circuito *RC* com duas fontes.

A forma de onda no nó A, na Figura 1-11, mostra uma componente CC pura. A palavra "pura" é utilizada porque não existe a componente CA no sinal. Esta é a forma de onda esperada de uma fonte CC tal qual uma bateria. Desde que o nó A na Figura 1-10 seja o terminal positivo da bateria, a forma de onda CC não é uma surpresa.

O nó B, na Figura 1-11, mostra uma *corrente alternada pura* (não existe a componente CC). O nó B é o terminal da fonte CA na Figura 1-10, assim, esta forma de onda é exatamente o que se esperava que ela fosse.

As outras formas de onda na Figura 1-11 requerem uma análise mais detalhada. Começando no nó C, é possível ver uma forma de onda CA pura com aproximadamente metade da amplitude da fonte CA. A perda de amplitude é causada pela queda de tensão no resistor R_3, que será discutido posteriormente. O nó D mostra uma forma de onda CA com uma componente CC de 5 V. Esta componente CC é estabelecida pelos resistores R_1 e R_2 da Figura 1-10, que atuam como um divisor da tensão da bateria de 10 V. Finalmente, o nó E, na Figura 1-11, mostra uma forma de onda CA pura. A componente CC foi removida pelo capacitor C_2, presente na Figura 1-10. A componente CC está presente no nó D e não mais no nó E, porque *o capacitor bloqueia ou remove o componente CC presente em sinais ou formas de onda.*

> **LEMBRE-SE**
>
> ... de que capacitores possuem uma reatância infinita para corrente contínua e atuam como circuitos abertos.

A fórmula para a reatância capacitiva é:

$$X_C = \frac{1}{2\pi f C}$$

Quando a frequência (*f*) se aproxima de uma corrente contínua (0 Hz), o valor da reatância se aproxima de infinito. Em um capacitor, a relação entre frequência e reatância é *inversa*. Quando um decresce, o outro aumenta.

> **EXEMPLO 1-2**
>
> Determine a reatância dos capacitores na Figura 1-10 para uma frequência de 10 kHz e compare esta reatância com o tamanho dos resistores.
>
> $$X_c = \frac{1}{2\pi f C}$$
> $$= \frac{1}{6{,}28 \times 10 \times 10^3 \times 1 \times 10^{-6}}$$
> $$= 15{,}9\ \Omega$$
>
> A reatância 15,9 Ω é baixa. De fato, os capacitores podem ser considerados como um curto-circuito em 10 kHz porque os resistores da Figura 1-10 são 10 kΩ, os quais são muito maiores.

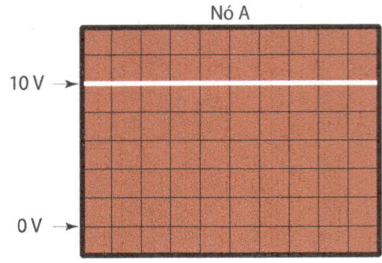

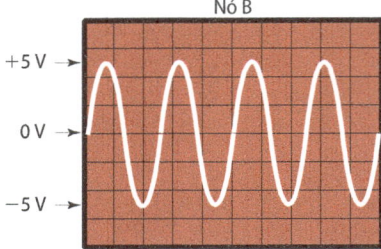

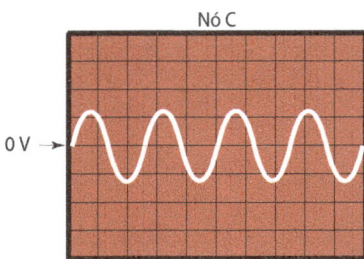

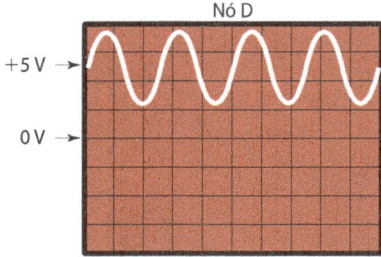

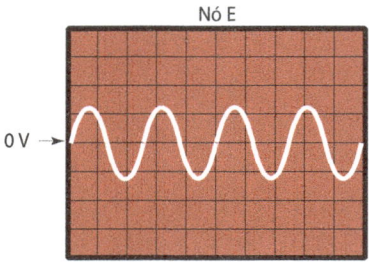

Figura 1-11 Formas de onda para a Figura 1-10.

EXEMPLO 1-3

Determine a reatância dos capacitores na Figura 1-10 para uma frequência de 100 Hz. Considerar o capacitor com um curto-circuito continua sendo uma boa aproximação?

$$X_c = \frac{1}{2\pi f C}$$
$$= \frac{1}{6{,}28 \times 100 \times 1 \times 10^{-6}}$$
$$= 1{,}59 \text{ k}\Omega$$

A reatância está na faixa dos 1000 Ω, então o capacitor não pode ser visto como um curto-circuito nesta frequência.

Vamos resumir dois pontos: (1) os capacitores operam como circuitos abertos para corrente contínua e (2) os capacitores operam como curto-circuito para sinais CA quando a frequência do sinal é relativamente alta. Esses dois conceitos são aplicados diversas vezes em circuitos eletrônicos. Por favor, tente não esquecê-los.

O que acontece em outras frequências? Para altas frequências, a reatância capacitiva é, também, baixa. Assim, os capacitores continuam sendo vistos

Sobre a eletrônica

Técnicos e a tecnologia de montagem de superfície

Embora SMT (*surface-mount technology* – tecnologia de montagem sobre superfície) tenha reduzido o tempo dispensado na busca de defeito no nível de componentes, técnicos habilitados para trabalhar com esta tecnologia ainda são uma necessidade do mercado.

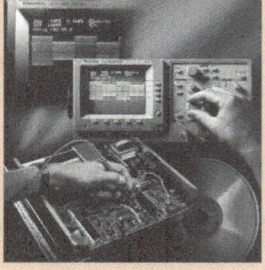

como curtos. Em baixas frequências, os capacitores apresentam uma maior reatância e a comparação a um curto-circuito não é mais correta. Desde que a reatância seja um décimo da resistência efetiva do circuito, o fato de o capacitor ser considerado um curto-circuito continua sendo razoável.

A Figura 1-12 ilustra os circuitos equivalentes para a Figura 1-10. O circuito equivalente CC mostra a bateria, R_1 e R_2. Para onde os demais resistores e a fonte CA foram? Eles foram "desconectados" pelos capacitores, que operam como circuitos abertos em corrente contínua. Desde que R_1 e R_2 possuam os mesmos valores, a tensão CC no nó D é metade da tensão na bateria, ou 5 V. O circuito equivalente CA é mais complicado. Note que os resistores R_2, R_2 e R_4 estão em paralelo. Como R_2 e R_4 estão conectados por C_2 na Figura 1-10, eles podem ser ligados por um curto-circuito no circuito CA. Lembre-se de que os capacitores podem ser vistos como curto-circuito para sinais em 10 kHz. O equivalente a um curto-circuito devido a C_2 coloca, então, R_2 e R_4 em paralelo. O resistor R_2 também está em paralelo devido ao fato

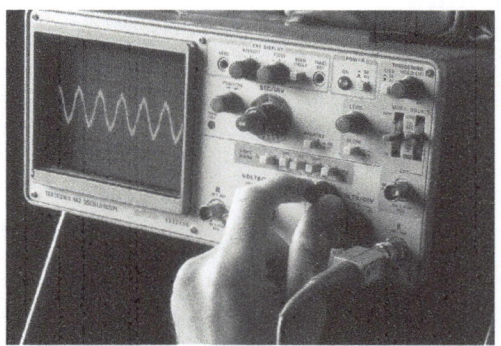

Osciloscópio.

de a resistência interna da fonte CC ser considerada 0 Ω. Assim, R_1 está aterrado no circuito equivalente CA enquanto seu outro terminal está conectado ao nó D. A resistência equivalente para os três resistores de 10 kΩ é um terço do valor original resultando em 3,33 kΩ, que é quase igual ao valor de R_3. O resistor R_3 e o a resistência equivalente de 3,33 kΩ formam um divisor de tensão. Então, a tensões nos nós C, D e E serão aproximadamente metade da tensão da fonte CA, ou 5 V_{p-p}.

Quando os circuito equivalentes CA e CC são considerados ao mesmo tempo, a tensão resultante no nó D é 5 V CC mais 5 V_{p-p} em corrente alternada. Isso explica a forma de onda do nó D mostrada na Figura 1-11. Do **TEOREMA DA SUPERPOSIÇÃO**, que você deve ter estudado, provém a explicação para este efeito de combinação.

Existe outro conceito muito importante usado em circuitos eletrônicos, chamado **DESVIO***. Observe a Figura 1-13 e o note que o lado direito de C_2 está aterrado. Isso faz com que o nó D esteja efetivamente aterrado na presença de um sinal CA. A forma de onda mostra que o nó D apresenta somente o sinal CC de 5V, já que o sinal CA foi desviado. O desvio é utilizado em nós nos quais o sinal CA precisa ser eliminado.

Os capacitores são utilizados de muitas formas. O capacitor C_2 na Figura 1-10 é chamado, geralmen-

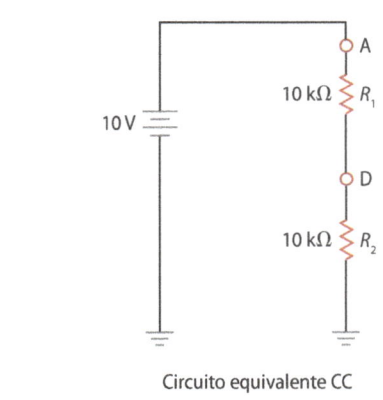

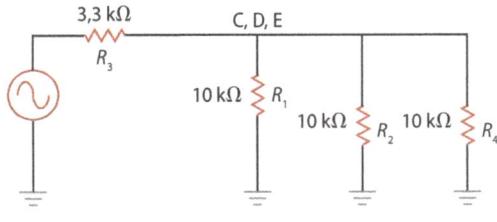

Figura 1-12 Circuitos equivalentes para a Figura 1-10.

---

* N. de R. T.: O termo *bypassing*, do inglês, pode ser utilizado em determinada literatura para indicar o conceito de desvio.

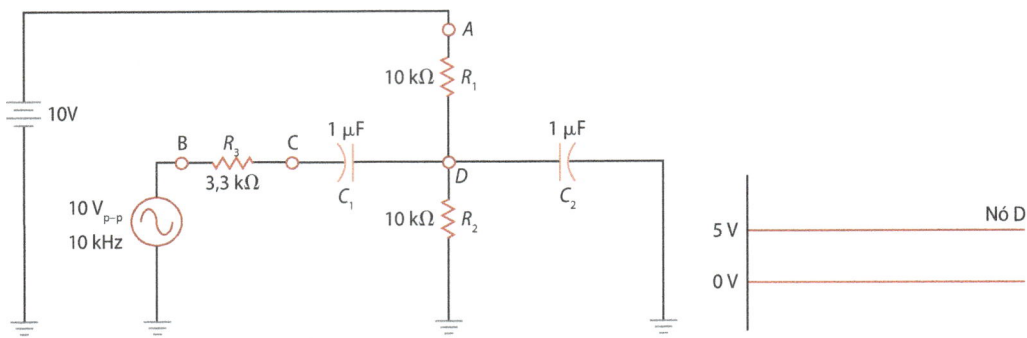

Figura 1-13 Conceito de desvio.

te, de **capacitor de acoplamento**. O nome é adequado, já que sua função é a de acoplar o sinal CA do nó D para o nó E. Porém, enquanto ele acopla o sinal CA, também desacopla a componente CC. Então, ele também pode ser chamado de **capacitor de desacoplamento**. Já o capacitor C_2 na Figura 1-13 possui uma função diferente: ele elimina a componente CA no nó D e é chamado **capacitor de desvio**.

A Figura 1-14 mostra uma aplicação interessante das ideias apresentadas até aqui. Suponha que exista um problema com uma estação de televisão na qual os sinais estão fracos. Um amplificador poderia ser utilizado para aumentar um sinal fraco. O melhor lugar para instar o amplificador seria na antena, mas esta, normalmente, fica em um telhado. O amplificador precisa de energia, então, uma solução seria lançar um cabo de energia ao longo do telhado, sendo um cabo separado do sinal de televisão. Porém, um cabo coaxial poderia servir para as duas necessidades (energia e sinal).

A bateria na Figura 1-14 alimenta o amplificador que está ligado na ponta oposta do cabo coaxial. O condutor externo do cabo coaxial serve como fio terra tanto para a bateria quanto para o amplificador. Já o condutor interno serve como terminal positivo para ambos, bateria e amplificador. Supressores de radiofrequência (*RFC*)* são utilizados para isolar o sinal do circuito de potência. *RFCs* são bobinas feitas de fio de cobre. Eles são indutores e possuem uma reatância maior para altas frequências.

> **LEMBRE-SE**
> ... de que a reatância indutiva aumenta com a frequência:
> $$X_L = 2\pi fL$$
> Para o indutor, a frequência e a reatância possuem uma relação direta. Quando uma aumenta, a outra aumenta também.

Em corrente contínua ($f = 0$ Hz), a reatância do indutor é zero. A potência CC passa pelo indutor sem perdas. Quando a frequência, aumenta a reatância indutiva cresce proporcionalmente. Na Figura 1-14, a reatância indutiva do supressor mostrado no lado direito da figura protege a bateria de curtos do sinal de alta frequência para o terminal terra. A indutância reativa do supressor mostrado no lado esquerdo da Figura 1-14 não permite que o sinal CA apareça nos fios de alimentação do amplificador.

> **LEMBRE-SE**
> ... de que supressores recebem este nome porque não permitem que sinais de alta frequência circulem por determinada parte do circuito.

---

* N. de R. T.: A sigla RFC vem do original em inglês: *radio-frequency chokes*.

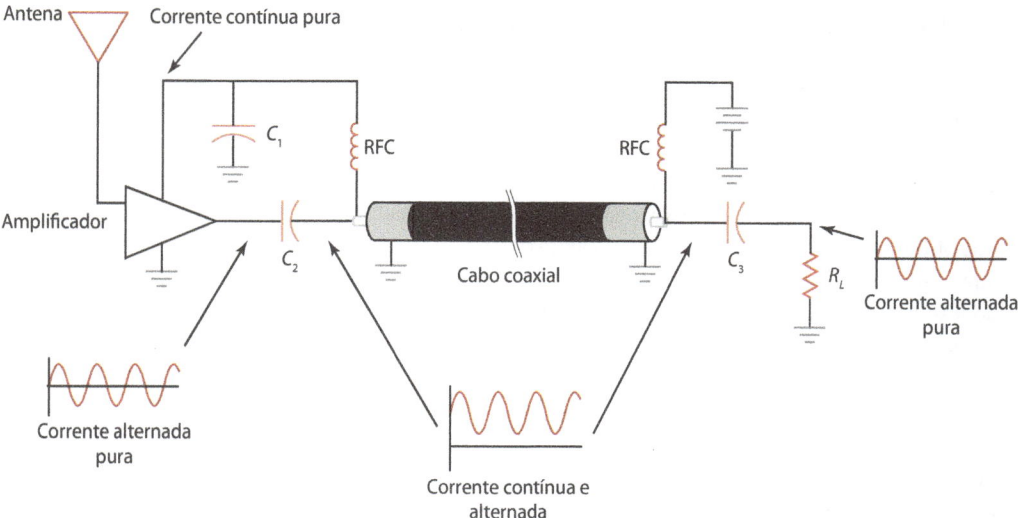

Figura 1-14 Envio de alimentação e sinal no mesmo cabo.

EXEMPLO 1-4

Suponha que o valor dos *RFCs* na Figura 1-14 seja 10 μH. A menor frequência do canal de televisão se inicia em 54 MHz. Determine a menor reatância indutiva para sinais de televisão. Compare a reatância mínima do supressor com a impedância do cabo coaxial, que é 72 Ω.

$X_L = 2\pi f L = 6{,}28 \times 54 \times 10^6 \times 10 \times 10^{-6} = 3{,}39\ k\Omega$

A reatância do supressor é aproximadamente 50 vezes a impedância do cabo. Isso significa que, efetivamente, o supressor isola o sinal do cabo da bateria e do circuito de alimentação do amplificador.

Os capacitores C_2 e C_3 na Figura 1-14 são capacitores de acoplamento. Eles acoplam o sinal CA para dentro e para fora do cabo coaxial. Esses capacitores atuam como curtos-circuitos para os sinais de frequência e como circuitos abertos para o sinal CC da bateria. O capacitor C_1 é um capacitor de desvio. Ele garante que o amplificador seja alimentado apenas por corrente contínua. O resistor R_L na Figura 1-14 é a carga para o sinal CA. Ele representa o receptor da televisão.

Teste seus conhecimentos

Resolva os seguintes problemas.

17. Determine o valor médio da forma de onda mostrada no topo da Figura 1-9 se a bateria for de 7,5 V.
18. Encontre o valor médio da forma de onda para os nós D e E da Figura 1-10 se a bateria fornece 25 V.
19. Quais componentes são utilizados em eletrônica para bloquear corrente contínua, para acoplar sinais CA e para desvio?
20. Qual é a função de C_1 na Figura 1-14?
21. Qual é a função de C_2 na Figura 1-14?

» Tendências em eletrônica

As tendências em eletrônica são caracterizadas por enorme crescimento e sofisticação. O crescimento é resultado de uma CURVA DE APRENDIZAGEM e da competição. A curva de aprendizagem significa simplesmente que uma maior experiência está sendo obtida, que os resultados são mais eficientes e que a eletrônica é uma tecnologia "madura". A produção de circuitos integrados é um bom exemplo desta maturidade. Um novo circuito integrado, especialmente os mais sofisticados, somente 10% são comercializados. Nove entre dez não passam no teste de funcionamento e são descartados, fazendo com que o preço de um novo dispositivo seja muito caro. Posteriormente, após um conhecimento grande ser obtido sobre como produzir aquele componente, a produtividade sobe para 90%. O preço cai drasticamente e várias novas aplicações são encontradas para aquele dispositivo devido ao baixo preço. Embora os novos dispositivos sejam complexos e sofisticados, geralmente, estes se tornam um produto fácil de usar. De fato, o termo "amigável ao usuário" é utilizado para descrever produtos sofisticados.

O CI é a chave para a maioria das tendências em eletrônica. Estas maravilhas da MICROMINIATURIZAÇÃO continuam aumentando em performance e diminuindo em custo de produção. Eles requerem, também, um consumo menor de energia e são mais confiáveis. Um dos mais populares CIs, o microprocessador, deu origem a diversos novos produtos. Atualmente, *chips* DSP são rápidos e baratos, encorajando o seu rápido crescimento.

Juntamente com os CIs, a TECNOLOGIA DE MONTAGEM EM SUPERFÍCIE (SMT) também tem ajudado a expansão das aplicações da eletrônica. SMT é uma alternativa à tecnologia de inserção para a fabricação de placas de circuito impresso. Na tecnologia de inserção, os componentes precisam passar através de furos na placa de circuito impresso. O interior desses furos é, usualmente, coberto com metal para conectar eletricamente as várias camadas da placa de circuito impresso. Placas de circuitos impresso projetadas para a tecnologia de inserção possuem mais furos para conexão entre camadas, são maiores e custam mais. Os dispositivos projetados para *SMT* têm uma aparência diferenciada. Como mostrado na Figura 1-15, o encapsulamento do dispositivo tem ligações bem curtas ou somente terminais. Tais encapsulamentos são projetados para serem soldados diretamente sobre as trilhas da superfície de uma placa de circuito impresso. Os seus terminais curtos economizam o material utilizado e reduzem os efeitos da estática associados ao comprimento longo dos terminais na tecnologia de inserção. *SMT* permite uma melhor performance elétrica, especialmente, em aplicações de alta frequência.

Outras duas vantagens de *SMT* são baixo custo de projeto, já que o projeto é facilmente automatizado, e redução das perdas. Produtos menores e mais baratos podem ser disponibilizados para comercialização devido ao fato de mais placas poderem ser alocadas em um mesmo volume.

Uma desvantagem da tecnologia *SMT* é o espaço pequeno entre os terminais do CI. Devido a isso, a busca por defeitos e reparos são mais complicados de serem realizados. A Figura 1-16 mostra as ferramentas que devem estar em mãos para fazer me-

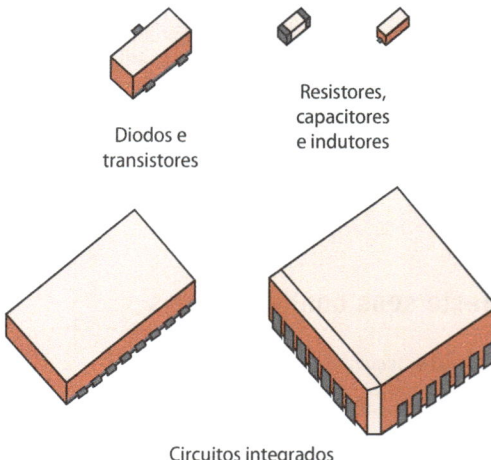

Figura 1-15 Encapsulamento de dispositivos para tecnologia de montagem em superfície.

(a)

(b)

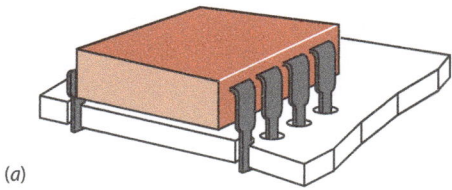

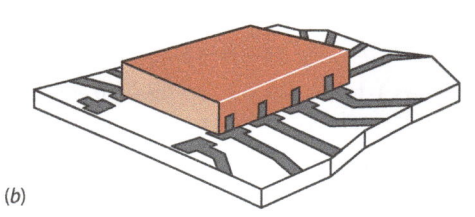

Comparação entre a montagem tradicional e a tecnologia de montagem em superfície. (a) A foto mostra ambos os métodos e o desenho mostra o método convencional. (b) A foto e o desenho mostram a placa de circuito impresso com tecnologia de montagem em superfície (*SMT*).

> **Sobre a eletrônica**
>
> Sim, é possível testar com segurança circuitos que utilizam tecnologia de montagem em superfície.

dições nos circuitos impressos modernos. A ponta de prova permite um contato momentâneo, de forma segura, com um dos pinos do CI. Uma ponta de prova comum não é isolada e poderia escorregar ficando entre dois terminais do dispositivo *SMT*. Quando isso acontece, os dois terminais serão curto-circuitados e algum dano poderá ocorrer. A ponta de prova de contato único, mostrada na Figura 1-16, é mais indicada para ser utilizada nos casos em que serão feitas várias medições em um mesmo ponto de contato. O soquete para teste de CI mostrado na Figura 1-16 é uma ferramenta mais adequada para medições em CIs *SMT*. Ele é conectado a um CI *SMT* e provê terminais maiores e mais espaçados para medições seguras ou para teste de conexão dos terminais do CI. Existem modelos de soquete disponíveis para cada tipo de encapsulamento *SMT*.

O uso de dispositivos, produtos e sistemas eletrônicos está expandindo. São descobertas novas aplicações para as tecnologias de computadores quase todos os dias e a comunicação eletrônica também está se expandindo rapidamente. Especialmente para as descobertas em compressão e processamento de si-

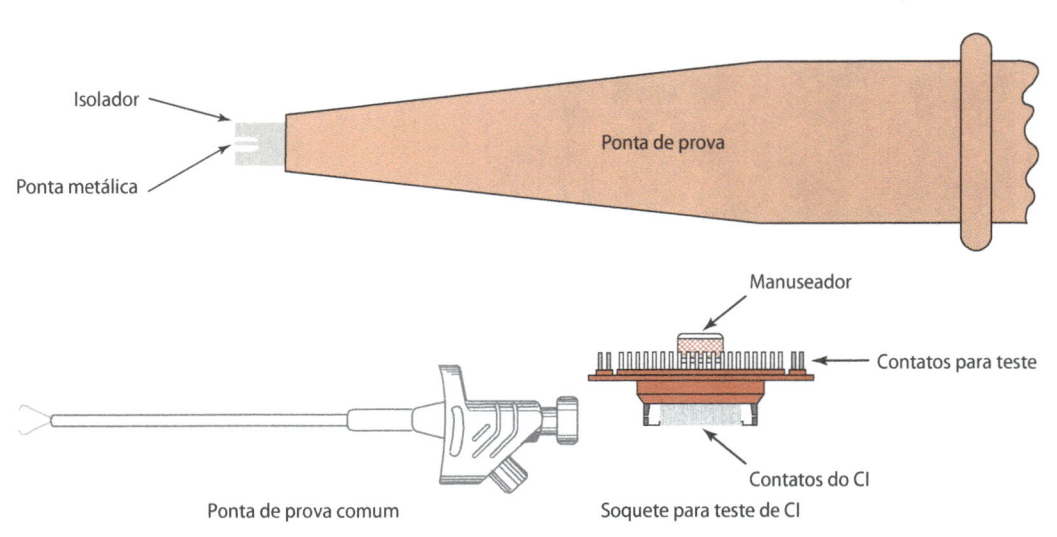

Figura 1-16 Ferramenta para medição em *SMT*.

nais, o crescimento é notório. O processamento tridimensional de imagens permitiu o desenvolvimento de sistemas para inspeção da produção, automação dos sistemas de segurança, e também, tecnologias de realidade virtual que são aplicadas à educação e ao entretenimento. Os computadores são utilizados junto às telecomunicações para fornecer novos métodos de transferência de informações, educação, entretenimento e compras. Novos sensores estão sendo desenvolvidos para fazer sistemas mais eficientes do ponto de vista energético e menos nocivos ao meio ambiente. Como exemplo, aquecedores, ventiladores e sistemas de ar condicionado estão utilizando sensores de oxigênio para direcionar o fluxo de ar em construções de forma mais eficiente. Considere estas características que afetam a indústria automobilística:

- Um sistema DSP faz com que o som em um conversível seja bom tanto com a capota levantada quanto abaixada.
- Um sistema de controle de navegação por radar faz com que a segurança seja aumentada.
- Não existe mais o eixo virabrequim. Válvulas eletrônicas se abrem e fecham precisamente quando é necessário.
- Um sistema de suspensão ajustável permite que a viagem seja suave ou que se tenha a sensação de estar dirigindo um carro esporte, dependendo do modo de direção selecionado.

Serão exemplificados agora alguns novos produtos e desenvolvimentos. Atualmente, as câmeras digitais substituíram as câmeras a filme. O uso de imagens digitais na área médica continua crescendo, em alguns casos, eliminando a necessidade de um procedimento invasivo. Dispositivos portáteis de banda larga combinam Internet, telefone, câmera e aplicações de computador em um único e conveniente encapsulamento. As pessoas podem gravar suas seleções de músicas para dispositivos de reprodução portáteis que utilizam memória de estado sólido. Novas tecnologias em telas, transmissão e compressão digital de sinais estão permitindo o desenvolvimento de equipamentos de vídeo para residências que rivalizam com aqueles projetados para cinemas. Dispositivos de identificação por radiofrequência permitem o controle de inventários, auxiliam na monitoração de pacientes, promovem segurança e outras coisas mais.

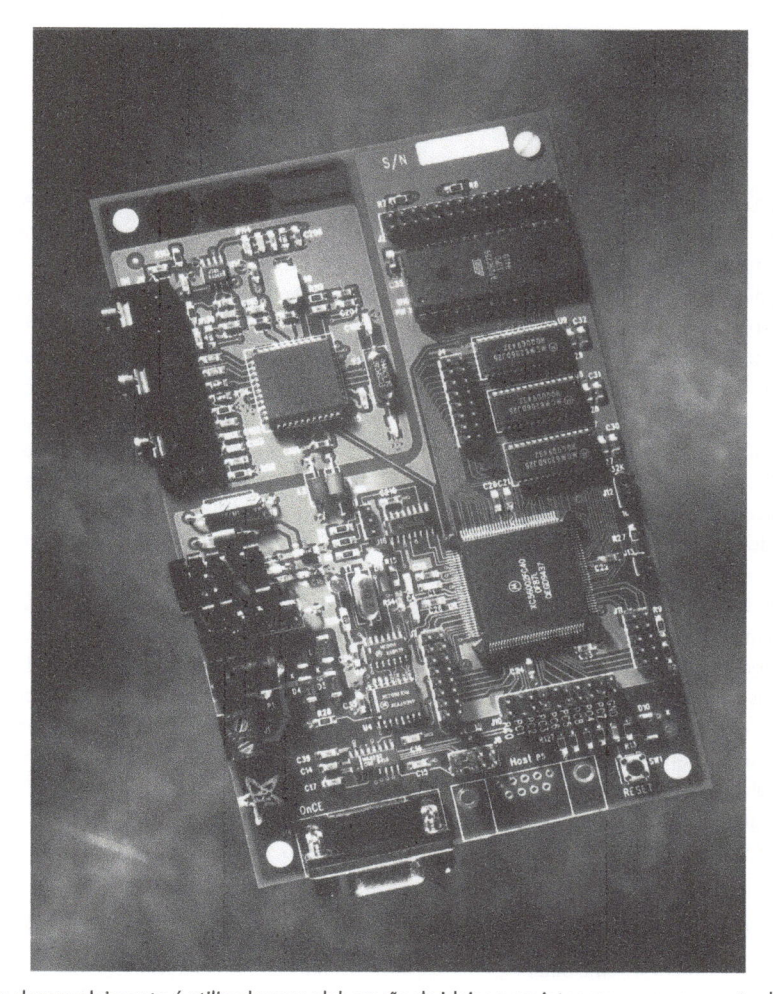

Este módulo de desenvolvimento é utilizado para elaboração de ideias e projetos em processamento digital de sinais.

O horizonte é promissor para aqueles que optarem por seguir carreira na área de eletrônica. Os novos produtos, as novas aplicações e o gigantesco crescimento da área significam bons empregos no futuro. Os trabalhos serão desafiadores e marcados por constantes mudanças.

Teste seus conhecimentos

Verdadeiro ou falso?

22. Circuitos integrados serão menos utilizados no futuro.
23. A curva de aprendizagem permite que os circuitos eletrônicos fiquem mais baratos conforme o tempo passa.
24. Futuramente, mais circuitos serão fabricados utilizando a tecnologia de inserção e menos serão fabricados utilizando *SMT*.

RESUMO E REVISÃO DO CAPÍTULO

Resumo

1. A eletrônica é uma área relativamente nova. Sua história iniciou-se no século XX.
2. Os circuitos eletrônicos podem ser classificados em digitais e analógicos.
3. O número de estados ou níveis de tensão é limitado em um circuito digital (usualmente dois).
4. Um circuito analógico tem um número infinito de níveis de tensão.
5. Em um circuito linear, o sinal de saída é uma réplica do sinal de entrada.
6. Todos os circuitos lineares são analógicos, mas nem todos os circuitos analógicos são lineares. Alguns circuitos analógicos distorcem o sinal.
7. Os sinais analógicos podem ser convertidos para um formato digital utilizando um conversor A/D.
8. Conversores digitais para analógicos são utilizados para produzir uma saída analógica simulada a partir de um sinal digital.
9. A qualidade da representação digital de um sinal analógico é determinada pela taxa de amostragem e pelo número de *bits* utilizado.
10. O número de níveis de saída de um conversor A/D é igual a 2 elevado à potência do número de *bits* utilizados.
11. O processamento digital de sinais utiliza computadores para melhorar os sinais.
12. O diagrama de bloco permite uma visão geral da operação do sistema eletrônico.
13. O diagrama esquemático mostra a ligação de cada componente individualmente e é, geralmente, necessário para a busca por defeito no nível de componentes.
14. A busca por defeitos deve ser realizada primeiramente no nível de sistema.
15. Geralmente, sinais CA e CC estão presentes em um circuito eletrônico.
16. Capacitores podem ser utilizados para acoplar sinais CA, bloquear sinais de corrente contínua ou desviar sinais de corrente alternada.
17. A *SMT* está substituindo a tecnologia de inserção.

Fórmulas

O número de níveis em um sistema binário é:
níveis = 2^n

Reatância capacitiva: $X_C = \dfrac{1}{2\pi fC}$

Reatância indutiva: $X_L = 2\pi fL$

Questões

Verdadeiro ou falso?

1-1 A maioria dos circuitos digitais trabalha apenas com dois níveis lógicos (alto e baixo).
1-2 A saída de um circuito digital são, normalmente, ondas senoidais.
1-3 A saída de um circuito linear é uma réplica exata da entrada.
1-4 Circuitos lineares são classificados como analógicos.
1-5 Todo circuito analógico é linear.
1-6 A saída de conversor A/D de 4 *bits* pode produzir 128 diferentes níveis de tensão.
1-7 Um atenuador é um circuito eletrônico utilizado para fazer com que os sinais fiquem mais fortes.
1-8 Na busca de defeito no nível de componentes, é melhor utilizar um diagrama de blocos.
1-9 Na Figura 1-8, se o sinal no ponto 4 estiver faltando, então o sinal no ponto 3 não deveria estar presente também.

1-10 Na Figura 1-8, a fonte de alimentação deveria ser checada primeiramente.

1-11 Na Figura 1-10, o capacitor C_2 poderia ser chamado de capacitor de desvio.

1-12 Na Figura 1-10, o nó C não possui uma componente CC porque C_1 bloqueia a corrente contínua.

1-13 Na Figura 1-11, o nó D é o único que apresenta uma forma de onda com componentes CC e CA.

1-14 Na Figura 1-14, a reatância da bobina possui valores elevados para sinais CC.

Raciocínio crítico

1-1 Funções realizadas hoje por circuitos eletrônicos podem ser feitas no futuro de outras formas. Você poderia dar algum exemplo?

1-2 Você poderia descrever um sistema simples que utilize somente dois fios mas que possa selecionar sinais vindos de duas pessoas diferentes?

1-3 Que tipo de defeito pode ocorrer no capacitor C_2, na Figura 1-10, e como estas falhas poderiam afetar a forma de onda no nó D?

1-4 Que tipo de defeito pode ocorrer no capacitor C_2, na Figura 1-13, e como estas falhas poderiam afetar a forma de onda no nó D?

Respostas dos testes

1.	V	8.	F	15.	V	21.	acoplamento (bloco CC)
2.	V	9.	V	16.	F	22.	F
3.	F	10.	F	17.	−7,5 V	23.	V
4.	V	11.	F	18.	12,5 V e 0 V	24.	F
5.	F	12.	V	19.	capacitores		
6.	V	13.	F	20.	desvio		
7.	V	14.	F				

Sensor molecular em uma superfície de silício.

capítulo 2

Semicondutores

Os circuitos eletrônicos costumavam ser construídos utilizando-se o fluxo de elétrons em dispositivos denominados tubos de vácuo. Atualmente, os circuitos eletrônicos são, em sua quase totalidade, baseados no fluxo de corrente elétrica em semicondutores. O termo "estado sólido" é utilizado para dizer que cristais semicondutores são utilizados na confecção de circuitos eletrônicos. A maneira como a corrente flui nos semicondutores é diferente em comparação aos materiais condutores. Algumas correntes são compostas por portadores de carga que não são elétrons. Além disso, temperaturas elevadas criam portadores adicionais nos semicondutores. Essas são diferenças importantes entre semicondutores e condutores. O transistor é considerado uma das maiores invenções de todos os tempos, sendo um exemplo de dispositivo semicondutor. Diodos e circuitos integrados também são semicondutores. Este capítulo abrange as propriedades básicas dos semicondutores.

Objetivos deste capítulo

- » Identificar alguns materiais elétricos mais comuns, tal como condutores e semicondutores.
- » Prever o efeito da temperatura em materiais condutores.
- » Prever o efeito da temperatura em materiais semicondutores
- » Mostrar a direção da corrente elétrica e da corrente de lacunas em um semicondutor.
- » Identificar os portadores majoritários e minoritários em um semicondutor tipo N.
- » Identificar os portadores majoritários e minoritários em um semicondutor tipo P.

» Condutores e isolantes

Todos os materiais são constituídos de átomos. O centro do átomo é um coração pequeno e denso chamado NÚCLEO. A Figura 2-1 (a) mostra que o núcleo de um átomo de cobre é feito de partículas positivas (+) denominadas PRÓTONS e partículas neutras (N) denominadas NÊUTRONS. Orbitando em torno do núcleo, estão os ELÉTRONS, os quais são partículas negativas (−). O átomo de cobre, assim como qualquer outro átomo, possui o mesmo número de prótons e elétrons. Assim, a carga total do átomo é zero.

Em eletrônica, o interesse concentra-se na órbita que se encontra mais distante do núcleo. Essa órbita é denominada ÓRBITA DE VALÊNCIA. No caso do cobre, existe apenas um elétron de valência. O ÁTOMO DO COBRE pode ser simplificado como mostrado na Figura 2-1 (b). Nela, o núcleo e as três primeiras órbitas são combinados em uma carga total positiva (+). Isso é balanceado por um único elétron de valência.

Os CONDUTORES constituem o caminho fundamental em circuitos eletrônicos. A Figura 2-2 mostra como um fio de cobre permite a formação de uma corrente elétrica. O fio de cobre possui um núcleo carregado positivamente e elétrons que são cargas negativas orbitando este núcleo. A Figura 2-2 está simplificada para mostrar apenas o elétron com órbita mais externa, ou ELÉTRON DE VALÊNCIA. O elétron de valência é muito importante, já que ele age como um PORTADOR DE CORRENTE.

Sabe-se que um pequeno pedaço de fio contem bilhões de átomos, cada um possuindo um elétron de valência no caso do cobre. Tais elétrons são fracamente atraídos aos núcleos de seus átomos, o que permite que eles sejam facilmente movidos. Se uma FORÇA ELETROMOTRIZ (UMA TENSÃO) é aplicada às extremidades do fio, o elétron de valência será atraído e começará a se mover em direção ao terminal positivo da fonte de tensão. Como existe um grande número de elétrons de valência e considerando que eles são fáceis de serem mo-

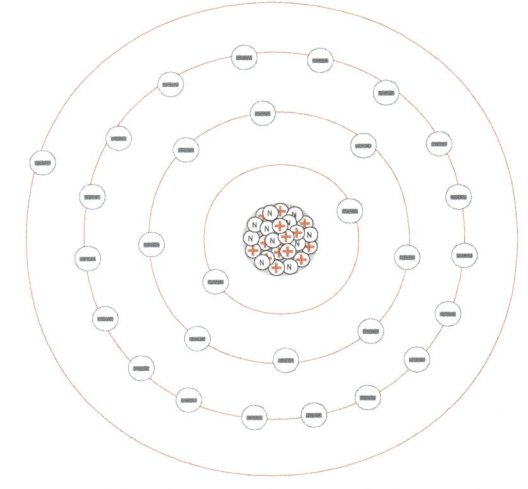

(a) Modelo de Bohr para o átomo de cobre (sem escala)

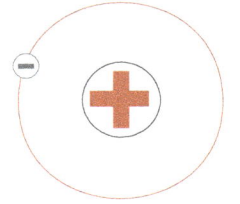

(b) Modelo simplificado

Figura 2-1 Átomo de cobre.

vidos, pode-se esperar que um grande número deles movimente-se devido à aplicação de uma pequena tensão elétrica. Por esta razão, o cobre é um excelente condutor, pois possui uma PEQUENA RESISTÊNCIA ELÉTRICA.

O aquecimento de um fio de cobre modificará sua resistência. Conforme o fio se torna quente, o elétron de valência se torna mais ativo. Ele se desloca para mais longe de seu núcleo e começa a movimentar-se mais rapidamente. Essa atividade aumenta as chances de uma colisão conforme a corrente de elétrons se dirige ao terminal positivo do fio. Tais colisões absorvem energia e aumentam a resistência à passagem da corrente. A resistência do fio aumenta conforme ele é aquecido.

Elétrons de valência

Fio de cobre

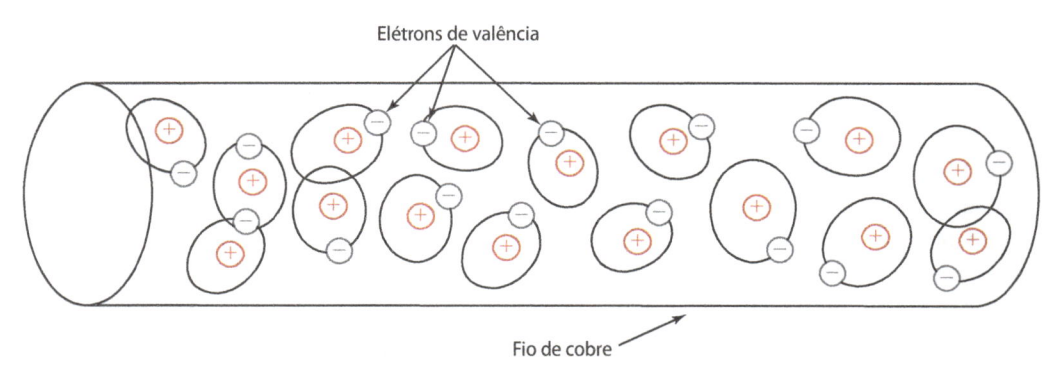

Figura 2-2 A estrutura de um condutor de cobre.

Todos os condutores apresentam este efeito. Conforme vão sendo aquecidos, eles conduzem de forma menos eficiente e sua resistência aumenta. Tais matérias possuem COEFICIENTE DE TEMPERATURA POSITIVO. Isso significa simplesmente que a relação entre temperatura e resistência é positiva, ou seja, se uma aumenta, a outra também.

O cobre é o condutor mais amplamente utilizado em eletrônica. A maioria dos fios utilizados em eletrônica é feita de cobre. Circuitos impressos utilizam trilhas de cobre agindo como circuitos condutores. Cobre é um bom condutor e, também, é fácil de soldar. Estas características tornam o cobre muito popular.

O alumínio é um bom condutor, mas não tão bom quanto o cobre. Ele é mais utilizado em transformadores de potência e linhas de transmissão do que em eletrônica. O alumínio é mais barato que o cobre, mas é mais difícil de soldar e tende a corroer rapidamente quando colocado em contato com outros metais.

A prata é o melhor condutor porque possui a menor resistência. Ela é, também, fácil de soldar. Porém, seu alto custo faz com que a prata seja muito menos utilizada que o cobre. Por outro lado, em casos em que os circuitos eletrônicos são críticos, condutores com cobertura de prata são empregados para minimizar a resistência.

O ouro é um bom condutor. Ele é muito estável e não é corroído tão facilmente quanto o cobre e a prata. Alguns contatos eletrônicos que são móveis ou deslizantes são cobertos com ouro. Isso aumenta a durabilidade do contato.

O oposto de um condutor é denominado ISOLANTE. Em um isolante, os elétrons de valência estão firmemente presos ao seu átomo. Eles não estão livres para se moverem, fazendo com que uma pequena ou nenhuma corrente elétrica flua quando uma tensão é aplicada. Praticamente todos os isolantes utilizados em eletrônica são baseados

Sobre a eletrônica

Materiais utilizados em dopagens, semicondutores e dispositivos de micro-ondas.

- GaAs (Arsenieto de gálio) trabalha melhor que silício em dispositivos de micro-ondas porque ele permite que os elétrons se movimentem mais rapidamente.
- Materiais adicionados com boro e arsênio são utilizados como dopantes.
- É teoricamente possível fabricar dispositivos semicondutores a partir de cristais de carbono.
- Receptores de radio utilizando cristais foram umas das primeiras aplicações de semicondutores

em compostos. Um COMPOSTO é uma combinação de dois ou mais diferentes tipos de átomos. Alguns dos elementos mais comumente aplicados em materiais isolantes são: borracha, plástico, poliéster, cerâmica, teflon e isopor.

A intensidade de isolamento de um material depende de como os átomos estão arranjados. O carbono é um desses materiais. A Figura 2-3(*a*) mostra o arranjo do carbono em uma estrutura de diamante. Nesses cristais ou estrutura de diamante, os elétrons não podem se mover para funcionar como portadores de corrente. Portanto, os diamantes são isolantes. A Figura 2-3(*b*) mostra o arranjo de carbono em uma estrutura de grafite. Nesse caso, os elétrons de valência estão livres para se moverem quando uma tensão é aplicada. Isso pode parecer estranho, já que tanto o diamante quanto o grafite são feitos de carbono, um sendo isolante e outro condutor. Isto é simplesmente uma questão de como os elétrons de valência estão presos na estrutura, o carbono na forma de grafite é utilizado na fabricação de resistores e eletrodos, o carbono na estrutura de um diamante não é utilizado para fazer dispositivos elétricos ou eletrônicos.

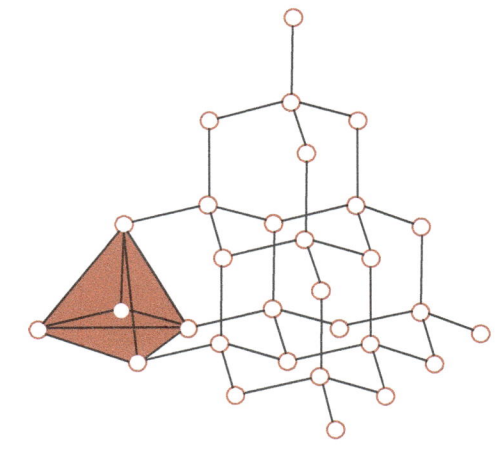

(*a*) Diamante

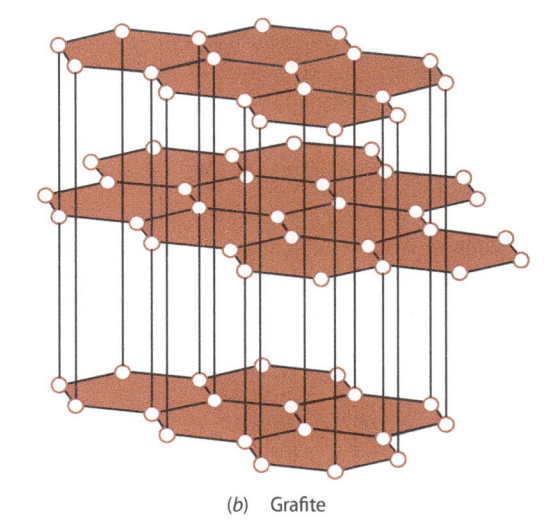

(*b*) Grafite

Figura 2-3 Estrutura do diamante e do grafite.

Teste seus conhecimentos

Verdadeiro ou falso?

1. Os elétrons de valência estão localizados nos núcleos dos átomos.
2. O cobre possui um elétron de valência.
3. Nos condutores, os elétrons de valência são fortemente atraídos pelos núcleos.
4. Os portadores de corrente nos condutores são os elétrons de valência.
5. Resfriar um condutor diminuirá sua resistência.
6. A prata não é muito utilizada em circuitos eletrônicos em função de sua elevada resistência.
7. O alumínio não é tão utilizado quanto o cobre em circuitos eletrônicos porque ele é difícil de soldar.

» Semicondutores

Os **SEMICONDUTORES** não permitem que a corrente flua tão facilmente como os condutores fazem. Em algumas condições, os semicondutores podem conduzir de forma tão ruim que se comportam como isolantes.

O **SILÍCIO** é o material semicondutor mais utilizado. Ele é utilizado para fabricar **DIODOS**, **TRANSISTORES** e circuitos integrados. Esses e outros componentes tornaram possível a existência da eletrônica moderna. Por isso, é importante entender alguns detalhes sobre o silício.

A Figura 2-4 mostra o átomo de silício. O aglomerado compacto de partículas no centro do átomo [Figura 2-4(a)] contem prótons e nêutrons. Esse aglomerado é chamado núcleo do átomo. Os prótons são as cargas elétricas positivas (+) e os nêutrons não apresentam carga elétrica (N). Elétrons negativamente carregados viajam em órbitas em torno do núcleo. A primeira órbita possui dois elétrons, a segunda órbita tem oito elétrons. A última, ou mais distante, órbita possui quatro elétrons. A órbita mais distante ou órbita de valência é a característica atômica mais importante no comportamento elétrico de um material.

Devido ao fato de o principal interesse estar na órbita de valência, o desenho do átomo de silício pode ser simplificado. A Figura 2-4(b) mostra somente o núcleo e a órbita de valência do átomo de silício. Lembre-se de que existem quatro átomos na órbita de valência.

Materiais com quatro elétrons de valência não são estáveis. Eles tendem a se combinar quimicamente com outros materiais. Eles podem ser chamados de **MATERIAIS ATIVOS**. Essa atividade pode levá-los a um estado mais estável. A lei natural faz com que certos materiais tendam a se combinar de modo que oito elétrons estejam disponíveis na órbita de valência. Oito é um número importante, porque ele proporciona estabilidade.

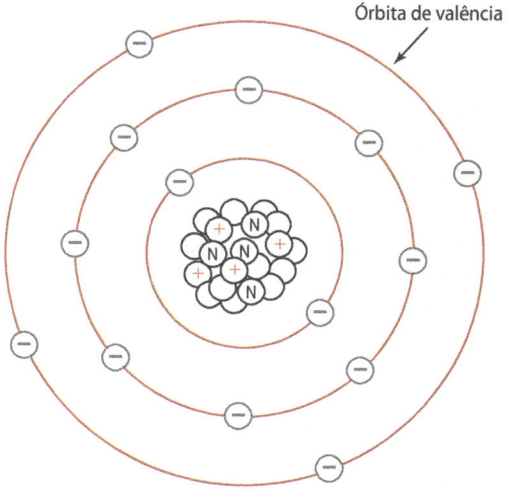

(a) Estrutura de um átomo de silício

(b) Átomo de silício simplificado

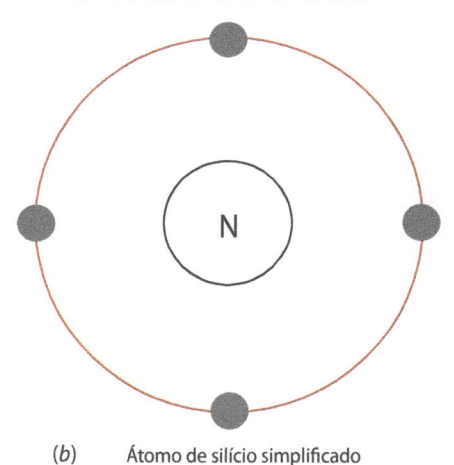

Figura 2-4 Átomo de silício.

Uma possibilidade de combinação para o silício é o oxigênio. Um único átomo de silício pode se juntar, ou combinar, com dois átomos de oxigênio formando o **DIÓXIDO DE SILÍCIO** (SiO_2). Esta ligação é denominada **LIGAÇÃO IÔNICA**. A nova estrutura, SiO_2, é muito mais estável do que o silício ou o oxigênio separadamente. É interessante levar em consideração que as propriedades químicas, mecânicas e elétricas de um material estão, geralmente, relacionadas. O dióxido de silício é estável quimicamente, pois, ele não reage facilmente com outros materiais. Ele é um material duro, semelhante a um vidro, sendo, também, eletricamente estável. Ele não é um condutor sendo, de fato, utilizado como ISOLANTE em circuitos integrados e outros dispositivos de estado sólido. SiO_2 é um isolante porque todos os seus elétrons de valência estão fortemente presos em ligações iônicas. Eles não são fáceis de mover e consequentemente não permitem um fluxo de corrente.

Algumas vezes, o oxigênio ou outro material não está disponível para que o silício possa realizar uma combinação. Porém, o silício continua necessitando alcançar um estado estável no qual é obtido com oito elétrons na órbita de valência. Na ocorrência das condições ideais, os átomos de silício podem se arranjar de modo a compartilhar elétrons de valência. Esse processo de compartilhamento é denominado LIGAÇÃO COVALENTE. A estrutura resultante deste tipo de ligação é chamada de CRISTAL. A Figura 2-5 é um diagrama simbólico de um cristal de silício puro. Os pontos representam os elétrons de valência.

Conte o número de elétrons de valência em torno de um núcleo de um átomo mostrado na Figura 2-5. Para facilitar a contagem, selecione um dos núcleos internos representados pela letra N dentro de círculo. Você deverá contar oito elétrons. Portanto, o cristal de silício é muito estável. Na temperatura ambiente, um cristal de silício puro é um mau condutor. Se um valor moderado de tensão for aplicado através do cristal, uma corrente muito pequena circulará por ele. Os elétrons de valência que normalmente permite que a corrente flua estão fortemente presos na ligação covalente.

Um cristal de silício puro se comporta como um isolante, apesar de o silício, enquanto material, ser classificado como semicondutor. O silício puro é comumente chamado de SILÍCIO INTRÍNSECO. O silício intrínseco possui muito poucos elétrons livres para permitir a circulação de corrente e, portanto, atua como isolante.

O silício cristalino também pode se feito de modo a se tornar um semicondutor. Uma forma de melhorar a sua condutividade é aquecê-lo. Lembre-se que o calor é uma forma de energia. Neste caso, o elétron

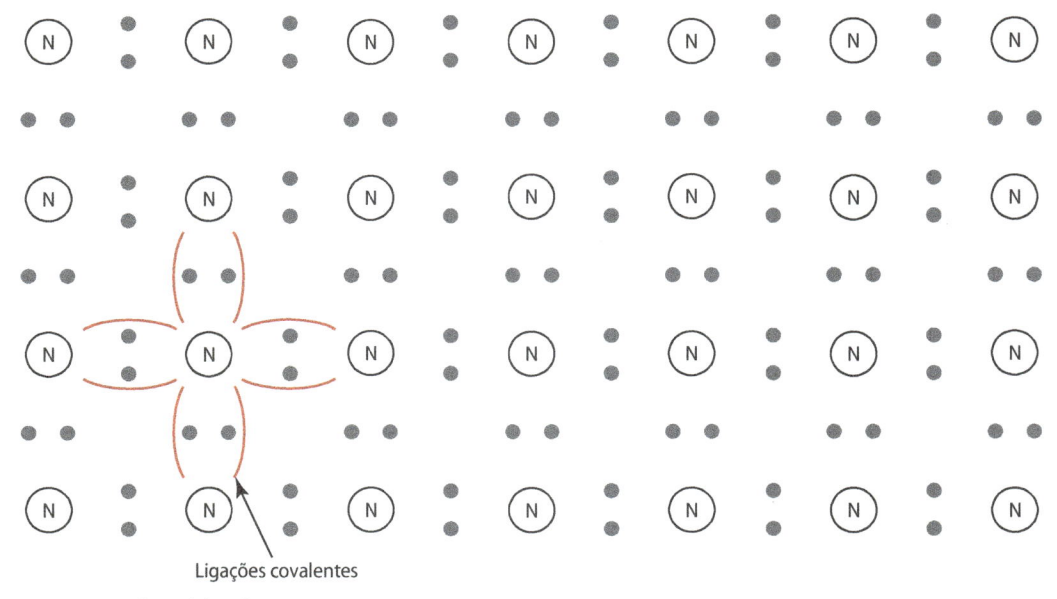

Figura 2-5 Cristal de silício puro.

de valência absorve um pouco desta energia e se desloca para uma órbita mais elevada. Este elétron com alta energia quebra a sua ligação covalente. A Figura 2-6 mostra um elétron de alta energia em um cristal de silício. Esse elétron pode ser denominado PORTADOR TÉRMICO. Ele é livre para se mover e, assim, permite o fluxo de corrente. Portanto, se uma tensão for aplicada ao cristal, a corrente fluirá através dele.

O silício possui um coeficiente de temperatura negativo, assim, sua resistência diminui conforme ocorre um aumento da temperatura. No entanto, é difícil prever exatamente o quanto a resistência irá diminuir para um caso em especial. Uma regra prática é que a resistência cairá pela metade para cada 6 ºC de aumento na temperatura.

O material semicondutor GERMÂNIO também é utilizado na fabricação de transistores e diodos. O germânio possui quatro elétrons de valência e pode formar o mesmo tipo de estrutura cristalina que o silício. É interessante ressaltar que o primeiro transistor a ser fabricado foi feito de germânio. O primeiro transistor de silício não havia sido desenvolvido até 1954. Atualmente, o silício substituiu quase totalmente o germânio na fabricação de transistores. Uma das principais razões para a substituição do germânio por silício está na resposta à VARIAÇÃO DE TEMPERATURA. O germânio também possui um coeficiente negativo de temperatura. A regra prática para o germânio é que a resistência diminui pela metade a cada 10 ºC de aumento na temperatura. Isso faz parecer que o germânio seja mais estável à mudança de temperaturas.

A grande diferença entre o germânio e o silício está na quantidade de energia necessária para mover um elétron de valência para uma camada mais elevada, quebrando, assim, a ligação covalente. Isso está longe de ser fácil de conseguir-se em um cristal de germânio. A comparação entre os dois cristais, um de germânio e um de silício, de mesmo tamanho e em temperatura ambiente mostra uma diferença de 1000:1 na escala de resistência. O cristal de silício apresenta uma resistência 1000 vezes maior que o de germânio. Embora a resistência do cristal de silício caia mais rapidamente que a do cristal de germânio, o silício continua apresentando maior resistência que o germânio para uma mesma temperatura.

Os projetistas de circuitos preferem dispositivos de silício na maioria das aplicações. O efeito térmico, ou de aquecimento, é geralmente uma fonte de problemas, principalmente porque a temperatura não é fácil de ser controlada e não se deseja que os circuitos sofram com sua influência. Porém, todos os circuitos estão sujeitos a mudanças de temperatura. Além disso, os bons projetistas conseguem minimizar os efeitos desta variação.

Em alguns casos, dispositivos sensíveis à variação de temperatura são necessários. Um sensor de medição de temperatura pode se valer do coeficiente de temperatura dos semicondutores. Portanto, o coeficiente de temperatura dos semicondutores não é sempre uma desvantagem.

O germânio deu início à revolução do estado sólido na eletrônica, mas o silício foi o que permitiu que a revolução realmente ocorresse. O circuito integrado é o componente principal da maioria dos equipamentos eletrônicos atualmente. Não é fácil construir circuitos integrados de germânio, porém, o silício funciona bem para esta aplicação.

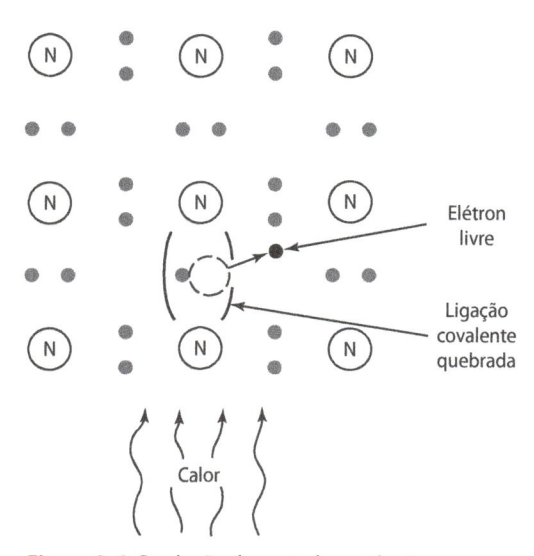

Figura 2-6 Produção de portadores térmicos.

Teste seus conhecimentos

Verdadeiro ou falso?

8. O silício é um condutor.
9. O silício possui quatro elétrons de valência.
10. O dióxido de silício é um bom condutor.
11. O cristal de silício é formado por ligações covalentes.
12. O silício intrínseco atua como isolante em temperatura ambiente.
13. Aquecer o semicondutor silício fará com que sua resistência diminua.
14. Um elétron que é retirado da sua ligação covalente é denominado portador térmico.
15. O germânio possui uma resistência menor que a do silício.
16. Os diodos e transistores de silício não são tão utilizados quanto os feitos de germânio.
17. Os circuitos integrados são feitos de germânio.

>> Semicondutores tipo N

Como já foi visto, os cristais de semicondutores puros são péssimos condutores. Altas temperaturas podem fazê-los conduzir devido aos portadores térmicos que são produzidos. Porém, para a maioria das aplicações, existe uma forma melhor de torná-los semicondutores.

A DOPAGEM é o processo de adicionar outros materiais denominados impurezas ao cristal de silício para modificar suas características elétricas. Um desses materiais "impuros" é o ARSÊNIO. O arsênio é conhecido como um doador de impureza porque cada um de seus átomos doa um elétron livre ao cristal. A Figura 2-7 mostra um átomo de arsênio simplificado. O arsênio é diferente do silício de várias formas, mas a diferença mais significativa está na órbita de valência: o arsênio possui cinco elétrons de valência.

Conexão com a internet

Procure informações relacionadas no endereço eletrônico do fabricante Texas Instruments.

A combinação de um átomo de arsênio com um cristal de silício resulta na liberação de um elétron livre. A Figura 2-8 mostra o que acontece. A ligação covalente na vizinha dos átomos de silício capturará quatro elétrons de valência do átomo de arsênio, exatamente como ocorreria se a ligação fosse com outro átomo de silício. Isso faz com que o átomo de arsênio seja fortemente ligado ao cristal. O quinto elétron de valência não pode formar uma ligação, então, nesse caso, ele se torna um elétron livre assim que a ligação é feita. Isso faz com que este elétron seja facilmente movido. Ele, então, se comporta como um portador de cor-

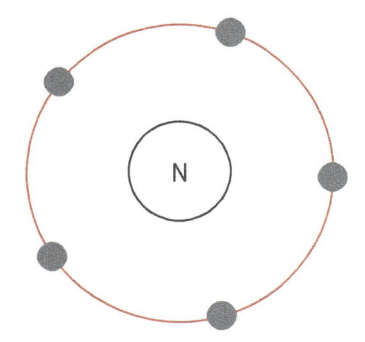

Figura 2-7 Átomo de arsênio simplificado.

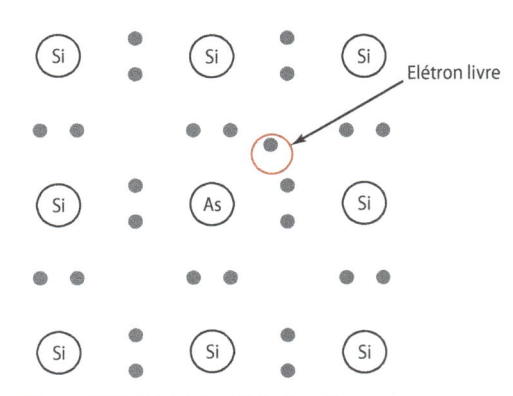

Figura 2-8 Cristal de silício tipo N.

rente. Assim, o silício dopado com alguns átomos de arsênio se torna um semicondutor em temperaturas ambientes.

A dopagem diminui a resistência do cristal de silício, pois, quando um doador de impurezas com cinco elétrons de valência é adicionado ao cristal, elétrons livres são produzidos. Como elétrons possuem carga negativa, o cristal resultante é chamado de **MATERIAL SEMICONDUTOR TIPO N**.

Teste seus conhecimentos

Responda às seguintes perguntas.

18. Que relação o arsênio tem com as impurezas?
19. Quantos elétrons de valência o arsênio possui?
20. Quando o silício é dopado, o que cada átomo desse elemento doa ao cristal?
21. De que forma os elétrons livres serviräo em um cristal de silício?
22. O que ocorre com a resistência do silício quando ele é dopado?

》 Semicondutores tipo P

O processo de dopagem pode envolver outros tipos de matérias. A Figura 2-9 mostra um esquema simplificado de um **ÁTOMO DE BORO**. Observe que o átomo de boro possui somente três elétrons de valência. Se um átomo de boro é adicionado a um cristal de silício, outro tipo de portador de corrente é formado.

A Figura 2-10 mostra que uma das ligações covalentes na vizinhança do átomo de boro não pode ser formada. Isso produz um **ELÉTRON FALTANTE** ou **LACUNA**. A lacuna é vista como uma **CARGA POSITIVA** pois é capaz de atrair ou ser ocupada por um elétron.

O boro é conhecido como um **RECEPTOR DE IMPUREZAS**. Cada átomo de boro em um cristal criará uma lacuna que é capaz de receber um elétron.

As lacunas, então, servem como portadores de corrente. Em um condutor, ou em um semicondutor tipo N, os portadores são os elétrons. Os elétrons livres são forçados a se movimentar devido à aplicação de uma tensão, e eles se dirigem em direção ao terminal positivo. Mas, em um semicondutor do tipo P, as lacunas se movem em direção ao terminal negativo da fonte de tensão.

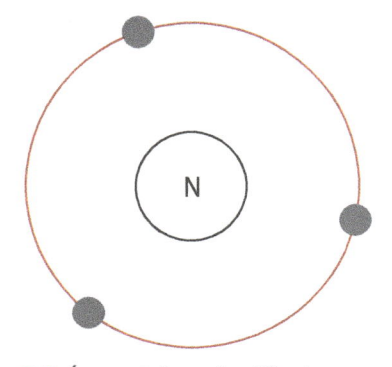

Figura 2-9 Átomo de boro simplificado.

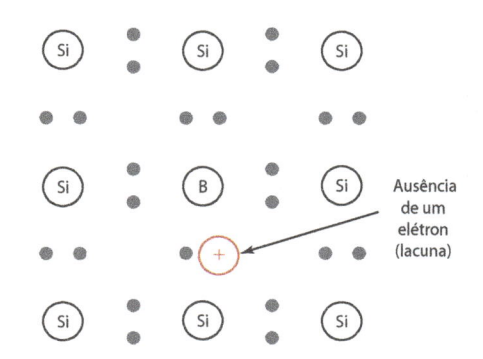

Figura 2-10 Cristal de silício tipo P.

A corrente de lacunas é igual à corrente de elétrons, mas circula no sentido oposto. A Figura 2.11 ilustra a diferença entre os materiais semicondutores dos tipos N e P. Na Figura 2.11(a), os portadores são os elétrons, os quais circulam em direção ao terminal positivo da fonte de tensão. Por outro lado, na Figura 2.11(b), os portadores são os elétrons, que se dirigem ao terminal negativo da fonte de tensão.

A Figura 2-12 mostra uma simples analogia para a corrente de lacunas. Suponha que uma fila de carros esteja parada em um sinal vermelho, mas que exista um espaço para o primeiro carro se mover um pouco mais à frente. O dono do carro aproveita a oportunidade e movimenta seu veículo deixando um espaço vago para o carro logo atrás dele. O motorista do segundo carro se movimenta, então, até esse espaço. O mesmo ocorre com o terceiro carro, o quarto e com todos os carros da fila. Os carros estão se movimentando da esquerda para a direita. Note que o espaço se movimenta da direita para a esquerda. O espaço pode ser comparado à lacuna para um elétron no cristal. Essa é a razão pela qual a corrente de lacunas se move em direção oposta à corrente de elétrons.

Teste seus conhecimentos

Responda às seguintes perguntas.

23. Que relação o boro tem com impurezas?
24. Quantos elétrons de valência o boro possui?
25. Os elétrons são considerados cargas negativas. Como são consideradas as cargas de lacunas?
26. Como são denominados os portadores de correntes que são produzidos a partir da dopagem de um cristal com átomos de boro?
27. Os elétrons se movimentam em direção ao terminal positivo da fonte de tensão. E as lacunas se movimentam em direção a qual terminal?

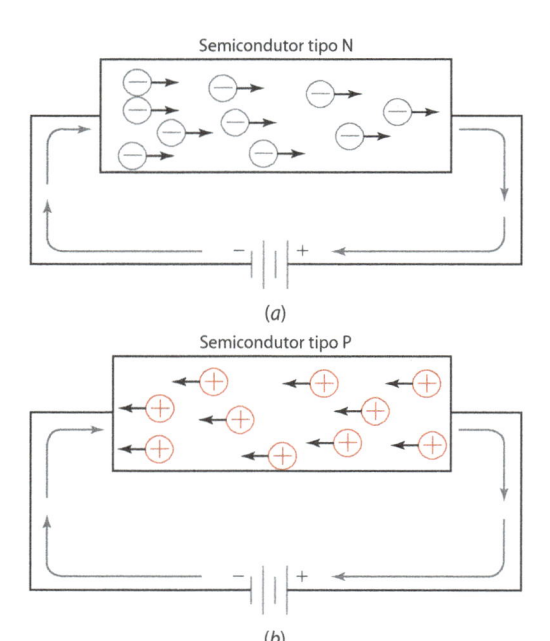

Figura 2-11 Condução em cristais de silício tipo N e P.

>> Portadores majoritários e minoritários

Quando materiais semicondutores tipo N ou P são construídos, o nível de dopagem pode ser tão pequeno quanto uma parte por milhão ou uma parte por bilhão. Apenas um fino traço de impureza tendo três ou cinco elétrons de valência é adicionado ao cristal. Na prática, é impossível fabricar um cristal puramente de silício. Sendo assim, é fácil imaginar que, ocasionalmente, um átomo com três elétrons de valência pode estar presente em um cristal semicondutor tipo N. Assim, uma lacuna indesejada estará presente no cristal. Esta lacuna é chamada de **PORTADOR MINORITÁRIO**. Os elétrons livres são os **PORTADORES MAJORITÁRIOS**.

Em um semicondutor tipo P, espera-se apenas que as lacunas sejam os portadores de corrente. Elas são, então, os portadores majoritários. Alguns pou-

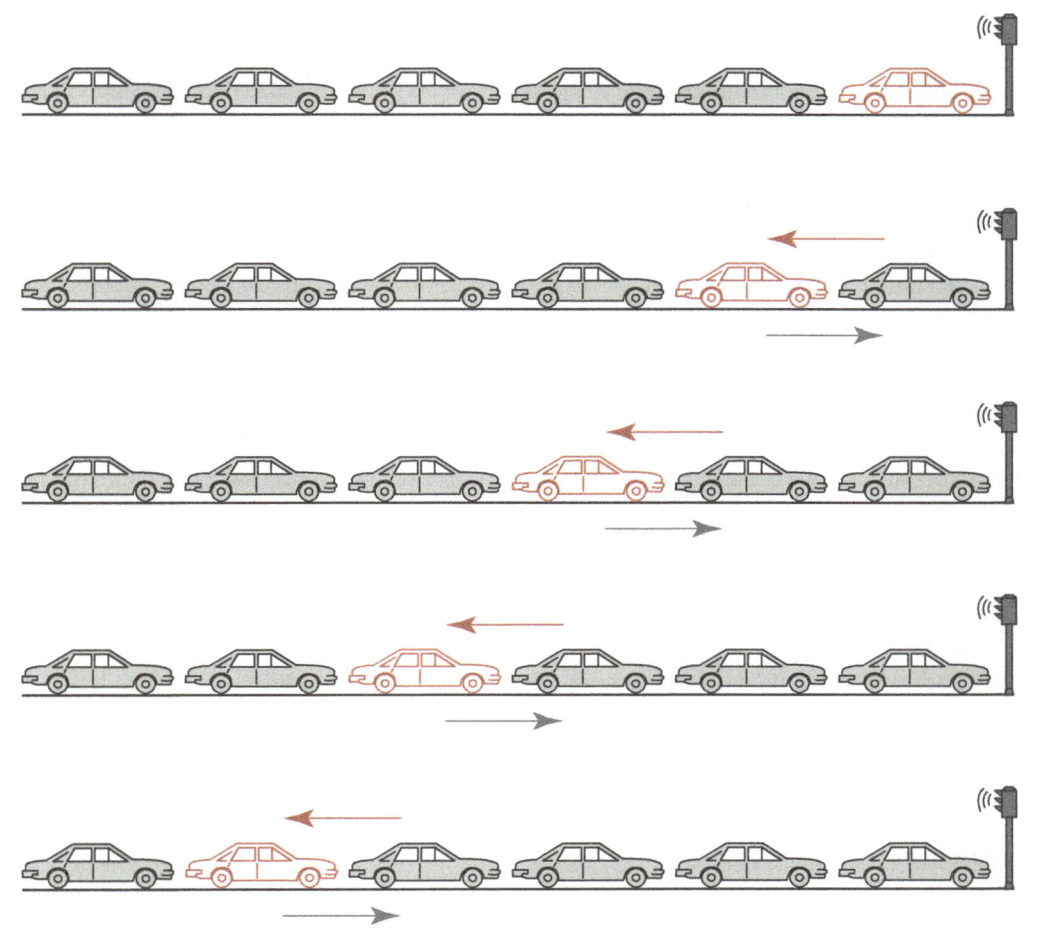

Figura 2-12 Analogia para uma corrente de lacunas.

cos elétrons livres podem estar presentes. Nesse caso, eles serão os portadores minoritários.

Resumindo, os portadores majoritários serão elétrons nos materiais tipo N e lacunas nos materiais tipo P. Consequentemente, os portadores minoritários serão as lacunas nos materiais tipo N e elétrons nos materiais tipo P.

Atualmente, é possível fabricar cristais formados por um número elevado de átomos de silício. Esse material possui um número muito pequeno de impurezas indesejadas. Embora isso faça com que o número de portadores minoritários seja mínimo, seu número aumenta devido a elevadas tempera-

História da eletrônica

Niels Bohr e o átomo

Os cientistas transformam o mundo melhorando as ideias concebidas por outros. Niels Bohr propôs o seu modelo atômico em 1913 que se baseava em níveis de energia (mecânica quântica) a partir do modelo de Rutherford. Bohr também se valeu de alguns trabalhos de Max Planck.

turas, podendo, este fato, se tornar um problema em alguns circuitos. Para entender como o calor produz portadores minoritários, consulte a Figura 2-6. Conforme a energia em forma de calor é adicionada ao cristal, mais e mais elétrons ganham energia suficiente para quebrarem suas ligações atômicas. Cada ligação quebrada produz, simultaneamente, um elétron livre e uma lacuna, portanto, o calor produz portadores aos pares. Se o cristal foi fabricado para ser um material do tipo N, cada lacuna térmica se torna um portador minoritário e cada elétron térmico se une aos outros portadores majoritários. Se o cristal foi fabricado para ser um material tipo P, cada lacuna térmica se une aos portadores majoritários e cada elétron térmico se torna um portador minoritário.

Os portadores produzidos pelo calor provocam uma diminuição na resistência do cristal. O calor também produz portadores minoritários. O calor e os portadores minoritários resultantes podem ter efeitos adversos no modo de funcionamento do dispositivo semicondutor.

O silício foi o foco deste capítulo devido ao fato de que muitos semicondutores são fabricados a partir dele. Porém, outros materiais chamados de COMPOSTOS SEMICONDUTORES começam a se tornar importantes. Eles são resultado de intensivas pesquisas nas áreas aeroespaciais e industriais que objetivam encontrar materiais que possam ser melhores que o silício em certas aplicações. As três áreas mais importantes nas quais os compostos semicondutores oferecem vantagens são a de altas frequências (geralmente denominada micro-ondas), em fotônica (produção, medição, controle e transmissão da luz) e em ambientes hostis tais como os de temperaturas extremamente frias ou de elevada radiação. Abaixo, segue uma lista parcial de alguns compostos semicondutores:

- Arsenieto de Gálio
- Fosfeto de índio
- Telureto de Mercúrio e Cádmio
- Carboneto de Silício
- Sulfureto de Cádmio
- Telureto de Cádmio

Teste seus conhecimentos

Verdadeiro ou falso?

28. Na fabricação de um material semicondutor tipo N, a proporção típica de dopagem é de 10 átomos de arsênio para 90 átomos de silício.
29. Um elétron livre em um cristal tipo P é chamado de portador majoritário.
30. Uma lacuna em um material tipo N é chamada de portador minoritário.
31. Conforme um material semicondutor tipo P é aquecido, pode-se esperar um aumento no número de portadores minoritários.
32. Conforme um material semicondutor tipo P é aquecido, o número de portadores majoritários diminui.
33. O aquecimento de um semicondutor aumenta o número de portadores minoritários e majoritários.

≫ *Outros materiais*

O silício está presente em praticamente todos os dispositivos fabricados na atualidade. Porém, ele está saindo de cena devido ao fato de que um aumento na sua performance torna-se cada vez mais difícil, principalmente, em se tratando de circuitos integrados. Dispositivos dos quais são feitos os CIs tal como os transistores tornam-se cada vez menores e progressivamente mais rápidos já que os elétrons e as lacunas não precisam percorrer longos caminhos. Os dispositivos atuais se tornaram tão pequenos que os efeitos atômicos começaram a interferir na sua própria operação.

Essa limitação do silício trouxe a necessidade de encontrar uma forma de aumentar a mobilidade dos portadores, fazendo com que elétrons e lacunas se movam mais rapidamente. A mobilidade pode ser aumentada utilizando outros materiais tal como o arsenieto de gálio. Você pode ter se deparado com o termo GASFET, que é um acrônimo para o transistor de efeito de campo fabricado com arsenieto de gálio. Os GASFETs são utilizados em aplicações de alta frequência.

A mobilidade dos portadores também pode ser aumentada utilizando-se uma variedade de tecnologias baseadas no silício, incluindo o silício expandido, o silício-germânio (SiGe) e silício sobre isolante (*silicon on insulator*, SOI, do inglês), bem como a combinação desses materiais.

O silício expandido é formado pelo depósito de uma camada de silício germânio em cima de uma pastilha tradicional de silício. As pastilhas de silício são a principal matéria-prima utilizada na fabricação de circuitos integrados. Uma camada de germânio é depositada na pastilha de silício, então, uma segunda camada de silício é depositada sobre a camada de germânio. Esta última camada de silício é expandida na interface com a camada de germânio, pois os átomos destes são diferentes em tamanho, sendo o de germânio 4% mais largo. A estrutura cristalina mais larga exerce um esforço na camada de silício de cima. Controlando a quantidade de germânio, é possível manipular a quantidade de esforço produzido na camada superior de silício. Com isso, é possível obter uma melhora de até 75% utilizando-se o silício expandido. Os transistores de silício-germânio são conhecidos por sua alta velocidade de resposta e sua performance em altas frequências. Os transistores serão introduzidos no Cap. 5.

Os semicondutores orgânicos são outro promissor exemplo de desenvolvimento tecnológico. Eles utilizam materiais semicondutores e algumas vezes condutores que são feitos de moléculas contendo carbono, geralmente, combinado com hidrogênio ou oxigênio. Mais lenta que a tecnologia baseada em silício, porém mais flexível e potencialmente mais barata, a eletrônica orgânica já produziu circuitos contendo centenas de transistores impressos em plásticos, sensores e memórias experimentais e visores que se dobram como papel. Os visores orgânicos podem competir com os fabricados de cristal líquido, já que eles são mais brilhantes e mais rápidos, além de não sofrem com o problema do ângulo de visão.

RESUMO E REVISÃO DO CAPÍTULO

Resumo

1. Bons condutores, como o cobre, possuem um grande número de portadores de corrente.
2. Em um condutor, os elétrons de valência são fracamente atraídos pelo núcleo de seus átomos.
3. Aquecer um condutor aumentará sua resistência. Essa propriedade é chamada de coeficiente de temperatura positivo.
4. Os átomos de silício possuem quatro elétrons de valência. Eles podem formar ligações covalentes, as quais resultam em uma estrutura cristalina estável.
5. A energia em forma de calor pode quebrar as ligações covalentes gerando elétrons livres que podem conduzir corrente.
6. À temperatura ambiente, os cristais de germânio possuem 1000 vezes mais portadores térmicos que os cristais de silício.
7. O processo de dopagem consiste em adicionar impurezas a um semicondutor.
8. Dopar um cristal semicondutor altera suas características elétricas.
9. Um material doador de impureza possui cinco elétrons de valência e produz elétrons livres no cristal. Nesse caso, é formado um material semicondutor tipo N.
10. Os elétrons livres servem como portadores de corrente.
11. Um receptor de impurezas possui três elétrons livres e produz lacunas no cristal.

12. As lacunas em material condutor servem como portadores de corrente.
13. Uma corrente de lacunas flui em direção oposta a uma corrente de elétrons.
14. Semicondutores com lacunas são classificados como materiais tipo P.
15. Impurezas com cinco elétrons de valência produzem semicondutores tipo N.
16. Impurezas com três elétrons de valência produzem semicondutores tipo P.
17. Lacunas se dirigem para o terminal negativo da fonte de tensão.
18. Nos materiais tipo N, os portadores majoritários são os elétrons. As lacunas são os portadores majoritários nos materiais tipo P.
19. Nos materiais tipo N, os portadores minoritários são as lacunas. Os elétrons são os portadores minoritários nos materiais tipo P.
20. O número de portadores minoritários aumenta com a temperatura.

Questões

Verdadeiro ou falso?

2-1 Os portadores de corrente em condutores tais como o cobre são lacunas e elétrons.
2-2 É fácil mover os elétrons de valência nos condutores.
2-3 Um coeficiente de temperatura positivo significa que a resistência aumentará quando a temperatura diminuir.
2-4 Condutores possuem o coeficiente de temperatura positivo.
2-5 O silício não é um semicondutor, a menos que ele seja dopado ou aquecido.
2-6 O silício possui cinco elétrons de valência.
2-7 O cristal de silício é resultante de uma ligação iônica.
2-8 Materiais com oito elétrons de valência tendem a ser instáveis.
2-9 Semicondutores possuem coeficiente de temperatura negativo.
2-10 O silício é preferido ao germânio na fabricação de semicondutores devido a sua elevada resistência independentemente da temperatura.
2-11 Quando um semicondutor é dopado com arsênio, elétrons livres são liberados no cristal.
2-12 Materiais do tipo N possuem elétrons livres que permitem o fluxo de corrente.
2-13 Dopar um cristal aumenta a sua resistência.
2-14 Dopar um cristal com boro produz elétrons livres nele.
2-15 A corrente de lacunas se move em direção oposta à corrente de elétrons.
2-16 Lacunas são portadores de corrente que apresentam carga positiva.
2-17 Um semicondutor tipo P apresenta poucos elétrons livres e estes elétrons são chamados de portadores minoritários.
2-18 Um semicondutor tipo N apresenta poucas lacunas e estas lacunas são chamadas de portadores minoritários.

Raciocínio crítico

2-1 Suponha que você tenha conseguido de aperfeiçoar um método viável capaz de produzir cristais de carbono ultrapuros e então os dopa com impurezas. Como estes cristais poderiam ser utilizados em eletrônica? (Dica: Diamantes são conhecidos por sua extrema dureza e pela habilidade de resistir a altas temperaturas.)
2-2 Alguns semicondutores, tal como o arsenieto de gálio, apresentam uma melhor mobilidade dos portadores de corrente que o silício, ou seja, os portadores se movem mais rápido pelo cristal. Quais tipos de dispositivos podem ser beneficiados por esta característica?
2-3 A reposta à variação de temperatura dos semicondutores resulta em um decréscimo do seu valor de resistência, o que causa problemas, na maioria mas não em todos, os produtos eletrônicos. Qual seria uma aplicação em que esta sensibilidade à variação de temperatura seria desejável?

2-4 Você aprendeu que condutores e semicondutores possuem coeficientes de temperatura distintos. Como você usaria este conhecimento para projetar um circuito que permanece estável para uma grande faixa de variação de temperaturas?

Respostas dos testes

1. F
2. V
3. F
4. V
5. V
6. F
7. V
8. F
9. V
10. F
11. V
12. V
13. V
14. V
15. V
16. F
17. F
18. ele é um doador de impurezas
19. cinco
20. um elétron livre
21. portadores de corrente
22. diminui
23. ele é um receptor de impurezas
24. três
25. positivas
26. lacunas
27. terminal negativo
28. F
29. F
30. V
31. V
32. F
33. V

Esta figura mostra um display constituído de diodos orgânicos emissores de luz (*organic light emitter diodes* – OLEDs) modelo Kodak Nuvue AM550L com diagonal de 2,2" (5,5 cm).

capítulo 3

Diodos

Este capítulo introduz o mais básico dos dispositivos semicondutores, o diodo. Os diodos são muito importantes em circuitos eletrônicos. Por isso, qualquer pessoa que trabalhe com eletrônica precisa estar familiarizado com eles. O estudo dos diodos lhe permitirá prever quando eles estarão conduzindo e, também, o caso contrário. Você estará apto a ler suas curvas características e identificar seus símbolos e seus terminais. Neste capítulo, serão apresentados, também, importantes tipos de diodos e suas aplicações.

Objetivos deste capítulo

» Prever a condutividade dos diodos nas condições de polarização direta e reversa.
» Interpretar as curvas características (volt-ampère) dos diodos.
» Identificar os terminais anodo e catodo de alguns diodos por inspeção.
» Identificar os terminais anodo e catodo de alguns diodos utilizando o ohmímetro.
» Identificar o símbolo esquemático de um diodo.
» Listar diversos tipos de diodos e suas aplicações.

⟫ A junção PN

O uso mais básico para materiais semicondutores do tipo P e N é a construção de DIODOS. A Figura 3-1 mostra a representação de um DIODO DE JUNÇÃO PN. Note que ele possui uma região do P com lacunas livres e uma região do tipo N com elétrons livres. O diodo forma uma única estrutura de um terminal a outro, ou seja, ele é formado por um único cristal de silício.

A junção mostrada na Figura 3-1 é a fronteira, ou a linha divisória, que marca o fim de uma seção e o início de outra. Ela não representa uma junção mecânica. Em outras palavras, a junção de um diodo é a parte do cristal onde o material tipo P termina e o material tipo N começa.

Uma vez que o diodo é um cristal inteiriço, os elétrons livres podem se mover através da junção. Quando o diodo é construído, alguns destes elétrons livres atravessam a junção e preenchem algumas lacunas do cristal P. A Figura 3-2 mostra este efeito. Como resultado, uma região denominada CAMADA DE DEPLEÇÃO é formada. Os elétrons que preencheram as lacunas são literalmente capturados (círculos em cinza) e não estão mais disponíveis para serem portadores de corrente. Os elétrons que saíram do material tipo N e as lacunas preenchidas na junção do material tipo P criaram uma região sem portadores livres. Essa região em torno da junção se tornou escassa de portadores de corrente.

A camada de depleção não continua crescendo indefinidamente. Uma diferença de potencial, ou força, surge na camada de depleção impedindo que os outros elétrons a cruzem e venham a preencher todas as demais lacunas do material tipo P.

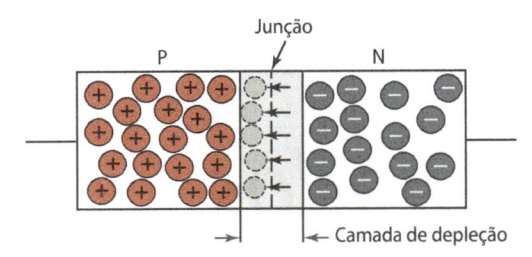

Figura 3-2 A camada de depleção do diodo.

A Figura 3-3 mostra o porquê de este potencial ser formado. Quando um átomo perde um elétron, ele se torna eletricamente desbalanceado, pois, ele passa a possuir mais prótons em seu núcleo do que elétrons em sua órbita. Isso faz com que ele possua uma carga total positiva. Ele é chamado de ÍON POSITIVO. Do mesmo modo, se um átomo ganha um elétron extra, ela passa a ter uma carga total negativa e é denominado ÍON NEGATIVO. Quando um elétron livre do material tipo N deixa seu átomo, este se torna um íon positivo. Quando este elétron se liga a outro átomo no material P, este átomo se torna um íon negativo. Estes íons formam uma carga que impede que os demais elétrons cruzem a junção.

Portanto, quando um diodo é fabricado, alguns elétrons cruzam a junção para preencher as lacunas. Este movimento de elétrons se cessa somente porque uma carga negativa é formada no material P repelindo qualquer elétron que possa tentar cruzar a junção. Essa carga negativa é chamada de POTENCIAL DE IONIZAÇÃO ou de BARREIRA. Barreira é um

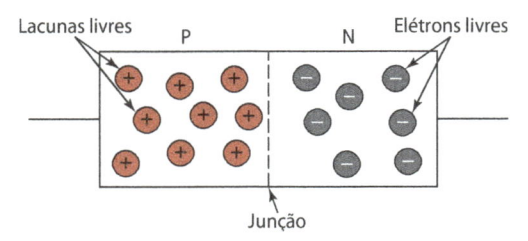

Figura 3-1 A estrutura de um diodo de junção.

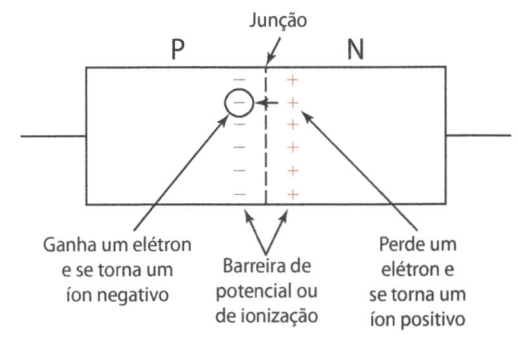

Figura 3-3 Formação da camada de barreira.

bom termo, já que o potencial impede que outros elétrons cruzem a junção.

Agora que já é compreendido o que acontece quando uma junção PN é formada, será possível investigar como é o seu comportamento elétrico. A Figura 3-4 mostra um resumo da situação. Existem duas regiões com portadores livres. Como estes portadores existem, pode-se esperar que estas regiões comportem-se como semicondutores. Porém, existe uma região no meio do cristal que não possui portadores. Quando não existem portadores, espera-se que o material comporte-se como um isolante.

Qualquer dispositivo que possua um isolador como camada central não pode conduzir. Assim, pode-se assumir que diodos de junção tipo PN são isolantes. Porém, a camada de depleção não se comporta exatamente como um isolante fixo. Inicialmente, ela foi formada por elétrons que se moveram e lacunas que foram preenchidas. Assim, uma tensão elétrica externa poderia eliminar a camada de depleção.

Na Figura 3-5, o diodo de junção PN é conectado em uma fonte de tensão. A conexão é feita de um modo apropriado no qual a camada de depleção é eliminada. O terminal positivo da fonte repele as lacunas no material tipo P empurrando-as através da junção. Por outro lado, o terminal negativo da fonte repele os elétrons e os empurra através do material tipo N.

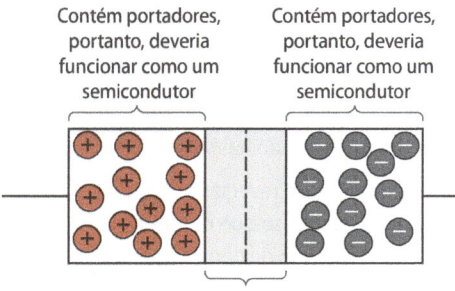

Figura 3-4 Camada de depleção vista como um isolante.

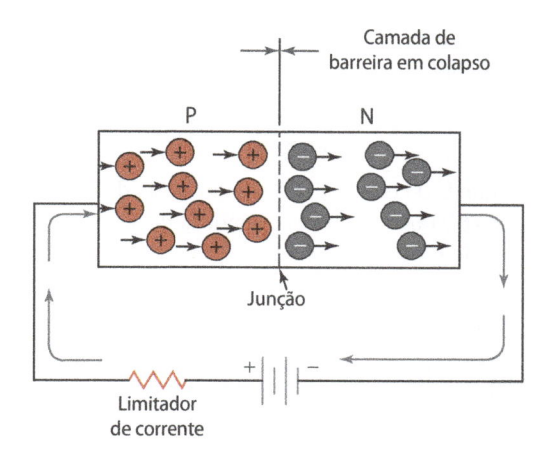

Figura 3-5 Polarização direta.

Isso faz com que a camada de depleção entre em colapso (seja eliminada).

Com a camada de depleção em colapso, o diodo pode, então, operar como um semicondutor. A Figura 3-5 mostra a corrente elétrica deixando o terminal positivo da bateria, fluindo através do limitador de corrente (resistor) e do diodo, e retornando ao terminal negativo da bateria.* O resistor limitador de corrente é necessário em alguns casos para manter a corrente em um nível seguro, pois diodos podem ser danificados devido a uma corrente excessiva. A lei de Ohm pode ser utilizada para calcular a corrente que flui através de um diodo no circuito. Por exemplo, se a bateria na Figura 3-5 for de 6 V e o resistor de 1 quilo-ohm (kΩ).

$$I = \frac{V}{R} = \frac{6\,V}{1\,k\Omega} = 6 \text{ miliampères (mA)}$$

No cálculo acima, a resistência do diodo e a tensão de barreira no mesmo são ignoradas, ou seja, a corrente acima é apenas uma aproximação. É possível melhorar o cálculo para obter um valor mais próximo da realidade. Para isso, a queda de tensão

---

* N. de R. T.: O sentido real da corrente corresponde aos elétrons livres deixando o terminal negativo da fonte, percorrendo o circuito e voltando ao terminal positivo. Porém, o sentido convencional, ou seja, cargas positivas se movendo em direção ao terminal negativo da fonte, é adotado na quase totalidade da literatura técnica no Brasil.

no diodo deve ser subtraída da tensão da fonte de alimentação:

$$I = \frac{6\,V - 0,6\,V}{1\,k\Omega} = 5,4\,mA$$

A queda de tensão típica em um diodo de silício é de 0,6 V quando este está conduzindo. O valor calculado continua sendo uma aproximação, porém, é um valor mais exato do que o valor anterior.

A condição mostrada na Figura 3-5 é chamada de POLARIZAÇÃO DIRETA. Em eletrônica, uma polarização é a aplicação de uma tensão ou uma corrente em um dispositivo. A polarização direta indica que a

EXEMPLO 3-1

Calcule a corrente na Figura 3-5 para uma bateria de 1 V e um resistor de 1kΩ. Determine se é importante considerar a queda de tensão no diodo. Primeiramente, calcule a corrente sem se considerar a queda de tensão:

$$I = \frac{1V}{1k\Omega} = 1\,mA$$

Faça um segundo calculo que considere a queda de tensão no diodo:

$$I = \frac{1V - 0,6\,V}{1k\Omega} = 0,4\,mA$$

É importante considerar a queda de tensão no diodo no cálculo da corrente quando a fonte de tensão possui um valor pequeno.

EXEMPLO 3-2

Um diodo Schottky tem uma queda de tensão de 0,3 V quando está conduzindo. O funcionamento desse tipo de diodo será detalhado na página 50. Calcule a corrente no circuito da Figura 3-5 considerando um diodo Schottky, uma bateria de 1 V e um resistor de 1 kΩ.

$$I = \frac{1V - 0,3\,V}{1k\Omega} = 0,7\,mA$$

A queda de tensão menor em um diodo Schottky faz uma diferença significativa no valor da corrente em circuitos, onde o valor da tensão na fonte de alimentação é pequeno.

EXEMPLO 3-3

Calcule a corrente para o circuito da Figura 3-5 considerando a fonte de tensão igual a 100 V e um resistor de 1 kΩ. Determine a importância de considerar-se a queda de tensão no diodo nos cálculos da corrente.

$$I = \frac{100\,V}{1k\Omega} = 100\,mA$$

Faça um segundo calculo que considere a queda de tensão no diodo:

$$I = \frac{100\,V - 0,6\,V}{1k\Omega} = 99,4\,mA$$

Não é importante considerar a queda de tensão no diodo no cálculo da corrente quando a fonte de tensão possui um valor relativamente elevado (em comparação à queda de tensão no diodo).

fonte de tensão ou corrente é aplicada de modo a tornar operante ou "ligar" o dispositivo. O diodo na Figura 3-5 se tornou operante devido ao modo como a bateria é ligada a ele, ou seja, este é um exemplo de polarização direta.

Outra possibilidade é a POLARIZAÇÃO REVERSA. A Figura 3-6(a) mostra a camada de depleção quando não há nenhuma polarização. Quando um diodo de junção é polarizado reversamente, a camada de depleção não entra em colapso, pelo contrário, ela se torna mais larga do que era antes. A Figura 3-6(b) mostra um diodo polarizado reversamente. O terminal positivo da fonte é aplicado ao material tipo N. Isso atrai os elétrons para fora da junção, enquanto o terminal negativo da fonte atrai as lacunas no material tipo P para fora da junção. Isso faz com que a camada de depleção se torne maior do que era quando não havia tensão aplicada.

Devido à polarização reversa ter alargado a camada de depleção, espera-se que nenhuma corrente flua pelo diodo. A camada de depleção é o isolante e isto faz com que ela bloqueie a passagem de corrente. Mas, na verdade, uma pequena corrente fluirá devido aos portadores minoritários. A Figura 3-7 mostra porque isto acontece. O material tipo P possui alguns elétrons minoritários, eles são empurrados em

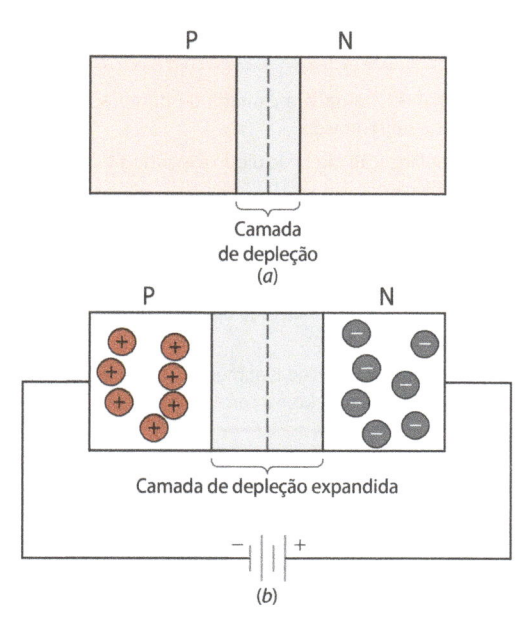

Figura 3-6 Efeito da polarização reversa na camada de depleção.

direção à junção pelo terminal negativo da bateria. O material tipo N possui alguns poucos portadores minoritários do tipo lacuna. Estas lacunas também são empurradas através da junção. Assim, a polarização reversa força os dois tipos de portadores minoritários a se moverem formando uma **CORRENTE DE FUGA**. Os diodos não são perfeitos, mas os diodos de

> **Sobre a eletrônica**
>
> **Diodos podem ser utilizados para proteção devido à polarização reversa**
> Um diodo pode prover proteção devido à polarização reversa. Uma forma de fazer isso é utilizar vários diodos em série. Outra estratégia consiste em utilizar um diodo de proteção do tipo *shunt* (desvio) que opera como um fusível caso a polaridade seja revertida.

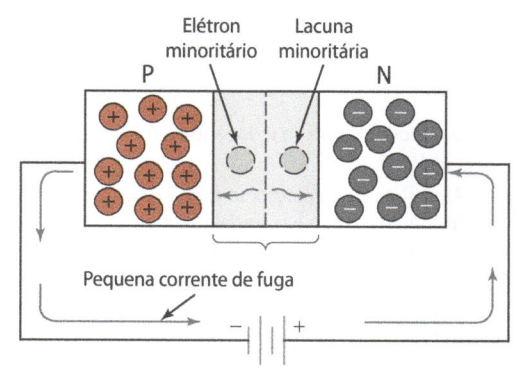

Figura 3-7 Corrente de fuga devida aos portadores minoritários.

silícios modernos usualmente apresentam uma corrente de fuga tão pequena que é impossível medi-la por um equipamento convencional. Existem poucos portadores minoritários no silício quando este se encontra em temperatura ambiente, portanto, as correntes reversas podem ser ignoradas.

Os diodos de germânio possuem uma corrente de fuga maior. Em temperatura ambiente, o germânio possui um número de portadores minoritários mil vezes maior do que o silício. Os diodos de silício custam menos, possuem uma menor corrente de fuga e são melhores escolhas em diversas aplicações. As vantagens dos diodos de germânio são o baixo valor da tensão de barreira e sua baixa resistência. Por isso, eles são utilizados em algumas aplicações bem específicas.

Resumindo, um diodo de junção PN conduzirá sem dificuldade em uma direção e conduzirá de forma ínfima na outra. A direção para uma fácil condução é ao material tipo N para o material tipo P. Se uma tensão é aplicada no diodo de modo que uma corrente possa fluir nesta direção, isto é denominado polarização direta. Isto torna o diodo muito útil, pois, permite que ele seja utilizado de modo que a corrente seja conduzida em apenas uma dada direção. Ele também pode ser utilizado como uma chave e um meio de converter corrente alternada (CA) em corrente contínua (CC). Existem, também, outros tipos de diodos que são utilizados para realizar funções especiais em circuitos elétricos e eletrônicos.

Teste seus conhecimentos

Verdadeiro ou falso?

1. Um diodo de junção é dopado com impurezas do tipo P e N.
2. A camada de depleção se forma devido aos elétrons que cruzam o material tipo P da junção para preencher as lacunas do material tipo N.
3. A barreira de potencial previne que todos os elétrons cruzem a junção e, assim, não preencham todas as lacunas.
4. A camada de depleção é um bom condutor.
5. Uma vez formada a camada de barreira, ela não pode ser removida.
6. A polarização direta do diodo expande a camada de depleção.
7. A polarização reversa entra em colapso com a camada de depleção e faz com que o diodo conduza.
8. Um diodo polarizado reversamente apresenta uma pequena corrente de fuga devido à ação dos portadores minoritários.
9. Temperaturas elevadas aumentam o número de portadores minoritários e a corrente de fuga no diodo.

❯❯ Curvas características dos diodos

Diodos conduzem bem em uma direção, mas não na outra. Essa é a propriedade fundamental dos diodos. Eles possuem outras características também precisam ser compreendidas de modo que se possa ter um perfeito conhecimento sobre os circuitos eletrônicos.

As características dos dispositivos eletrônicos podem ser apresentadas de diversas maneiras. Uma delas é organizar uma lista de valores de corrente para cada tensão aplicada. Esses valores podem ser apresentados em uma tabela, porém, a melhor forma de apresentá-los é em um gráfico, pois gráficos são mais fáceis para serem utilizados do que uma tabela de dados.

Um dos gráficos mais utilizados em eletrônica é a curva característica tensão por corrente. Os valores de tensão são marcados no eixo horizontal e os valores de corrente no eixo vertical. A Figura 3-8 mostra uma curva característica tensão por corrente para um resistor de 100 Ω. A origem é o ponto onde os dois eixos se cruzam. Este ponto indica onde os valores de tensão e de corrente são iguais a zero. Note que a curva do resistor passa pela origem. Isso significa que, se a tensão aplicada nas extremidades do resistor for zero, deve-se esperar uma corrente nula fluindo por ele. Pode-se verificar isso pela lei de Ohm:

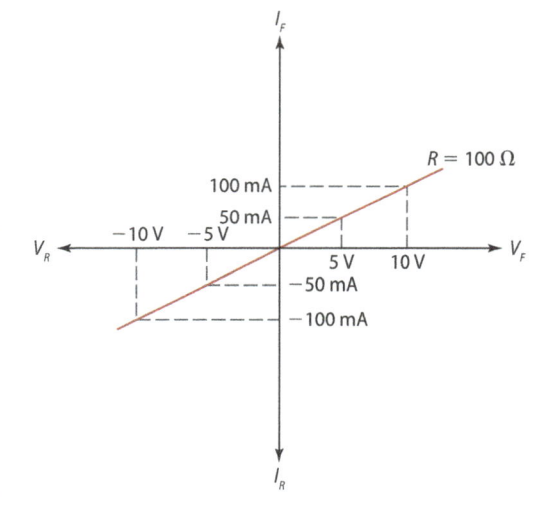

Figura 3-8 Exemplo de curva característica tensão *versus* corrente de um resistor.

$$I = \frac{V}{R} = \frac{0}{100} = 0 \text{ A}$$

Para o valor de 5 V no eixo horizontal, a curva relaciona o valor de 50 mA no eixo vertical. Analisando a curva, é possível encontrar fácil e rapidamente o valor da corrente correspondente para cada tensão. Para 10 V, a corrente é 100 mA. Isso pode ser verificado pela lei de Ohm:

$$I = \frac{V}{R} = \frac{10}{100} = 0{,}1 \text{ A} = 100 \text{ mA}$$

Seguindo a curva pela esquerda do pondo de origem na Figura 3-8, pode-se obter os valores de corrente para valores negativos de tensão, ou seja, quando a tensão é aplicada com a polaridade reversa. A tensão reversa é indicada por V_R, enquanto a tensão direta é indicada por V_F. Para -5 V, a corrente que flui pelo resistor será -50 mA. O sinal de menos indica que, se a tensão aplicada no resistor possui a polaridade invertida (reversa), a corrente fluirá também no sentido contrário (mudará de direção). A corrente direta é indicada por I_F, e a corrente reversa é designada por I_R.

A curva característica de um resistor é uma reta. Por essa razão, o resistor é classificado como um dispositivo linear. Entretanto, as curvas dos resistores não são necessárias, pois, com a ajuda da lei de Ohm, é possível obter valores sem a ajuda de um gráfico.

Os diodos são dispositivos mais complexos que os resistores. Suas curvas características de tensão por corrente fornecem informações que não podem ser obtidas a partir de uma simples equação linear. A Figura 3-9 mostra uma curva característica de tensão por corrente para um diodo de junção PN típico. Note que a curva não é linear. Com uma tensão de 0 V aplicada ao diodo ele não conduzirá. O diodo não conduzirá até que algumas centenas de milivolts sejam aplicadas em seus terminais. Esta é a tensão necessária para vencer a camada de depleção. Esse valor é 0,3 V para um diodo de germânio e 0,6 V para um diodo de silício.

A Figura 3-9 mostra também o que acontece quando um diodo é polarizado reversamente.

> **EXEMPLO 3-4**
>
> Com seria a curva da Figura 3-8 para um resistor de 50 Ω?
>
> $$I = \frac{V}{R} = \frac{10\,V}{50\,\Omega} = 200\,mA$$
>
> A curva seria uma reta passando pela origem e pelos pontos ± 10 V e ± 200 mA. Portanto, a curva do resistor de 50 Ω seria mais inclinada que a curva de um resistor de 100 Ω.

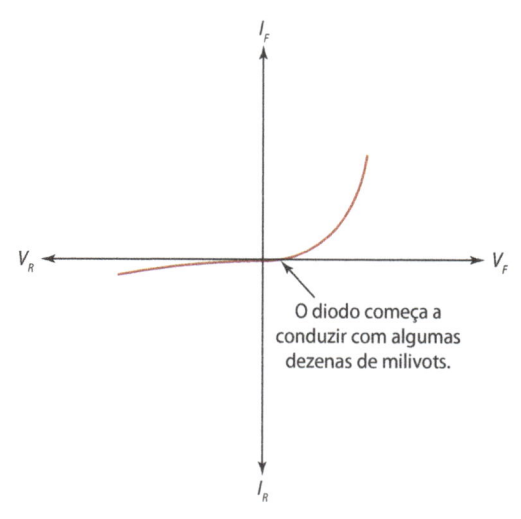

Figura 3-9 Curva característica tensão por corrente de um diodo.

Conforme se aumenta o valor de V_R, a curva mostra o surgimento de uma corrente reversa I_R no diodo. Essa corrente reversa é causada pelos portadores minoritários e normalmente possui valores muito pequenos. Geralmente, o eixo I_R é dado em microampères (μA). A corrente reversa não é significativa até que um grande valor de tensão reversa seja aplicado nos terminais do diodo. Por essa razão, o eixo V_R é dado em algumas dezenas ou centenas de volts.

A comparação entre as curvas características de um diodo de germânio e um de silício é mostrada na Figura 3-10. Fica evidente que um diodo de germânio necessita de um valor bem menor de tensão de polarização direta para conduzir. Isso pode ser uma vantagem em circuitos que operam com pequenos valores de tensão. Note, também, que o diodo de germânio apresenta uma tensão de barreira menor para qualquer valor de corrente em comparação ao diodo de silício. Os diodos de germânio apresentam uma menor resistência quando estão polarizados diretamente pelo fato de que o elemento germânio é melhor condutor. Porém, o diodo de silício continua sendo superior para a maioria das aplicações devido ao seu baixo custo e pequena corrente de fuga.

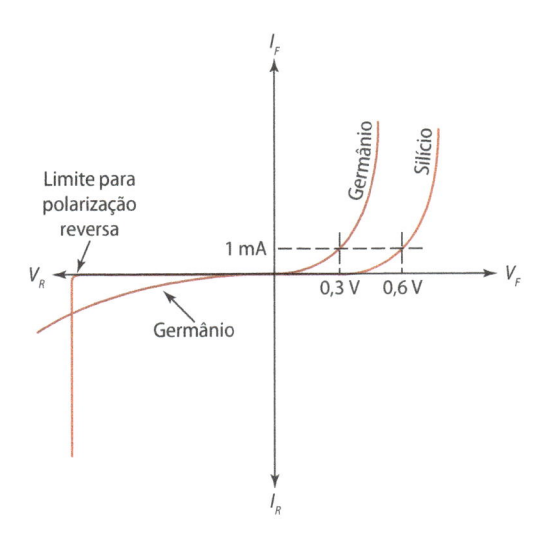

Figura 3-10 Comparação entre diodos de silício e germânio.

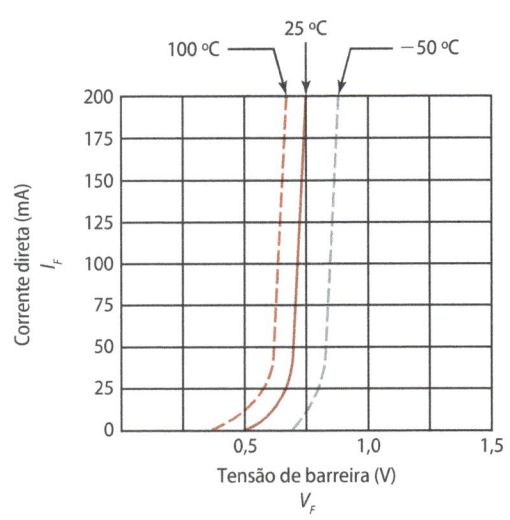

Figura 3-11 Curva característica mostrando o efeito da temperatura no funcionamento de um diodo de silício.

A Figura 3-10 também permite comparar os diodos de silício e germânio quando estes estão polarizados reversamente. Para valores adequados de tensão, a corrente de fuga possui valores bem pequenos nos diodos de silício, ao contrário dos diodos de germânio que apresentam um valor bem superior. Porém, se certo valor crítico de tensão V_R é alcançado, o diodo de silício sofrerá um rápido aumento no valor da corrente reversa. Isso é sinalizado pelo **PONTO CRÍTICO DE CORRENTE REVERSA**. Ele também se refere à **TENSÃO DE AVALANCHE**. A avalanche ocorre quando os portadores são acelerados e ganham energia suficiente para colidir com os elétrons de valência, fazendo com que eles se desprendam de seu átomo. Isso causa uma avalanche de portadores e, então, a corrente reversa aumenta enormemente.

A tensão de avalanche para diodos de silício varia entre 50 a 1000 V, dependendo de como o diodo foi fabricado. Se a corrente de avalanche não for limitada, o diodo será destruído. Esse efeito avalanche é evitado pelo uso de diodos que possam suportar de forma segura os valores de tensão presentes no circuito.

A Figura 3-11 mostra como uma curva característica tensão por corrente pode ser utilizada para indicar o efeito da temperatura na operação do diodo. As temperaturas estão indicadas em graus Celsius (ºC). Os circuitos eletrônicos são projetados para operar em faixas de temperatura entre −50 a 100 ºC. O limite inferior (50 ºC) é o mesmo que o mercúrio congela e o limite superior (100 ºC) é o valor no qual a água evapora. Já a faixa de trabalho para os circuitos eletrônicos utilizados em equipamentos militares é de −55 a 125 ºC. Para que os circuitos possam trabalhar em uma faixa tão ampla, é necessário um cuidado extremo na seleção dos materiais, no processo de manufatura utilizado e no manuseio e teste do produto final. Essa é a razão pela qual os

> **Sobre a eletrônica**
>
> **Diodo de silício e a indústria automobilística**
> O desenvolvimento do diodo de silício permitiu aos projetistas de automóveis utilizarem alternadores no lugar de geradores. Isso aumentou a performance e a confiabilidade do sistema de carga do automóvel.

dispositivos militares são muito mais caros do que os utilizados no comércio e na indústria.

Examinando as curvas na Figura 3-11, pode-se concluir que o silício conduz melhor em temperaturas elevadas. A razão para isso é que a tensão de barreira na polarização direta V_F diminui com o aumento da temperatura, ou seja, para isso, sua resistência deve diminuir também, o que está de acordo com o fato de o silício possuir um coeficiente de temperatura negativo.

Teste seus conhecimentos

Responda às seguintes perguntas.

10. Com o que se assemelha a curva característica de um sistema linear?
11. Com o que se assemelha a curva característica tensão por corrente de um resistor?
12. Considere a curva característica tensão por corrente para um resistor de 1000 Ω, que passa pelo ponto 10 V no eixo horizontal. Qual é o ponto correspondente a essa tensão no eixo vertical?
13. A curva característica tensão por corrente de um circuito aberto (∞ Ω) será uma linha reta sobre qual dos eixos?
14. A curva característica tensão por corrente para um curto circuito (0 Ω) será uma linha reta sobre qual dos eixos?
15. Resistores são dispositivos lineares. Que tipo de resistores são os diodos?
16. Um diodo de silício somente conduzirá quando for aplicada uma tensão de polarização direta de qual valor?
17. O efeito avalanche no diodo, ou ruptura reversa, é causado devido à aplicação do quê?

» Identificação dos terminais do diodo

Os diodos possuem POLARIDADE. Componentes como os resistores podem ser ligados sem se preocupar com qual terminal será conectado em que parte do circuito. Porém, se um diodo for ligado de forma invertida, ele e outras partes do circuito podem ser danificadas. Um técnico precisa estar sempre certo de que o diodo está corretamente conectado.

Os técnicos sempre se referem ao diagrama esquemático quando eles precisam checar a polaridade de um diodo. A Figura 3-12 mostra a simbologia utilizada para um diodo no DIAGRAMA ESQUEMÁTICO. O material tipo P constitui o ANODO do diodo. A palavra anodo é utilizada para identificar o terminal que atrai os elétrons. Já o material tipo N constitui o CATODO do diodo. A palavra catodo se refere ao terminal do qual os elétrons fluem. Note que, na polarização direta, os elétrons fluem do catodo para o anodo* (conforme ilustra a seta para a direita).

Existem diversos encapsulamentos para os diodos. Alguns exemplos estão mostrados na Figura 3-13. A indústria utiliza plástico, vidro, metal, cerâmica ou a combinação desses materiais para confeccionar o encapsulamento dos diodos. Existe um bom número de tamanho e formatos disponíveis no mercado. Geralmente, os dispositivos de maior tamanho suportam a passagem de elevadas cor-

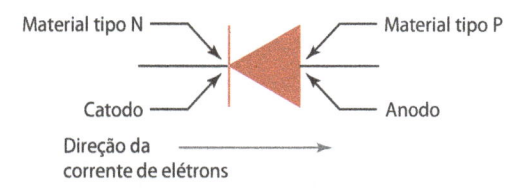

Figura 3-12 Símbolo esquemático do diodo.

---

* N. de R. T.: O sentido real da corrente (de elétrons) está indicado na Figura 3-12 pela seta verde. Porém, deve-se ressaltar que o sentido de corrente convencional será adotado na análise dos circuitos eletrônicos neste livro.

Catodo C ──▶|── A Anodo
Símbolo esquemático

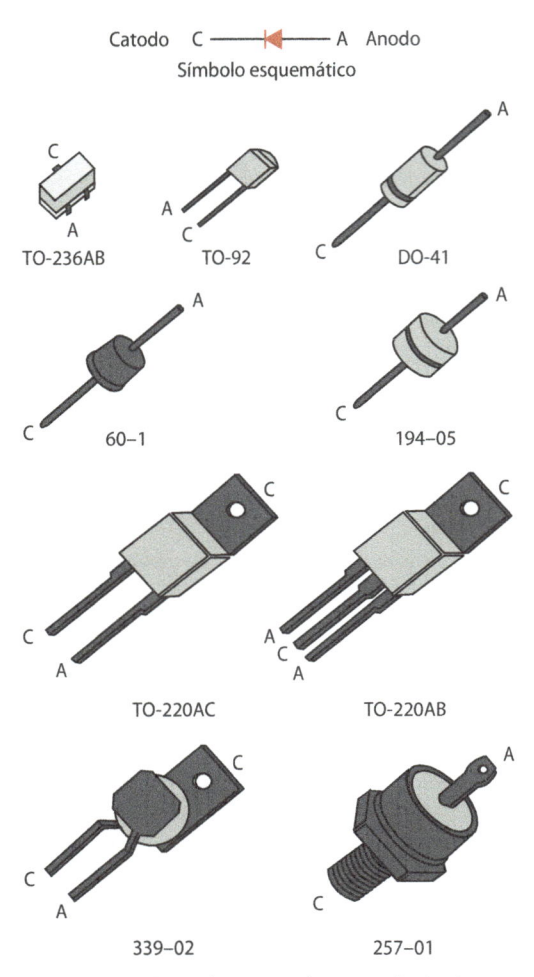

TO-236AB   TO-92   DO-41

60–1   194–05

TO-220AC   TO-220AB

339–02   257–01

Figura 3-13 Tipos de encapsulamento de diodos.

194-05 mostrado na Figura 3-13, embora a ilustração não mostre isso. O modelo TO-220AC possui o terminal do catodo e a aba de metal que, também, funciona como terminal catodo. Tanto o terminal quanto a aba podem ser utilizados para conectar o diodo ao circuito. O TO-220AB apresenta dois terminais catodos. Nesse caso, a diferença é que este encapsulamento possui dois diodos. Os anodos dos dois diodos são disponíveis em dois diferentes terminais, mas os terminais catodo são conectados internamente.

Os fabricantes podem oferecer diodos na versão normal de polaridade e na versão de polaridade inversa. Por exemplo, o terminal em forma de rosca do encapsulamento 257-01 na Figura 3-13 é um anodo com polaridade inversa. O número de identificação deste dispositivo vem seguido da letra R que denota polaridade reversa. Porém, geralmente, o número de identificação não vem marcado no dispositivo. Outro problema é que os fabricantes utilizam o mesmo encapsulamento para abrigar dispositivos diferentes. Tanto o encapsulamento TO-236AB quanto o TO-220AB também são utilizados para transistores. Em outras palavras, uma simples inspeção em um circuito eletrônico pode não permitir a identificação correta dos componentes presentes nele. Para se ter certeza, é necessário utilizar esquemas e outras literaturas técnicas.

rentes. Normalmente, o encapsulamento do diodo possui uma marca indicando o TERMINAL CATODO. Essas marcas podem ser feitas utilizando uma ou mais faixas próximas àquele terminal. Um exemplo deste método de identificação é mostrado na Figura 3-13 para o encapsulamento DO-41. Alguns encapsulamentos mais antigos utilizavam um chanfro ou um sinal de soma (+) para indicar o terminal catodo.

Outros encapsulamentos utilizam formas variadas para identificar os terminais do diodo. Alguns poucos utilizam o símbolo do diodo impresso em si. Esse método pode ser utilizado no encapsulamento

Devido ao fato de que os encapsulamentos dos diodos podem causar confusão, um técnico pode checar o diodo e identificar seus terminais utilizando um multímetro analógico ou digital. Para essa verificação será utilizada a função ohmímetro do medidor. Os terminais do ohmímetro são conectados aos do diodo e a resistência é medida conforme mostrado na Figura 3-14. A escolha da escala $R \times 100$ é indicada para esta checagem de resistência (alguns multímetros já possuem uma função própria para checagem de diodos). Nesse procedimento, é necessário somente saber se a resistência é baixa ou alta. Assim, as medidas exatas não são importantes. Então, quando os terminais do ohmímetro forem invertidos como mostra a Figura 3-14 (b), a leitura deveria mudar drasticamente. Se isso não acontecer, provavelmente, o diodo está com defeito. Pela Figura 3-14, pode-se concluir que o diodo está em perfeito estado e que o terminal da esquerda é o catodo. Quando o terminal positivo do ohmímetro está conectado ao lado direito, o diodo está conduzindo. A corrente de polarização direta flui, então, do catodo para o anodo. Conectar o anodo no terminal positivo é necessário, pois ele irá atrair elétrons. Lembre-se de que, para polarizar diretamente um diodo, é necessário fazer com que o anodo seja positivo em relação ao catodo.

O uso de ohmímetros funciona muito bem para checagem de diodos e identificação de seus terminais. Porém, existem duas armadilhas que um técnico deve conhecer para não cometer erros. Alguns ohmímetros antigos possuem a polaridade invertida. Isso pode ocorrer em algumas faixas de medida do aparelho ou em todas elas. A única forma de ter certeza é checar o ohmímetro utilizando separadamente um voltímetro CC. Conheça o seu medidor. Se estiver utilizando um aparelho que não esteja familiarizado, não assuma que o comum, ou seja, o conector preto seja o terminal negativo na função ohmímetro. A segunda armadilha é que a tensão de alimentação do ohmímetro pode não ser grande o suficiente para fazer o diodo conduzir. Nesse caso, as medidas indicarão que o diodo está aberto (valores elevados da resistência nas duas direções). A maioria dos multímetros digitais atuais possui uma função para medidas de baixa resistência utilizando 0,2 V. Lembre-se de que é necessário 0,3 V para que um diodo de germânio conduza e 0,6 V para o diodo de silício. Alguns diodos especiais que trabalham com tensões elevadas precisam de muito mais do que esses valores para conduzir e não podem ser testados com ohmímetros.

Alguns ohmímetros antigos podem fornecer uma tensão ou corrente suficientemente grandes a ponto de danificar os diodos. Os diodos utilizados em aplicações de detecção de alta frequência, por exemplo, podem ser muito delicados. Normalmente, não é uma boa ideia checar tais diodos com ohmímetros. Os técnicos precisam investir algum tempo para aprender as características de seus equipamentos de teste.

O custo dos multímetros digitais diminuiu bastante e, atualmente, eles são mais baratos que um bom multímetro analógico. Assim, um técnico precisa estar apto a utilizar estes multímetros para testar diodos e identificar seus terminais. Os procedimentos mudam de modelo para modelo, e é sempre relevante ler o manual de operação de cada modelo antes de usar.

Os multímetros digitais modernos possuem funções separadas para mediação de resistência e para teste diodos. Geralmente, a função de teste para diodos é marcada pelo símbolo esquemático

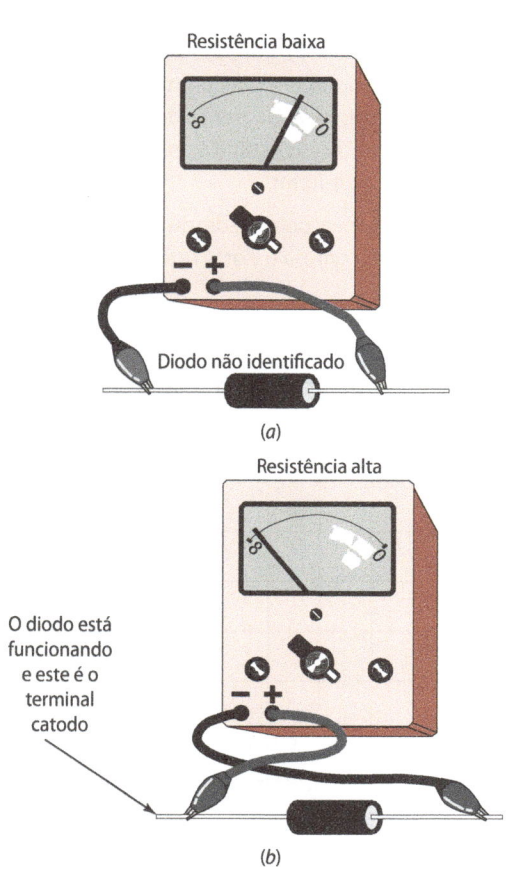

Figura 3-14 Testando um diodo com um ohmímetro.

do diodo. Para esse tipo de multímetro, utilize sempre a função de teste de diodos.

Alguns multímetros digitais possuem uma função sonora quando utilizada a função de checagem de diodo. Eles emitem um apito quando o diodo está diretamente polarizado, apitam de forma contínua quando o diodo está em curto e não fazem som algum quando o diodo está reversamente polarizado.

A função de teste de diodos em alguns multímetros digitais fornece aproximadamente 0,6m A através do dispositivo que está sendo testado. O visor digital mostra, então, a queda de tensão no componente. No caso normal, para uma junção polarizada diretamente, o visor mostrará algo em torno de 0,250 a 0,700, utilizando esse tipo de medidor. Se a junção estiver reversamente polarizada, o visor indicará uma sobrefaixa.

A Tabela 3-1 mostra algumas leituras típicas obtidas utilizando-se a função ohmímetro e a função de teste de diodos de um multímetro digital para alguns tipos de diodos. Em todos os casos, o diodo funciona normalmente e está diretamente polarizado pelo medidor. Note que, conforme a capacidade de condução de corrente dos diodos aumenta, a resistência do diodo diminui quando se utiliza o ohmímetro e a tensão sobre o diodo diminui quando se utiliza a função de teste de diodos. Note, também, que os diodos tipo Schottky e o diodo de germânio apresentam a menor resistência e a menor queda de tensão dentre todos. O funcionamento dos **diodos Schottky** será explicado na próxima seção.

Diodos são dispositivos não lineares. Eles não apresentam a mesma resistência quando são aplicados diferentes valores de tensão em uma polarização direta. Por exemplo, um diodo de silício pode apresentar uma resistência (polarizado diretamente) de 500 Ω quando medido na escala de 2 a 5 kΩ do ohmímetro e apresentar uma resistência de 5 kΩ quando medido na escala de 20 kΩ. Essa diferença é esperada devido ao fato de que o ohmímetro faz com que o diodo opere em região diferente de sua curva quando outra faixa de medição é selecionada. A Figura 3-15 ilustra esta ideia. A lei de Ohm é utilizada para calcular a resistência do diodo em dois pontos diferentes da **curva característica**. No ponto de operação mais acima no gráfico, a resistência do diodo é 500 Ω e 5 kΩ no ponto inferior.

Para iniciantes, a polaridade do diodo pode ser uma questão confusa e existe uma boa razão para

Tabela 3-1 *Resultados típicos de testes de diodos utilizando-se um multímetro digital*

Dispostivo testado	Resultados	
	Função ohmímetro kΩ	Função teste de diodo
Diodo de silício pequeno	19	0,571
Diodo de silício de 1 A	17	0,525
Diodo de silício de 5 A	14	0,439
Diodo de silício de 100 A	8,5	0,394
Diodo Schottky pequeno	7	0,339
Diodo de germânio pequeno	3	0,277

$$R_D = \frac{V_D}{I_D} = \frac{0,7\,V}{1,4\,mA} = 500\,\Omega$$

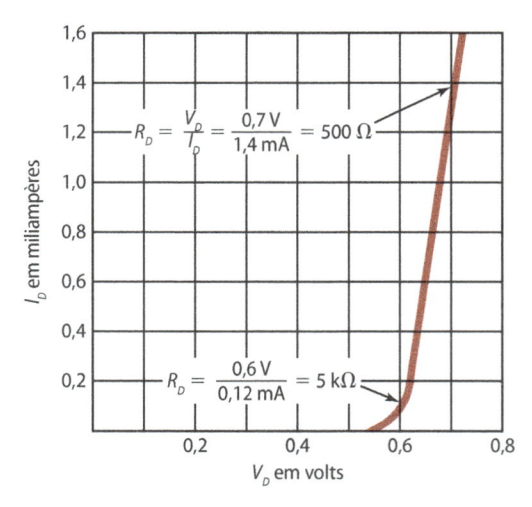

$$R_D = \frac{0,6\,V}{0,12\,mA} = 5\,k\Omega$$

Figura 3-15 Resistência do diodo para diferentes pontos de operação.

> **EXEMPLO 3-5**
>
> Encontre a resistência R_D a partir da Figura 3-15 se $V_D = 0,2$ V. Utilize a lei de Ohm.
>
> $$RD = \frac{V_D}{I_D} = \frac{0,2\,V}{0} = \text{indefinido}$$
>
> A divisão por 0 resulta em indefinição matemática. Portanto, quando o denominador da fração se aproxima de zero, o valor da mesma se aproxima de infinito:
>
> $$R_D \Rightarrow \infty$$
>
> A ideia relevante aqui é: a resistência de um diodo tende a ser infinita se a tensão de polarização do diodo for menor que a tensão de barreira.

isso. Uma das formas mais antigas de se identificar o terminal catodo era utilizar um sinal de soma (+) (isto não é feito atualmente pelos fabricantes). Embora já tenha sido dito aqui que o diodo começa a conduzir quando o terminal anodo é polarizado positivamente em relação ao catodo, isto parece ser uma contradição. Porém, a razão do sinal de soma ter sido utilizado para indicar o terminal catodo está relacionada ao fato de como o diodo se comporta em um circuito retificador. Em um circuito retificador, o terminal catodo é conectado ao terminal positivo da carga. Assim, o sinal positivo era usado para ajudar os técnicos a saberem qual era o terminal positivo da carga. Circuitos retificadores serão introduzidos na próxima seção e seu funcionamento será detalhado no Capítulo 4.

Teste seus conhecimentos

Responda às seguintes perguntas.

18. Assuma que o diodo está diretamente polarizado. Como é chamado o terminal do diodo que está conectado no negativo da fonte?
19. Como é chamado o terminal do diodo que se encontra próximo à faixa ou ao chanfro do encapsulamento?
20. O que indica o sinal positivo (+) em diodos antigos?
21. Um ohmímetro é conectado aos terminais de um diodo. Como resultado, o medidor indica uma resistência baixa. Invertem-se, então, os terminais. Uma resistência baixa continua sendo mostrada. Qual é o estado do diodo?
22. O que acontecerá ao diodo quando um terminal positivo de um ohmímetro for conectado ao anodo do diodo?
23. Os diodos apresentam diferentes quedas de tensão (quando polarizados diretamente) para faixas distintas de um ohmímetro. Por que isso ocorre?

» *Tipos de diodos e suas aplicações*

Existem vários tipos diferentes de diodos e diversas aplicações para eles em circuitos eletrônicos. Alguns dos mais importantes são apresentados nesta seção.

DIODOS RETIFICADORES são amplamente utilizados. Um retificador é um dispositivo que converte corrente alternada em corrente contínua. Como o diodo conduz facilmente em uma única direção, apenas meio ciclo de uma onda CA passará por ele. Um diodo pode ser utilizado para alimentar com corrente contínua um carregador simples de baterias (Figura 3-16). Uma bateria secundária pode ser carregada passando por ela uma corrente contínua na direção oposta a sua corrente de descarga. O retificador permitirá que somente flua pela bateria a corrente nesta direção que irá restaurar a carga (recarregar) da bateria.

Note na Figura 3-16 que, com o diodo conectado, a corrente que flui durante a carga tem direção oposta à corrente de descarga da bateria. O catodo do diodo precisa ser conectado ao terminal positivo da bateria. Um erro nesta conexão pode descarregar a bateria ou danificar o diodo. Por isso, é muito importante conectar o diodo corretamente.

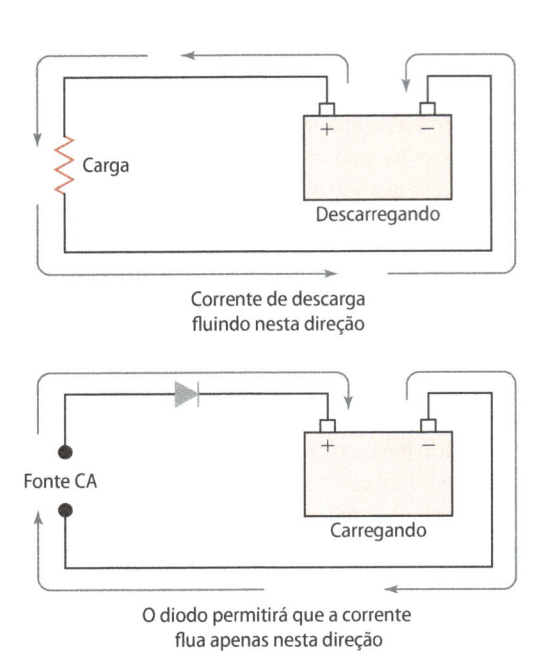

Figura 3-16 Recarga de bateria utilizando o diodo.

Figura 3-17 Símbolo esquemático de um diodo Schottky.

Um retificador ideal deve se desligar assim que a polaridade é invertida. Porém, diodos de junção PN não podem se desligar instantaneamente. Existe uma boa quantidade de elétrons e lacunas na junção quando o diodo está conduzindo. A polarização reversa não irá desligar o diodo imediatamente até que haja tempo suficiente para que esses portadores saiam da junção e a camada de depleção seja reestabelecida. Este efeito não é um problema para retificadores que trabalham em frequências baixas como 60 Hz. Porém, este é um fator a ser considerado em circuitos de alta frequência.

Até o momento, estudou-se a interface de dois tipos de semicondutores que produzem o comportamento do diodo. Algumas interfaces entre metais e semicondutores se comportam, também, como retificadores. Esse tipo de interface é denominado BARREIRA. DIODOS SCHOTTKY (ou DIODOS DE BARREIRA) utilizam uma pastilha de silício tipo N coberta por platina. Essa interface do tipo metal-semicondutor atua como um diodo se ação de chaveamento é muito mais rápida do que a de uma junção PN. A Figura 3-17 mostra o símbolo esquemático para um diodo Schottky.

Quando um diodo Schottky é polarizado diretamente, os elétrons no catodo tipo N precisam ganhar energia suficiente para cruzar a barreira até o metal anodo. Esse fato fez com que este tipo de diodo fosse chamado de HOT CARRIER DIODE (HCD), que literalmente significa diodo de portadores de alta energia*. Uma vez que os portadores de alta energia alcançam o metal, eles se juntam ao grande número de elétrons livres existentes e rapidamente perdem essa energia extra. Quando a polarização reversa é aplicada, o diodo para de conduzir quase instantaneamente, já que não existe uma camada de barreira a ser formada para bloquear o fluxo de elétrons. Os elétrons não podem voltar novamente pela barreira, pois eles perderam a energia extra que é requerida para isto. Porém, se mais de 50 V de tensão reversa for aplicada, os elétrons ganharão extra quebrando, assim, a barreira e fazendo o diodo conduzir. Isso faz com que este tipo de dispositivo não seja usado em circuitos de tensões mais elevadas. Os diodos Schottky necessitam apenas de 0,3 V para conduzir corrente na polarização direta. Eles são ideais para aplicações em alta frequência em tensões baixas.

Um diodo pode ser utilizado para manter uma tensão em um valor constante. Esta função é denominada REGULAGEM. Um tipo especial de diodo denominado DIODO ZENER é utilizado como regulador de tensão. A curva característica e o símbolo para o diodo zener são mostrados na Figura 3-18. O símbolo é similar ao do diodo retificador, exceto pelo catodo que possui duas linhas adicionais que remete ao formato da letra Z. Os diodos zener são fabricados de modo a regular valores de tensão en-

---

* N. de R. T.: A tradução de *hot* neste contexto está relacionada à necessidade do acréscimo de energia aos elétrons, que são o único tipo de portadores em diodos do tipo Schottky.

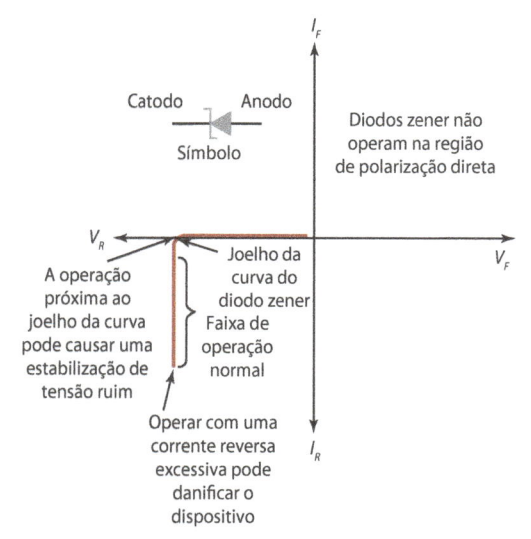

Figura 3-18 Curva característica e símbolo de um diodo zener.

tre 3,3 a 200 V. Por exemplo, o diodo 1N4733 é um regulador de 5,1 V muito popular.

Uma diferença importante entre os diodos zener e os retificadores está na forma como eles são utilizados nos circuitos eletrônicos. Se o diodo zener estiver operando em sua faixa normal de trabalho, a sua queda de tensão será igual a sua variação de tensão mais ou menos um pequeno erro. O diodo zener opera reversamente polarizado, ao contrário do diodo retificador. Em um retificador, a corrente flui do anodo para o catodo. Os diodos zeners operam no ponto de ruptura reversa e a corrente flui do catodo para o anodo.

Uma mudança na corrente que flui pelo diodo zener causará apenas uma pequena mudança na tensão sobre ele. Isso pode ser visto de forma mais clara na Figura 3-19 (a). Na faixa normal de operação, a tensão no diodo zener é razoavelmente estável.

A Figura 3-19 (b) mostra como um diodo zener pode ser utilizado para estabilizar uma tensão. Um resistor limitador de corrente é colocado em série com o diodo zener para impedir que o diodo conduza uma corrente excessiva e sobreaqueça. A tensão estabilizada é exatamente a tensão sobre o diodo. Note que a condução é do catodo para o anodo. Os reguladores empregando diodos zener são apresentados em detalhes no Capítulo 4.

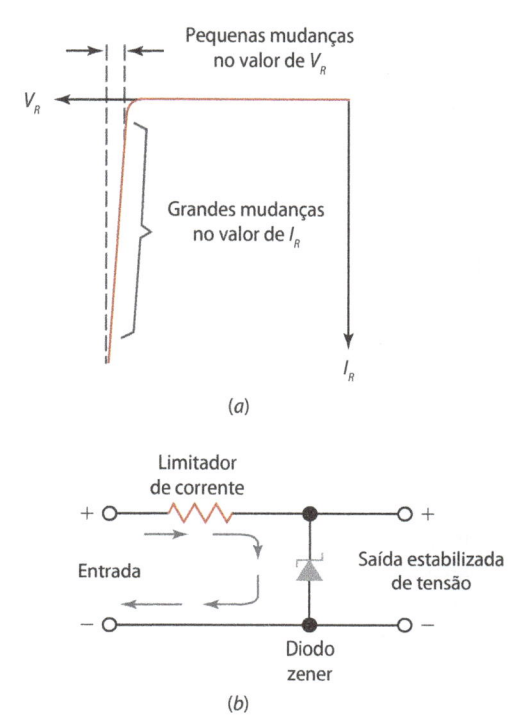

Figura 3-19 Diodo zener sendo utilizado como um regulador de tensão.

Os diodos podem ser utilizados como CEIFADORES OU LIMITADORES. Veja a Figura 3-20. O diodo D_1 ceifa (limita) o sinal de entrada em $-0,6$ V e o diodo D_2 em 0,6 V. Um sinal que seja pequeno o suficiente para não polarizar o diodo diretamente não será afetado por ele (o diodo). Os diodos possuem uma resistência elevada quando não estão conduzindo. Porém, um sinal de grande amplitude fará com que

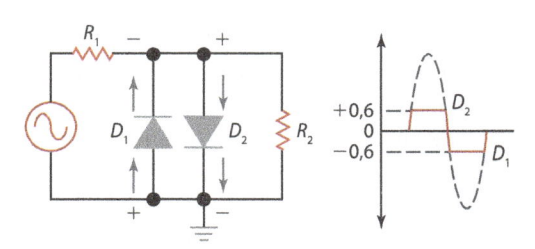

Figura 3-20 Circuito ceifador utilizando diodos.

o diodo conduza. Quando isto acontece, o excesso de tensão (o valor além do necessário para fazer com que o diodo conduza) aparecerá sobre R_1. Portanto, a oscilação na amplitude de tensão de saída será de 1,2 V pico a pico. Esse tipo de ação limitadora pode ser utilizado se o sinal começar a crescer muito em amplitude. Por exemplo, ceifadores são utilizados para fazer com que sinais de áudio não excedam os limites de volume.

A Figura 3-20 mostra que o sinal de entrada é uma onda senoidal, mas o sinal de saída é mais parecido com uma onda quadrada. Algumas vezes, um circuito ceifador é utilizado para modificar o formato de uma onda. A terceira aplicação dos ceifadores consiste na remoção de ruídos do tipo pulso existentes em um sinal. Se o ruído excede os limites de tensão do circuito ceifador, ele é ceifado ou limitado. Assim, o sinal resultante possuirá menos ruído que o sinal original.

O diodo D_2 ceifa a parte positiva do sinal na Figura 3-20. Já que o sinal de tensão começa a crescer a partir de zero, nada acontece a princípio. Porém, quando o valor de tensão excede 0,6 V, D_2 é ligado e começa a conduzir. Nesse momento, sua resistência é muito menor que a resistência de R_1. O valor de tensão proveniente da fonte que exceda 0,6 V aparecerá sobre o resistor R_1. Mais tarde, o sinal alterna-se para negativo. Para os primeiros valores negativos do sinal, nada acontece. Mas, quando o valor excede $-0,6$ V, D_1 é ligado. Com D_1 conduzindo, a queda sobre R_1 é o valor de tensão que excede $-0,6$ V. O valor total da oscilação no sinal de saída é a diferença entre $+0,6$ V e $-0,6$ V, ou seja, 1,2 V de pico a pico. Os diodos de germânio possuem uma queda de 0,3 V e produzem uma oscilação de 0,6 V pico a pico, se utilizados em um circuito ceifador.

O valor limite do circuito ceifador pode ser aumentado utilizando diodos em série. Examine a Figura 3-21. Será necessário 0,6V + 0,6V para fazer os diodos D_3 e D_4 conduzirem. Note que o limite positivo mostrado no gráfico é 1,2 V. De modo semelhante, D_1 e D_2 serão ligados quando o sinal exceder $-1,2$ V. A oscilação total no valor do sinal de saída na

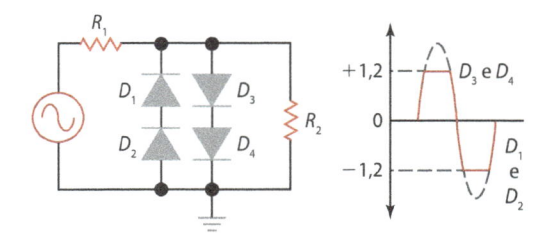

Figura 3-21 Limitando em um valor superior.

Figura 3-21 está limitada em 2,4 V de pico a pico. Limites maiores podem ser obtidos utilizando diodos zener, como mostrado na Figura 3-22. Assuma que D_2 e D_4 são diodos zener de 4,7 V. O sinal positivo será, então, ceifado em $+5,3$ V, já que são necessários 4,7 V para que D_4 conduza e mais 0,6 V para ligar D_3. Os diodos D_1 e D_2 ceifam o sinal negativo em $-5,3$ V. O valor total de saída de pico a pico na Figura 3-22 é limitado em 10,6 V.

Quando o diodo zener é polarizado diretamente, a queda de tensão sobre ele é ligeiramente maior do que a de um diodo retificador (aproximadamente 0,7 V). Portanto, o circuito na Figura 3-22 pode ser simplificado utilizando-se apenas dois diodos zener ligados anodo com anodo, como mostrado na Figura 3-23. Se a corrente estiver fluindo no sentindo horário, o diodo da parte inferior terá uma queda de tensão de 0,7 V e o diodo da parte superior terá uma queda definida na sua especificação. Quando a corrente está fluindo no sentido anti-horário, o diodo da parte superior terá uma queda de 0,7 V e a queda no diodo da parte inferior será o valor definido na sua especificação. Por exemplo, se o circuito utilizar dois diodos 1N4733 (disposi-

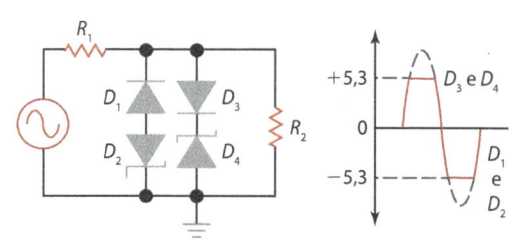

Figura 3-22 Utilizando diodos zener para obter valores de limites mais elevados.

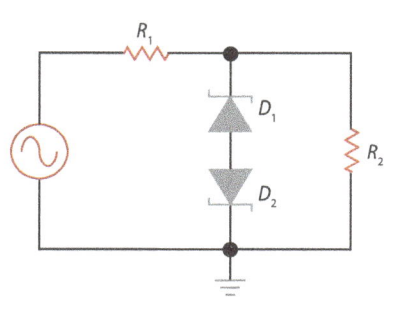

Figura 3-23 Versão simplificada do circuito ceifador com valor limite maior.

tivos com queda de 5,1 V), a oscilação no valor da saída será limitada em 5,1 + 0,7 = 5,8 V de pico de tensão, ou 11,6 V de pico a pico.

Os diodos também podem ser utilizados como GRAMPEADORES ou RECUPERADORES. Veja a Figura 3-24. A fonte de alimentação gera uma forma de onda CA. O gráfico mostra que o sinal de saída que aparece sobre o resistor não é uma forma de onda alternada padrão, pois, ela não possui o valor 0 V como média. Existe um valor médio positivo, este tipo de sinal é comum em circuitos elétricos e diz-se que possui ambas as componentes CA e CC. De onde vem a componente CC? Ela é criada pelos diodos devido ao carregamento dos capacitores. Note que o diodo D na Figura 3-24 permitirá que uma corrente de carga flua pelo lado direito do capacitor C. Essa corrente adiciona elétrons no lado esquerdo do capacitor resultando em uma carga negativa. Em contrapartida, elétrons deixam o lado direito do capacitor fazendo com que este lado possua uma carga positiva. Se o tempo de descarga do circuito ($T = R \times C$) é longo em comparação ao período do sinal da fonte, o capacitor manterá um valor de regime entre os ciclos.

A Figura 3-25 mostra o circuito equivalente. Ela representa o grampo mostrando que o capacitor atua como uma bateria em série com uma fonte de sinal CA. A tensão na bateria V_{CC} explica o deslocamento para cima mostrado no gráfico.

Veja novamente a Figura 3-24. Note que o gráfico mostra que o sinal de saída oscila até 0,6 V abaixo do eixo zero. Esse ponto −0,6 V representa o valor quando o diodo D começa a conduzir. A corrente de carga flui brevemente uma vez a cada ciclo quando o sinal da fonte alcança seu máximo negativo.

A Figura 3-26 mostra o que acontece se o diodo for invertido. A corrente de carga também tem seu sentido invertido e o capacitor passa a ter uma tensão negativa na sua placa da direita. Observe que

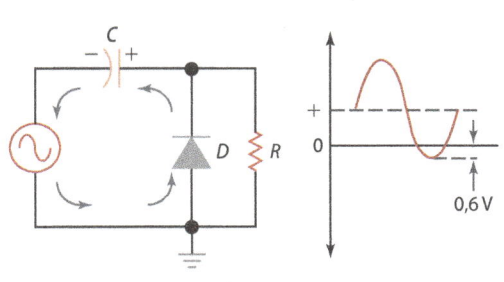

> **EXEMPLO 3-6**
>
> Calcule o tempo de descarga para o circuito da Figura 3-24 sendo o capacitor de 1 μF, o resistor de 10 kΩ e a fonte de 1 kHz. Encontre a constante de tempo RC utilizando:
>
> $T = R \times C$
> $= 10 \times 10^3 \, \Omega \times 1 \times 10^{-6} \, F$
> $= 0,01 \, s$
>
> Encontre o período do sinal utilizando:
>
> $$t = \frac{1}{f} = \frac{1}{1 \times 10^3 \, Hz} = 0,001 \, s$$
>
> O tempo de descarga (T) é 10 vezes maior que o período do sinal (t).

Figura 3-24 Grampeador positivo.

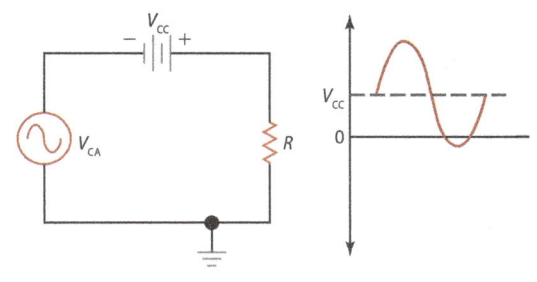

Figura 3-25 Circuito equivalente para um grampeador.

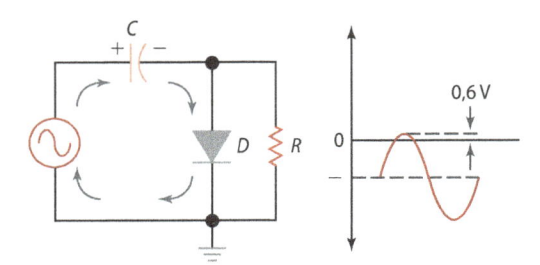

Figura 3-26 Grampeador negativo

o gráfico mostra que o sinal de saída possui uma componente negativa. Esse circuito é chamado de **GRAMPEADOR NEGATIVO**.

O grampeamento de sinal às vezes acontece mesmo sem ser desejado. Por exemplo, um gerador de sinal é normalmente utilizado para teste de circuitos. Alguns geradores de sinal utilizam um capacitor de acoplamento entre a saída do seu circuito e o seu conector de saída. Se conectarmos um gerador a uma carga desbalanceada (que possua diodos) que permita um aumento na carga do capacitor de acoplamento interno do gerador, alguns resultados confusos podem ocorrer. A componente CC resultante atuará em série com a componente CA e poderá modificar a forma como o circuito em teste se comportará. Um voltímetro CC ou um osciloscópio com um desacoplamento CC pode ser conectado a partir do terra ao conector de saída do gerador para verificar se o grampeamento está ocorrendo.

A Figura 3-27 mostra como os diodos podem ser utilizados para prevenir arcos e danos em componentes. Quando a corrente que circula em uma bobina é repentinamente interrompida, uma grande força contra eletromotriz (FCEM) é gerada nos terminais da mesma. Essa tensão de valor elevado pode causar um arco e pode, também, destruir os dispositivos mais sensíveis, tais como circuitos integrados e transistores. Note que, na Figura 3-27(*a*), cria-se um arco quando a chave que está em série com a bobina se abre. Na Figura 3-27(*b*), existe um diodo de proteção em paralelo com a bobina. Este diodo é polarizado diretamente pela FCEM. O diodo serve como um caminho seguro de descarga da corrente na bobina e previne arco ou danos.

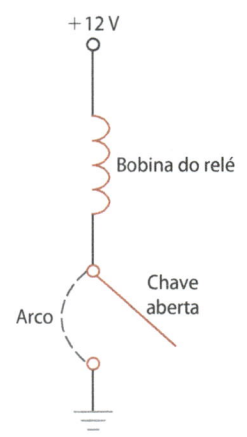

(*a*) O golpe indutivo causa um arco quando a chave é aberta

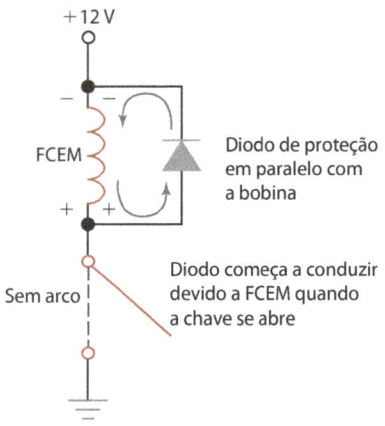

(*b*) Sem arco

Figura 3-27 Utilizando um diodo para interromper o golpe indutivo.

Outro importante tipo de diodo é o **DIODO EMISSOR DE LUZ** (LED, do inglês *light-emitting diode*) Seu símbolo esquemático é mostrado na Figura 3-28(*a*). A Figura 3-28(*b*) mostra que os elétrons em um LED ao cruzar a junção se combinam com as lacunas. Isso muda sua energia de um nível mais elevado para um nível mais baixo. A energia extra que eles possuem por serem elétrons livres precisa ser liberada. Diodos de arsenieto de gálio perdem sua energia extra em forma de calor e de luz infravermelha. Este tipo de diodo é denominado diodo infravermelho (IRED, do inglês *infrared-emitting diode*). A luz infra-

(a) Símbolo esquemático

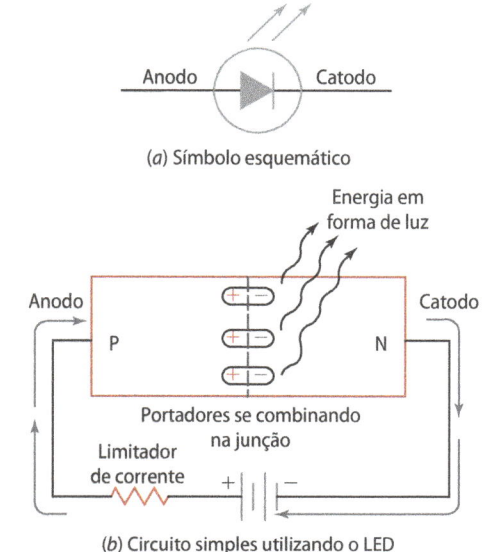

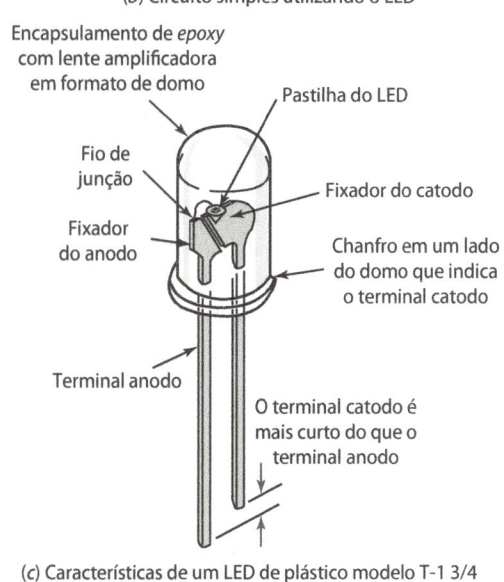

(b) Circuito simples utilizando o LED

(c) Características de um LED de plástico modelo T-1 3/4

Figura 3-28 Diodo emissor de luz.

vermelha não é visível ao olho humano. Dopando o diodo de arsenieto de gálio com materiais diversos, os fabricantes podem produzir diodos que emitem luzes nas cores vermelha, verde e amarela.

Recentemente, LEDs azuis têm se tornado mais eficientes e baratos para fabricação. Um LED branco é, na verdade, um LED azul que é recoberto por uma camada fosforescente que emite luz branca quando ela é atingida por luz azul. Esse processo é similar ao de uma lâmpada fluorescente quando a cobertura emite luz branca que é atingida pela luz ultravioleta do interior do tubo. LEDs brancos têm substituído lâmpadas incandescentes em algumas aplicações. Eles são mais eficientes, não produzem uma quantidade indesejada de luz infravermelha e tem uma operação estimada em 100.000 horas de vida útil em comparação às 80.000 horas estimadas para a lâmpada incandescente.

LEDs ultravioleta (UV LEDs) passaram a ser fabricados. Estas fontes de "luz negra" são aplicadas em validação de equipamentos monetários, detectores biológicos e equipamentos biomédicos, sistemas de segurança e detectores de vazamento.

O diodo laser é um LED ou um IRED com dimensões físicas cuidadosamente controladas que produz uma cavidade de ressonância óptica. Um semicondutor produtor de fótons gera a energia luminosa que é aumentada na cavidade ressonante. A cavidade funciona como um filtro seletivo e toda a energia na saída do laser está no mesmo comprimento de onda. Isso resulta em uma luz monocromática (única cor). Além disso, todas as ondas estão em fase, como é típico em uma fonte de laser. Diodos laser são utilizados em sistemas de comunicação por fibra óptica, medidas interferométricas e sistemas de posicionamento, *scanners* e dispositivos de armazenamento óticos tais como CDs e DVDs.

LEDs de alta intensidade, LEDs UV e LEDs laser precisam ser manuseados com cuidado. Sérios danos aos olhos podem ocorrer como resultado de se olhar diretamente para seus feixes. Superfícies com alto grau de reflexão e fibras ópticas também podem causar danos aos olhos. Isto é particularmente perigoso com a luz negra e fontes de lasers infravermelhos, já que estes dispositivos não demostram estar operando. LEDs UV, geralmente, são direcionados a uma superfície fluorescente para determinar se eles estão produzindo energia luminosa.

Os LEDs e IREDs possuem uma queda de tensão maior em comparação aos diodos de silício. Essa queda varia de 1,5 a 2,5 V dependo da corrente do diodo, do seu tipo, e de sua cor. Se os dados do fabricante não estão disponíveis, o valor de 2 V é uma boa aproximação. Assuma que o circuito da Figura 3-28(b) está sendo projetado para que circule pelo LED uma corrente de 20 mA e que a fonte (bateria) forneça 5 V. A lei de Ohm é utilizada para calcular o valor do resistor limitador de corrente. A queda no diodo precisa ser subtraída da tensão da fonte para conhecer a queda de tensão sobre o resistor:

$$R = \frac{V_S - V_D}{I_D} = \frac{5\,V - 2\,V}{20\,mA} = 150\,\Omega$$

A Figura 3-28(c) mostra a aparência física de um encapsulamento T-1 ¾ para LED. O encapsulamento T-1 ¾ possui 5 milímetros (mm) de diâmetro, sendo o tamanho mais comum. Outra dimensão comum é o encapsulamento T-1, no qual o diâmetro é de 3 mm. A figura mostra que o terminal catodo é menor que o terminal anodo e, também, que o chanfro no domo pode ser utilizado para identificar o terminal catodo. Assim como os demais tipos de diodos, os LED precisam ser instalados observando-se corretamente as polaridades.

Diodos emissores de luz são resistentes, pequenos e têm uma vida útil longa. Eles podem ser ligados e desligados rapidamente desde que não exista atraso térmico causado pelo resfriamento e aquecimento graduais no filamento. Eles podem ser fabricados por diversos processos fotoquímicos e podem ser feitos em vários formatos e padrões. Eles são muito mais flexíveis que as lâmpadas incandescentes. Além disso, os diodos emissores de luz podem ser utilizados em visores numéricos para indicar numerais de 0 a 9. Um típico VISOR DE SETE SEGMENTOS é mostrado na Figura 3-29. Selecionando os segmentos corretos, o visor mostrará o número desejado.

FOTODIODOS são dispositivos de silício sensíveis a uma entrada de luz. Eles operam normalmente em polarização reversa. Quando a energia luminosa entra na camada de depleção, pares de lacunas e elétrons são gerados e permitem o fluxo de corrente. Assim, quando polarizado reversamente, o fotodiodo apresenta uma resistência muito elevada na ausência de luz e uma baixa resistência na

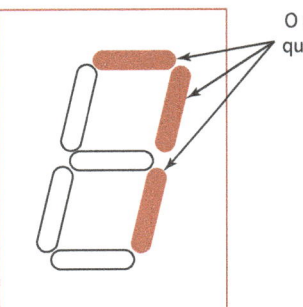

O número 7 é produzido quando estes segmentos de LED são ligados

Figura 3-29 *Display* numérico de LED.

presença de luz. A Figura 3-30 mostra um circuito **OPTOACOPLADOR**. Um optoacoplador é um encapsulamento contendo um LED ou IRED e um fotodiodo ou fototransistor. Quando S_1 está aberta, o Led está desligado e nenhuma luz entra no fotodiodo. A resistência no fotodiodo é alta e, também, o sinal de saída será alto. Quando S_1 é fechada, o LED é ligado. A luz, então, entra no fotodiodo fazendo com que caia sua resistência e levando o sinal de sinal a um valor baixo devido à queda de tensão no resistor R_2. Optoacopladores são utilizados para isolar eletricamente um circuito de outro. Por essa razão, são chamados também de **OPTOISOLADORES**. A única coisa conectando a entrada do circuito a sua saída na Figura 3-30 é a luz. Portanto, eles estão eletricamente isolados um do outro.

EXEMPLO 3-7

Selecione um resistor limitador de corrente para o circuito automotivo no qual é necessário circular 15 mA pelo diodo. Esse circuito utiliza 12 V e pode-se assumir que a queda no diodo é de 2 V.

$$R = \frac{12\,V - 2\,V}{15\,mA} = 667\,\Omega$$

A potência dissipada no resistor de limitação de corrente também poderá ser importante:

$$P = I^2 R = (15\,mA)^2 \times 667\,\Omega = 150\,mW$$

Para ter uma confiabilidade maior no circuito, a potência normalmente é dobrada. Como 300 mW é maior que ¼ W, um resistor de ½ W será uma boa escolha.

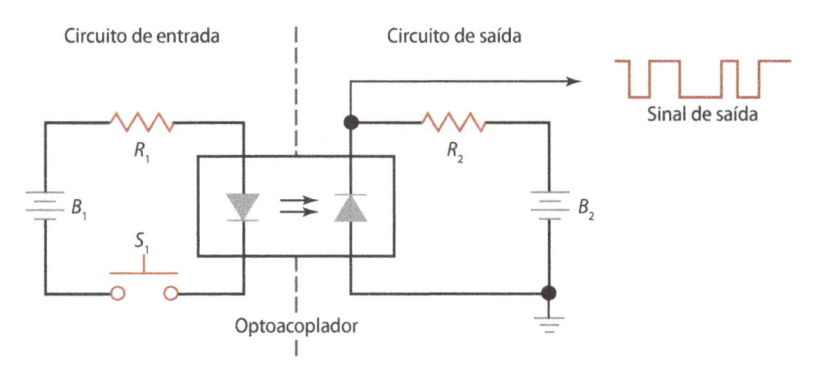

Figura 3-30 Circuito optoacoplador.

Diodos emissores de luz e fotodiodos são utilizados juntamente com cabos de fibra óptica com o objetivo de transmissão de dados. Comparados com fios, cabos de fibras ópticas são mais caros; mas tem diversas vantagens, como por exemplo:

1. Eliminação da interferência eletromagnética.
2. Enorme capacidade de dados para longas distâncias.
3. Segurança nos dados.
4. Segurança na utilização em ambiente com risco de explosão.
5. Menores e mais leves.

Tanto LEDs como diodos laser podem pulsar (ligar e desligar) rapidamente e ser utilizados na transmissão de dados. Na outra ponta, um detector de luz é necessário para transformar a luz de volta em pulsos elétricos. Para isso, são utilizados os fotodiodos. A Figura 3-31 mostra que a luz de um diodo entra em uma extremidade do cabo e sai pela outra quando atinge o outro diodo.

A Figura 3-31 também mostra a construção e tipos de **CABOS DE FIBRAS ÓTICAS**. Esses cabos são tubos de luz. O princípio de operação se baseia na total reflexão da luz internamente ao cabo. Quando a luz atinge a superfície transparente, ela se divide em um feixe refletido e um feixe refratado. Se um raio de luz atinge em algum ângulo menor que o chamado ângulo crítico, toda a luz é refletida. Se o núcleo é revestido com um material diferente que possua um índice de refração menor, a reflexão total é obtida para todos os raios que atinjam o revestimento em ângulos menores. Muitos cabos de luz utilizam varias misturas de vidro (à base de sílica) para o núcleo e para o revestimento.

A fibra óptica de índice degrau mostrada na Figura 3-31 utiliza um núcleo relativamente largo. Assim, alguns dos raios de luz que fazem parte do pulso de luz podem viajar em uma rota direta, enquanto outros viajam em zigue-zague em contato com o revestimento. Diferentes raios de luz atingem o diodo detector em diferentes tempos, dependendo dos diferentes caminhos que foram seguidos dentro da fibra. O pulso de saída é, então, espalhado no tempo. Olhe atentamente para a relação entre os pulsos de entrada e saída na Figura 3-31. É possível ver que o espalhamento do pulso no cabo multimodo não permite uma transmissão em alta velocidade. Para a transmissão em alta velocidade, é necessário que o espaçamento dos pulsos no tempo seja muito pequeno. Conforme os pulsos se tornam mais e mais próximos, o espalhamento faz com que seja impossível separá-los em pulsos individuais. Fibras multimodo não são utilizadas em comunicações de alta velocidade para longas distâncias.

Uma fibra óptica multimodo de índice gradual é mostrada na Figura 3-31. Esse tipo de cabo sofre menos com o espalhamento do pulso. Nesse caso, o índice de refração do menor núcleo muda gradualmente do centro até o revestimento. Além disso, os raios refratados (curvados) praticamente chegam ao diodo detector ao mesmo tempo em

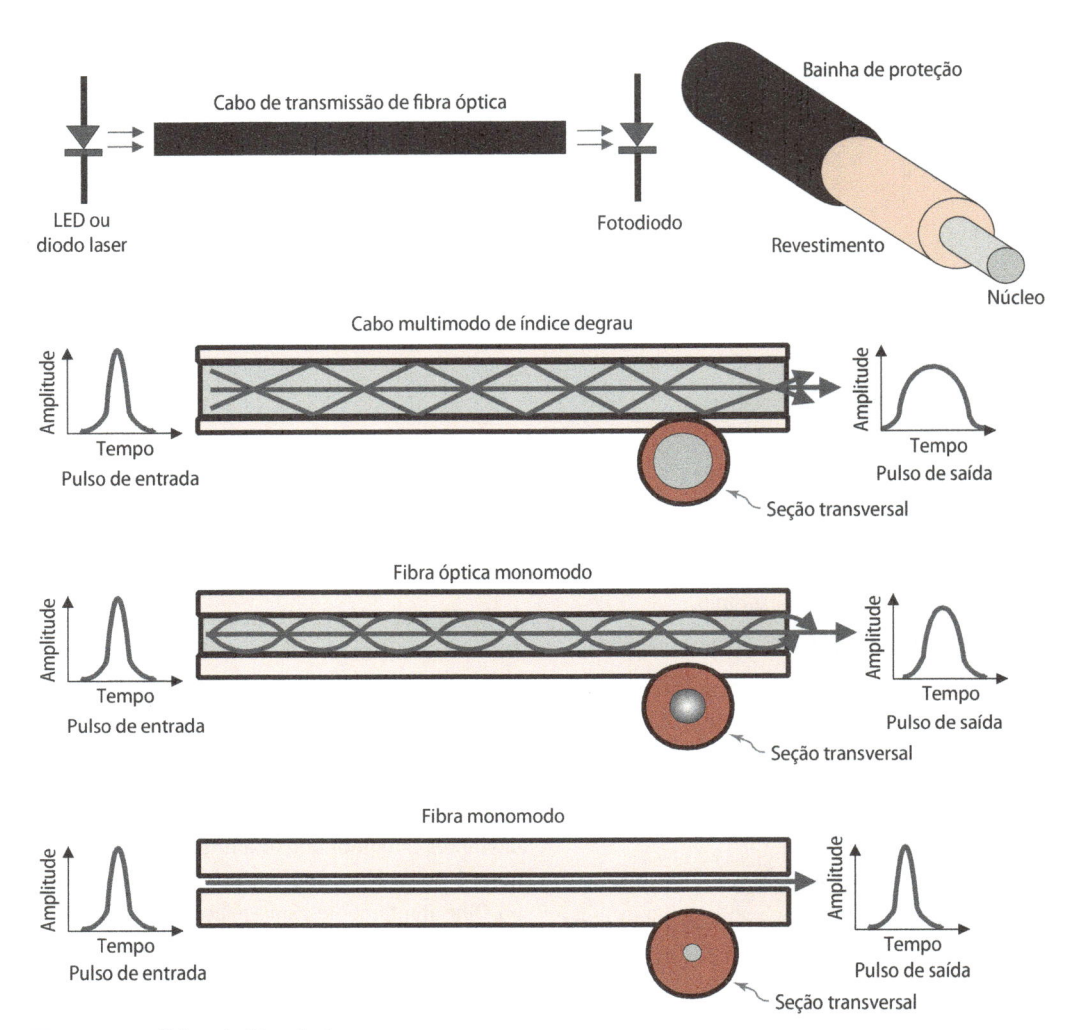

Figura 3-31 Cabos de fibra óptica.

que os raios que seguem diretamente, pois os raios diretos viajam mais lentamente no núcleo central.

A fibra óptica monomodo, também mostrada na Figura 3-31, é capaz de operar em velocidades mais rápidas. Note que a luz viaja em um núcleo estreito e somente em uma rota direta. O espalhamento do pulso é mínimo, neste caso, e altas velocidades podem ser utilizadas. O limite de velocidade atual é aproximadamente 10 bilhões de *bits* (pulsos) por segundo. Espera-se alcançar o limite de 1 trilhão de *bits* por segundo nos próximos anos. Cabos de fibra óptica utilizados tipicamente na transmissão de dados transportam sinais de luz na faixa de 100 microwatts (μW) ou menos. Dano aos olhos não são possíveis neste nível de energia, porém, outras aplicações podem utilizar níveis bem maiores de potência. Nunca olhe na extremidade de um cabo de fibra óptica a menos que o nível de potência tenha sido verificado com absoluta segurança. Além disso, lembre-se de que alguns sistemas utilizam luz infravermelha. Nesse caso, não se pode ver a luz, mas ela pode machucar você.

O diodo VARICAP ou VARACTOR é um substituto em estado sólido para o capacitor variável. Várias sintonias ou ajustes nos circuitos eletrônicos envolvem capacitâncias variáveis. Capacitores variáveis geralmente são componentes grandes, delicados e caros. Se o capacitor precisa ser ajustado a partir do painel frontal do equipamento, um eixo metálico ou um dispositivo mecânico complexo precisa ser usado. Isso resulta em alguns problemas de projeto. O diodo varicap pode ser ajustado por tensão, nenhum eixo de controle ou ligação mecânica é necessário. Os diodos varicap são pequenos, robustos e baratos. Eles estão sendo utilizados em vez de capacitores variáveis nos equipamentos eletrônicos modernos.

O efeito capacitivo de uma junção PN é mostrado na Figura 3-32. Um capacitor consiste de duas placas condutoras separadas por um material dielétrico ou isolante. A capacitância depende da área das placa, bem como sua distância. Um diodo reversamente polarizado possui uma configuração semelhante a de um capacitor. O material semicondutor tipo P forma uma placa e o material semicondutor tipo N forma a outra. A camada de depleção é um isolante e forma o dielétrico. Ajustando a tensão de polarização reversa, a largura da camada de depleção, que funciona como o dielétrico, é alterada. Isso faz com que a capacitância do diodo também se altere. Para uma tensão de polarização reversa elevada, a capacitância do diodo será pequena devido à largura da camada de depleção. Esse é o mesmo efeito resultante do afastamento das placas de um capacitor variável. Para um pequeno valor de tensão de polarização reversa, a camada de depleção se torna fina e isto faz com que a capacitância do diodo aumente.

A Figura 3-33 mostra a capacitância em picofarads (pF) *versus* a tensão de polarização reversa para um **DIODO VARICAP**. A capacitância diminui conforme a polarização reversa aumenta. O diodo varicap pode ser utilizado em um circuito simples de sintonia *LC*, como mostrado na Figura 3-34. O circuito de sintonia se dá por um indutor (*L*) e por dois capacitores. O capacitor C_2 na parte superior do circuito usualmente possui um valor bem maior que o do capacitor (diodo) *varicap* C_1. Isso faz com que

Figura 3-33 Curva característica da capacitância da junção versus a tensão de polarização reversa para um diodo *varicap*.

Figura 3-32 Efeito capacitivo em um diodo.

Frequência de ressonância para o circuito de sintonia $\approx \dfrac{1}{2\pi\sqrt{LC_1}}$

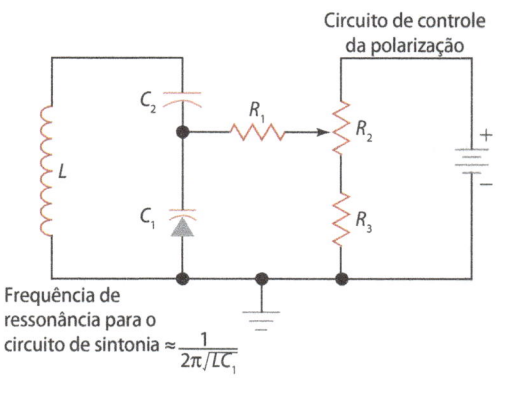

Figura 3-34 Sintonia utilizando um diodo *varicap*.

a frequência de ressonância do circuito dependa principalmente do indutor e do capacitor *varicap*.

> **LEMBRE-SE**
>
> ... de que se os capacitores estão em série, sua capacitância total ou equivalente é calculada pelo produto sobre a soma conforme:
>
> $$C_s = \frac{C_1 \times C_2}{C_1 + C_2}$$

A capacitância em série influencia no comportamento do indutor na Figura 3-34. Essa capacitância é determinada pelo circuito de controle. Ajustando R_2, a frequência de ressonância será alterada no circuito de sintonização *LC*.

> **LEMBRE-SE**
>
> ... de que a frequência de ressonância de um circuito *LC* pode ser determinada pela expressão:
>
> $$f_r = \frac{1}{2\pi\sqrt{LC}}$$

R_1 na Figura 3-34 é uma resistência de valor elevado e isola o circuito de sintonia do circuito de controle da polarização. Isso previne o Q (fator de qualidade) do circuito de sintonização, que é a exatidão da frequência de ressonância, de ser diminuído devido à resistência de carga. Um valor de resistência elevado garante uma influência pequena da carga e um melhor Q. Os resistores R_2 e R_3 formam o divisor de tensão de polarização reversa variável. Conforme o braço de ajuste do resistor é movido para cima, a tensão de polarização reversa sobre o diodo é incrementada. Isso faz com que a capacitância do diodo *varicap* diminua e aumente a frequência de ressonância do circuito de sintonização. É possível calcular a frequência de ressonância pela expressão ao lado para verificar este fato. Sem R_3, o valor de tensão de polarização reversa no

> **EXEMPLO 3-8**
>
> Calcule a capacitância em série para a Figura 3-34 se C_2 for de 0,005 μF e C_1 variar de 400 a 100 pF conforme a tensão de sintonia aumenta. Primeiramente, converta 0,005 μF para picofarads:
>
> $$0{,}005 \times 10^{-6} = 5000 \times 10^{-12}$$
>
> Em seguida, determine a capacitância em série para $C_1 = 400$ pF
>
> $$C_s = \frac{400 \times 5000}{400 + 5000} = 370 \text{ pF}$$
>
> Então, determine a capacitância em série para $C_1 = 100$ pF
>
> $$C_s = \frac{100 \times 5000}{100 + 5000} = 98 \text{ pF}$$
>
> Em ambos os casos, a capacitância em série se aproxima do valor de C_1.

diodo vai a zero. Em um diodo *varicap*, polarização com valor zero não é usualmente aceitável, pois, uma componente CA no circuito de sintonização pode polarizar o diodo diretamente. Isto pode causar efeitos indesejáveis. Um circuito como o mostrado na Figura 3-34 pode ser utilizado para várias aplicações de sintonia em circuitos eletrônicos.

Alguns diodos são construídos com uma camada intrínseca (pura) entre as regiões P e N. Esses dispositivos são chamados de *diodos PIN*, em que o I denota a camada intrínseca entre os materiais P e N. A camada intrínseca é feita de silício puro (sem dopagem). Quando um diodo PIN é polarizado diretamente, portadores são injetados na camada intrínseca. Então, quando o diodo é polarizado reversamente, ele leva um tempo relativo para retirar esses portadores para fora da região intrínseca. Esta característica faz os diodos PIN serem inúteis em aplicações de alta frequência.

O valor dos diodos PIN está no fato de eles poderem ser utilizados como resistores variáveis em aplicações de radiofrequência (RF). A Figura 3-35 mostra como a resistência de um diodo PIN típico varia com a corrente de polarização direta que flui através dele. Conforme a corrente direta aumenta, a resistência do diodo diminui.

EXEMPLO 3-9

Encontre a faixa de frequência para o circuito da Figura 3-34 se *varicap* varia ente 100 a 400 e a bobina é de 1 μH. Assuma que C_2 é grande o suficiente de modo que seu efeito possa ser desprezado. Encontre a frequência alta:

$$f_h = \frac{1}{6{,}28 \times \sqrt{100 \times 10^{-12} \times 1 \times 10^{-6}}}$$
$$= 15{,}9 \text{ MHz}$$

Encontre a frequência baixa:

$$f_l = \frac{1}{6{,}28 \times \sqrt{400 \times 10^{-12} \times 1 \times 10^{-6}}}$$
$$= 7{,}96 \text{ MHz}$$

Subtraia as frequências de modo a encontrar a faixa:

$$f_{faixa} = f_h - f_l = 15{,}9 \text{ MHz} - 7{,}96 \text{ MHz}$$
$$= 7{,}94 \text{ MHz}$$

Note que a *razão* entre a frequência mais alta e a mais baixa é de 2:1 para um *varicap* com razão de variação de 4:1. Isso ocorre porque a frequência varia com a raiz quadrada da capacitância.

EXEMPLO 3-10

Encontre a razão de variação da frequência para o circuito da Figura 3-34 se a capacitância de *varicap* varia de 10 para 1. A razão de variação da frequência é igual à raiz quadrada da variação da capacitância:

$$f_{razão} = \sqrt{10} = 3{,}16$$

Diodos PIN são utilizados também para chaveamentos em RF. Eles podem ser utilizados para substituir relés para uma operação mais rápida, silencio-

Figura 3-35 Curva de resistência *versus* corrente de um diodo.

sa e confiável. Uma situação típica ocorre em rádios bidirecionais e é mostrada na Figura 3-36. Nessa aplicação, o transmissor e o receptor compartilham a antena. O receptor precisa ficar isolado da antena quando o transmissor estiver ligado ou com defeito. Isso é conseguido ao se aplicar uma tensão positiva no terminal de controle na Figura 3-36, fazendo com que ambos os diodos PIN conduzam. A corrente de polarização direta fluirá até o comum, através de D_2, da bobina, de D_1 e através do choques de radiofrequência conectado ao terminal de controle. Ambos os diodos possuirão baixa resistência e o sinal de rádio proveniente do transmissor passará por D_1 até a antena com perda mínima. A tensão no terminal de controle é removida quando se está recebendo um sinal, e ambos os diodos apresentarão uma resistência elevada. A antena estará efetivamente desconectada do transmissor por D_1.

Além da função de chaveamento, diodos PIN também podem ser usados para fornecer ATENUAÇÃO sinais de RF. A Figura 3-37 mostra um circuito atenu-

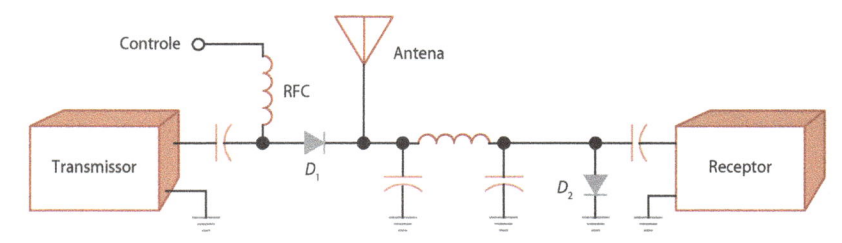

Figura 3-36 Receptor-transmissor chaveado utilizando diodo PIN.

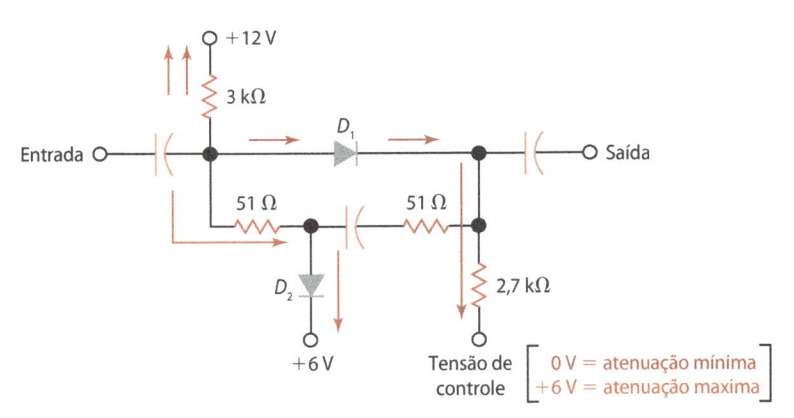

Figura 3-37 Atenuador utilizando diodo PIN.

ador utilizado um diodo PIN. Quando a tensão de controle está em 0 V, o sinal passa da entrada para a saída com perda mínima. Isto ocorre devido ao fato de D_1 estar diretamente polarizado e, por isso, com mínima resistência. D_2 está reversamente polarizado e, neste momento, não tem efeito significativo sobre o sinal. A condição de *bias* pode ser determinada calculando-se a queda de tensão sobre o resistor de 3000 Ω. Com o ponto de controle em 0 V, a queda de tensão sobre a série formada pelo resistor de 3000 Ω, o diodo D_1 e o resistor de 2700 Ω é de 12 V. Verifique as setas azuis. A resistência do diodo é pequena o suficiente para ser ignorada. A tensão sobre o resistor de 3000 Ω pode ser encontrada utilizando a equação de divisor de tensão:

$$V = \frac{3000}{3000 + 2700} \times 12\,V = 6{,}32\,V$$

A tensão sobre o resistor de 51 Ω que se encontra no lado superior esquerdo do circuito é calculada subtraindo os 6,32 V dos 12 V da fonte de alimentação:

$$V = 12\,V - 6{,}32\,V = 5{,}68\,V$$

Assim, o catodo do o diodo D_2 está conectado em 6 V e o anodo está conectado entre os resistores de 51 Ω a uma tensão de 5,68 V. Com o catodo mais positivo que o anodo, D_2 está reversamente polarizado e possui uma resistência elevada.

Quando a tensão de controle é alterada para +6 V no circuito da Figura 3-37, a situação se inverte.

Siga as setas de cor rosa. D_2 está conduzindo agora e D_1 está desligado (reversamente polarizado). Apenas uma pequena parcela do sinal de entrada pode chegar agora até a saída, já que D_2 se encontra em um estado de baixa resistência, pois, o sinal de entrada está sendo dissipado no resistor de 51 Ω da esquerda. Assumindo-se, neste caso, que o catodo de D_2 funcione como um terminal comum (o sinal é, usualmente, desviado para o comum devido ao fato de o capacitor possuir uma baixa reatância para os sinais de frequência).

Para provar que o diodo D_1 (na Figura 3-37) está desligado quando o sinal de controle está em 6 V, será utilizado novamente o divisor de tensão. Nesse caso, a corrente flui através de D_2, do resistor de 51 Ω e do resistor de 3000 Ω (observe as setas rosa). A tensão sobre o resistor de 3000 Ω é dada por:

$$V = \frac{3000}{3000 + 51} \times (12\,V - 6\,V) - 5{,}9\,V$$

A tensão no anodo de D_1 é encontrada subtraindo a tensão acima da fonte de 12 V:

$$V = 12\,V - 5{,}9\,V = 6{,}1\,V$$

Assim, o terminal anodo de D_1 está apenas 0,1 V mais positivo que o terminal catodo. Essa tensão não é suficiente para polarizar diretamente o diodo, portanto, D_1 está desligado e em um estado de resistência elevada.

Teste seus conhecimentos

Verdadeiro ou falso?

24. Um retificador é um dispositivo utilizado para converter corrente alternada em corrente contínua.
25. Diodos Schottky são utilizados em aplicações de alta frequência em baixas tensões.
26. Um diodo zener que funciona como regulador de tensão possui elétrons fluindo do seu anodo para o seu catodo.
27. Um diodo retificador em sua operação normal conduzirá do anodo para o catodo.
28. Um diodo grampeador é utilizado para limitar a oscilação pico a pico de um sinal.
29. Um diodo grampeador pode ser também chamado de restaurador CC.
30. Dispositivos contendo um LED e um fotodiodo no mesmo encapsulamento são chamados de optoisolador.
31. Diodos varactor apresentam uma grande variação na sua indutância quando a tensão de controle varia.
32. A camada de depleção funciona como um dielétrico em um diodo capacitor *varicap*.
33. Aumentar a tensão de polarização reversa de um diodo *varicap* aumentará também sua capacitância.
34. Diminuir a capacitância em um circuito de sintonização aumentará sua frequência de ressonância.
35. Diodos PIN são utilizados em retificadores de alta frequência.

RESUMO E REVISÃO DO CAPÍTULO

Resumo

1. Um dos mais básicos e úteis dispositivos eletrônicos é o diodo de junção PN.
2. Quando o diodo é fabricado, forma-se uma camada de depleção que atua como um isolador.
3. A polarização direta força os portadores majoritários a se moverem em direção à junção, fazendo entrar em colapso a camada de depleção.
4. A polarização reversa aumenta o tamanho da camada de depleção fazendo com que o diodo não conduza.
5. A polarização reversa força os portadores minoritários a se moverem em direção à junção. Isso causa uma pequena corrente de fuga reversa. Esse efeito, normalmente, pode ser ignorado.
6. As curvas características de tensão por corrente são usadas com frequência para descrever o comportamento de dispositivos eletrônicos.
7. A curva característica de tensão por corrente de um resistor é linear (uma linha reta).
8. A curva característica de tensão por corrente de um diodo é não linear.
9. É necessário aproximadamente 0,3 V de polarização direta para fazer com que um diodo de germânio conduza 0,6 V para um diodo retificador de silício e 2 V para um LED.
10. O efeito avalanche ocorre em um diodo de silício para grandes valores de tensão de polarização reversa.
11. Os terminais do diodo são denominados terminal catodo e terminal anodo.
12. A tensão no anodo precisa ser mais positiva que a tensão no catodo para que o diodo conduza.
13. Os fabricantes identificam o terminal catodo com uma faixa, chanfro, borda ou sinal de soma (+).
14. Se existir dúvida, um ohmímetro pode ser utilizado para identificar o terminal catodo. Ele deverá ser conectado ao terminal negativo. Uma leitura de um valor baixo de resistência indica que o terminal negativo do ohmímetro está conectado ao catodo.
15. Cuidados precisam ser tomados ao fazer o teste com o ohmímetro. Alguns ohmímetros utilizam polaridade invertida. A tensão em alguns ohmímetros é tão baixa que não será

suficiente para polarizar um diodo de junção PN. Outros ohmímetros possuem uma tensão de teste alta o suficiente para danificar junções PN delicadas.
16. Um diodo utilizado para converter corrente alternada em contínua é denominado diodo retificador.
17. Diodos Schottky não possuem uma camada de depleção e se desligam muito mais rapidamente que um diodo de silício.
18. O diodo zener é utilizado para estabilizar ou regular uma tensão.
19. Os diodos zener conduzem do anodo para o catodo quando estão operando como reguladores, o que é exatamente o contrário do modo de operação de um diodo retificador.
20. Um diodo ceifador ou limitador pode ser utilizado para estabilizar a amplitude pico a pico de um sinal. Ele também pode ser utilizado para modificar a forma do sinal ou reduzir a quantidade de ruído.
21. Grampeadores ou restauradores CC adicionam uma componente CC ao sinal CA.
22. Diodos emissores de luz são utilizados como indicadores, transmissores e em optoisoladores.
23. Diodos *varicap* são capacitores variáveis de estado sólido. Eles operam reversamente polarizados.
24. Diodos *varicap* apresentam o menor valor de capacitância para o maior valor de tensão de polarização. Consequentemente, eles apresentam o maior valor de capacitância para o menor valor de tensão de polarização.
25. Diodos PIN são usados para chavear sinais de radiofrequência e também atenuá-los.

Fórmulas

Corrente de polarização direta em um diodo:

$I_F = \dfrac{V_S - 0{,}6}{R}$ ou $\dfrac{V_S - V_D}{R}$

Constante de tempo RC: $T = RC$

Frequência de ressonância: $f_R = \dfrac{1}{2\pi\sqrt{LC}}$

Capacitância em série: $C_S = \dfrac{C_1 C_2}{C_1 + C_2}$

Questões

Verdadeiro ou falso?

3-1 Um diodo de junção PN é construído mecanicamente juntando-se um cristal do tipo P a um cristal do tipo N.
3-2 A camada de depleção se forma somente do lado do material P em uma junção PN de um diodo de estado sólido.
3-3 A barreira de potencial previne que todos os elétrons do lado N cruzem a junção para preencherem as lacunas do lado P.
3-4 A camada de depleção atua como um isolador.
3-5 A polarização direta tende a fazer a camada de depleção entrar em colapso.
3-6 A polarização reversa força os portadores majoritários a cruzarem a junção.
3-7 É necessária uma tensão de polarização direta de 0,6 V para a camada de depleção em um diodo de estado sólido de silício entrar em colapso.
3-8 Um diodo possui uma curva característica de tensão por corrente linear.
3-9 Uma tensão de polarização reversa excessiva em um diodo retificador pode causar o efeito avalanche ou danificar o mesmo.
3-10 O silício é melhor condutor do que o germânio.
3-11 O diodo de germânio necessita de uma menor tensão de polarização direta do que o diodo de silício.
3-12 O comportamento dos dispositivos eletrônicos tal como o diodo modifica com a temperatura.

3-13 A escala de temperatura em graus Celsius é utilizada em eletrônica.
3-14 A corrente de fuga em um diodo flui do catodo para o anodo.
3-15 A corrente de polarização direta em um diodo flui do catodo para o anodo.
3-16 Os fabricantes de diodo, usualmente, utilizam marcas no encapsulamento para identificar o terminal catodo.
3-17 Polarizar o terminal anodo do diodo mais negativamente em relação ao terminal catodo fará o diodo conduzir.
3-18 É possível testar a maioria dos diodos com um ohmímetro e, assim, identificar o terminal catodo.
3-19 Diodos retificadores são utilizados do mesmo modo que os diodos zener.
3-20 Os diodos zener operam normalmente com o catodo mais positivo em relação ao anodo.
3-21 Dois diodos de germânio são conectados como mostra a Figura 3-20. Utilizando um sinal de entrada de 10 V pico a pico, o sinal sobre R_2 será 0,6 V pico a pico.
3-22 A função do diodo D na Figura 3-24 é limitar a oscilação do sinal de saída em no máximo 0,6 V pico a pico.
3-23 Diodos emissores de luz emitem sua luminosidade devido ao aquecimento de um pequeno filamento.
3-24 A capacitância de um diodo *varicap* é determinada pela tensão de polarização reversa sobre ele.
3-25 Diodos de germânio custam menos e por isso são mais populares do que os diodos de silício nos circuitos modernos.
3-26 Diodos ceifadores são chamados também de grampeadores.
3-27 Se o braço de ajuste de R_2 for movido para cima na Figura 3-34, f_r aumentará.

Problemas

3-1 Veja a Figura 3-5. Considere o diodo sendo de silício, a bateria de 3 V e o resistor limitador de corrente sendo de 150 Ω. Encontre a corrente que flui através do circuito. (Dica: Não se esqueça de subtrair a queda de tensão no diodo.)
3-2 Veja a Figura 3-11. Calcule a resistência do diodo quando polarizado diretamente para uma temperatura de 25 °C e uma corrente direta de 25 mA.
3-3 Veja novamente a Figura 3-11. Calcule a resistência do diodo quando polarizado diretamente para uma temperatura de 25 °C e uma corrente direta de 200 mA.
3-4 Veja a Figura 3-23. Considere os resistores como sendo 10 kΩ, os zeners sendo de 3,9 V e o sinal de entrada sendo 2 V pico a pico. Calcule o sinal de saída. (Dica: Não se esqueça do divisor de tensão formado por R_1 e R_2.)
3-5 Encontre o sinal de saída para o circuito da Figura 3-23 para os mesmos componentes do Problema 3.4, mas utilize um sinal de entrada de 20 V pico a pico.
3-6 Que valor do resistor limitador de corrente deve ser utilizado em um circuito que contém um LED alimentado por uma fonte de 8 V se a corrente desejada através do LED for de 15 mA? Assuma que a queda de tensão no LED é de 2 V.

Raciocínio crítico

3-1 Um diodo próximo ao ideal deveria ter, entre outras características, uma pequena barreira de potencial (em torno de millivots). Qual poderia ser a vantagem de uma barreira de potência tão pequena?
3-2 Você consegue imaginar uma forma de utilizar o diodo para medir temperatura?
3-3 Diodos para potências elevadas podem ficar muito quentes, e o calor é um dos principais fatores que causam falhas em

circuitos eletrônicos. Existe alguma coisa neste capítulo que sugere uma solução para este problema?

3-4 Unidades de controle remoto infravermelho são muito populares em produtos como receptores eletrônicos e VCRs. Você poderia descrever um circuito simples que possa ser usado em conjunto com um osciloscópio, que possa ajudar a diagnosticar problemas em unidades de controle remoto?

3-5 Você poderia imaginar uma razão para que os optoacopladores sejam frequentemente utilizados em aparelhos eletrônicos aplicados à medicina?

3-6 Por que o circuito transmissor-receptor que utiliza diodos PIN mostrado na Figura 3-36 não é usado em telefones celulares?

3-7 Você poderia identificar dois efeitos resultantes da adição em série de dois retificadores utilizados em um circuito de lâmpadas decorativas?

Respostas dos testes

1. V
2. F
3. V
4. F
5. F
6. F
7. F
8. V
9. V
10. uma reta
11. uma reta
12. 10 mA (0,01 A)
13. eixo horizontal
14. eixo vertical
15. não lineares
16. 0,6 V
17. Um tensão de polarização reversa excessiva
18. catodo
19. catodo
20. terminal catodo
21. em curto
22. o diodo conduzirá
23. porque os diodos são dispositivos não lineares
24. V
25. V
26. V
27. F
28. F
29. V
30. V
31. F
32. V
33. F
34. V
35. F

capítulo 4

Fontes de alimentação

Os circuitos eletrônicos necessitam de energia para funcionar. Em muitos casos, essa energia é provida por um circuito denominado fonte de alimentação. Uma falha na fonte de alimentação afetará todos os demais circuitos. A fonte é uma das partes principais de um sistema eletrônico. As fontes utilizam diodos retificadores para converter corrente alternada em corrente contínua. Elas podem utilizar, também, os diodos zener para regular a sua tensão de saída. Este capítulo apresenta os circuitos que utilizam diodos para este fim. A busca por defeito no nível de componentes também é discutida neste capítulo. Conhecer o que cada parte do circuito faz e como o circuito funciona permite aos técnicos identificar quais são os componentes defeituosos.

Objetivos deste capítulo

» Identificar os circuitos retificadores mais comuns e entender o seu funcionamento.
» Reconhecer as várias configurações de filtros e listar as suas características.
» Medir e calcular a porcentagem de ondulação e a regulação de tensão das fontes de alimentação.
» Prever e mensurar a tensão de saída para uma fonte de alimentação com filtro e sem filtro.
» Identificar os defeitos comuns em fontes de alimentação.
» Selecionar peças de reposição para fontes de alimentação.

» A fonte de alimentação

A fonte de alimentação muda a energia elétrica disponível (normalmente CA) para aquela forma necessitada pelos circuitos que compõem o sistema (usualmente CC). Um dos primeiros passos na busca por defeito em um circuito eletrônico é verificar o valor da tensão de alimentação ao longo do circuito.

As fontes de alimentação podem ser simples ou complexas, dependendo dos requisitos do sistema ao qual ela irá fornecer energia. Uma fonte de alimentação simples pode ser requerida para fornecer 12 V CC. Uma fonte de alimentação mais complexa pode fornecer vários níveis de tensão, tanto valores positivos quanto negativos, em relação ao chassi da fonte ou neutro. Uma fonte que provê tensões com ambas as polaridades é denominada FONTE BIPOLAR. Algumas fontes podem ter uma grande tolerância de variação no seu valor de saída. Este valor pode variar ±20%. Outras fontes precisam manter sua tolerância em ±0,01%. Obviamente, quanto mais restrita a faixa de tolerância, mais complexo será o projeto da fonte de alimentação.

A Figura 4-1 mostra um diagrama de blocos de um sistema eletrônico. A fonte de alimentação é a parte principal do sistema já que ela fornece energia para todos os outros circuitos. Se ocorrer um problema na fonte de alimentação, o fusível deve se romper (abrir). Nesse caso, nenhuma das tensões de alimentação poderá ser fornecida ao circuito. Outro tipo de problema envolve a perda de somente uma das tensões de saída da fonte de alimentação. Suponha que a tensão de aproximadamente 12 V CC se torne zero devido à falha em um componente da fonte. Nesse caso, o circuito A e o circuito B não funcionarão.

A saída número 2 da fonte de alimentação mostrada na Figura 4-1 fornece tanto valores positivos quanto negativos em relação ao ponto comum (usualmente o chassi de metal). Essa saída também pode apresentar defeito e é possível que apenas a saída negativa falhe. Neste caso, o circuito C não funcionará corretamente em algumas condições.

A busca por defeito em circuitos eletrônicos pode ser realizada mais facilmente com a ajuda do diagrama de blocos. Se os sintomas indicarem uma falha em um bloco do circuito, o técnico pode, então, dedicar atenção especial àquela parte do circuito. Como a fonte de alimentação fornece energia para a maioria ou todos os demais blocos de circuito, ela deve ser a primeira a ser checada quando se faz a busca por defeito.

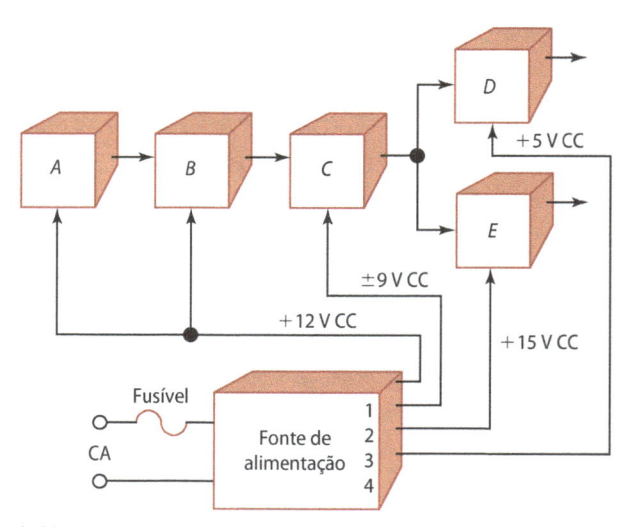

Figura 4-1 Diagrama de blocos de um circuito eletrônico.

Teste seus conhecimentos

Responda às seguintes perguntas.

1. Usualmente, fontes de alimentação são utilizadas na realização de que tipo de conversão?
2. Geralmente, qual terminal é utilizado por fontes de tensão como ponto de referência?
3. Como são denominados os desenhos semelhantes àqueles mostrados na Figura 4-1?
4. Em um diagrama de blocos, como é chamado o circuito que energiza a maioria ou todos os demais blocos?

❯❯ *Retificação*

Muitos circuitos eletrônicos necessitam de corrente contínua para operar. Porém, as companhias de energia fornecem corrente alternada. O objetivo de uma fonte de alimentação é converter essa corrente alternada para corrente contínua por meio de um processo denominado RETIFICAÇÃO. A corrente alternada flui em ambas as direções dentro do condutor e a corrente contínua apenas em uma direção. Como os diodos permitem que a corrente flua em uma só direção, eles podem ser utilizados como retificadores.

No Brasil, a tensão alternada disponível nas tomadas encontradas na parede é padronizada em 127 V CA (em alguns estados ou instalações residenciais especiais em 220 V CA), na frequência de 60 hertz (Hz). Os circuitos eletrônicos geralmente necessitam de tensões mais baixas. Nesse caso, transformadores podem ser utilizados para reduzir o valor da tensão. A Figura 4-2 mostra uma fonte de tensão simples que utiliza um transformador e diodos retificadores.

A carga para a fonte de alimentação na Figura 4-2 pode ser um circuito eletrônico, uma bateria que está sendo carregada ou algum outro dispositivo. Neste capítulo, as cargas serão representadas por resistores denominados R_L.

O transformador mostrado na Figura 4-2 tem uma relação de tensão de 10:1, ou seja, com uma de tensão de 120 V nos terminais do primário, tem-se 12 V nos terminais do secundário. Se não fosse pelo diodo, a tensão de 12 V CA seria aplicada aos terminais do resistor. O diodo permite que a corrente flua apenas na direção do anodo para o catodo. O diodo está em série com a carga e como, em um circuito em série, a corrente é a mesma em todo o circuito, as correntes na carga e no diodo são as mesmas. E como a corrente na carga está fluindo em apenas uma direção, ela é uma CORRENTE CONTÍNUA. Quando a corrente direta flui através da carga, uma tensão CC aparece, então, entre seus terminais.

Note a polaridade nos terminais da carga na Figura 4-2, os elétrons se movem do POSITIVO para o negativo através da carga. O terminal POSITIVO da carga é conectado ao terminal catodo do retificador. Em todos os circuitos retificadores, o terminal positivo da carga será o terminal que está conectado ao catodo do retificador, assim como o terminal negativo da carga estará conectado ao anodo do retificador. A Figura 4-3 ilustra este ponto. Compare as figuras 4.2 e 4.3. Note que a polaridade do diodo é o que determina a polaridade da carga.

No Capítulo 3, foi mostrado que, para polarizar diretamente um diodo, a tensão aplicada ao anodo precisa ser mais positiva em relação à tensão aplicada ao catodo. Também foi explicado que os fabricantes de diodos usam um sinal de mais (+) para identificar o terminal catodo. Quando um dio-

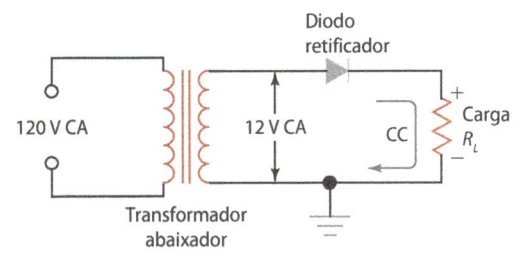

Figura 4-2 Fonte de alimentação CC simples.

EXEMPLO 4-1

Qual será a tensão do secundário na Figura 4-2 se a relação de transformação for de 2:1? Uma relação de transformação de tensão de 2:1 significa que a tensão do primário deve ser dividida por 2 resultando em:

$$V_{secundário} = \frac{V_{primário}}{2} = \frac{120\,V}{2} = 60\,V$$

do é usado como retificador, a função deste sinal + fica clara. O sinal de mais é colocado no terminal catodo para mostrar aos técnicos qual terminal da carga será o terminal positivo. Observe novamente a Figura 4-2 e verifique isso.

A Figura 4-4(a) mostra a forma de onda de entrada para o retificador da Figura 4-2 e da Figura 4-3. Dois ciclos completos são mostrados. Na Figura 4-4(b), a forma de onda sobre a resistência de carga da Figura 4-2 é mostrada. A parte metade negativa da onda está faltando, pois ela foi bloqueada pelo diodo. Esse tipo de forma de onda é denominado CORRENTE CONTÍNUA PULSANTE DE MEIA ONDA. Ela representa apenas a parte positiva da entrada CA do retificador.

Na Figura 4-3, o diodo foi ligado invertido em relação à Figura 4-2. Isto faz com que a metade positiva seja bloqueada [Figura 4-4(c)]. A forma de onda também representa uma corrente contínua pulsante de meia onda. Ambos os circuitos, Figura 4-2 e Figura 4-3 são classificados como RETIFICADORES DE MEIA ONDA.

Sendo o terminal terra o ponto de referência, ele determina a maneira como a forma de onda será mostrada para um circuito retificador. Por exemplo, na Figura 4-3, o terminal positivo da carga é aterrado. Se um osciloscópio é conectado aos terminais da carga, o terminal terra do osciloscópio terá um valor positivo de tensão e a ponta de prova terá um valor negativo. Osciloscópios mostram, por padrão, as ondas positivas para cima e as negativas para baixo na tela. A forma de onda aparece como mostra a Figura 4-4(c) As formas de onda podem aparecer para cima ou para baixo dependendo da pola-

Figura 4-3 Estabelecendo a polaridade em um circuito retificador.

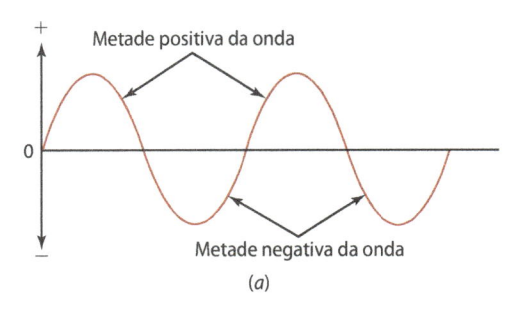

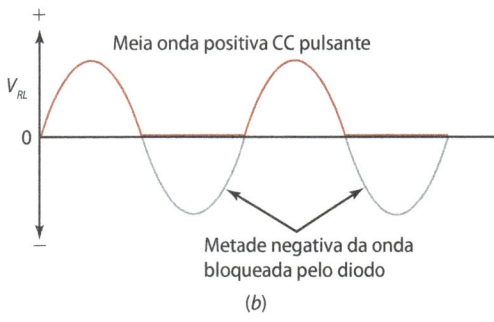

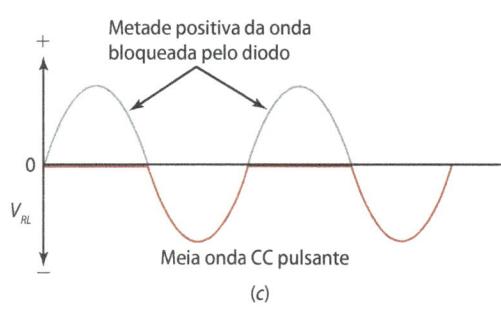

Figura 4-4 Formas de onda no circuito retificador.

ridade do circuito, da polaridade do instrumento e da conexão entre o instrumento e o circuito.

Normalmente, retificadores de meia onda são limitados a aplicações de baixa potência. Eles fornecem a saída somente metade da energia disponível na fonte de entrada CA durante um ciclo. Eles não fornecem nenhuma corrente de carga durante metade do tempo. Isso limita a quantidade de energia elétrica que eles podem entregar em um determinado período de tempo. Aplicações de alta potência necessitam uma entrega de grande quantidade de energia em um dado período de tempo. Assim, um retificador de meia onda não é uma boa escolha para aplicações em que se necessita de uma potência elevada.

Teste seus conhecimentos

Verdadeiro ou falso?

5. A corrente que flui em ambas as direções é denominada corrente alternada.
6. A corrente que flui em uma única direção é denominada corrente contínua.
7. Diodos são utilizados como retificadores porque eles conduzem em ambas as direções.
8. Um retificador pode ser utilizado em uma fonte de alimentação para elevar o valor da tensão.
9. Em um circuito retificador, o terminal positivo da carga será conectado ao catodo do retificador.
10. A forma de onda nos terminais da carga em um retificador de meia onda é denominada corrente contínua pulsante de meia onda.
11. Um retificador de meia onda fornece corrente à carga durante apenas 50% do tempo.
12. Retificadores de meia onda são, frequentemente, utilizados em aplicações de potência elevada.

» *Retificação de onda completa*

Um **RETIFICADOR DE ONDA COMPLETA** é mostrado na Figura 4-5(a). Ele utiliza um transformador com *tap* central no secundário e dois diodos. Assim, um retificador de meia onda não é uma boa escolha para aplicações em que se necessita de uma potência elevada. O *tap* central do transformador é localizado no centro da fiação que corresponde ao enrolamento do secundário. Se, por exemplo, o secundário como um todo possuir 100 espiras, então, o *tap* central está localizado na quinquagésima espira. A forma de onda nos terminais da carga na Figura 4-5(a) é uma **CORRENTE DIRETA PULSANTE DE ONDA COMPLETA** com metade da tensão de pico do secundário devido ao *tap* central. Ambas as metades da forma de onda CA são utilizadas para fornecer energia à carga. Portanto, um retificador de onda completa pode fornecer o dobro da potência em comparação com o retificador de meia onda.

O ciclo da entrada CA é divido em duas partes: o semiciclo positivo e o semiciclo negativo. O semiciclo positivo é mostrado na Figura 4-5(b). A polaridade induzida no secundário é tal que faz D_1 conduzir. Os elétrons saem do terminal superior do transformador, fluindo pelo diodo, pela carga, retornando ao transformador por seu *tap* central. Note que o terminal positivo do resistor de carga é conectado ao catodo de D_1.

Durante o semiciclo negativo, a polaridade nos terminais do secundário é invertida como é mostrado na Figura 4-5(c). Os elétrons deixam o terminal inferior do transformador, fluem através de D_2, do resistor de carga e, por fim, retornam ao transformador pelo *tap* central. A corrente de carga é a mesma em ambos os semiciclos, ou seja, ela flui na mesma direção pelo resistor. Como a direção da corrente nunca muda, a corrente na carga é uma corrente contínua.

Retificadores de onda completa podem ser construídos utilizando dois diodos em encapsulamentos distintos ou por um único encapsulamento contendo os dois diodos. Um exemplo é mostrado na Figura 4-5(d).

A Figura 4-6 mostra um retificador de onda completa com a conexão dos terminais do diodo invertidas. Essa modificação inverte a polaridade nos terminais da carga. Note que a forma de onda na saída mostra que ambos os semiciclos possuem valor negativo. Isso pode ser visto no osciloscópio desde que a saída seja negativa em relação ao terminal de terra. A regra das polaridades do diodo se mostra verdadeira na Figura 4-6, ou seja, o terminal

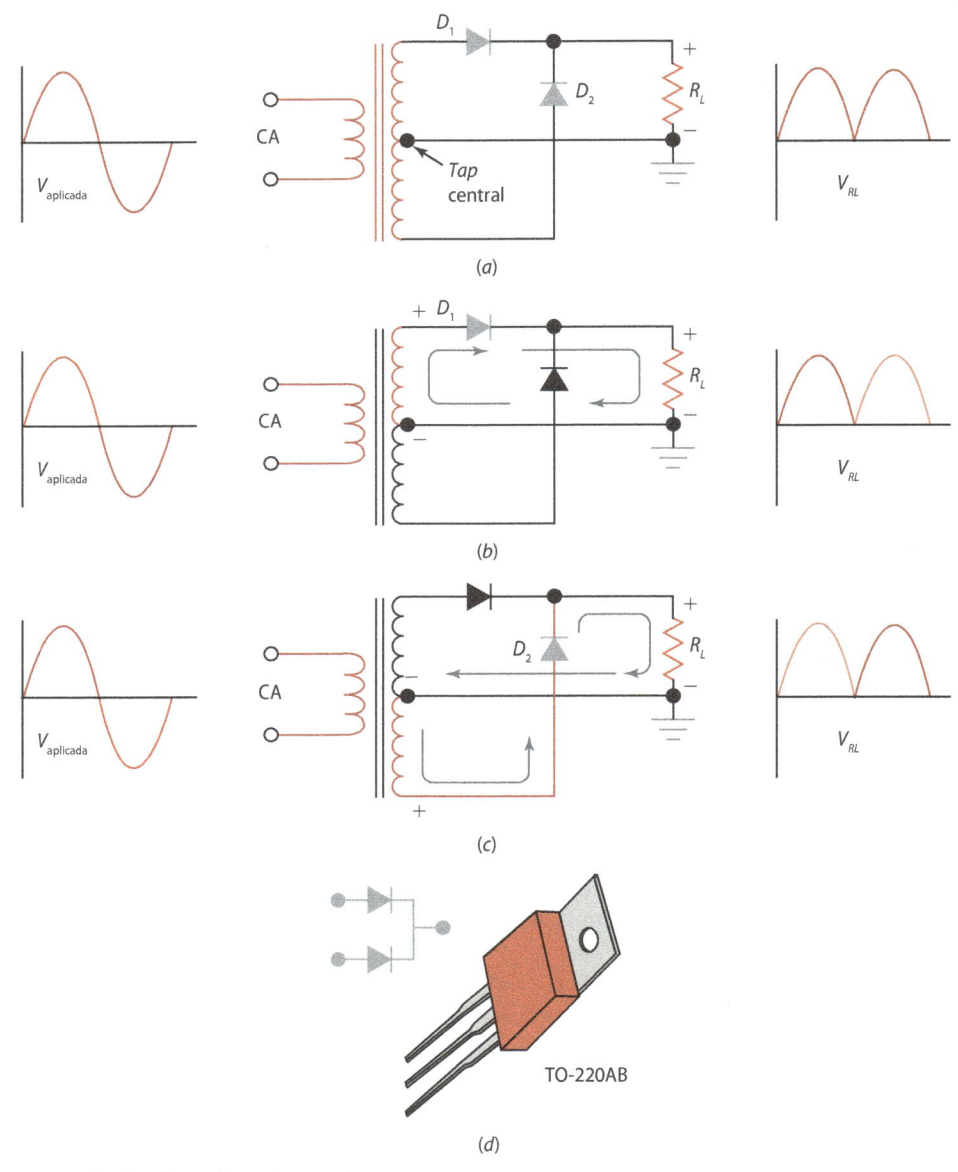

Figura 4-5 Retificadores de onda completa.

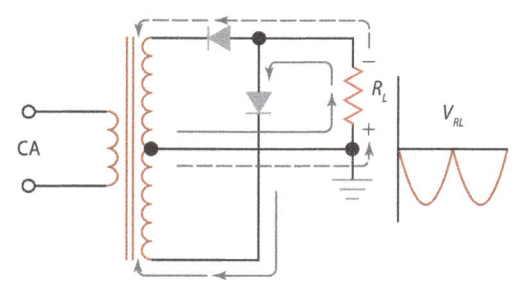

Figura 4-6 Invertendo a conexão dos diodos retificadores.

negativo da carga está conectado aos anodos dos retificadores.

Retificadores de onda completa têm uma desvantagem: o transformador precisa possuir um *tap* central. Isso nem sempre pode ser possível. Na verdade, existem situações em que não é desejável nenhum tipo de transformador por causa das restrições de tamanho, peso ou custo do projeto. A Figura 4-7(*a*) mostra um circuito retificador que produz uma forma de onda completa na saída sem utilizar transformador. Ele é denominado ponte retificadora e utiliza quatro diodos para realizar a retificação de onda completa.

A Figura 4-7(*b*) mostra o funcionamento do circuito durante o semiciclo positivo da entrada CA. A corrente flui através de D_2, através da carga, de D_1 e retorna à fonte. O semicilco negativo é mostrado na Figura 4-7(*c*). A corrente sempre flui da direita para a esquerda através da carga. Novamente, o terminal positivo da carga é conectado aos catodos dos diodos retificadores. Esse circuito pode ser arranjado de modo a inverter a polaridade em relação ao terra pela simples escolha do lado direito ou esquerdo da carga como sendo o ponto de referência.

A ponte retificadora requer quatro diodos isolados em encapsulamentos distintos ou um encapsulamento especial contendo quatro diodos conectados na configuração de ponte. A Figura 4-7(*d*) mostra três diferentes exemplos de encapsulamentos para pontes retificadoras.

Teste seus conhecimentos

Responda às seguintes perguntas.

13. Um transformador possui um secundário com *tap* central. Se a tensão total entre os terminais do secundário é de 50 V, qual será a tensão entre um terminal da extremidade e o *tap* central?
14. Quantos diodos um retificador de meia onda utiliza?
15. Quantos diodos um retificador de onda completa com transformador com *tap* central requer?
16. Como se divide o ciclo de entrada CA?
17. Em circuitos retificadores, o que nunca muda na corrente de carga?
18. Um retificador em ponte elimina a necessidade do quê?
19. Quantos diodos um retificador em ponte requer?

›› *Conversão de valores RMS para valores médios*

Existe uma diferença significativa entre corrente contínua pura e corrente contínua pulsante (corrente alternada retificada). A leitura das medidas feitas em circuitos retificadores pode ser confusa, caso esta diferença não seja bem compreendida. A Figura 4-8 compara uma forma de onda CC pura com uma forma de onda CC pulsante. Um multímetro é usado para fazer medições em um circuito que apresenta um sinal CC puro que corresponde a um valor estacionário (e constante) de corrente contínua. No caso CC pulsante, o medidor tentará seguir a forma de onda pulsante. Em um instante no tempo, o medidor tentará ler o valor zero. Em outro instante de tempo, o medidor tentará ler o valor de pico. Porém, a leitura do medidor não pode acompanhar com a rapidez necessária as

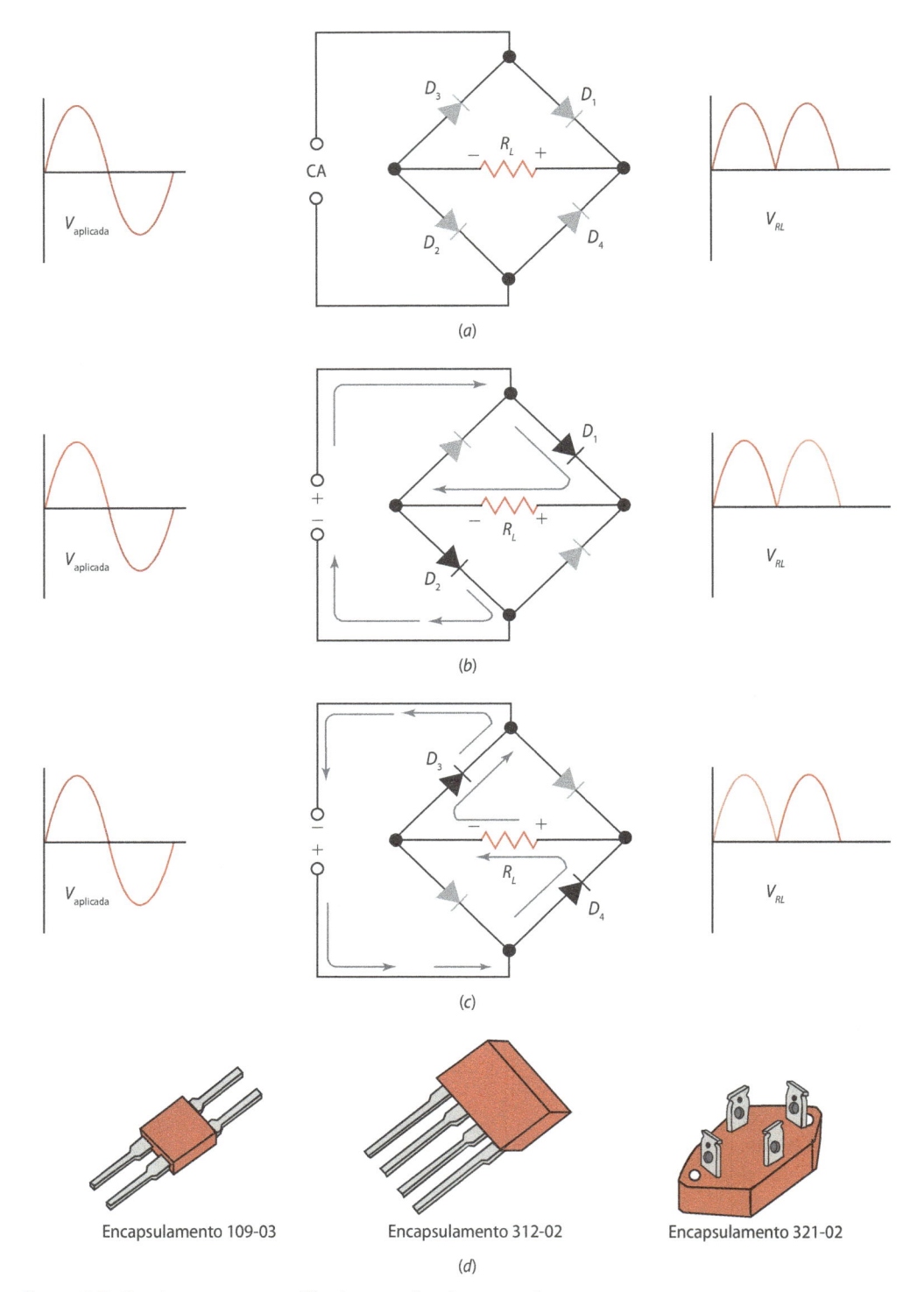

Figura 4-7 Circuito com ponte retificadora e estilos de encapsulamento.

(a)

(b)

(c)

(d) Encapsulamento 109-03 | Encapsulamento 312-02 | Encapsulamento 321-02

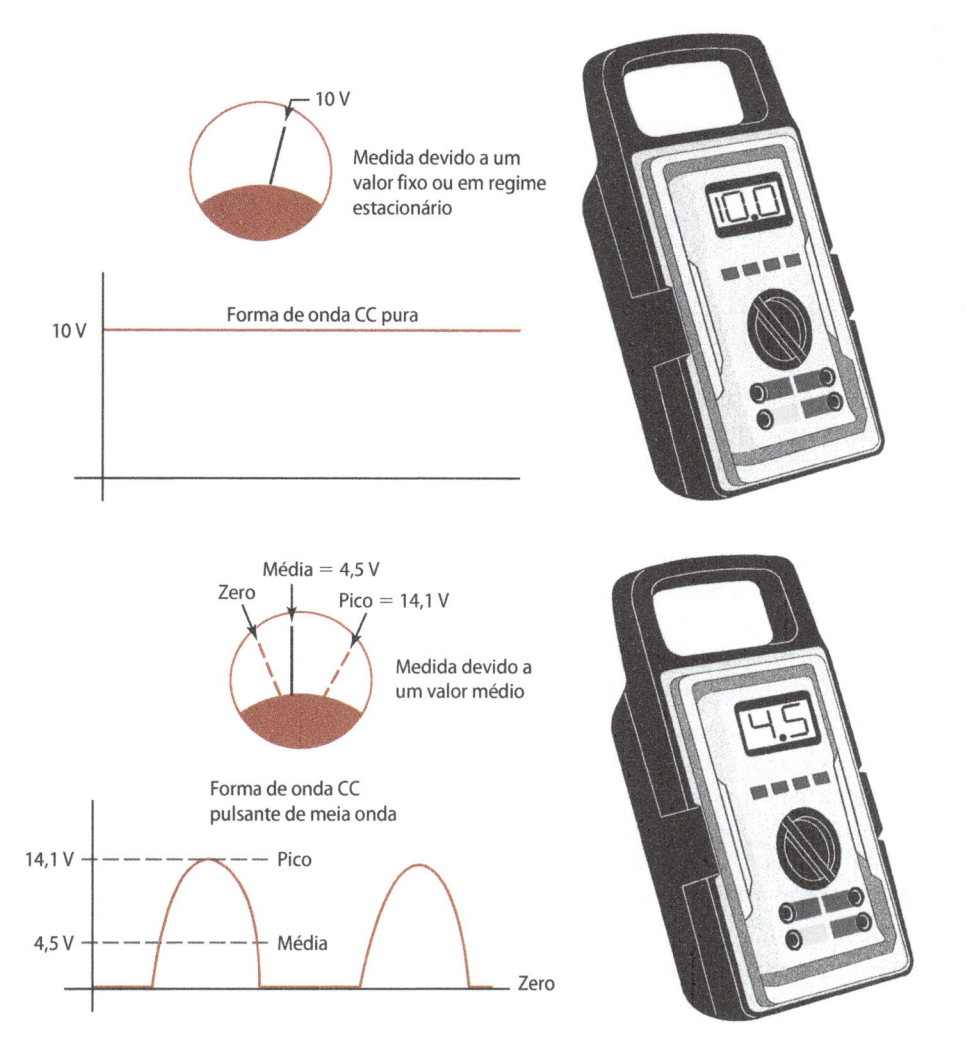

Figura 4-8 Instrumentos medindo valores médios ou em regime estacionário.

mudanças de valores devido ao ATRASO DE RESPOSTA intrínseco aos seus mecanismo e componentes internos. O TEMPO DE RESPOSTA do medidor limita a velocidade na qual seu ponteiro ou visor mudam sua posição ou valores, respectivamente. Como resultado dessa limitação, o medidor mostrará o VALOR MÉDIO da forma de onda.

LEMBRE-SE

... de que um sinal de corrente alternada pode ser medido de várias formas e que é possível converter os valores medidos de uma forma para outra.

> **Sobre a eletrônica**
>
> **Fontes de alimentação práticas para dispositivos portáteis.**
> Fontes de alimentação do tipo "transformadores de parede" (conhecidos como eliminadores de bateria) são uma boa escolha para produtos como computadores portáteis porque elas reduzem o tamanho e o preço do produto.

Os medidores digitais não apresentam um atraso no tempo de resposta, mas eles produzem o mesmo resultado. O visor não é atualizado na velocidade necessária para mostrar todos os valores de uma onda CC pulsante. Se fosse atualizado rápido o suficiente para mostrar todos os valores, o visor pareceria, aos olhos humanos, um inútil borrão resultante da constante mudança de valores. Por essa razão, os medidores digitais também mostram o valor médio de uma forma de onda pulsante.

Fontes de tensão em corrente alternada são especificadas normalmente pela **RAIZ DO VALOR MÉDIO QUADRÁTICO** (rms, do inglês *root-mean-square*). Nesse caso, é conveniente ter uma forma de converter valores rms para valores médios ao trabalhar com circuitos retificadores.

A Figura 4-9 mostra medidas e fatores de conversão. Utilizando uma calculadora, fica muito fácil calcular a conversão entre as medidas utilizando os seguintes fatores:

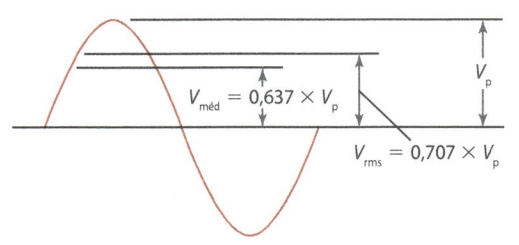

Figura 4-9 Medindo valores de corrente alternada senoidal.

> **EXEMPLO 4-2**
>
> Suponha que o valor de pico a pico da onda senoidal mostrada na Figura 4-9 seja de 340 V. Encontre o valor médio e o valor rms. Primeiramente, divida 340 por 2 para encontrar o valor de pico:
>
> $$V_p = \frac{V_{p-p}}{2} = \frac{340\,V}{2} = 170\,V$$
>
> $$V_{méd} = V_p \times 0{,}637 = 170\,V \times 0{,}637 = 108\,V$$
> $$V_{rms} = V_p \times 0{,}707 = 170\,V \times 0{,}707 = 120\,V$$

$0{,}707 = \dfrac{1}{\sqrt{2}}$ (para converter de valor de pico para valor rms)

$0{,}637 = \dfrac{2}{\pi}$ (para converter de valor de pico para valor médio)

Outra dica, lembre-se de que rms significa raiz do valor médio quadrático e ficará fácil lembrar qual dos dois fatores deve ser usado na conversão de valor de pico para rms.

Utilizando a álgebra, é possível encontrar uma equação que relacione o valor rms (V_{rms}) e o valor médio ($V_{méd}$):

$$V_{méd} = V_p \times 0{,}637$$
$$V_{rms} = V_p \times 0{,}707$$

Rearranjando a segunda equação, tem-se:

$$V_p = \frac{V_{rms}}{0{,}707}$$

Substituindo o lado direito na primeira equação, obtém-se:

$$V_{méd} = 0{,}637 \times \frac{V_{rms}}{0{,}707} = 0{,}9 \times V_{rms}$$

Portanto, o **VALOR MÉDIO** de um retificador é 0,9 ou 90% do valor rms. Isso significa que um multímetro conectado na saída de um retificador indicará 90% do valor rms da tensão na entrada do retificador. Isso será verdadeiro para um retificador de onda completa. Porém, a Figura 4-10 mostra que o valor médio será menor para o retificador de meia onda.

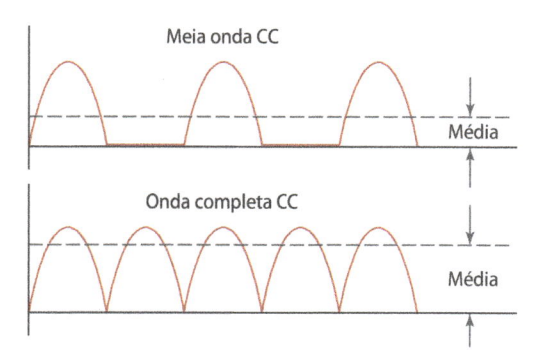

Figura 4-10 Comparação entre valores médios para meia onda e onda completa.

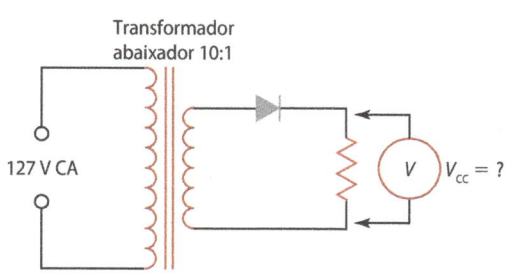

Figura 4-11 Calculando a tensão CC em um circuito retificador de meia onda.

EXEMPLO 4-3

Que valor de tensão CC deveria ser lido no voltímetro da Figura 4-11? Primeiramente, leva-se em conta a ação do transformador abaixador:

$$V_{secundário} = \frac{127}{10} = 12,7\,V$$

Em seguida, note que a Figura 4-11 mostra um retificador de meia onda. O fator de conversão apropriado neste caso é 0,45:

$$\begin{aligned}V_{méd} &= V_{rms} \times 0,45 \\ &= 12,7 \times 0,45 \\ &= 5,7\,V\end{aligned}$$

O voltímetro deverá ler 5,7 V.

EXEMPLO 4-4

Que valor de tensão CC deveria ser lido no voltímetro da Figura 4-12? Levando-se em conta a ação do transformador abaixador:

$$V_{secundário} = \frac{127}{2} = 63,5\,V$$

Como a Figura 4-12 mostra um retificador de onda completa, o fator de conversão apropriado neste caso é 0,9. Porém, deve-se levar em conta que apenas metade do secundário está conduzindo em cada semiciclo. Por favor, reveja a Figura 4-5, se necessário.

$$\begin{aligned}V_{méd} &= \frac{V_{secundário}}{2} \times 0,9 \\ &= \frac{63,5}{2} \times 0,9 = 28,6\,V\end{aligned}$$

Uma forma de onda pulsante com apenas meio semiciclo terá metade do valor médio em comparação com uma onda pulsante completa. Assim, para um retificador de meia onda, o valor médio da forma de onda é 0,9/2 = 0,45 ou 45% do valor rms.

Se o circuito mostrado na Figura 4-11 fosse construído, quão próximo poderia se esperar que o valor da leitura de tensão de saída esteja em comparação a este valor calculado? A leitura neste caso será influenciada por diversos fatores: (1) o valor real de tensão da entrada, (2) a tolerância no número de espiras do transformador, (3) a exatidão do multímetro, (4) perdas no retificador e (5) perdas no transformador. O valor real da rede (no primário do transformador) e o valor real no secundário podem ser obtidos por medições exatas. A exatidão de uma medição pode ser alta utilizando-se instrumento de boa qualidade que foram verificados (e calibrados) utilizando-se um padrão. A perda no retificador é causada pela queda de 0,6 V necessários para a polarização direta no diodo de silício. Para valores

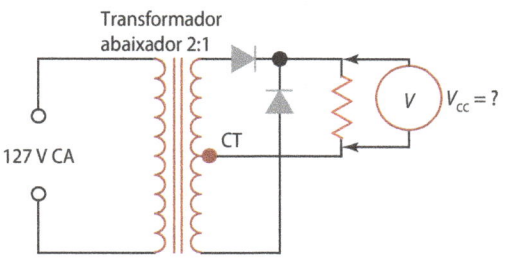

Figura 4-12 Calculando a tensão CC em um circuito retificador de onda completa.

elevados de corrente, a queda pode ser maior. Por exemplo, se a corrente do retificador está na ordem de vários ampères, a perda no diodo será próxima de 1 V. A perda no transformador também aumenta para correntes elevadas, portanto, deve-se esperar que a leitura feita no circuito real seja menor que o valor calculado, especialmente para valores elevados de corrente de carga.

O medidor deverá ler 28,6 V. Se a carga demandar uma corrente elevada, então a tensão lida deverá ser menor no caso real. O que aconteceria se um diodo se queimasse (se abrisse)? Isto faria com que o circuito deixasse de operar como retificador de onda completa e passasse a operar como um retificador de meia onda. Deveria se esperar então que a leitura no voltímetro CC fosse de:

$$V_{méd} = V_{rms} \times 0{,}45$$
$$= 31{,}8 \times 0{,}45$$
$$= 14{,}3\ V$$

A perda em uma ponte retificadora é o dobro em relação aos outros circuitos. Voltando à Figura 4-7, é possível perceber que dois diodos sempre estarão conectados em série. A queda de tensão de 0,6 V será, então, dobrada para 1,2 V. Para retificadores operando com tensões baixas, essa queda pode ser significativa. Se a corrente demandada pela carga for elevada, cada diodo poderá apresentar uma queda de 1 V, resultando em uma perda total de 2 V. Para os propósitos deste capítulo, as perdas nos diodos deverão ser ignoradas durante os cálculos de tensão de saída CC. Correntes alternadas trifásicas estão disponíveis na maioria das instalações industriais e comerciais e em alguns veículos. É possível retificar, também, sistemas CA trifásicos, como é mostrado na Figura 4-14(a). Seis diodos são necessários para uma retificação em onda completa. A Figura 4-14(b) mostra a forma de onda CA após a retificação. As fontes CA estão defasadas entre si de 1/3 do ciclo (120º). Usando a fonte que possui a forma de onda na cor azul como referência, a fase da fonte de cor vermelha está 120º adiantada e a

---

EXEMPLO 4-5

Calcule o calor médio da tensão CC na Figura 4-12 assumindo que um retificador em ponte será conectado nos terminais das extremidades do enrolamento do secundário (em outras palavras, o *tap* central não será conectado).

$$V_{méd} = V_{secundário} = 0{,}9 = 63{,}5\ V \times 0{,}9 = 57{,}2\ V$$

EXEMPLO 4-6

Que valor de tensão CC deveria ser lido no voltímetro da Figura 4-13? Leve em conta a ação do transformador abaixador:

$$V_{secundário} = \frac{127}{4} = 31{,}2\ V$$

Como a Figura 4-13 mostra um retificador de onda completa em ponte, o fator de conversão apropriado é 0,9:

$$V_{méd} = V_{secundário} \times 0{,}9 = 31{,}2\ V \times 0{,}9 = 28{,}1\ V$$

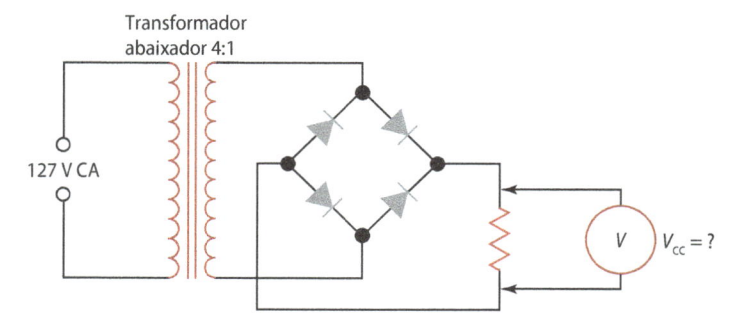

Figura 4-13 Calculando a tensão CC em um circuito retificador de onda completa em ponte.

EXEMPLO 4-7

A fonte CA mostrada na Figura 4-12(a) é de 208 volts. Qual seria a leitura de um voltímetro CC se ele estivesse conectado aos terminais de R_L?

$V_{méd} = V_{rms} \times 1{,}35 = 208\,V \times 1{,}35 = 281V$

---

fase da fonte de cor verde está atrasada em 120º. A Figura 4-14(c) mostra que os semiciclos negativos foram deslocados para cima exatamente como ocorre em um retificador de onda completa de uma única fase (monofásico). A Figura 4-14(d) mostra a forma de onda no resistor de carga. Observe que a tensão de carga permanece quase constante e próxima ao valor de pico da fonte trifásica. Essa é uma vantagem do sistema trifásico. Infelizmente, as fontes trifásicas não estão disponíveis em residências e outros locais. No caso monofásico, é necessária a utilização de filtros para suavizar a variação nas formas de onda de corrente e tensão. Os filtros serão discutidos na próxima seção deste capítulo.

Se as formas de onda da Figura 4-14 forem comparadas a da Figura 4-10, ficará claro que o valor médio é maior para sistemas trifásicos. Para circuitos trifásicos de onda completa, o valor médio é $V_{rms} \times 1{,}35$.

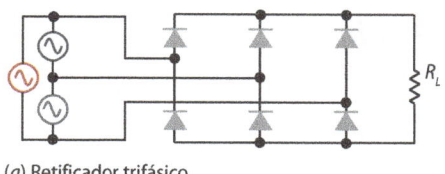

(a) Retificador trifásico

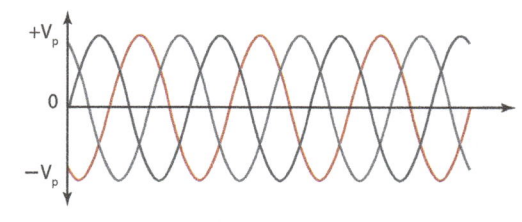

(b) Formas de onda CA trifásicas

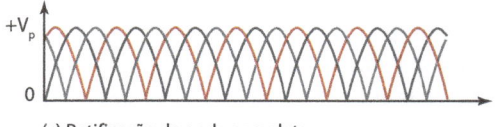

(c) Retificação de onda completa

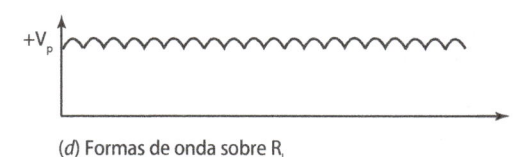

(d) Formas de onda sobre R_L

Figura 4-14 Retificação trifásica.

Teste seus conhecimentos

Responda às seguintes perguntas.

20. Um transformador possui cinco vezes mais espiras no primário do que no secundário. Se uma tensão CA de 120 V é conectada no primário, qual será a tensão no secundário?

21. Suponha que o transformador na questão 20 possua *tap* central e seja conectado a um retificador de onda completa. Qual será o valor médio da tensão CC sobre a carga?

22. Qual será o novo valor da tensão CC média sobre a carga da Questão 21 se um dos retificadores se queimar (operar como um circuito aberto)?

23. A tensão CA de entrada de um retificador de meia onda é 32 V. Qual será o valor mostrado por um voltímetro CC conectado nos terminais da carga?

24. A tensão CA de entrada de uma ponte retificadora é 20 V. Qual será o valor mostrado por um voltímetro CC conectado nos terminais da carga?

25. Em circuitos retificadores, para que a tensão de saída diminua, o que deve ocorrer com a corrente de carga?

26. As perdas em retificadores são mais significativas em circuitos que operam com baixas ou altas tensões?

27. Se a queda de tensão em cada diodo em uma ponte retificadora é 1 V, então, qual é a queda total no retificador?

>> Filtros

A corrente contínua pulsante não serve para ser utilizada diretamente na maioria dos circuitos eletrônicos. É necessário algo próximo a uma corrente contínua pura (constante), tal como a tensão produzida por baterias. No entanto, baterias são utilizadas normalmente em aplicações de baixa tensão e em equipamentos portáteis. A Figura 4-15(a) mostra uma bateria conectada a um resistor de carga. A forma de onda de tensão nos terminais da carga é uma linha reta, ou seja, não há pulsação.

A corrente CC pulsante não é pura porque ela contém uma **COMPONENTE CA**. A Figura 4-15(b) mostra como uma componente CC e uma componente CA podem aparecer nos terminais da carga. Um gerador CA e uma bateria são conectados em série, a forma de onda da tensão sobre a carga mostra ambas as componentes CA e CC. Esta situação é similar ao que ocorre na saída de um retificador. Existe uma componente CC devido à retificação e existe também uma componente CA (pulsação).

A componente CA presente em uma fonte CC é chamada de **ONDULAÇÃO**. Grande parte da ondulação pode ser removida na maioria das aplicações. O circuito utilizado para removê-la é denominado **FILTRO**. Filtros podem produzir uma forma de onda bem suave que se aproxima da forma de onda produzida por uma bateria.

A técnica mais comum utilizada para filtragem é a conexão de um capacitor em paralelo com a saída. A Figura 4-16 mostra um **FILTRO CAPACITIVO** simples que foi adicionado a um circuito retificador de onda completa. A forma de onda nos terminais do resistor de carga mostra que a ondulação foi significativamente reduzida pela adição do capacitor.

Capacitores são dispositivos armazenadores de energia. Eles podem ser carregados pela fonte e mais tarde devolver essa carga elétrica ara o resistor de carga. Na Figura 4-17(a), os retificadores estão produzindo o valor de pico da saída, a corrente de carga está fluindo e carregando o capacitor. Posteriormente, quando a tensão no retificador começa a diminuir, o capacitor descarrega-se fornecendo corrente à carga [Figura 4-17(b)]. Como esta corrente de carga está sendo sempre mantida, a tensão de carga, também sempre se manterá. Esta

(a) Corrente contínua pura

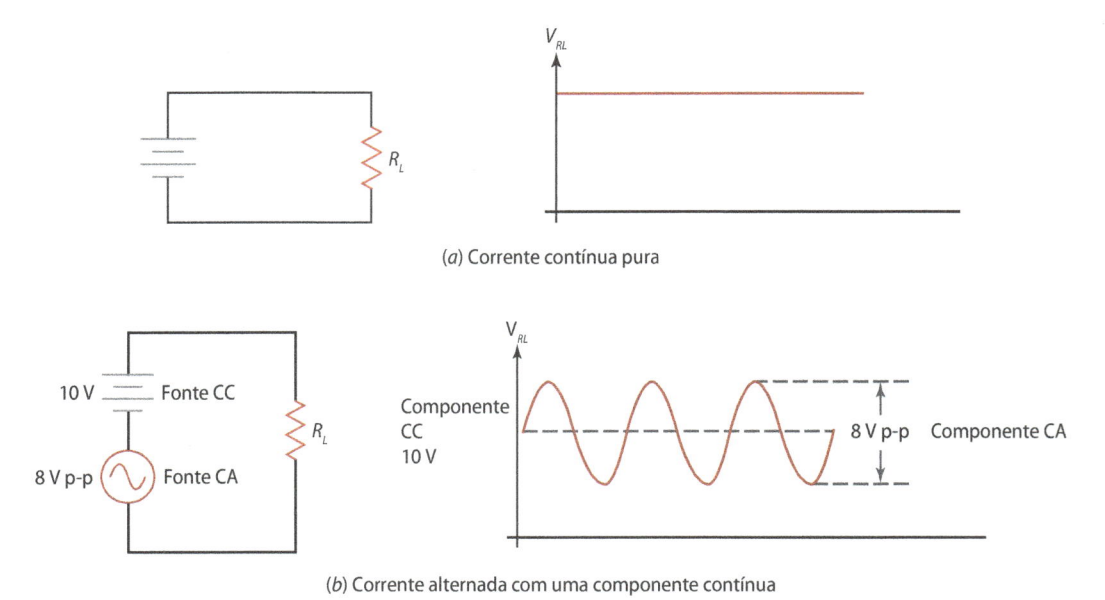

(b) Corrente alternada com uma componente contínua

Figura 4-15 Formas de onda CC e CA.

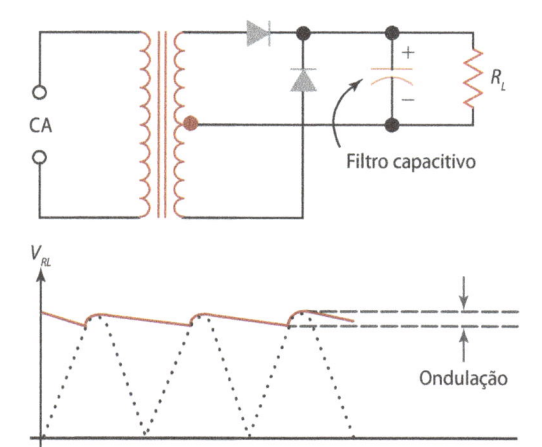

Figura 4-16 Retificador de onda completa com filtro capacitivo.

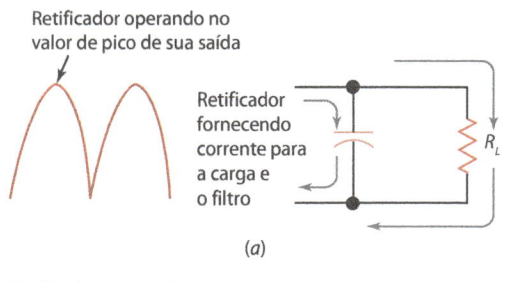

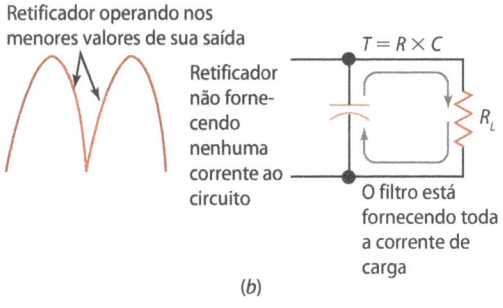

Figura 4-17 Ação do filtro capacitivo.

é a razão pela qual a tensão de saída apresenta um valor tão pequeno de ondulação.

A eficiência do filtro capacitivo é determinada por três fatores:

1. O tamanho do capacitor.
2. O valor da carga.
3. O tempo entre os pulsos.

> **EXEMPLO 4-8**
>
> Determine a eficiência relativa entre o uso de capacitores de 100 μF e 1000 μF em um filtro para um retificador de meia onda em 60 Hz com uma carga de 100 Ω. Primeiramente, encontre as duas constantes de tempo:
>
> $T = R \times C$
>
> $T_1 = 100\ \Omega \times 100\ \mu F = 0{,}01\ s$
>
> $T_2 = 100\ \Omega \times 1000\ \mu F = 0{,}1\ s$
>
> Observando-se a Figura 4-18, é possível ver que o tempo de descarga para circuitos retificadores de meia onda em 60 Hz está próximo a 0,01s. Isso significa que o filtro com menor valor de capacitância descarregará durante aproximadamente uma constante de tempo, perdendo aproximadamente 60% de sua carga, gerando um valor significativo de ondulação. A constante de tempo do capacitor maior é 0,1 s, o que é muito maior quando comparada ao tempo de descarga. O capacitor de 1000 μF atuará mais efetivamente como filtro (muito menos ondulação).

Esses três fatores são relacionados pela equação:

$$T = R \times C$$

onde: T = tempo em segundos (s)
R = resistência em ohms (Ω)
C = capacitância em farads (F)

O produto *RC* é chamado de **CONSTANTE DE TEMPO DO CIRCUITO**. Um capacitor carregado perderá 63,2% de sua carga em *T* segundos. Além disso, leva-se aproximadamente $5 \times T$ segundos para o capacitor se descarregar completamente.

Para ser eficiente, um filtro capacitivo deve descarregar lentamente entre os picos. Isso fará com que a variação de tensão nos terminais da carga seja pequena e, consequentemente, tenha um valor pequeno de ondulação. Em outras palavras, a constante de tempo precisa ser grande em comparação ao tempo entre picos. Nesse caso, é interessante comparar o efeito da filtragem em meia onda e em uma onda completa. O tempo entre picos para os retificadores de meia onda e onda completa são mostrados na Figura 4-18. Obviamente, em um retificador de meia onda, o capacitor passa o dobro do tempo descarregando e a ondulação será maior. Um retificador de onda completa é mais indicado quando se deseja eliminar quase completamente a ondulação. Isso se deve ao fato de que é mais fácil filtrar o sinal quando os picos são próximos. Vendo de outra maneira, é necessário ter um capacitor com capacitância duas vezes maior para filtrar adequadamente usando um retificador de meia onda, se todos os demais parâmetros do circuito permanecerem iguais.

A escolha de um filtro capacitivo pode ser baseada na seguinte equação:

$$C = \frac{I}{V_{p-p}} \times T$$

onde: C = a capacitância em farads (F)
I = a corrente de carga em ampères (A)
V_{p-p} = a ondulação de pico a pico em volts (V)
T = o período em segundos (s)

A Figura 4-18 é baseada em uma rede de alimentação de 60 Hz. Se uma frequência muito maior for utilizada, o trabalho do filtro pode se tornar consideravelmente mais fácil. Por exemplo, se a frequência for de 1 quilohertz (kHz), o tempo

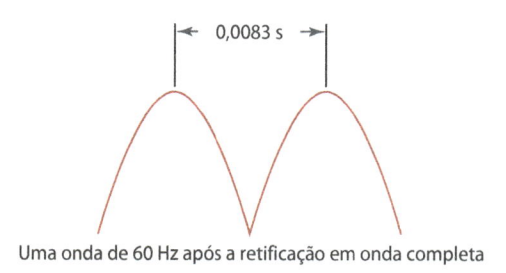

0,0083 s

Uma onda de 60 Hz após a retificação em onda completa

0,0167 s

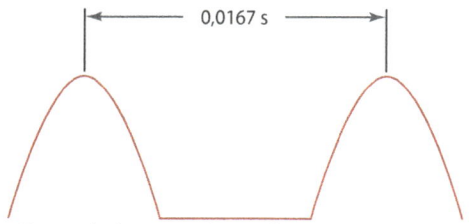

Uma onda de 60 Hz após a retificação em meia onda

Figura 4-18 Uma onda retificada de 60 Hz.

EXEMPLO 4-9

Escolha um filtro capacitivo para um circuito retificador de onda completa, alimentado por uma fonte em 60 Hz, de modo que, quando a corrente de carga for 5 A, o valor de ondulação permitido seja 1 V_{p-p}. Apesar de a fonte de alimentação ser em 60 Hz, a Figura 4-18 mostra que a frequência da ondulação é duas vezes a frequência do sinal de entrada para um retificador de onda completa:

$$T = \frac{1}{f} = \frac{1}{2 \times 60} = 8{,}33 \text{ ms}$$

Este resultado está de acordo com a Figura 4-18. Encontre o valor do capacitor do filtro:

$$C = \frac{I}{V_{p-p}} \times T = \frac{5}{1} \times 8{,}33 \times 10^{-3}$$
$$= 41{,}7 \text{ } \mu F$$
$$= 41.700 \text{ } \mu F$$

Usualmente, expressa-se o valor do filtro capacitivo em microfarads.

EXEMPLO 4-10

Escolha um filtro capacitivo para um circuito retificador de onda completa, alimentado por uma fonte em 100 kHz, de modo que quando a corrente de carga for 5 A, o valor de ondulação permitido seja 1 V_{p-p}. Compare o valor encontrado com o capacitor do exemplo anterior.

$$T = \frac{1}{f} = \frac{1}{2 \times 100 \times 10^3} = 5 \text{ } \mu s$$

$$C = \frac{5}{1} \times 5 \times 10^{-6} = 25 \text{ } \mu F$$

O valor do capacitor é muito menor em comparação com o do exemplo anterior.

entre picos em um retificador de onda completa será de somente 0,0005 s. Para esse curto período de tempo, o capacitor terá se descarregará muito pouco. Outro ponto interessante da operação em altas frequências é que os transformadores podem ser bem menores. Algumas fontes de alimentação convertem a frequência da rede de alimentação para uma frequência bem mais alta de modo a se beneficiar destas vantagens. Esse tipo de fonte de alimentação é chamado de **FONTE CHAVEADA**.

Uma forma de conseguir uma boa filtragem é utilizar um capacitor com capacitância elevada. Isso significa que o tempo de descarga do capacitor será longo. Se a resistência de carga for pequena, a capacitância deverá ser muito grande para obter uma boa filtragem. Verifique a equação para o cálculo da constante de tempo e será possível perceber que, se R possui um valor pequeno, será necessário escolher um C de valor elevado, caso T permaneça o mesmo. Portanto, se a demanda de corrente for elevada (R for um valor baixo), o valor do capacitor precisa ser bem elevado.

Capacitores eletrolíticos estão disponíveis no mercado com grandes valores de capacitância. Porém, um valor muito grande para um filtro capacitivo pode trazer problemas. A Figura 4-19 mostra formas de onda que podem ser encontradas em fontes de alimentação com filtros capacitivos. A forma de onda não filtrada é mostrada na Figura 4-19(a). Na Figura 4-19(b), o capacitor fornece energia entre os picos. Note que os retificadores não conduzem até que sua tensão de pico exceda a tensão do capacitor. Os retificadores se desligam após a tensão passar por seu valor de pico e conduzem apenas por um curto intervalo de tempo. A Figura 4-19(d) mostra a forma de onda da corrente no retificador. Note que os picos são elevados em comparação ao valor médio.

Em algumas fontes de alimentação, a razão entre a corrente de pico e a corrente média pode exceder 100:1. Isso significa que a corrente rms pode ser mais de oito vezes maior que a corrente fornecida à carga. A corrente rms é que determina o efeito de aquecimento nos retificadores. Está é a razão pela qual são especificados diodos de 10 ampères (A) quando a fonte de alimentação é projetada para fornecer somente 2 A à carga.

A tensão de saída CC de uma fonte de alimentação filtrada é maior em comparação à tensão de saída de uma fonte não filtrada. A Figura 4-20 mostra um retificador em ponte que utiliza um filtro capacitivo que pode ser ligado ou desligado por uma chave. Com a chave aberta, o voltímetro lerá o valor médio da forma de onda:

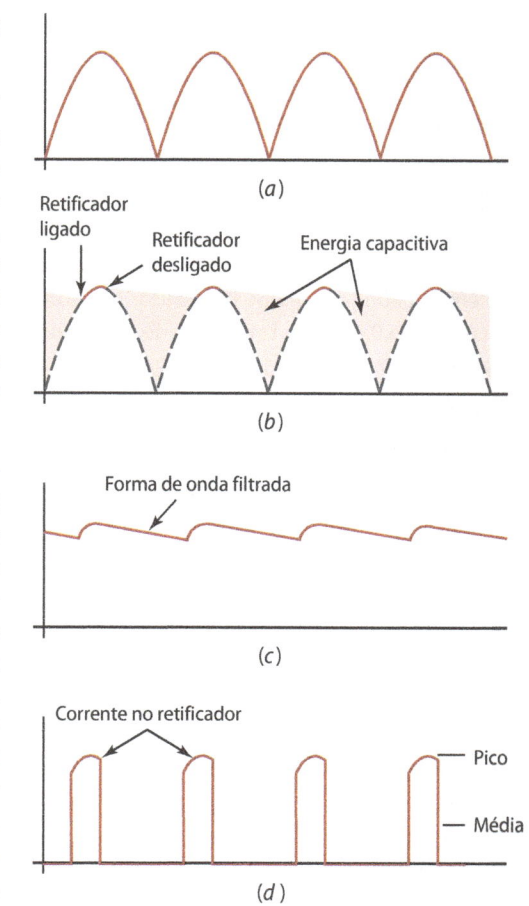

Figura 4-19 Formas de onda para um circuito contendo um filtro capacitivo.

$V_{méd} = V_{rms} \times 0,9$
$= 10 \times 0,9$
$= 9\,V$

Com a chave fechada, o capacitor se carrega com o valor de pico da forma de onda:

$V_p = V_{rms} \times 1,414$
$= 10 \times 1,414$
$= 14,14\,V$

Isso representa uma variação significativa na tensão de saída. Porém, quando a carga for conectada à fonte, o capacitor não será capaz de manter o valor de pico e a tensão de saída diminuirá. Quanto maior for a carga, maior será a corrente de carga e menor será a tensão na saída. Nesse sentido, pode-se assumir que a tensão CC na saída de um retificador com filtro capacitivo será igual ao valor de pico da tensão CA de entrada quando a fonte está com pouca carga ou sem carga como mostrado na Figura 4-20.

A Figura 4-21 mostra um circuito retificador de meia onda com filtro. Qual é o procedimento para predizer a tensão sobre a carga R_L? Quando filtros são empregados, não é possível utilizar os fatores de conversão 0,45 e 0,9. Lembre-se de que o filtro se carrega com o calor de pico da entrada.

Observe a Figura 4-21. A entrada é 120 V CA e é reduzida por um transformador para:

$$\frac{120\ V\ rms}{10} = 12\ V\ rms$$

O valor de pico é encontrado pela equação:

$V_p = 1,414 \times 12\ V$
$= 16,97\ V$

Assumindo que a carga seja pequena, a tensão CC nos terminais do resistor de carga na Figura 4-21 é próxima a 17 V. Se o filtro capacitivo for retirado, a tensão de saída CC diminuirá muito. Seu valor médio será:

$V_{méd} = 0,45 \times 12\ V$
$= 5,4\ V$

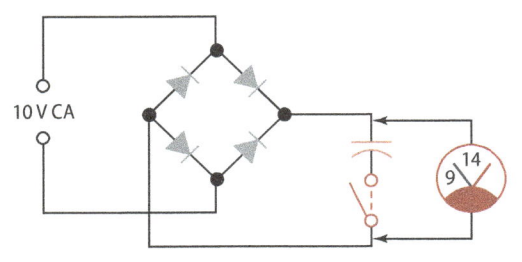

Figura 4-20 Calculando a tensão de saída CC para um circuito com filtro.

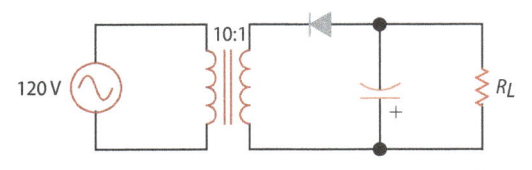

Figura 4-21 Circuito retificador de meia onda com filtro.

Portanto, o capacitor de valor adequado da Figura 4-21 fez com que a tensão fosse próxima a 17 V e sem o capacitor a saída seria de somente 5,4 V. Entender este fato pode ser muito importante durante a busca e solução de defeitos.

A Figura 4-22 mostra o mesmo transformador e entrada, mas o retificador de meia onda foi substituído por um retificador em ponte. Se o circuito é filtrado, a saída permanecerá sendo o valor de pico ou 16,97 V. Se o capacitor abrir neste circuito, a saída será:

$V_{méd} = 0,9 \times 12\ V$
$= 10,8\ V$

Obviamente, a falha (abrir-se) de um filtro capacitivo, em circuitos de onda completa, terá um efeito menos drástico na tensão de saída CC em comparação com o circuito de meia onda.

O fato de que o filtro capacitivo muda o valor de pico da forma de onda CA é importante. Os filtros capacitivos precisam ser dimensionados para estes valores elevados de tensão. Outro ponto importante é a polaridade do capacitor. Verificando as Figura 4-21 e a Figura 4-22, pode-se notar que o sinal + se encontra no terminal inferior do capacitor. Isso está de acordo com as conexões do retificador. Muitos filtros capacitivos são do tipo eletrolítico, este tipo de capacitor pode explodir se conectado de forma invertida. Isso também se aplica aos capacitores de Tântalo.

A Figura 4-23 mostra um FILTRO DE ENTRADA DO TIPO CHOQUE. CHOQUE É outro nome usado para se referenciar a um indutor. O termo "choque" é usado no caso de fontes de alimentação porque o choque (indutor) é usado para restringir a ondulação (em inglês, o verbo utilizado neste contexto é *choke off*, o que justifica o uso do nome choque *choke*). Deve-se lembrar de que a indutância é definida como sendo a propriedade de um circuito a se opor a mudanças de corrente. O choque na Figura 4-23 está em série com R_L, portanto, ele irá opor-se às mudanças de corrente na carga. Esta oposição contribuirá na redução da ondulação da tensão sobre a carga.

Os choques não são aplicados tão frequentemente em fontes de alimentação de 60 Hz quanto são em outras frequências. Com o avanço dos circuitos de es-

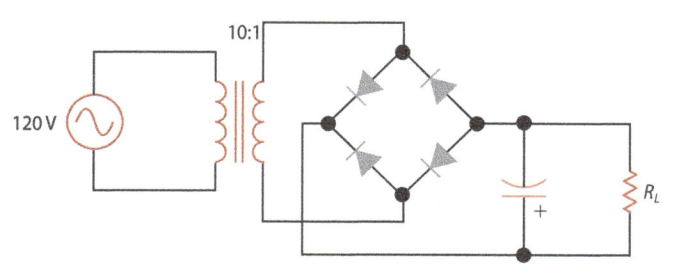

Figura 4-22 Circuito retificador em ponte.

EXEMPLO 4-11

Que tensão deveria ser especificada para o capacitor do filtro na Figura 4-22 se a relação de transformação é de 1:1? A tensão no secundário será igual à tensão no primário, assim o capacitor será carregado com o valor de pico da rede de alimentação CA:

$V_p = 1{,}414 \times V_{rms} = 1{,}414 \times 120 = 170\,V$

O capacitor se carregará com 170 V. Uma margem de segurança é necessária, então um capacitor de 250 V ou mais deverá ser utilizado neste caso.

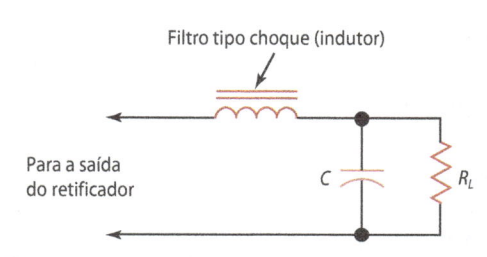

Figura 4-23 Filtro de entrada do tipo choque.

tado sólido e com a melhoria dos capacitores eletrolíticos, tem se tornado mais barato remover a ondulação somente utilizando capacitores. Choques para frequências de 60 Hz tendem a ser componentes largos, pesados e caros. Choques são utilizados mais frequentemente em fontes chaveadas. A frequência de trabalho dessas fontes chaveadas é muito alta, o que permite utilizar indutores de pequeno porte.

Teste seus conhecimentos

Responda às seguintes perguntas.

28. O que um sinal CC puro não contém?
29. Qual é a forma de onda CC gerada na saída dos retificadores da utilização?
30. O que é reduzido a partir de filtros nas fontes de alimentação?
31. O que os capacitores em circuitos de filtragem são capazes de armazenar?
32. Em uma fonte de alimentação com filtro capacitivo, a eficiência do filtro é determinada pelo tamanho do capacitor, pela frequência CA e pelo que mais?
33. Por que o sinal de saída de retificadores de meia onda é difícil de ser filtrado?
34. Qual é o tipo de valor da corrente responsável por provocar o efeito de aquecimento?
35. Em uma fonte de alimentação filtrada, qual é o fator que indica o quanto a tensão de saída CC é maior que o valor de tensão de entrada rms?
36. Qual fator de conversão é útil quando se pretende prever a tensão de saída CC de uma fonte filtrada?
37. Os fatores de conversão de 0,45 e 0,90 são úteis para prever a saída CC de que tipo de fontes?
38. A tensão de especificação de um filtro capacitivo deve ser maior do que qual parâmetro?
39. Qual será o valor da saída CC de uma fonte de alimentação utilizando uma ponte retificadora que alimenta uma carga pequena e possui uma entrada de 15 V CA com filtro capacitivo?

≫ Multiplicadores de tensão

A tensão típica da rede de alimentação na maior parte do país é 127 V CA. Usualmente, circuitos de estado sólido requerem valores mais baixos de tensão de operação. Mas, em outros casos, valores mais altos de tensão são necessários. Uma forma de obter valores mais elevados é utilizar transformadores elevadores. Infelizmente, transformadores são dispositivos caros; eles também são relativamente grandes e pesados. Por essa razão, projetistas podem querer não utilizá-los para obter valores mais elevados.

Multiplicadores de tensão podem ser usados para produzir tensões mais elevadas e eliminam a necessidade de um transformador. A Figura 4-24(a) mostra um diagrama para um dobrador de tensão de onda completa. Esse circuito produz uma tensão de saída que é 2,8 vezes mais alta que o valor rms de entrada. A saída será uma tensão CC com alguma ondulação.

A Figura 4-24(b) mostra a operação de um dobrador de onda completa. Ela mostra como C_1 se carrega sobre D_1 quando a rede de alimentação se encontra em seu semiciclo positivo. Pode-se esperar que o capacitor C_1 se carregue com o valor de pico da rede de alimentação CA. Assumindo-se que a tensão de entrada é 120 V, tem-se:

$$V_p = V_{rms} \times 1{,}414$$
$$= 127 \times 1{,}414$$
$$= 179{,}58\,V$$

Durante o semiciclo negativo da tensão CA de rede mostrado na Figura 4-24(c), C_2 se carrega através do diodo D_2 com o valor de pico de 179,58 V. Agora, tanto C_1 quanto C_2 estão carregados. Na Figura 4-24(d) é possível ver que C_1 e C_2 estão em

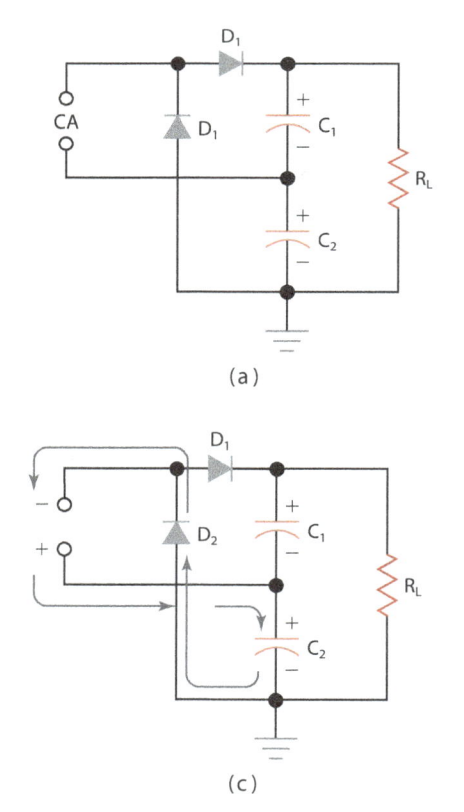

Figura 4-24 Dobrador de tensão de onda completa.

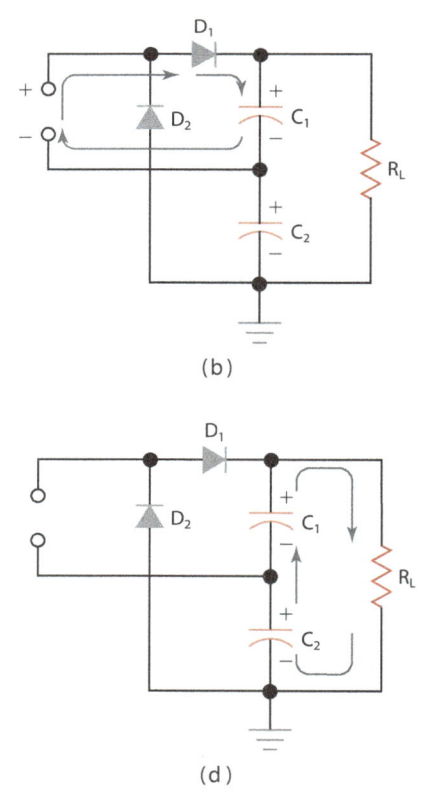

série. Suas polaridades são iguais e se somam e eles produzirão sobre a carga o dobro de tensão do valor de pico da rede:

$V_{RL} = V_{C1} + V_{C2}$
$= 179{,}58 \times 179{,}58$
$= 359{,}16\ V$

Os dobradores de tensão podem produzir uma tensão de saída próxima ao triplo do valor da tensão de entrada. Conforme são adicionadas cargas a eles, sua tensão de saída tende a cair rapidamente. Assim, um dobrador de tensão que estiver alimentado por uma entrada de 127 V CA pode produzir uma saída de aproximadamente 254 V CC quando estiverem fornecendo corrente à carga. Um dobrador de tensão não é uma boa escolha quando uma tensão de saída estabilizada (que varia pouco) é necessária.

A inexistência de uma isolação da rede de alimentação é o maior problema das fontes de alimentação sem transformadores. Os chassis de muitos equipamentos eletrônicos são fabricados com materiais metálicos. Normalmente, o chassi tem a função de ponto comum para vários circuitos. Se este chassi não está isolado da fonte de alimentação CA, ele representa um enorme risco de CHOQUE ELÉTRICO. O chassi normalmente está instalado dentro de um gabinete não condutor. Os botões de controle são feitos de material não condutor como o plástico, o que gera alguma proteção ao usuário. Porém, um técnico trabalhando no equipamento pode correr riscos, sendo exposto a choques elétricos.

A Figura 4-25(*a*) mostra uma situação que já surpreendeu vários técnicos. A maioria dos equipamentos de teste de bancada possui um cabo de alimentação com três condutores que aterra o chassi e também serve como blindagem para os terminais de teste. Se o condutor comum, que normalmente possui em sua ponta uma garra do tipo jacaré, entrar em contato com um chassi energizado, acontecerá um curto circuito na rede de alimentação CA. Identifique o curto circuito na Figura 4-25(*a*). O caminho para a corrente será através do condutor da fase da rede de alimentação CA que está conectado ao terminal de fase da tomada, passando pelo cabo de alimentação do equipamento, atravessando o chassi, chegando ao terminal tipo garra e, finalmente, passando pelo cabo de alimentação do equipamento de testes até o terminal terra. Se o terra e o neutro aterrado do equipamento são conectados juntos no painel de disjuntores, esta rota traça um caminho para o curto circuito na rede CA. Assim, conectar um equipamento de teste a um equipamento energizado pode causar a atuação (*trip*) do disjuntor de proteção, queima de fusíveis, danos nos terminais de teste (pontas de prova) e danos ao circuito. E, pior ainda, o corpo do técnico pode se tornar parte da malha de terra, resultando em um perigoso choque elétrico. Trabalhar em equipamentos que não são isolados da rede de alimentação pode ser perigoso.

A Figura 4-25(*b*) mostra como um TRANSFORMADOR DE ISOLAÇÃO pode ser utilizado parar resolver o problema do chassi energizado. O transformador é conectado entre a fase e o neutro da tomada e o chassi é energizado pelo secundário. A resistência entre o primeiro e o secundário de um transformado é muito elevada. Assim, uma corrente de curto não poderá circular da fase da tomada até o metal do chassi, pois o chassi foi isolado da rede CA.

A Figura 4-25(*c*) mostra uma tomada macho com um terminal mais largo que faz com que o chassi seja mantido conectado ao neutro que está aterrado do lado da rede CA. Porém, alguns equipamentos e construções ainda possuem uma instalação elétrica inadequada e o chassi do equipamento pode estar energizado.

EXEMPLO 4-12

Encontre a tensão sobre R_L do circuito da Figura 4-24 assumindo que a carga é pequena e que a entrada é 230 V. Em vez de calcular a tensão em cada capacitor, é mais simples utilizar o dobro do fator de conversão de 1,414:

$V_{RL} = 2{,}82 \times V_{rms} = 2{,}82 \times 230\ V = 649\ V$

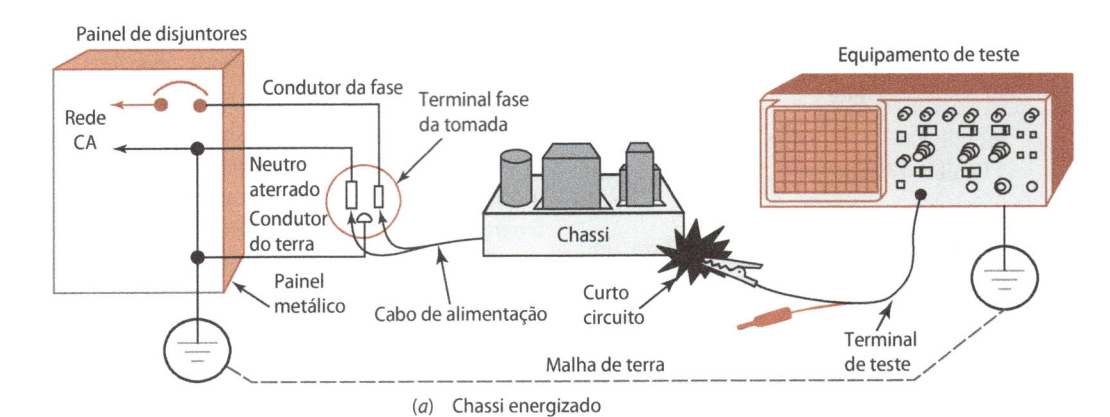

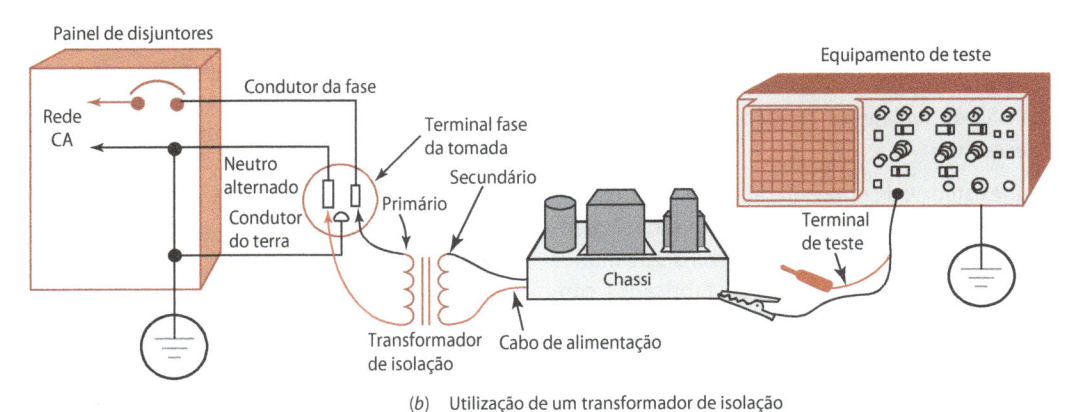

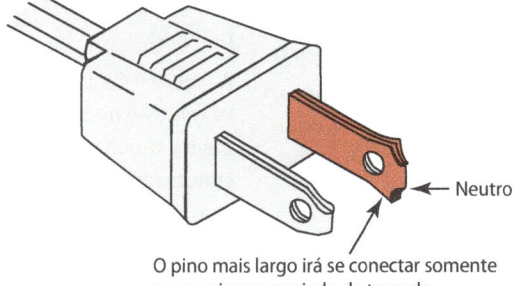

Figura 4-25 O problema do chassi energizado e duas soluções.

(a) Chassi energizado

(b) Utilização de um transformador de isolação

(c) Conector polarizado

O pino mais largo irá se conectar somente no encaixe apropriado da tomada

» Medições flutuantes

Equipamentos energizados por baterias e osciloscópios portáteis tornaram-se muito populares. Com isso, é possível algumas vezes fazer de modo seguro algo conhecido como MEDIÇÕES FLUTUANTES. Esse termo é utilizado para se referenciar a medições que são feitas com o terminal comum dos aparelhos de medição conectado a um potencial que não é o terra. Por exemplo, se for necessário fazer a leitura sobre um resistor que não possui nenhum terminal conectado ao ponto comum do circuito. A Figura 4-26 mostra a arquitetura usada em um osciloscópio/MD portátil da Tektronix®. É importante ressaltar que o canal 1, o canal 2 e as entradas do multímetro digital são isoladas do terra e entre si. Essa arquitetura permite medições flutuantes com o canal 1, canal 2 e o MD.

Quando se utiliza um instrumento com a arquitetura mostrada na Figura 4-26, é necessário tomar as seguintes precauções:

- Será necessário conectar o terminal de referência para cada canal diretamente ao circuito (utilizar o terminal preto para isso).
- Se o MD for utilizado, será necessário também conectar o seu terminal comum ao circuito.
- *Não* exceda as tensões especificadas para cada instrumento e pontas de prova.

Tipicamente, as tensões máximas as quais os dispositivos foram especificados para trabalhar são:

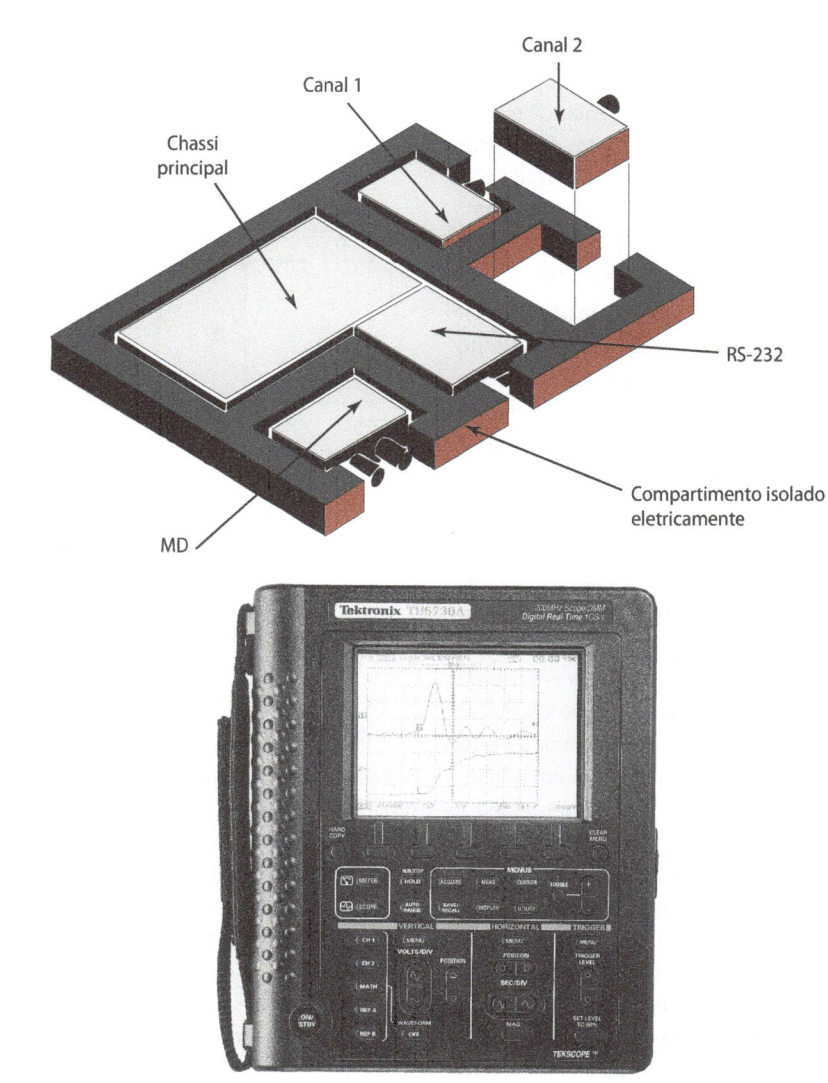

Figura 4-26 Arquitetura do instrumento TekScope®.

Da ponta de prova para o terminal de referência: 300 V_{rms}
Do terminal de referência para o terra: 30 V_{rms}
De um terminal de referência para o outro: 30 V_{rms}

É extremamente importante gastar um tempo conhecendo o seu equipamento de teste. Sua segurança depende disso.

Muitos osciloscópios/MD portáteis utilizam uma arquitetura diferente da mostrada na Figura 4-26. Eles possuem o terminal de referência em comum tanto para os canais quanto para o multímetro digital (MD). Com essa configuração, todos os sinais de entrada possuem a mesma referência de tensão quando medidas multicanais são feitas. Finalmente, lembre-se de que osciloscópios de bancada tem uma referência comum e não possuem um compartimento isolado. Esse tipo de osciloscópio não é apropriado para fazer medições flutuantes.

O **DOBRADOR DE TENSÃO DE MEIA ONDA** mostrado na Figura 4-27(a) oferece algumas melhorias no quesito segurança, se comparado ao dobrador de tensão de onda completa. Compare as Figuras 4-24(a) e 4-27(a). O chassi sempre tem uma conexão para a fase em um retificador de onda completa. No retificador de meia onda, o chassi só terá essa conexão se a ligação à tomada estiver errada.

O retificador de meia onda trabalha de uma forma diferente do retificador de onda completa. No semiciclo negativo, C_1 será carregado [Figura 4-27(b)]. Na Figura 4-27(c) a tensão em C_1 será somada à tensão do semiciclo positivo da rede e C_2 será carregado com duas vezes o valor de pico da rede. A resistência de carga RL está em paralelo com C_2 e a tensão de aproximadamente 360 V aparece sobre a carga para uma alimentação de 127 V. As diferenças fundamentais são as tensões de trabalho dos capacitores e a frequência da ondulação sobre a carga. Dobradores de onda completa utilizam dois capacitores iguais. Cada um deve ser especificado com uma tensão de trabalho de no mínimo o valor de pico da rede. Dobradores de meia onda requerem que o capacitor paralelo à carga seja especificado com no mínimo duas vezes

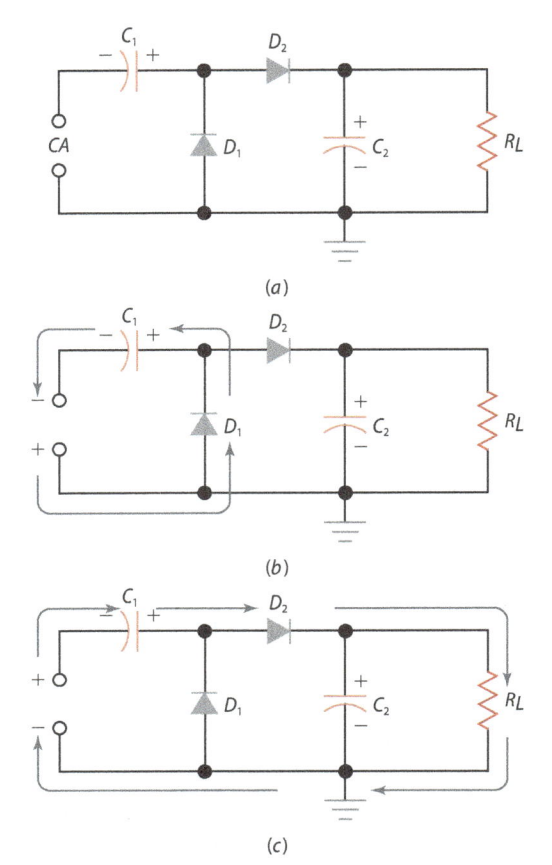

Figura 4-27 Dobrador de meia onda.

o valor de pico da rede. A frequência da ondulação em um dobrador de onda completa será duas vezes a frequência da rede. Os dobradores de meia onda terão uma frequência da ondulação igual à frequência da rede.

É possível construir multiplicadores de tensão que tripliquem, quadrupliquem e multipliquem muito mais o valor da tensão da rede. A Figura 4-28(a) mostra um triplicador de tensão. Durante o primeiro semiciclo positivo, C_1 é carregado através de D_1. No próximo semiciclo, C_2 é carregado com duas vezes o valor de pico da rede através de D_2 e C_1. Finalmente, C_3 será carregado com três vezes o valor de pico da rede através de D_3 e C_2 no próximo semiciclo. Para uma entrada CA de 127 V, a carga enxergará uma tensão de aproximadamente 540 V.

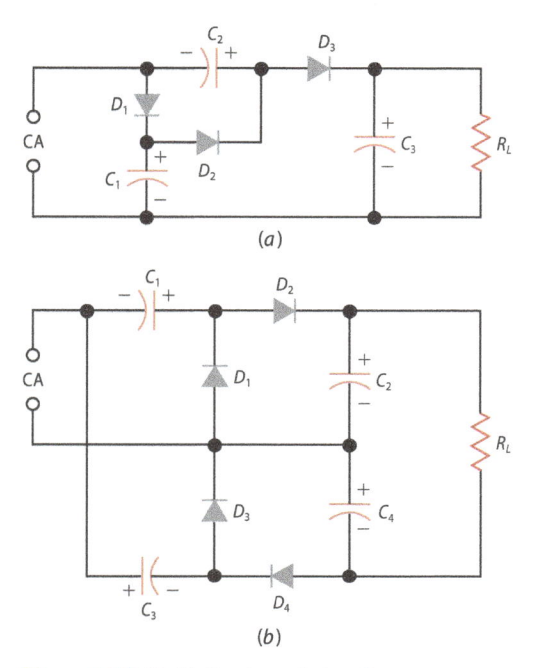

Figura 4-28 Multiplicadores de tensão.

Um quadruplicador de tensão é mostrado na Figura 4-28(b). Este circuito é, na verdade, dois dobradores de tensão conectados lado a lado e dividindo uma mesma entrada de tensão. As tensões sobre C_2 e C_4 irão se somar para produzir uma tensão de saída de quatro vezes o valor de pico da rede. Assumindo que a tensão da rede seja 120 V, R_L irá enxergar uma tensão de 720 V em seus terminais.

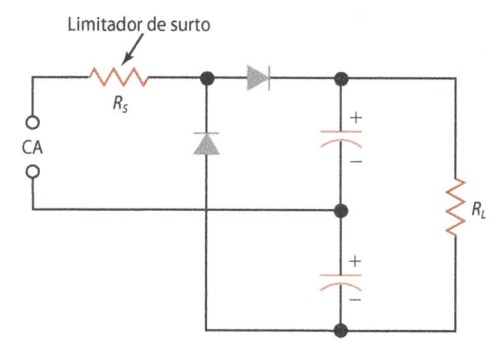

Figura 4-29 Um multiplicador de tensão com um resistor limitador de surto.

Todos os multiplicadores de tensão tendem a produzir uma tensão de saída bem menor quando há um aumento da carga. Essa queda pode ser minimizada com o uso de valores elevados para as capacitâncias dos filtros. Porém, utilizar capacitores muito grandes pode fazer com que a corrente de pico seja muito elevada. O surto de corrente geralmente é pior assim que a fonte é ligada pela primeira vez. Se a fonte de alimentação for ligada no momento em que a rede está em seu valor de pico, o surto pode danificar os diodos. Limitadores de surto precisam ser adicionados a alguns circuitos multiplicadores. Os limitadores de surto são, normalmente, resistores de valor baixo conectados na entrada do circuito de modo a limitar a corrente de surto em um valor seguro para os retificadores. A Figura 4-29 mostra um limitador de surto em um circuito dobrador de meia onda.

Teste seus conhecimentos

Responda às seguintes perguntas.

40. O que ocorrerá ao se conectar equipamentos de teste aterrados no chassi em contato com a fase?
41. Além da obtenção de tensões mais elevadas, o que pode ser eliminado ao se utilizar dobradores de tensão?
42. Qual é o valor da tensão de saída em comparação ao valor rms da tensão de entrada em um dobrador de tensão com carga pequena?
43. O que pode ocorrer na saída de multiplicadores de tensão quando a carga é significativamente aumentada?
44. Para reduzir o risco de choque elétrico e danos a equipamentos, qual tipo de transformador deve ser empregado por um técnico?
45. Qual será a frequência da ondulação para um dobrador de meia onda alimentado em 60 Hz?
46. Qual será a frequência da ondulação para um dobrador de onda completa alimentado em 60 Hz?
47. Qual é a finalidade do uso de resistores limitadores de surto em multiplicadores de tensão?

» Ondulação e regulação

O filtro da fonte de alimentação reduz a ondulação para um valor pequeno. A eficiência de um filtro real pode ser checada por meio de medidas e um cálculo simples. A equação para calcular a **PORCENTAGEM DE ONDULAÇÃO** é:

$$\text{Ondulação} = \frac{CA}{CC} \times 100\%$$

onde CA é o valor rms.

Por exemplo, assuma que a ondulação CA remanescente após a filtragem é medida e o valor encontrado é de 1 V em uma fonte de alimentação de 20 V CC. A porcentagem de ondulação é:

$$\text{Ondulação} = \frac{CA}{CC} \times 100\%$$
$$= \frac{1}{20} \times 100\%$$
$$= 5\%$$

A ondulação deve ser medida quando a fonte está suprindo toda a saída a qual foi projetada para suprir. Para uma carga nula, mesmo um filtro pobre reduzirá a ondulação a praticamente zero. A ondulação pode ser medida utilizando-se um osciloscópio ou um multímetro. O osciloscópio fornecerá facilmente o valor de pico a pico da ondulação CA. Muitos medidores indicarão o valor rms aproximado de ondulação. Ele não será exato, já que a forma de onda da ondulação não é senoidal. Em um filtro capacitor, a ondulação é semelhante a uma forma de onda dente de serra. Isso causa um erro, pois a maioria dos medidores é calibrada para tensões senoidais. Existem medidores que conseguem fazer uma leitura real de valores rms para ondas não senoidais. Esses medidores estão se tornando mais populares à medida que o preço vai diminuindo.

Para medir a ondulação CA presente em uma forma de onda CC, um medidor antigo deve ser selecionado em uma função especial e um dos conectores do cabo de teste do medidor deve ser modificado para outra posição (*plug*). Esta função especial é denominada "saída". O conector de saída é conectado ao circuito através de um capacitor de acoplamento. Esse capacitor deve ser selecionado de modo a ter uma baixa reatância em 60 Hz. Assim, o sinal de ondulação de 60 ou 120 Hz chegará aos circuitos do medidor com uma baixa perda. Os capacitores possuem uma reatância infinita para sinais em corrente contínua (0 Hz). Isso significa que a componente CC será bloqueada e não interferirá nas medidas. Se um valor de ondulação atipicamente elevado for medido, o medidor deve ser checado para ter certeza de que a componente CC não está afetando as medidas.

A **REGULAÇÃO** de uma fonte de alimentação é a habilidade da fonte em manter seu sinal de saída no mesmo valor (estacionada) mesmo havendo variações na entrada e na carga. Conforme as fontes são carregadas (adicionando mais carga a elas), o valor da saída tende a diminuir. A qualidade da regulação de uma fonte pode ser verificada por meio de duas medidas e um cálculo simples. A equação para o cálculo da **PORCENTAGEM DA REGULAÇÃO DE TENSÃO** é:

$$\text{Regulação} = \frac{\Delta V}{\Delta_{FL}} \times 100\%$$

onde ΔV = a variação de tensão quando a fonte está com carga máxima e sem carga.

V_{FL} = tensão de saída a plena carga.

Por exemplo, uma fonte de alimentação é verificada com um multímetro e apresenta 14 V em sua saída quando não há fornecimento de corrente de carga. Quando a fonte é carregada de modo a fornecer a sua corrente máxima na qual ela foi especificada, o medidor apresenta uma queda para 12 V. A porcentagem da regulação de tensão é:

$$\text{Regulação} = \frac{\Delta V}{\Delta_{FL}} \times 100\%$$
$$= \frac{2V}{12V} \times 100\%$$
$$= 16,7\%$$

A tensão de saída de algumas fontes de alimentação pode aumentar muito na condição de operação sem carga. A condição sem carga pode ser evitada conectando uma carga fixa conhecida como resistor de drenagem. A Figura 4-30 mostra o uso

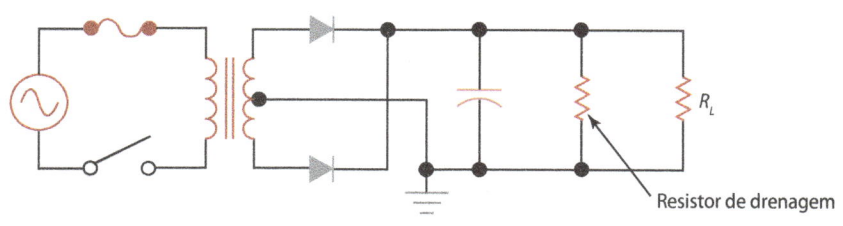

Figura 4-30 Fonte de alimentação com um resistor de drenagem.

de um resistor de drenagem. Se R_L está desconectada, o resistor de drenagem continua a demandar uma corrente de carga da fonte. Garantindo assim, que uma corrente mínima de saída está sempre fluindo pela fonte. Esta carga fixa pode reduzir as flutuações na tensão de saída devido à variações em R_L. Assim, uma das funções do resistor de drenagem é melhorar a regulação.

Os resistores de drenagem possuem outra importante função. Eles também drenam a energia armazenada nos capacitores do filtro quando a fonte é desligada. Alguns filtros capacitivos podem armazenar sua carga por meses. Capacitores carregados representam risco de choque elétrico. *Não* é seguro assumir que os capacitores estão descarregados mesmo que haja um resistor de drenagem ligado aos seus terminais, pois, o resistor pode estar aberto. Técnicos que trabalham com fontes de tensões elevadas utilizam uma haste de descarga para ter certeza de que todos os capacitores estão descarregados antes de iniciarem seu trabalho no equipamento. Capacitores de energia elevada podem se descarregar violentamente e por isso é importante que a haste de descarga possua um resistor de potência elevada com valor de resistência em torno de 100 Ω para manter a corrente de descarga em um valor razoável. A Figura 4-31 mostra esse dispositivo.

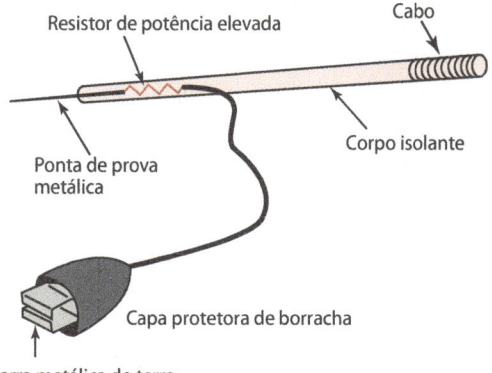

EXEMPLO 4-13

Encontre a porcentagem de ondulação CA se o valor de ondulação medido em uma fonte de 20 V é de 0,5 V.

Ondulação = $\frac{CA}{CC} \times 100\% = \frac{0,5\,V}{20\,V} \times 100\%$
  = 2,5%

Note que a porcentagem é menor se o valor de ondulação CA é menor.

EXEMPLO 4-14

Encontre a porcentagem da regulação de tensão quando a saída cai de 14,5 V para 14,0 V conforme a corrente de carga aumenta.

Regulação = $\frac{\Delta V}{\Delta_{FL}} \times 100\%$
  = $\frac{0,5\,V}{14\,V} \times 100\% = 3,57\%$

Note que a porcentagem é menor quando a variação tensão é pequena.

Figura 4-31 Haste de descarga.

Teste seus conhecimentos

Responda às seguintes perguntas.

48. Conforme a corrente de carga aumenta, qual é a tendência da ondulação CA?
49. Conforme a corrente de carga aumenta, qual é a tendência da tensão de saída CC?
50. Uma fonte de alimentação fornece uma tensão de 13 V com uma ondulação de 1 V. Qual é o valor da porcentagem de ondulação?
51. Uma fonte de tensão fornece 28 V quando está sem carga e 24 V quando está fornecendo corrente à carga. Qual é o valor da porcentagem da regulação de tensão?
52. Além de melhorar a regulação da fonte, o que a utilização de um resistor de descarga pode provocar nos capacitores?

» Reguladores zener

A tensão de saída nas fontes de alimentação tende a mudar conforme a carga muda. A saída também mudará quando a tensão de entrada varia. Isto pode impedir que determinados circuitos eletrônicos funcionem corretamente. Quando se necessita de uma tensão estabilizada, a fonte de alimentação precisa ser regulada. O diagrama de blocos da fonte na Figura 4-32 mostra onde normalmente o regulador é conectado em uma fonte de tensão regulada.

Reguladores podem ser circuitos elaborados que utilizam circuitos integrados e transistores. Para algumas aplicações, porém, um simples **regulador zener paralelo** (conhecido como regulador *shunt*) é o suficiente. O regulador é um **diodo zener** que é colocado em paralelo com a carga. Se a tensão nos terminais do diodo for constante, então a tensão na carga também será.

O projeto de um regulador *shunt* utilizando um diodo zener é baseado em alguns cálculos simples. Por exemplo, suponha que uma fonte de alimentação forneça 16 V e que a carga necessite de uma tensão regulada em 12 V. Um cálculo simples mostra que a diminuição na tensão deve ser de 4 V (16 V − 12 V = 4 V). Esse valor deverá ser queda de tensão nos terminais de R_z, mostrado na Figura 4-33. Assuma que a corrente de carga seja 100 mA. Assuma, também, que se deseje especificar a corrente no zener como sendo 50 mA. Agora, é possível calcular o valor de R_z utilizando a lei de Ohm:

$$R_z = \frac{V}{I_{total}}$$

$$= \frac{4\ V}{0{,}100\ A + 0{,}050\ A}$$

$$= 26{,}67\ \Omega$$

O valor comercial mais próximo é 27 Ω, o qual é muito próximo do valor calculado. A potência dissipada no resistor pode ser calculada da seguinte forma:

$$P = V \times I$$
$$= 4\ V \times 0{,}150\ A$$
$$= 0{,}6\ watt\ (W)$$

Pode ser usado, nesse caso, um resistor de 1 W, embora, para aumentar a confiabilidade, possa-se usar um resistor de 2 W. Continuando, a potência dissipada no diodo será:

$$P = V \times I$$
$$= 12\ V \times 0{,}050\ A$$
$$= 0{,}6\ W$$

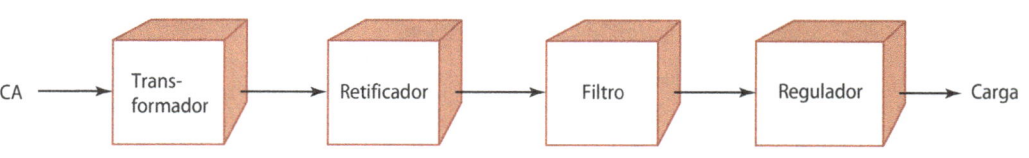

CA → Transformador → Retificador → Filtro → Regulador → Carga

Figura 4-32 Localização de um regulador em uma fonte de alimentação.

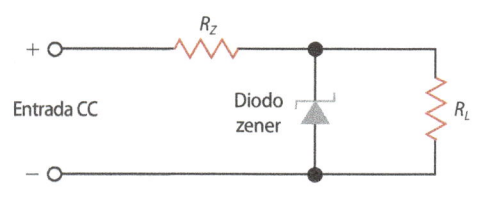

Figura 4-33 Regulador *shunt* utilizando diodo zener.

Um diodo zener de 1 W parece ser uma escolha adequada. Porém, se a carga for desconectada, o zener terá de dissipar uma potência consideravelmente maior. Toda a corrente (150 mA) fluirá pelo diodo. A dissipação no diodo se elevará para:

$P = V \times I$
$= 12\,V \times 0{,}150\,A$
$= 1{,}8\,W$

Logicamente, o diodo deve ser capaz de suportar a potência maior no caso de a carga ser desconectada.

EXEMPLO 4-15

Determine R_z para um regulador zener de 12 V considerando uma entrada de 20 V, uma corrente de carga de 65 mA e uma corrente no zener de 20 mA.

$R_z = \dfrac{V_{R_z}}{I_{total}} = \dfrac{20\,V - 12\,V}{60\,mA + 20\,mA} = 94{,}1\,\Omega$

Utiliza-se 91 Ω, que é o valor comercial mais próximo. Encontre a dissipação de potência em R_z:

$P_{R_z} = V \times I = 8\,V \times 85\,mA = 0{,}68\,W$

Utilize um zener de 2 W para garantir a confiabilidade.

EXEMPLO 4-16

Determine a dissipação no diodo zener para o Exemplo 4-14 se a carga é desconectada do regulador

$P = V \times I = 12\,V \times 85\,mA = 1{,}02\,W$

Utilize um zener de 2 W para garantir a confiabilidade.

Outra possibilidade é a carga demandas mais corrente. Suponha que a corrente de carga na Figura 4-33 aumente para 200 mA. A queda no resistor R_z será:

$V = I \times R$
$= 0{,}200\,A \times 27\,\Omega$
$= 5{,}4\,V$

Isso pode causar uma diminuição na queda de tensão nos terminais da carga:

$V_{carga} = V_{alimentação} - V_{R_z}$
$= 16\,V - 5{,}4\,V$
$= 10{,}6\,V$

Nesse caso, *o regulador não está mais funcionando*. Reguladores zener trabalham apenas em valores que estão acima daqueles em que o zener para de conduzir. Não é permitido ao zener trabalhar com valores de corrente que se aproximem de zero. Como mostra a Figura 4-34, a região da curva próxima ao joelho apresenta uma regulação pobre.

Reguladores zener *reduzem* a ondulação. Isso ocorre devido ao fato de os diodos zener apresentarem baixa impedância quando polarizados corretamente. Por exemplo, um fabricante do diodo zener 1N4733 indica que a impedância dinâmica (Z_z) é 5 Ω para uma corrente de polarização de 10 mA. Vamos deter-

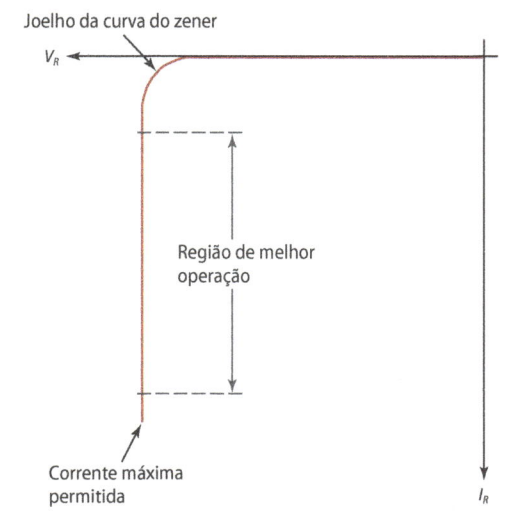

Figura 4-34 Curva característica de um diodo zener.

minar o que esta característica significa em termos de performance da diminuição da ondulação.

A Figura 4-35(a) mostra um circuito regulador baseado no diodo zener 1N4733. Esse diodo regula a tensão em 5,1 V. Isso forçará uma queda de tensão de 5,1 V sobre a carga de 470 Ω, cuja corrente de carga será:

$$I = \frac{V}{R}$$
$$= \frac{5{,}1\,V}{470\,\Omega}$$
$$= 10{,}9\,mA$$

Assumindo a corrente no zener como 10 mA, então a corrente total através do resistor em série será:

$$I_T = 10{,}9\,mA + 10\,mA$$
$$= 20{,}9\,mA$$

A queda no resistor em série será a diferença entre a tensão na fonte e a tensão na carga?

$$V_{R_Z} = 10\,V - 5{,}1\,V$$
$$= 4{,}9\,V$$

A lei de Ohm permite o cálculo do resistor em série:

$$R_Z = \frac{4{,}9\,V}{20{,}9\,mA}$$
$$= 234\,\Omega$$

O valor comercial mais próximo neste caso é 240 Ω, e este circuito é mostrado na Figura 4-35(a).

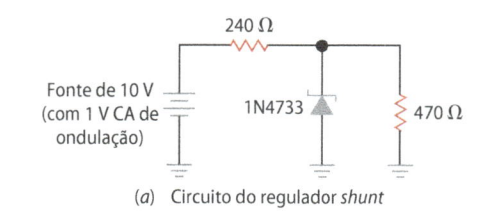

A Figura 4-35(b) mostra o circuito equivalente CA aproximado para o regulador. O resistor de carga de 470 Ω foi ignorado, pois sua resistência é muito maior em comparação com a impedância do zener. A ondulação de tensão de 1 V CA irá se dividir sobre R_Z e Z_Z. Com a equação do divisor de tensão, é possível prever o valor de saída do regulador:

$$\text{Ondulação} = \frac{5\,\Omega}{240\,\Omega + 5\,\Omega} \times 1\,V$$
$$= 20{,}4\,mV$$

Esta tensão pequena mostra que o regulador zener é eficaz em reduzir a ondulação.

Dispositivos de estado sólido como o diodo zener precisam ser reclassificados em algumas aplicações. A potência de trabalho especificada para o diodo zener e outros dispositivos de estado sólido diminui conforme a temperatura aumenta. A temperatura em um gabinete de um sistema eletrônico pode aumentar de 25° para 50 °C após horas de operação contínua. Esse aumento na temperatura diminui os níveis de dissipação seguros de alguns dispositivos no gabinete. A Figura 4-36 mostra uma curva de reclassificação típica para um diodo zener.

A temperatura dos gabinetes é apenas uma parte do problema. Um diodo zener que estiver dissipando 1 W ou mais aquecerá por si só. Assim, dependendo dos níveis de dissipação e da temperatura ambiente, dispositivos como o zener precisam ter sua potência de trabalho reclassificada de modo a garantir uma operação confiável.

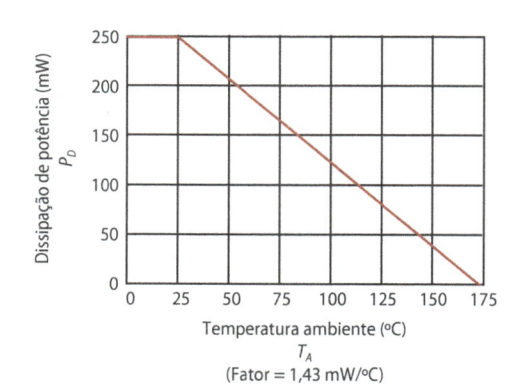

(a) Circuito do regulador *shunt*

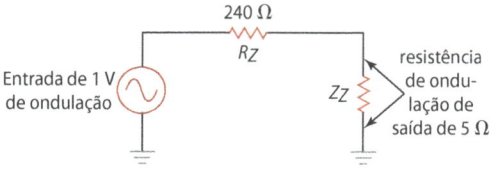

(b) Circuito equivalente CA aproximado

Figura 4-35 Determinando a ondulação da saída de um regulador a zener.

Figura 4-36 Curva de reclassificação do diodo zener.

Teste seus conhecimentos

Responda às seguintes perguntas.

53. De que forma o diodo zener é conectado à carga em um regulador shunt?
54. Uma fonte de alimentação fornece 8 V. Uma tensão regulada de 5 V é necessária para alimentar uma corrente de carga de 500 mA. Um regulador a diodo zener será utilizado. A corrente no zener deve ser de 200 mA. Assim, qual deve ser o valor de R_Z?
55. Qual será a dissipação de potência em R_Z na Questão 54?
56. Qual será a dissipação de potência no diodo zener na Questão 54?
57. Se a corrente de carga for interrompida na Questão 54, qual será a potência dissipada no diodo zener em watts?
58. Além de regular a tensão qual seria outra função de um regulador zener?

» *Busca e solução de problemas*

Uma das maiores habilidades desejada para um técnico em eletrônica é a **busca e solução de defeitos**. Esse processo envolve os seguintes passos:

1. Observação dos sintomas.
2. Análise das possíveis causas.
3. Limitação ou isolamento das possibilidades por meio de testes e medições.

A busca e solução de problemas adequada ocorre de forma ordenada. Para ajudar, mantenha as coisas organizadas e lembre-se da sequência: observe, analise e isole.

Equipamentos eletrônicos quebrados normalmente apresentam **sintomas** bem definidos, esse é um fato importante. O técnico deve tentar identificar todos os sintomas antes de prosseguir. Para tanto, é necessário ter um conhecimento adequado do equipamento. É preciso saber qual é o funcionamento normal de uma peça do equipamento de modo a estar apto a identificar o que está anormal. Geralmente, é necessário que façam alguns ajustes ou siga uma lista de checagens para estar certo de que os sintomas foram identificados de forma clara. Por exemplo, um receptor de rádio possui um zumbido ou chiado em uma estação. Nesse caso várias outras estações podem ser selecionadas para determinar se o sintoma persiste. Outro exemplo poderia envolver a verificação do som de um gravador por meio de uma fita que foi gravada em um aparelho que sabe-se estar funcionando. Esse tipo de ajuste ou verificação ajudará o técnico a observar de forma adequada os sintomas.

Após os sintomas serem identificados, inicia-se a análise das causas. Esta parte do processo envolve um conhecimento geral do diagrama em blocos do equipamento. Certos sintomas são facilmente relacionados a determinados blocos do diagrama. Técnicos experientes têm o diagrama em blocos em mente e não precisam tê-los desenhados à sua frente. Sua experiência lhes permite saber como cada seção do equipamento funciona, como os sinais fluem de um estágio para o outro e o que acontece quando determinada parte do circuito não funciona corretamente. Por exemplo, suponha que um técnico esteja consertando um receptor de rádio. Este é apenas um sintoma mais significativo: nenhum som está saindo dos alto-falantes. A experiência e o conhecimento do diagrama de blocos permitirão aos técnicos saber que apenas duas partes do circuito podem causar esses sintomas: a fonte de alimentação e/ou a seção de saída de áudio.

Após terem sido estabelecidas tais possibilidades, é hora de isolar o problema por meio de testes e medições. Uma simples verificação com o voltímetro permitirá ao técnico identificar se a fonte de tensão está funcionando corretamente. Se ela não estiver funcionando, o técnico precisa investigar mais a fundo, isolando partes do circuito da fonte e fazendo outras verificações. O defeito de um circuito é, geralmente, limitado a um componente. Certamente que a falha de um componente pode provocar danos a outros componentes devido à interação entre eles. Um resistor que estiver queimado e com cor escura é um sinal praticamente certo de que existe um curto em outra parte do circuito.

A BUSCA E SOLUÇÃO DE DEFEITOS em uma fonte de alimentação seguem um procedimento. Os sintomas que podem ser observados são:

1. Ausência de tensão na saída.
2. Tensão de saída com valor abaixo do normal.
3. Ondulação de tensão excessiva.
4. Tensão de saída elevada.

Note que esses são sintomas limitados à tensão. Esta é a maneira mais comum de os técnicos trabalharem, pois realizar medidas de tensão é mais fácil. A análise pela corrente é rara, já que seria necessário abrir o circuito para colocar o amperímetro. É importante mencionar que dois sintomas de defeitos em fontes de alimentação podem aparecer ao mesmo tempo: valor de tensão abaixo do normal e valor excessivo de ondulação.

Uma vez que os sintomas estão claramente identificados, é hora de analisar as possíveis causas. Para a AUSÊNCIA DE TENSÃO NA SAÍDA, as causas podem incluir:

1. Fusível ou disjuntor aberto.
2. Chaves liga-desliga, cabos de alimentação ou tomada com defeito.
3. Transformador com defeito.
4. Resistor limitador de surto aberto.
5. Diodo(s) aberto(s) (é raro).
6. Filtro choque ou capacitor dobrador aberto

O último passo é limitar a lista de possibilidades. Este passo deve ser acompanhado por algumas medições. A Figura 4-37 é o diagrama esquemático de uma fonte de alimentação do tipo dobrador de meia onda. Um técnico pode fazer medições como mostrado em A, B, C e D para encontrar a causa da ausência de tensão. Por exemplo, suponha que a medida em A resulte em 120 V em corrente alternada, mas 0 V em B. Isso indica que o fusível está queimado. Suponha agora que as medições em A e B apresentaram o valor da rede e a medição em C foi zero. Essas medições indicam que o resistor limitador de surto está aberto. Se as medições em A, B e C forem 120 V em corrente alternada e em D for zero, então o capacitor está aberto.

Alguns defeitos necessitarão de maiores verificações. Novamente, referindo-se à Figura 4-37, se o resistor limitador de corrente R_S está aberto, isto pode ter acontecido por um defeito em outro componente. Simplesmente, substituir o componente poderá resultar na queima do novo. É uma boa ideia checar os diodos e capacitores quando o resistor limitador ou o fusível se abrem. Um dos capacitores ou diodos pode estar em curto-circuito.

Diodos retificadores de estado sólido geralmente não se abrem (mostram uma resistência elevada em ambas as direções). Existem exceções, claro. Normalmente, quando eles falham, é na forma de um curto-circuito. Diodos podem ser checados com um ohmímetro, mas isso significa desconectar pelo menos um dos terminais do diodo da placa para efetuar a medição. Algumas vezes é possível obter uma medição grosseira mesmo com o diodo permanecendo conectado. Sempre remova o cabo da tomada antes de executar qualquer medição com o ohmímetro e certifique-se de que os capacitores de filtro estão DESCARREGADOS.

A Figura 4-38 mostra o diagrama esquemático de uma fonte de alimentação de onda comple-

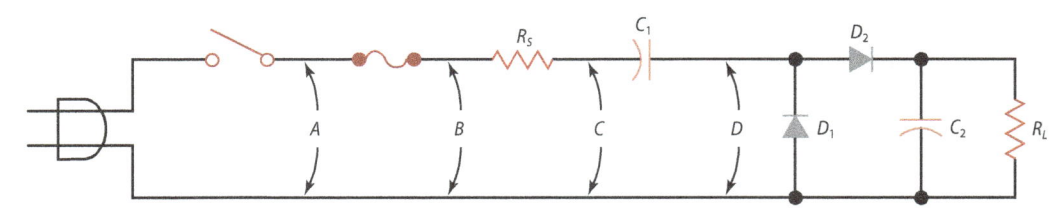

Figura 4-37 Diagrama esquemático de um dobrador de tensão de meia onda.

ta. Um teste com o ohmímetro (com a fonte de alimentação desligada) mostrará um valor baixo de resistência quando o diodo está diretamente polarizado e uma resistência elevada próxima ao valor da resistência total do circuito quando o diodo está reversamente polarizado. Isso prova que o diodo não está em curto, mas ele pode ter uma corrente reversa de fuga excessiva. O método ideal é desconectar um terminal do diodo do circuito. Retificadores em ponte também podem ser testados no circuito com os mesmos resultados e limitações.

A Figura 4-38 mostra algumas possibilidades de formas de onda. Muitos técnicos preferem fazer

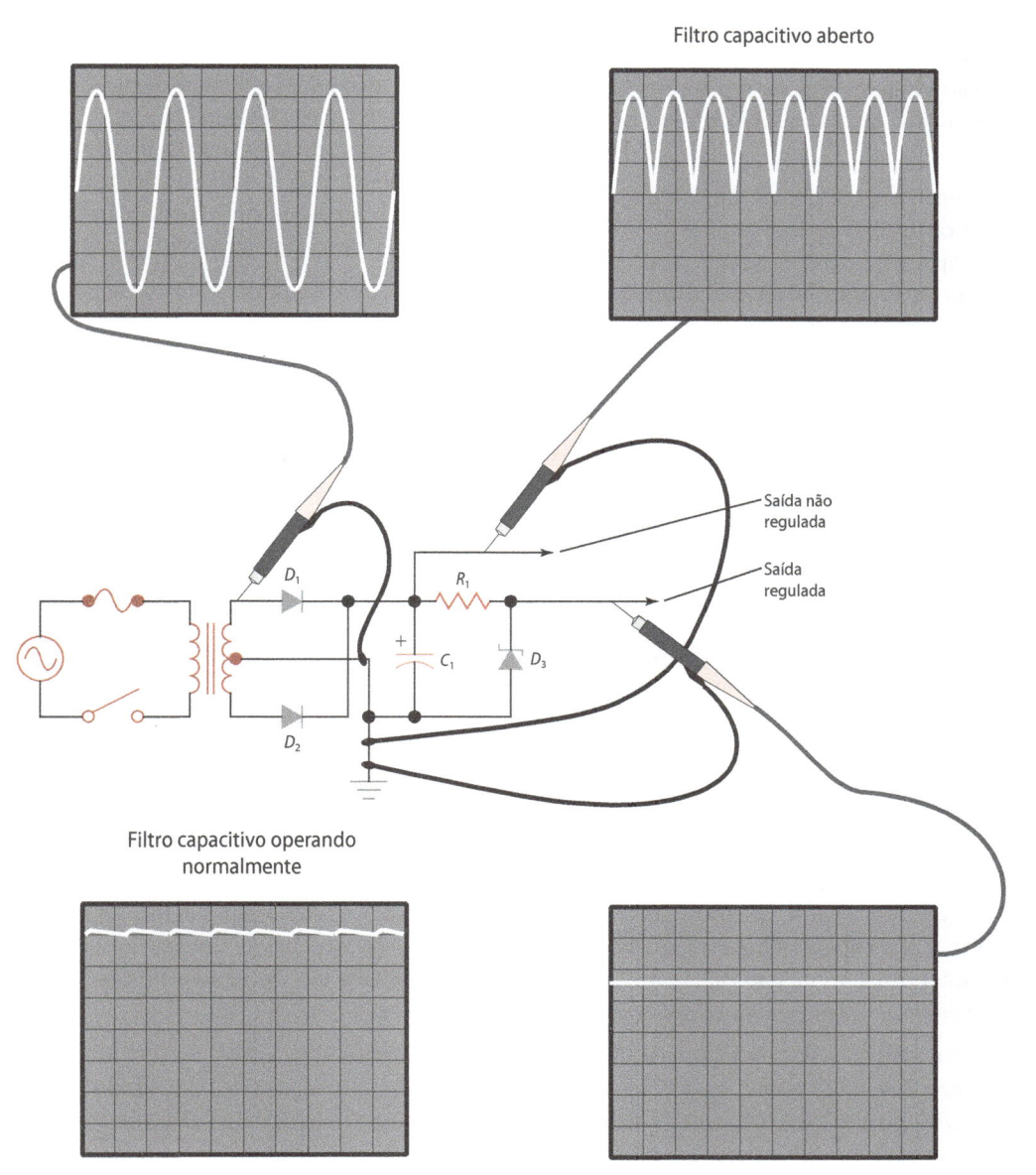

Figura 4-38 Forma de onda e fonte de alimentação de onda completa.

a busca por defeitos utilizando o osciloscópio. A forma de onda CA no secundário do transformador prova que a fonte está conectada à tomada da rede, que ela está ligada e que o fusível não está queimado. A forma de onda do sinal (não regulado) pulsante de onda completa não está normal, o que indica que C_1 está aberto. Com o capacitor funcionando normalmente, era esperado que se pudesse ver alguma ondulação, como pode ser visto na Figura 4-38. A forma de onda da saída regulada não apresenta ondulação e apresenta um valor baixo de tensão como esperado, neste caso.

Muitos dos filtros capacitivos utilizados nas fontes de alimentação modernas são do tipo *eletrolítico*. Estes capacitores podem entrar em curto circuito, abrir, apresentar corrente de fuga, perder uma parte de sua capacitância ou apresentar uma resistência em série elevada. Esses defeitos podem ser identificados submetendo o capacitor a um teste no multímetro, na função capacitor ou um teste mais grosseiro pode ser feito usando o ohmímetro. Garanta que a alimentação esteja desligada e que todos os capacitores estejam descarregados. Desconecte um terminal e observe a polaridade quando o estiver testando. Um capacitor eletrolítico de boa qualidade apresentará momentaneamente uma baixa resistência que cresce conforme ele drena a corrente de carga do ohmímetro. Quanto maior a capacitância, por mais tempo o valor baixo de resistência será mostrado no visor. Após algum tempo, o ohmímetro mostrará uma resistência elevada. Ela pode não ser infinita. Todos os capacitores eletrolíticos possuem alguma corrente de fuga e ela é maior naqueles capacitores de maior capacitância. Um capacitor grande pode apresentar uma resistência de fuga de 100.000 Ω. Geralmente, isso não é significativo em fontes de alimentação. A mesma resistência em um capacitor pequeno, utilizado em outro lugar qualquer do circuito eletrônico, pode causar problemas.

Resistências elevadas em capacitores eletrolíticos são normalmente causadas por vazamento do eletrólito. Isso acontece com frequência e rapidamente se o capacitor opera em valores excessivos de temperatura. Alguns instrumentos de teste de capacitores possuem a função ESR. ESR (*effective series resistance*) é uma sigla em inglês que significa resistência efetiva (equivalente) em série. Medidores utilizados para medir apenas a ESR também estão disponíveis no mercado. Para medir a ESR, o medidor aplica um sinal de amplitude pequena nos terminais do capacitor. O sinal de teste é normal em 10 kHz ou mais. Como o sinal é pequeno em amplitude, os semicondutores continuam desligados e a corrente do equipamento de teste flui essencialmente pelo capacitor em teste. O valor da corrente de teste depende da ESR do capacitor. Medidores de ESR são valiosas ferramentas na busca e solução de defeitos em fontes. Eles também são úteis para testar os capacitores de desvio e acoplamento encontrados na maioria dos circuitos eletrônicos modernos.

O sintoma *tensão na fonte abaixo do normal* pode ser causado por:

1. Corrente de carga excessiva (sobrecarga).
2. Tensão de entrada (rede) baixa.
3. Resistor limitador de surto com defeito.
4. Filtros capacitivos com defeito.
5. Retificadores com defeito.

As fontes de alimentação são somente uma parte dos sistemas eletrônicos. Outras partes do sistema podem falhar e demandar corrente excessiva da fonte de alimentação. Essa sobrecarga diminuirá a tensão de saída da fonte. Pode ser que não haja nada errado com a fonte em si, mas é uma boa ideia estar certo de que o valor da corrente que está sendo demandado da fonte é normal quando a saída de tensão da fonte está baixa. Este é um caso em que se faz necessária a medição da corrente.

Se a corrente de carga está normal, então é necessário verificar a fonte. Alguns defeitos que podem fazer com que o dobrador de meia onda da Figura 4-37 apresente um valor anormalmente baixo de tensão são:

1. R_s aumentou de valor.
2. C_1 perdeu muito da sua capacitância.
3. C_2 perdeu muito da sua capacitância.
4. Defeito nos retificadores.
5. Tensão de rede com valor baixo.

Valor de tensão abaixo do normal pode vir acompanhado por valores excessivos de ondulação. Por exemplo, suponha que C_1 na Figura 4-38 tenha perdido a maior parte de sua capacitância. Isso causará uma queda na tensão não regulada e, também, a ondulação da tensão aumentará. Neste caso, a saída regulada pode ou não apresentar sintomas, isto dependerá do valor de tensão do zener, da carga, do quanto C_1 foi danificado e de outros fatores. Carga excessiva também pode provocar um aumento na ondulação. Novamente, será necessário medir a corrente.

Valores excessivos de ondulação são geralmente causados por defeitos nos filtros capacitivos. Muitos técnicos utilizam conectores em garra para conectar um capacitor em funcionamento em paralelo com aquele que eles imaginam ser o danificado. Isso fará o circuito voltar a sua operação normal no caso em que o capacitor original está aberto ou com baixa capacitância. É necessário ser muito cuidadoso ao fazer esse tipo de teste. Lembre-se de que a fonte de alimentação pode armazenar uma boa quantidade de energia. Certifique-se de ter observado corretamente a polaridade do capacitor antes do teste. Se o teste provar que o capacitor está defeituoso, ele deve ser removido do circuito. É uma prática pouco profissional deixar o capacitor defeituoso no circuito com um novo capacitor soldado em seus terminais.

O último sintoma que pode estar presente em uma fonte defeituosa é um valor de tensão mais alto do que o normal. Normalmente, esse sintoma é causado devido a valores baixos de corrente de carga (subcarga). O problema não está na fonte, mas em algum outro componente do circuito. É possível que o resistor de drenagem esteja aberto. Isso faz a carga vista pela fonte ser menor e a tensão da saída aumentar. Se a fonte for regulada, valores elevados de tensão indicam um problema no regulador.

Teste seus conhecimentos

Verdadeiro ou falso?

59. Um técnico habilidoso utiliza o método de tentativa e erro para encontro de defeitos nos circuitos.
60. Durante a busca por defeitos, é possível limitar o problema a uma determinada parte do diagrama de blocos observando-se os sintomas.
61. Um resistor que se encontra queimado (com sua proteção na cor preta) pode indicar que outro componente do circuito falhou.
62. Uma fonte com sobrecarga, normalmente, apresentará valores baixos de tensão na saída.
63. Veja a Figura 4-29. O resistor R_S está queimando (aberto). O sintoma será uma tensão de saída igual a zero.
64. Veja a Figura 4-37. O fusível está se queimando (aberto) repetidamente. O retificador D_1 provavelmente está aberto.
65. Veja a Figura 4-37. A tensão de saída está baixa. O capacitor C_2 provavelmente está com defeito.
66. Veja a Figura 4-38. O diodo zener está queimado (aberto). A tensão de saída regulada apresentará valores elevados.
67. Veja a Figura 4-38. O diodo zener está em curto-circuito. Ambas as saídas serão zero.
68. Veja a Figura 4-38. R_1 está aberto. Ambas as saídas serão nulas.

» *Substituindo componentes*

Após as partes defeituosas terem sido identificadas, é hora de escolher as peças de reposição. A melhor escolha sempre será escolher componentes sobressalentes exatamente iguais aos defeituosos. Se os componentes iguais não estão disponíveis, é possível fazer substituições. O substituto deverá ter suas especificações no mínimo iguais à do original. Nunca deverá ser substituído um resistor de 2 W por um de 1 W. O novo resistor provavelmente falhará muito rapidamente. Pode não ser uma boa ideia substituir um resistor por outro de potência muito maior, pois, em alguns circuitos, o resistor pode ser usado para proteger uma parte do circuito que é mais cara aumentando de valor durante uma sobrecarga. Além disso, há risco de fogo se um resistor de carbono for substituído por um resistor de filme. É fácil perceber porque substituir um componente por outro igual é o procedimento mais seguro.

Diodos retificadores possuem diversos parâmetros importantes a serem especificados. Eles são especificados pela corrente média e pela corrente de surto. A corrente de pico pode ser muito maior que a corrente média quando existem filtros capacitivos. Porém, a corrente de pico causada pelos filtros capacitivos é repetitiva. Portanto, especificar a corrente média para um diodo retificador é normalmente melhor do que especificar a corrente de carga. A Tabela 4-1 lista algumas especificações

Tabela 4-1 *Especificações dos diodos retificadores mais comuns*

Dispositivo	Tensão reversa de pico em V	Corrente média da saída retificada em A (Carga resistiva)	Corrente de pico de surto em A (1 ciclo)
1N4001	50	1	30
1N4002	100	1	30
1N4003	200	1	30
1N4004	400	1	30
1N4005	600	1	30
1N4006	800	1	30
1N4007	1000	1	30
1N5400	50	3	200
1N5401	100	3	200
1N5402	200	3	200
1N5404	400	3	200
1N5406	600	3	200
1N5407	800	3	200
1N5408	1000	3	200

(em valores máximos) para os retificadores mais comuns. Não faça considerações inapropriadas. Por exemplo, um 1N4009 é um diodo de chaveamento ultrarrápido. Alguém poderia querer supor que ele é membro da família 1N4001-1N4007, mas isso definitivamente não é verdade.

A máxima tensão de polarização reversa que um diodo pode suportar é outra especificação importante. Em fontes de alimentação em meia onda com filtro capacitivo e fontes de alimentação em onda completa com transformador de tomada central, os retificadores estão submetidos a uma tensão reversa com valor de duas vezes a tensão de pico da entrada CA. Isso é causado pela descarga dos capacitores que se encontram em série com a entrada quando os diodos estão desligados. Assim, o diodo retificador precisa suportar duas vezes o pico de tensão da entrada. A Figura 4-39 mostra a especificação de diodos para vários tipos de circuitos de fontes de alimentação.

Capacitores eletrolíticos são especificados para tensões de trabalho contínuas. Essa tensão não pode ser excedida. Os filtros capacitivos se carregarão com o valor de pico da onda retificada. A tensão especificada para o capacitor deve ser maior que essa tensão de pico.

A capacitância dos filtros eletrolíticos é outro parâmetro muito importante. Substituir um capacitor por outro de capacitância inferior pode significar uma tensão de saída com valores abaixo do normal e valores excessivos de ondulação. Substituir por um valor muito maior pode fazer com que os retificadores trabalhem aquecidos e se danifiquem. Um valor próximo ao original é a melhor escolha.

Transformadores e filtros choque também podem necessitar serem substituídos. Os substitutos devem ter as mesmas especificações de tensão, corrente e número de tomadas.

Algumas vezes, as características físicas de alguns componentes são tão importantes quanto às características elétricas. Um transformador novo deve ter o mesmo tamanho do antigo para caber no mesmo lugar do chassi, ou a disposição dos

Esquema	Nome	PIV por diodo	PIV por diodo com filtro capacitivo	Corrente no diodo
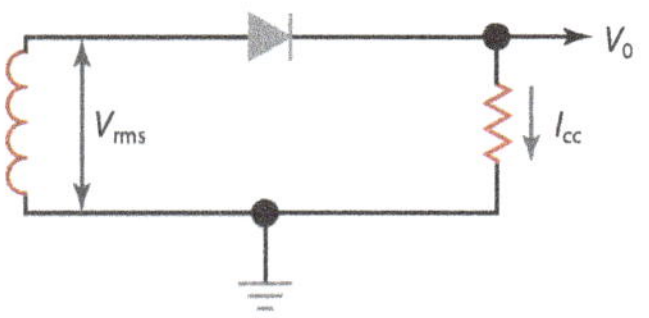 (circuito retificador meia onda)	Meia onda	$1{,}41\,V_{rms}$	$2{,}82\,V_{rms}$	I_{cc}
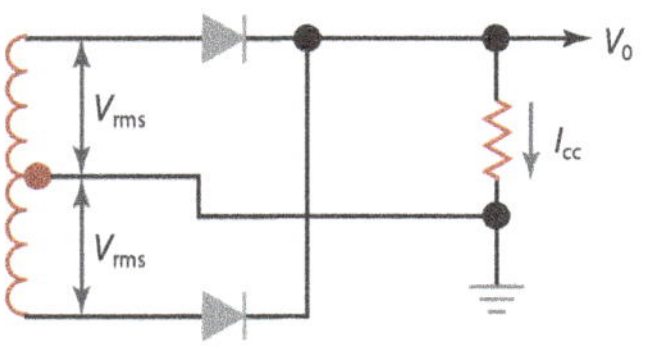 (circuito retificador onda completa com tap central)	Onda completa	$2{,}82\,V_{rms}$	$2{,}82\,V_{rms}$	$0{,}5\,I_{cc}$
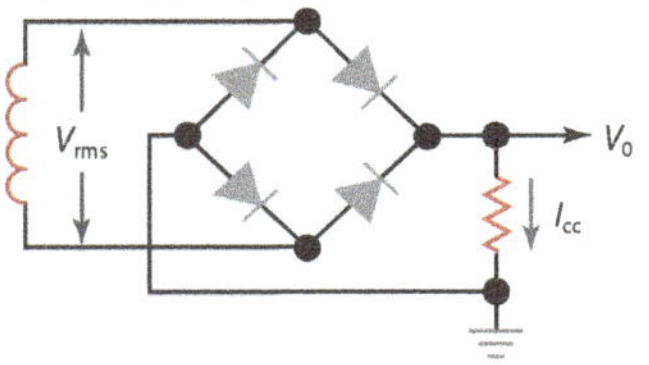 (circuito retificador em ponte)	Ponte (onda completa)	$1{,}41\,V_{rms}$	$1{,}41\,V_{rms}$	$0{,}5\,I_{cc}$

Figura 4-39 Especificação de diodos para vários circuitos de fontes de alimentação.

parafusos deverá ser diferente. Dependendo da escolha, um novo filtro capacitivo pode não caber no espaço ocupado pelo antigo. O encaixe de um retificador de potência pode ser largo demais para o furo no dissipador de calor, ou seja, é importante verificar os detalhes mecânicos quando se estiver escolhendo os componentes substitutos.

Técnicos utilizam GUIAS DE SUBSTITUIÇÃO para ajudá-los a escolher os componentes sobressalentes. Eles são muito úteis para encontrar substitutos para dispositivos de estado sólido. Os guias listam o número/código de muitos dispositivos e seus substitutos. Eles também incluem algumas das especificações e características físicas das partes sobressalentes. Embora os guias sejam normalmente muito bons, algumas vezes o componente recomendado não funciona corretamente. Alguns circuitos são críticos e os componentes recomendados podem ser diferentes o suficiente para causar problemas. Também podem existir diferenças físicas (construtivas) entre os originais e os recomendados pelo guia.

Dispositivos de estado sólido têm dois tipos de códigos de especificação: os registrados e os não registrados. Existem três grandes grupos de códigos registrados: *JEDEC*, *PRO-ELECTRON* e *JIS*. JEDEC é uma sigla que vem das palavras inglesas *Joint Electronic Device Enginering Council*, que significa, em tradução literal, Conselho Conjunto de Engenharia de Dispositivos Eletrônicos. Nessa entidade, são registrados os dispositivos nos Estados Unidos. Alguns livros e manuais se referirão ao registro da *EIA*. A sigla *EIA* vem das palavras *Electronic Industries Association*, que significa Associação da Indústria Eletrônica. Na PRO-ELECTRON, são registrados os dispositivos na Europa e algumas associações internacionais. JIS significa Padrão Industrial Japonês.

Quando um fabricante de um dispositivo de estado sólido utiliza um código registrado para um componente, este dispositivo precisa estar de acordo com as especificações do registro. Isso significa que um diodo ou transistor pode ser fabricado por diversas empresas e o código registrado garante que eles serão similares ao componente original.

O sistema JEDEC também pode ser usado para:

1. Diodos.
2. Transistores bipolares e de efeito de campo.
3. MOSFETs e SCRs
4. Optoacopladores

O sistema JEDEC utiliza o formato: *dígito, letra, número de série* e *sufixo*.

Dígito: O primeiro dígito designa o número de junções PN do dispositivo. Um dispositivo começando com o número 1 será um diodo (ex.: 1N4004). Um dispositivo começando com o número 2 será um transistor (ex.: 2N3904). Transistores possuem duas junções PN e serão estudados no Capítulo 5. Um dispositivo começando com o número 3 será um transistor de efeito de campo (ex.: 3N172). Transistores de efeito de campo também serão estudados no Capítulo 5.

Letra: A letra será sempre N e está antes do número de série.

Número de série: O número de série vai de 100 a 9999 e não indica nenhuma característica específica do dispositivo.

Sufixo: Se um sufixo está presente, ele indica o grupo de ganhos do dispositivo. Ganho é uma característica utilizada para descrever transistores e será estudado no Capítulo 5.

> A = ganho baixo
> B = ganho médio
> C = ganho alto
> Sem sufixo = sem grupo (qualquer ganho)

No JEDEC, também são registrado códigos para invólucros. Isso garante que o tamanho físico e as características de um invólucro ou encapsulamento estarão conforme os padrões. Exemplos de códigos JEDEC para encapsulamentos são: DO-4, TO-9 e TO-92. Existem alguns códigos que são comuns para encapsulamentos e que são diferentes dos códigos JEDEC. Três exemplos são:

Nome comum	Código JEDEC
SOT (*small-outline transistor*)	TO-243
DIP (*dual-inline package*)	MS-001
SOIC (*small-outline integrated circuit*)	MS-012

Os dispositivos registrados no PRO-ELECTRON são precedidos por duas ou três letras. Exemplos de códigos registrados no PRO-ELECTRON para dispositivos de estado sólido são BAX13, BC531 e BSX21.

Componentes de aplicações militares utilizam códigos JAN (que vem do inglês *Joint Army-Navy*). Um componente é similar a um componente comercial ou industrial. Porém, ele pode ter melhores especificações e precisa passar por procedimentos de testes mais rigorosos.

O segundo tipo de código de componente são os não registrados. Esses componentes são inventados pelos fabricantes. Eles não estão em conformidade com nenhum padrão estabelecido, porém muitos fabricantes utilizam um padrão consistente quando enumeram seus componentes. Assim, com a experiência, é possível identificar o fabricante e o tipo de componente apenas pelo código. Motorola utiliza a letra M para designar alguns de seus dispositivos. Algumas vezes, essas designações fornecem uma dica de qual é o tipo do dispositivo. Seguem alguns exemplos:

MR856	Retificador de potência de recuperação rápida
MZ4614	Diodo zener
MTB3N100E	transistor de efeito de campo de potência TMOS
MLED930	Diodo emissor de luz infravermelha
MA1000-14L	Transistor de micro-ondas

Códigos de dispositivos sem registro podem causar problemas para técnicos que não possuam anos de experiência. Felizmente, os guias de substituição incluem tanto dispositivos sem registro quanto os códigos registrados. Guias de substituição di-

> **Sobre a eletrônica**
>
> **Automóveis elétricos**
> Automóveis elétricos com motores CA utilizam inversores de frequência para converter a tensão da bateria em corrente alternada.

versificados são uma valorosa parte da biblioteca de um técnico. Além disso, manuais de fabricantes também são valiosos para identificar componentes não registrados. Alguns exemplos de códigos de dispositivos de estado sólido sem registro são MR1816, MCB5405F, CA200 e 2000287-28.

Outra categoria de códigos sem registro que pode gerar dificuldades são os chamados sistemas proprietários. Suponha que a empresa X comprou 1000 componentes da ABC Devices Inc. A ABC estabeleceu um código sem registro (também chamado de caseiro), mas o cliente X quer código proprietário especial para este componente. A ABC quer fechar o negócio e utiliza o código proprietário que o cliente solicitou. Posteriormente, um técnico precisa encontrar um substituto para um desses componentes. Geralmente, o técnico possui a literatura técnica de serviço da empresa X e obtém um sobressalente com ela. Guias de componentes substitutos ou manuais pouco irão ajudar nesse caso.

Teste seus conhecimentos

Verdadeiro ou falso?

69. Não é uma boa prática substituir um resistor de 2 W por um de 1 W.
70. Pode não ser seguro substituir um resistor de filme por um de carbono.
71. Pode não ser uma boa prática substituir um capacitor de 1000 μF por um de 2000 μF.
72. Um transistor é marcado com o código 2N3904. Esse é um código sem registro.
73. O componente substituto mais seguro é aquele exatamente igual ao original.
74. O 1N914 é um exemplo de componente registrado no JEDEC.

RESUMO E REVISÃO DO CAPÍTULO

Resumo

1. Uma fonte de alimentação fornece vários níveis de tensão a um circuito elétrico.
2. Fontes bipolares possuem ambas as polaridades em relação ao chassi aterrado.
3. Diagramas que mostram as principais seções de sistemas eletrônicos e como elas são relacionadas entre si são chamados de diagrama de blocos.
4. Fontes de tensão podem mudar os valores das tensões e converter corrente alternada em corrente contínua.
5. Em um circuito retificador a diodo, o terminal positivo da carga é conectado ao catodo do retificador. O terminal negativo da carga é conectado ao anodo do retificador.
6. Um retificador de meia onda utiliza um único diodo.
7. Geralmente, a retificação em meia onda é limitada a aplicações de baixa potência.
8. Um retificador de onda completa utiliza os dois semiciclos da entrada CA.
9. Uma forma de construir um retificador de onda completa é utilizar um transformador com *tap* central e dois diodos.
10. É possível implementar uma retificação em onda completa sem um transformador com *tap* central utilizando quatro diodos em ponte.
11. Um voltímetro CC ou um amperímetro CC lerão os valores médios de uma forma de onda pulsante.
12. O valor médio de um sinal de corrente contínua em meia onda é 45% do valor rms.
13. O valor médio de um sinal de corrente contínua em onda completa é 90% do valor rms.

14. Corrente contínua pulsante possui uma componente CA chamada ondulação.
15. A ondulação pode ser reduzida em uma fonte adicionando-se filtros após a retificação.
16. Filtros para fontes de alimentação em 60 Hz são, normalmente, capacitivos.
17. Filtros do tipo choque são usados mais frequentemente em fontes de alta frequência.
18. Filtros capacitivos causam um efeito de aquecimento nos retificadores, o que faz com que eles sejam especificados com valores de trabalho superiores ao valor da corrente de carga.
19. O fator para calcular a tensão de saída CC de um retificador de meia onda é 0,45, para um de onda completa é 0,90 e 1,414 para uma fonte que possua filtro capacitivo.
20. Retificadores de onda completa são mais facilmente filtrados que os retificadores de meia onda.
21. Equipamentos ligados à rede devem possuir sempre um transformador de isolação para proteger técnicos e os demais equipamentos que estão sendo alimentados na rede.
22. Um resistor limitador de surto pode ser incluído em uma fonte de alimentação para proteger os retificadores de danos causados pelas correntes de pico.
23. A ondulação deve ser medida quando a fonte está fornecendo sua carga plena a qual foi projetada.
24. A forma de onda da ondulação normalmente não é senoidal.
25. A porcentagem da regulação de tensão é a comparação entre o valor a vazio (sem carga) com o valor de tensão à plena carga.
26. Resistores de drenagem podem melhorar a regulação de uma fonte de tensão e drenar a carga dos capacitores quando a fonte é desligada.
27. Um regulador de tensão pode ser adicionado a uma fonte para manter a saída constante.
28. Diodos zener são utilizados como reguladores em paralelo com a carga (*shunt*).
29. Isolar as possíveis causas de um ou dois defeitos usualmente envolve a realização de teste e medidas e o uso de equipamentos de teste. O diagrama esquemático é muito útil nessa fase do processo de busca e solução de defeitos.
30. Defeitos podem parecer em grupo. Um componente em curto pode danificar vários outros.
31. Em uma fonte de alimentação defeituosa, a falta de tensão na saída normalmente é causada por um componente aberto.
32. Componentes abertos podem ser identificados por medições de tensão ou resistência feitas com o circuito desligado e os filtros drenados.
33. Capacitores eletrolíticos podem se curto-circuitar, abrir, apresentar uma corrente de fuga excessiva ou perder uma parte de sua capacitância.
34. Fontes de tensão são afetadas pela corrente de carga.
35. Valores excessivos de ondulação geralmente são causados por um defeito nos filtros capacitivos.
36. As especificações de valores máximos dos componentes nunca devem ser excedidas. Um componente substituto deve possuir no mínimo um valor igual ao original.
37. Um guia de componentes substitutos (equivalentes) é muito útil para encontrar substitutos para componentes danificados.

Fórmulas

Transformador abaixador:

$$V_{secundário} = \frac{V_{primário}}{\text{Razão de transformação}}$$

Transformador elevador:

$$V_{secundário} = V_{primário} \times \text{Razão de transformação}$$

Conversões em ondas senoidais:

$V_{rms} = 0{,}707 \times V_p$

$V_p = 1{,}414 \times V_{rms}$

$V_{méd} = 0{,}9 \times V_{rms}$ (onda completa)

$V_{méd} = 0{,}45 \times V_{rms}$ (meia onda)

Constante de tempo RC: $T = RC$

Tamanho do filtro capacitivo: $C = \dfrac{I}{V_{p-p}} \times T$

Período: $T = \dfrac{1}{f}$

Regulação: Regulação = $\dfrac{\Delta V}{\Delta_{FL}} \times 100\%$

Ondulação: Ondulação = $\dfrac{CA}{CC} \times 100\%$

Resistor zener (equivalente CA): $R_z = \dfrac{V_{alimentação} - V_{zener}}{I_{total}}$

$$R_z = \dfrac{V_{alimentação} - V_{zener}}{I_{zener} + I_{carga}}$$

Potência: $P = V \times I$

Questões

Verdadeiro ou falso?

4-1 Um diagrama esquemático mostra somente as seções principais de um circuito em forma de diagrama de blocos.

4-2 Durante a busca por defeitos, a fonte de alimentação é uma das primeiras coisas a serem verificadas.

4-3 Retificadores são a mesma coisa que filtros.

4-4 Diodos são bons retificadores.

4-7 Um transformador trabalha com 120 V em corrente alternada no secundário e 40 V CA no primário. Esse transformador é chamado abaixador.

4-8 O terminal positivo da carga é conectado ao catodo do retificador.

4-9 Um único diodo pode ser utilizado para conseguir uma retificação em onda completa.

4-8 Retificadores de meia onda são limitados a aplicações em baixa potência.

4-9 Retificadores em onda completa utilizam dois diodos e um transformador com *tap* central.

4-10 Uma ponte retificadora pode ser utilizada para conseguir uma retificação em onda completa sem a necessidade de um transformador com *tap* central.

4-11 Um retificador em ponte utiliza três diodos.

4-12 O valor médio de uma onda senoidal é 0,637 vezes o seu valor rms.

4-13 Para um sinal em corrente contínua pulsante, um voltímetro CC medirá o valor rms da forma de onda.

4-14 A entrada CA de um retificador de meia onda é 20 V. Um voltímetro CC conectado aos terminais da carga medirá 10 V.

4-15 Aumentar a corrente de carga demandada da fonte de alimentação tende a diminuir a tensão de saída.

4-16 As perdas nos diodos sempre podem ser ignoradas quando eles são utilizados como retificadores.

4-17 Para pequenas cargas, o filtro capacitivo fará a saída da fonte de alimentação se aproximar do valor de pico da tensão de entrada.

4-18 Um filtro capacitor perdeu a maior parte de sua capacitância. Os sintomas serão valor excessivo de ondulação e tensão de saída abaixo do normal.

4-19 Filtros capacitivos aumentam o efeito de aquecimento nos retificadores.

4-20 Filtros choques são largamente utilizados em fontes de alimentação em 60 Hz.

4-21 Os fatores 0,45 e 0,90 não são usados para calcular o valor de saída em fontes que contenham filtro capacitivo.

4-22 Uma corrente contínua pura significa que não existe a presença de uma ondulação CA.

4-23 Um dobrador de tensão com uma carga pequena acoplada à saída fornecerá uma tensão quatro vezes o valor da tensão da entrada CA.

4-24 Um transformador isolador elimina o risco de que o técnico em eletrônica sofra um choque elétrico.

4-25 A frequência da ondulação para um dobrador de meia onda será duas vezes a frequência da linha CA.

4-26 Uma fonte de alimentação de 5 V apresenta uma ondulação CA de 0,2 V. A porcentagem da ondulação é 4.

4-27 Da situação sem carga para plena carga, a tensão de uma fonte cai de 5,2 V para 4,8 V. A regulação é de 7,69%.

4-28 Uma ondulação em corrente alternada pode ser medida com um voltímetro CC.

4-29 É necessário acoplar carga à fonte de alimentação para medir a ondulação e a sua regulação.

4-30 A principal função de um resistor de drenagem é proteger os retificadores de surtos de corrente.

4-31 Um regulador *shunt* a diodo zener é usado, geralmente, para filtrar a ondulação CA.

4-32 A dissipação em um regulador zener aumenta conforme a corrente de carga diminui.

4-33 O fusível de uma fonte de alimentação está queimado. O problema pode ser um capacitor de filtragem em curto.

4-34 O valor da tensão de saída de uma fonte de alimentação está muito maior do que o esperado. O problema pode ser uma corrente de carga excessiva.

4-35 Um resistor limitador de surto queimado é encontrado em um circuito dobrador de tensão. É uma boa ideia verificar os diodos e capacitores antes de substituir o resistor.

4-36 Um capacitor em curto pode ser identificado utilizando-se um ohmímetro.

4-37 Um diodo em curto pode ser identificado utilizando-se um ohmímetro.

4-38 Não é possível encontrar os dados de um componente por um código sem registro.

4-39 A EIA é a Associação Europeia de fabricantes de Eletrônicos.

Problemas

4-1 Veja a Figura 4-3. A tensão da rede é 120 V e a relação de transformação é 3:1. Qual será a leitura de um voltímetro CC conectado aos terminais de R_L?

4-2 Veja a Figura 4-5. A tensão de rede é 120 V CA e a relação do transformador é 1:1. Qual será a leitura de um voltímetro CC conectado aos terminais de R_L?

4-3 Veja a Figura 4-7. A tensão de entrada é 120 V CA. Qual será a leitura de um voltímetro CC conectado aos terminais de R_L?

4-4 Veja a Figura 4-16. A tensão de rede é 120 V CA e a relação do transformador é 1:1. Qual será a leitura de um voltímetro CC conectado aos terminais de R_L?

4-5 Veja a Figura 4-16. Assuma que a carga é pequena e que a tensãoda rede é 240 V CA. Qual será a leitura de um voltímetro CC conectado aos terminais de R_L?

4-6 Veja a Figura 4-27. Assuma que a carga é pequena e que a tensão da rede é 240 V CA. Qual será a leitura de um voltímetro CC conectado aos terminais de R_L?

4-7 Veja a Figura 4-33. A entrada CC é 24 V e a tensão do zener é 9,1 V. Assuma que a corrente no zener é 100 mA e a corrente de carga é 50 mA. Calcule o valor de R_Z.

4-8 Qual é a dissipação de potência em R_Z no Problema 4-7?

4-9 Qual é a dissipação de potência no diodo zener no Problema 4-7?

4-10 Qual é a dissipação de potência no diodo zener no Problema 4-7 se R_L estiver queimado (aberto)?

4-11 A saída de uma fonte de tensão diminui de 14 para 12,5 V CC quando a carga é acoplada à fonte. Qual é a porcentagem de regulação?

4-12 A saída da fonte do Problema 4-11 mostra uma ondulação CA de 500 mV quando a fonte está conectada à carga. Qual é a porcentagem de ondulação?

Raciocínio crítico

4-1 Veja a Figura 4-1. Os estágios A e B estão energizados com +12 V CC da saída da fonte. É possível que o estágio A apresente um problema na fonte de alimentação que o estágio B não mostre?

4-2 Fabricantes de diodo encapsulam dois diodos no mesmo invólucro para serem utilizados em retificadores e onda completa. Este encapsulamento possui um terminal metálico onde estão conectados ambos os catodos. Os fabricantes também oferecem uma versão com as polaridades invertidas na qual ambos os anodos estão conectados no mesmo terminal. Por que a versão com a polaridade invertida é oferecida no mercado?

4-3 Existe alguma situação na qual existe uma ondulação CA em um circuito alimentado por uma bateria?

4-4 Se um transformador de isolação sofrer um curto de seu primário para o seu secundário, ele ainda continuará funcionando?

4-5 Como se pode checar um transformador isolador para ter certeza que ele não apresenta problemas como os mencionados na Questão 4-4?

4-6 Uma amiga lhe pede ajuda para consertar um dispositivo que ela comprou. Você concorda e, ao checar os componentes, percebe que existe um capacitor com uma saliência aparente. O que você faz?

4-7 Um jornal noticia que um operador de rádio amador foi eletrocutado em seu porão durante uma queda prolongada de energia. Essa história faz sentido?

Respostas dos testes

1. conversão de corrente alternada para corrente contínua
2. terra (comum)
3. diagramas de blocos
4. fonte de alimentação
5. V
6. V
7. F
8. F
9. V
10. V
11. V
12. F
13. 25 V
14. um diodo
15. dois diodos
16. dois semiciclos
17. direção
18. um transformador
19. quatro
20. 24 V CA
21. 10,8 V CC
22. 5,4 V CC
23. 14,4 V CC
24. 18 V CC
25. a corrente de carga deve aumentar
26. baixas tensões
27. 2 V
28. ondulação (CA)
29. forma pulsante
30. ondulação
31. energia elétrica
32. resistência de carga (corrente)
33. porque o filtro tem mais tempo para descarregar
34. rms
35. 1,414
36. 1,414
37. fontes sem filtro
38. valor de pico de uma forma de onda pulsante
39. 21,2 V CC
40. um curto-circuito para o terra
41. transformador
42. 2,82
43. a tensão pode ser reduzida significativamente
44. transformador
45. 60 Hz
46. 120 Hz
47. retificadores (proteção dos diodos)
48. aumentar
49. diminuir
50. 7,69%
51. 16,7%
52. descarrega
53. paralelo (shunt)
54. 4,29 Ω
55. 2,1 W
56. 1 W
57. 3,5 W
58. reduzir a ondulação
59. F
60. V
61. V
62. V
63. V
64. F
65. V
66. V
67. F
68. F
69. V
70. V
71. V
72. F
73. V
74. V

capítulo 5

Transistores

Este capítulo introduz o uso do transistor. Transistores são dispositivos de estado sólido semelhantes aos diodos anteriormente estudados. Entretanto, são mais complexos e podem ser usados de diversas formas. A característica mais importante dos transistores é a capacidade de amplificar sinais. A amplificação pode fornecer um nível suficiente a um sinal fraco de modo que este possa ser empregado em um circuito eletrônico. Por exemplo, um amplificador de áudio é capaz de fornecer um sinal forte o suficiente para um alto-falante.

Objetivos deste capítulo

- Identificar símbolos esquemáticos de diversos tipos de transistores.
- Definir o significado de amplificação e ganho de potência.
- Utilizar o procedimento de polarização correto de diversos tipos de transistores.
- Calcular o ganho de corrente a partir de dados e curvas características.
- Calcular a dissipação de potência no coletor a partir de dados e curvas características.
- Testar transistores bipolares com um ohmímetro.

» Amplificação

A amplificação consiste em um dos conceitos mais básicos existentes na eletrônica. Os amplificadores tornam os sons mais altos e fornecem níveis maiores para os sinais, agregando uma característica genérica denominada ganho. A Figura 5-1 mostra a função geral de um **AMPLIFICADOR**. Note que o amplificador requer dois elementos: a alimentação CC e o sinal de entrada. O sinal corresponde a uma grandeza elétrica cujo nível é insuficiente para que possa ser utilizado. Com o ganho, o sinal pode ser utilizado. De acordo com a Figura 5-1, o sinal de saída é maior, em virtude do ganho fornecido pelo amplificador.

O ganho pode ser medido de diversas formas. Se o osciloscópio for empregado para medir o ganho entre os sinais de tensão na entrada e na saída, então o **GANHO DE TENSÃO** pode ser determinado. Considere que um dado amplificador pode fornecer

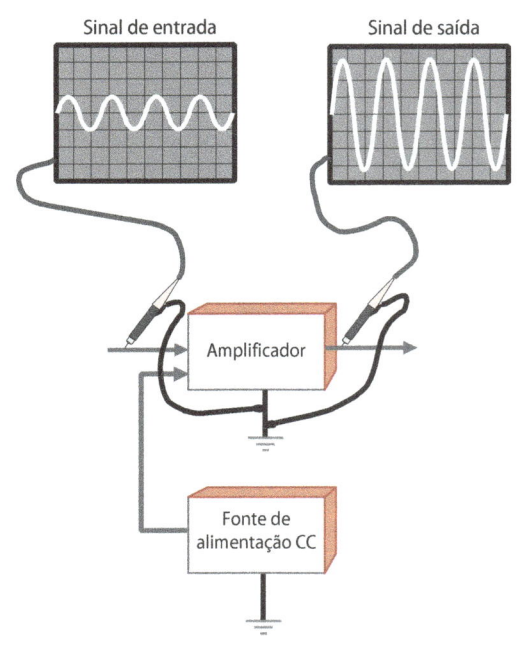

Figura 5-1 Os amplificadores são capazes de fornecer ganho.

> **EXEMPLO 5-1**
>
> Calcule o ganho de potência de um amplificador que possui ganho de tensão de 0,5 e um ganho de corrente de 100.
>
> $P_{ganho} = V_{ganho} \times I_{ganho} = 0,5 \times 100 = 50$
>
> Note que um amplificador pode apresentar perda de tensão e mesmo assim desenvolver ganho de potência significativo. De forma análoga, o amplificador pode possuir perda de corrente considerável e desenvolver ganho de potência significativo.

uma tensão de saída que é 10 vezes maior que a tensão de entrada. Assim, o ganho de tensão deste amplificador é 10. Se um amperímetro for empregado para medir o ganho entre as correntes de entrada e de saída, então o **GANHO DE CORRENTE** pode ser determinado. Com um sinal de entrada de 0,1 A, um amplificador pode produzir uma corrente de saída de 0,5 A, caso possua ganho igual a 5. Se os ganhos de tensão e de corrente são conhecidos, o **GANHO DE POTÊNCIA** pode ser determinado. Um amplificador que possui ganho de tensão de 10 e ganho de corrente de 5 desenvolverá o seguinte ganho de potência:

$$P = V \times I$$

ou

$$P_{ganho} = V_{ganho} \times I_{ganho} = 10 \times 5 = 50$$

Apenas amplificadores fornecem ganho de potência. Outros dispositivos desenvolvem ganho de tensão ou corrente, mas não ambos. Um transformador elevador possui ganho de tensão, mas não é um dispositivo amplificador, pois não apresenta ganho de potência. Se o transformador aumenta a tensão em 10 vezes, então a corrente é reduzida em 10 vezes. Desprezando as perdas no transformador, o ganho de potência será:

$$P_{ganho} = V_{ganho} \times I_{ganho} = 10 \times 0,1 = 1$$

Um transformador abaixador possui ganho de corrente, mas não pode ser considerado um amplificador. O ganho de corrente é minimizado pela perda de tensão e, dessa forma, não há ganho de potência.

Ainda que o ganho de potência aparente seja um conceito importante, alguns amplificadores são denominados amplificadores de tensão. Em alguns circuitos, apenas o ganho de tensão é mencionado, especificamente quando se trata de pequenos sinais. Você encontrará diversos AMPLIFICADORES DE TENSÃO E DE PEQUENOS SINAIS em eletrônica. Entretanto, lembre-se de que tais dispositivos também desenvolvem ganho de potência.

O termo AMPLIFICADOR DE POTÊNCIA é normalmente empregado para designar amplificadores que operam com grandes sinais. Um sinal pode ser considerado grande em termos do nível de tensão, nível de corrente ou ambos. No sistema eletrônico da Figura 5-2, o alto-falante requer uma potência considerável para que o volume seja suficientemente alto. O sinal do cabeçote possui apenas uma fração de miliwatt (mW). Um ganho de potência total da ordem de milhares é necessário. Entretanto, apenas o amplificador de grandes sinais como estágio final é denominado amplificador de potência.

> **EXEMPLO 5-2**
>
> Calcule o ganho de tensão de um amplificador que possui sinal de entrada de 15 mV e sinal de saída de 1 V.
>
> $$A_V = \frac{V_{saída}}{V_{entrada}} = \frac{1\,V}{15 \times 10^{-3}\,V} = 66{,}7$$

Em eletrônica, o ganho não é expresso em volts, ampères ou watts. Se o ganho de tensão for considerado, esta grandeza é representada por um número puro. O ganho corresponde a uma relação entre a saída e a entrada em termos de uma dada grandeza. A letra A é normalmente utilizada para representar o ganho ou amplificação. Assim, o ganho de tensão é:

$$A_V = \frac{V_{saída}}{V_{entrada}}$$

Note que as unidades se cancelam, resultando em um número adimensional. Então, se um amplificador possui 10 V na saída e 1 V na entrada, o ganho de tensão é 10, e não 10 V. O ganho é normalmente expresso em decibéis, mas isso é abordado no Capítulo 6.

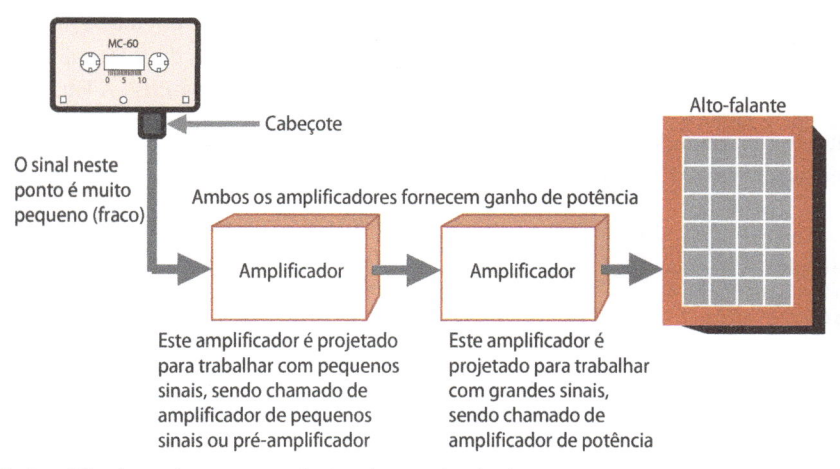

Figura 5-2 Amplificadores de pequenos sinais e de grandes sinais.

Teste seus conhecimentos

Verdadeiro ou falso?

1. Um amplificador deve ser energizado e possuir um sinal de entrada para desenvolver um sinal de saída normal.
2. Um amplificador possui ganho de tensão de 50. Se o sinal de entrada corresponde a 2 milivolts (mV), o sinal de saída será de 50 mV.
3. O sinal de entrada de um amplificador é de 1 mA. O sinal de saída é de 10 mA. Assim, o ganho de corrente é de 10 W.
4. O sinal de entrada de um amplificador é de 100 microvolts (μV), sendo que o respectivo sinal de saída é de 50 mV. Assim, tem-se um ganho de 500.
5. Um transformador possui ganho de tensão e pode ser considerado um amplificador.
6. Todos os amplificadores possuem ganho de potência.

» Transistores

Transistores fornecem o ganho de potência necessário para a maioria das aplicações em eletrônica, sendo também capazes de desenvolver ganho de tensão e de corrente. O tipo mais popular é o TRANSISTOR DE JUNÇÃO BIPOLAR ou BJT (do inglês *bipolar junction transistor*).

Transistores de junção bipolar são semelhantes aos diodos de junção, embora uma junção adicional seja incluída. A Figura 5-3 mostra como é possível construir um transistor. Uma região semicondutora do tipo P localiza-se entre duas regiões do tipo N. A polaridade dessas regiões é controlada pela valência dos materiais utilizados no processo de dopagem. Se você se esqueceu como funciona este processo, leia novamente o Capítulo 2.

As regiões do transistor mostradas na Figura 5-3 são denominadas EMISSOR, BASE e COLETOR. O emissor é muito rico em portadores de corrente, uma vez que seu papel é enviá-los para a região de base e posteriormente para o coletor. O coletor reúne os portadores. O emissor envia os portadores. A base age como uma região de controle e pode permitir que o fluxo de portadores do emissor para o coletor seja nulo, pequeno ou grande.

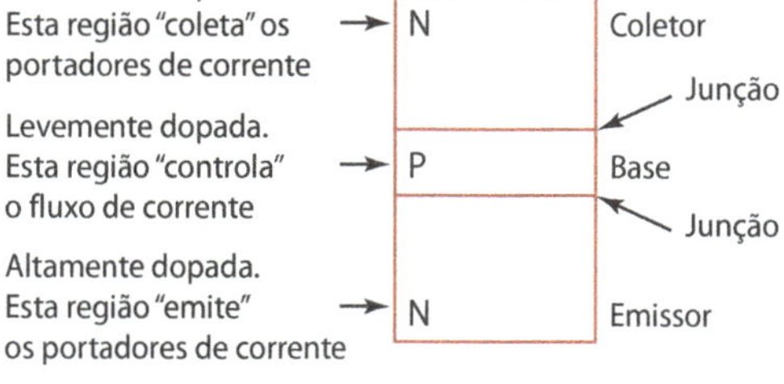

O transistor da Figura 5-3 é *bipolar* porque tanto lacunas (+) quanto elétrons (−) constituem o fluxo de corrente através do dispositivo. A região tipo P contém lacunas livres, que são portadoras positivos. Há duas polaridades de portadores de corrente. Note que há também duas junções PN no transistor, justificando o nome BJT.

O transistor mostrado na Figura 5-3 é classificado como um TRANSISTOR NPN. Outra forma de construir um transistor consiste em utilizar material do tipo P no emissor e no coletor, de modo que a base deve ser constituída de material tipo N. Assim, tem-se um TRANSISTOR PNP. A Figura 5-4 mostra ambos os tipos de transistor e os respectivos símbolos esquemáticos, os quais devem ser prontamente memorizados. Lembre-se de que o terminal emissor sempre é aquele que possui uma seta. Observe que, quando a seta está apontando para fora, tem-se um transistor do tipo NPN.

As duas junções do transistor devem ser polarizadas adequadamente, e é justamente por isso que não se pode simplesmente substituir um componente do tipo NPN por outro do tipo PNP, pois as polaridades são distintas. A JUNÇÃO COLETOR-BASE deve permanecer reversamente polarizada para que o transistor opere corretamente. Em um tran-

Levemente dopada. Esta região "coleta" os portadores de corrente → N Coletor
 Junção
Levemente dopada. Esta região "controla" o fluxo de corrente → P Base
 Junção
Altamente dopada. Esta região "emite" os portadores de corrente → N Emissor

Figura 5-3 Estrutura de um transistor NPN.

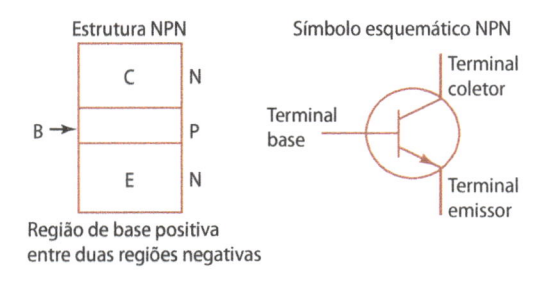

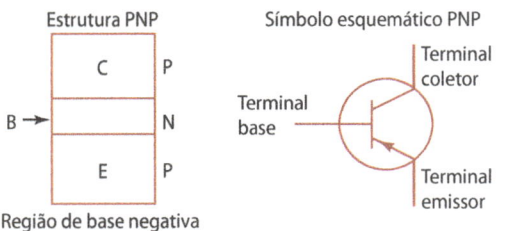

Figura 5-4 Estruturas de transistores e símbolos utilizados.

sistor NPN, o coletor deverá ser positivo em relação à base. Em um transistor PNP, o coletor deverá ser negativo em relação à base. Transistores PNP e NPN não são intercambiáveis entre si.

A **JUNÇÃO BASE EMISSOR** deve permanecer diretamente polarizada para acionar o transistor, como mostra a Figura 5-5. Isso torna a resistência da junção base-emissor muito pequena se comparada àquela da junção coletor-base. Uma junção diretamente polarizada possui baixa resistência, enquanto uma junção diretamente polarizada possui alta resistência. A Figura 5-6 compara as resistências das duas junções.

A grande diferença na resistência da junção confere ao transistor a capacidade de fornecer ganho de potência. Considere que uma corrente circula nas

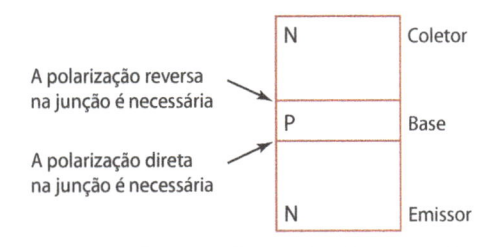

Figura 5-5 Polarização das junções de um transistor.

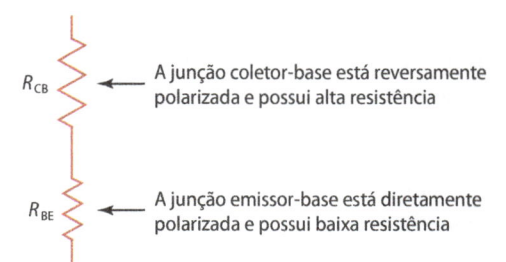

Figura 5-6 Comparação entre as resistências das junções.

duas resistências da Figura 5-6. A potência pode ser calculada como:

$$P = R \times I^2$$

O ganho de potência entre R_{BE} e R_{CB} pode ser determinado calculando a potência em cada uma das mesmas e dividindo os valores obtidos da seguinte forma:

$$P_{ganho} = \frac{R_{CB} \times I^2}{R_{BE} \times I^2}$$

As correntes não são iguais nos transistores, embora seus valores sejam muito próximos. O valor típico de R_{CB} é da ordem de 10 kΩ, sendo que esta resistência é alta porque a junção coletor-base permanece reversamente polarizada. O valor típico de R_{BE} é da ordem de 100 Ω, sendo esta resistência baixa porque a junção base-emissor permanece diretamente polarizada. O ganho de potência para este transistor típico é:

$$P_{ganho} = \frac{R_{CB}}{R_{BE}} = \frac{10 \times 10^3 \; \Omega}{100 \; \Omega} = 100$$

Observe que as unidades (Ω) se cancelam e o ganho é um número puro ou adimensional.

O principal mistério no transistor talvez seja saber por que a corrente na junção polarizada reversamente é tão alta quanto a corrente na junção polarizada diretamente. A teoria dos diodos diz que a corrente em uma junção polarizada reversamente é praticamente desprezível. Isso ocorre efetivamente em um diodo, mas não na junção coletor-base de um transistor.

A Figura 5-7 mostra por que a corrente na junção coletor-base é alta. A tensão coletor-base V_{CB} produz uma polarização reversa na junção coletor-base. A tensão base-emissor V_{BE} produz uma polarização direta na junção base-emissor. Se o transistor fosse simplesmente constituído por dois diodos, os resultados seriam:

- As correntes I_B e I_E seriam altas;
- A corrente I_C seria nula.

A região da base de um transistor é muito estreita (da ordem de 0,0025 cm ou 0,001"), sendo que esta é levemente dopada e possui um número reduzido de lacunas livres. É improvável que um elétron proveniente do emissor encontre uma lacuna na base para que a combinação ocorra. Como há poucas combinações elétron-lacuna na região da base, a corrente de base é muito pequena. O coletor é uma região tipo N carregada positivamente pela tensão V_{CB}. Como a base é uma região estreita, o campo positivo do coletor é muito intenso e a grande maioria dos elétrons provenientes do emissor é atraída e reunida pelo coletor. Assim:

- As correntes I_E e I_C são altas;
- A corrente I_B é baixa.

A corrente do emissor na Figura 5-7 é a corrente mais alta do circuito. A corrente do coletor é um pouco menor. Tipicamente, aproximadamente 99% dos portadores do emissor deslocam-se para

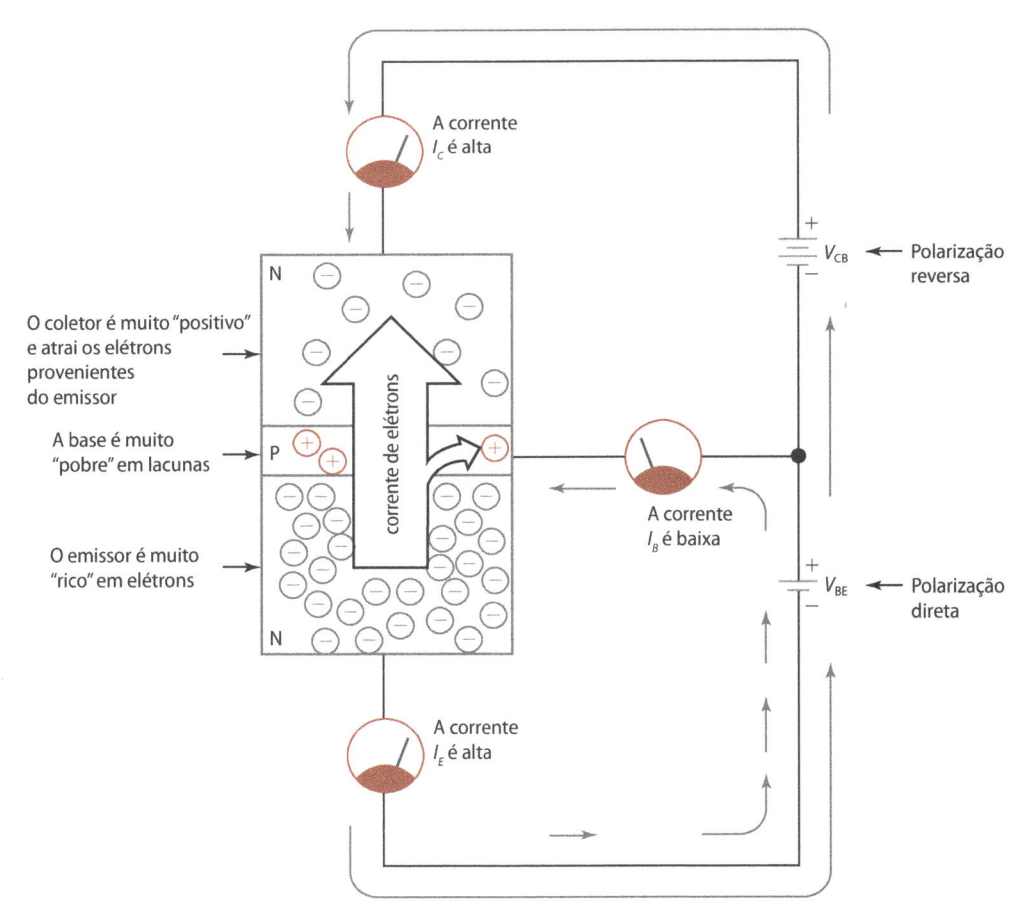

Figura 5-7 Correntes em um transistor NPN.

EXEMPLO 5-3

Determine a corrente de emissor em um transistor quando a corrente de base é 1 mA e a corrente de coletor é 150 mA.

$I_E = I_C + I_B = 150\text{ mA} + 1\text{ mA} = 151\text{ mA}$

EXEMPLO 5-4

Qual é a corrente de base de um transistor quando a corrente de emissor é 58 mA e a corrente de coletor é 56 mA. A equação válida é:

$I_B = I_E - I_C = 58\text{ mA} - 56\text{ mA} = 2\text{ mA}$

o coletor. Aproximadamente 1% dos portadores do emissor combina-se com os portadores da base, o que se reflete na corrente da base. A equação das correntes na Figura 5-7 é representada por:

$$I_E = I_C + I_B$$

Em termos de porcentagens típicas, tem-se:

$$100\% = 99\% + 1\%$$

A corrente de base é muito pequena, mas muito importante. Por exemplo, considere que o terminal de base do transistor da Figura 5-7 esteja aberto. Com o terminal aberto, não há corrente de base. As duas tensões V_{CB} e V_{BE} seriam efetivamente somadas para tornar o coletor positivo em relação ao emissor. Pode-se pensar que a corrente continuaria a fluir do emissor para o coletor, embora isso não ocorra. Quando não há corrente de base, não haverá CORRENTES NO EMISSOR E NO COLETOR. A junção base-emissor deve ser polarizada diretamente para que o emissor envie elétrons. A abertura da base remove esta polarização. Se o emissor é incapaz de enviar portadores, o coletor também não pode reuni-los. Mesmo que seja muito pequena, a corrente de base deve estar presente para que o transistor conduza entre o emissor e o coletor.

O fato de que uma corrente de base pequena controla as correntes de emissor e de coletor muito maiores é muito importante. Isso mostra como o

Sobre a eletrônica

Aplicações dos transistores – antes e agora

- Os primeiros transistores comerciais operavam apenas em frequências inferiores a 1 MHz.
- Transistores empregados em ambientes sob condições severas empregam encapsulamentos de metal, vidro e cerâmicos.
- Transistores pseudomórficos com alta mobilidade de elétrons (do inglês, *pseudomorphic high electron mobility transistors* – pHEMTs) permitem o surgimento de novas áreas de aplicação, como comunicações por radar e micro-ondas.

transistor é capaz de fornecer ótimo ganho de corrente. Frequentemente, o ganho de corrente nos terminais de base e coletor é especificado. Esta é uma das características mais importantes do transistor. Este parâmetro é denominado β (símbolo grego beta) ou h_{FE}:

$$\beta = \frac{I_C}{I_B} \quad \text{ou} \quad h_{FE} = \frac{I_C}{I_B}$$

Qual é o valor de β de um transistor típico? Se a corrente de base é igual a 1% e a corrente de coletor corresponde a 99%, tem-se:

$$\beta = \frac{99}{1} = 99$$

Note que os símbolos de porcentagem do numerador e do denominador se cancelam. Isso também ocorre quando os valores absolutos das correntes em ampères são utilizados, de modo que β se torna um número puro.

EXEMPLO 5-5

Encontre o valor de β considerando que a corrente de base é 0,3 mA e a corrente de coletor é 60 mA.

$\beta = \dfrac{I_C}{I_B} = \dfrac{60\text{ mA}}{0,3\text{ mA}} = 200$

Não se esqueça de considerar prefixos como mili e micro ao utilizar a equação de β. Por exemplo, suponha que o transistor possua uma corrente de coletor de 5 mA e uma corrente de base de 25 μA. Assim, o parâmetro β é dado por:

$$\beta = \frac{I_C}{I_B} = \frac{5 \times 10^{-3} \text{ A}}{25 \times 10^{-6} \text{ A}} = 200$$

As unidades em ampères se cancelam e β se torna um número puro. Às vezes, o valor de β é conhecido e deve ser empregado para que a corrente de base ou de coletor seja determinada. Se um transistor possui um ganho β de 150 e uma corrente de coletor de 10 mA, qual é a corrente de base? Rearranjando a equação de β e isolando I_B, tem-se:

$$I_B = \frac{I_C}{\beta} = \frac{10 \times 10^{-3} \text{ A}}{150} = 66,7 \; \mu\text{A}$$

Como outro exemplo, vamos determinar a corrente de coletor em um transistor que possui um ganho β de 40 e uma corrente de base de 85 mA:

$$I_C = \beta \times I_B = 40 \times 85 \text{ mA} = 3,4 \text{ A}$$

Ocasionalmente, uma corrente deve ser inicialmente calculada antes que o ganho de corrente seja determinado. Não se esqueça de que a corrente de emissor corresponde à soma das correntes de coletor e de base.

O valor de β em transistores reais pode variar amplamente. Determinados transistores de potência possuem valores de β da ordem de 20. Transistores de pequenos sinais possuem valores de β da ordem de 400. De forma conservativa, considera-se que 150 é o valor típico do ganho de transistores de pequenos sinais, enquanto 50 pode ser o ganho típico de um transistor de potência.

O valor de β varia mesmo entre componentes com a mesma especificação. O termo 2N2222 representa um transistor registrado. Uma fabricante deste componente específico cita que o valor de β típico varia entre 100 e 300. Assim, se os ganhos de três transistores 2N2222 aparentemente idênticos forem verificados, valores como 108, 167 e 256 podem ser obtidos. Dificilmente valores idênticos serão encontrados, especialmente se os fabricantes forem distintos ou se os componentes pertencerem a lotes de fabricação diferentes de um mesmo fabricante.

O valor de β é importante, mas imprevisível. Felizmente, há formas de utilizar transistores em que o valor real de β não é significante se comparado às outras características previsíveis do circuito. Isso se tornará mais claro em um capítulo posterior. Agora, deve-se ter em mente apenas que o ganho de corrente entre o coletor e a base é alto. Alem disso, lembre-se de que a corrente de base é pequena e controla a corrente do coletor.

A Figura 5-8 mostra o que ocorre em um transistor PNP. Novamente, a junção base-emissor deve ser polarizada diretamente para que o transistor opere. Note que a tensão V_{BE} possui polaridade inversa em relação à Figura 5-7 A junção coletor-base do transistor PNP deve ser polarizada reversamente. Note também que a tensão V_{CB} possui polaridade inversa. Esta é a razão pela qual os transistores PNP e NPN não são intercambiáveis. Se um tipo de transistor for substituído pelo outro, as junções coletor-base e base-emissor não serão polarizadas corretamente.

A Figura 5-8 mostra o fluxo de uma **CORRENTE DE LACUNAS** do emissor para o coletor. Em um transistor NPN, tem-se uma corrente de elétrons. As duas estruturas de transistores operam de forma análoga. O emissor é muito rico em portadores. A base é

EXEMPLO 5-6

Um transistor possui uma corrente de emissor de 12,1 mA e corrente de coletor de 12 mA. Qual é o valor de β para este transistor? Inicialmente, deve-se rearranjar a equação da corrente da seguinte forma:

$$I_B = I_E - I_C = 12,1 \text{ mA} - 12 \text{ mA} = 0,1 \text{ mA}$$

Agora, o valor ser determinado como:

$$\beta = \frac{I_C}{I_B} = \frac{12 \text{ mA}}{0,1 \text{ mA}} = 120$$

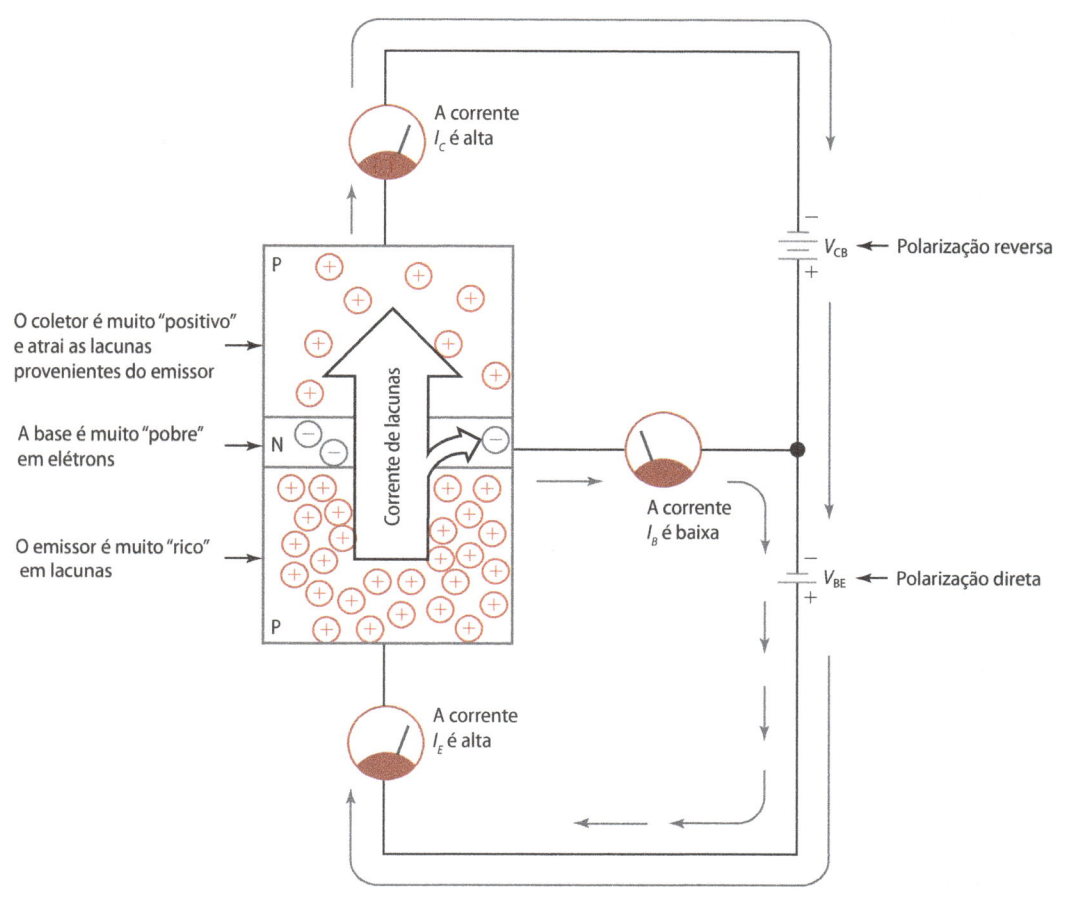

Figura 5-8 Correntes em um transistor PNP.

estreita e possui número reduzido de portadores. O coletor é carregado pela fonte de polarização externa e atrai os portadores provenientes do emissor. A principal diferença entre os transistores PNP e NPN reside na polaridade.

O transistor NPN é mais amplamente utilizado que o transistor NPN. Elétrons possuem maior mobilidade que lacunas e são capazes de se mover mais rapidamente na estrutura cristalina. Isto fornece vantagens aos transistores NPN nas operações em altas frequências, onde as ações ocorrem rapidamente. Os fabricantes de transistores disponibilizam uma maior quantidade de elementos do tipo NPN em seus respectivos catálogos de componentes. Assim, projetistas de circuitos podem escolher as características exatas dos componentes NPN de forma mais adequada. Além disso, é mais conveniente empregar dispositivos NPN em sistemas com terminal de terra com potencial negativo. Esses sistemas são mais comuns que aqueles que possuem terminal de terra com potencial positivo.

Ambos os tipos de transistores são empregados em aplicações diversas na prática. Muitos sistemas eletrônicos empregam tanto transistores NPN como PNP no mesmo circuito. É muito comum utilizar ambas as polaridades, o que confere grande flexibilidade aos projetos.

Teste seus conhecimentos

Verdadeiro ou falso?

7. A região de emissor de um transistor de junção é altamente dopada porque possui muitos portadores de corrente.
8. Um dispositivo bipolar pode ser conectado em qualquer sentido no circuito e funcionar adequadamente dessa forma.
9. A junção coletor-base deve ser polarizada diretamente para que o transistor opere corretamente.
10. Um transistor NPN defeituoso pode ser substituído por um dispositivo PNP.
11. Mesmo que a junção coletor-base esteja reversamente polarizada, uma corrente considerável circula através da mesma.
12. A base dos BJTs é fina e levemente dopada com impurezas.
13. Quando a corrente I_B é igual a zero, o transistor BJT encontra-se desligado e a corrente I_C será aproximadamente igual a zero ou efetivamente nula.
14. A corrente da base controla a corrente do coletor.
15. A corrente da base é maior que a corrente do emissor.
16. O ganho β do transistor é medido em miliampères.
17. Transistores 2N2222 são fabricados de modo a possuir um ganho de 222 da base para o coletor.
18. Em um transistor PNP, o emissor envia lacunas que são reunidas pelo coletor.
19. Um transistor PNP é ativado ao se polarizar diretamente a junção base-emissor.

Resolva os seguintes problemas.

20. Um transistor possui corrente de base de 500 μA e β de 85. Determine a corrente de coletor.
21. Um transistor possui corrente de coletor de 1 mA e β de 150. Determine a corrente de base.
22. Um transistor possui corrente de base de 200 μA e corrente de coletor de 50 mA. Determine o valor de β.
23. Um transistor possui corrente de coletor de 1 A e corrente de emissor de 1,01 A. Determine a corrente de base
24. Determine o valor de β para o Problema 23.

» *Curvas características*

Assim como nos diodos, as curvas características dos transistores fornecem muitas informações. Há diversos tipos de curvas características, sendo que um dos tipos mais populares é a FAMÍLIA DE CURVAS DO COLETOR. Um exemplo deste tipo de curva é o mostrado na Figura 5-9. O eixo vertical corresponde à corrente de coletor (I_C) medida em miliampères. Por sua vez, o eixo horizontal representa a tensão coletor-emissor (V_{CE}) medida em volts. A Figura 5-9 recebe o nome de família de curvas do coletor porque diversas curvas características volt-ampère são apresentadas para um mesmo transistor.

A Figura 5-10 mostra um circuito que pode ser utilizado para obter os pontos que constituem a família de curvas de coletor. Três medidores são empregados para monitorar a corrente de base I_B, a corrente de coletor I_C e a tensão coletor-emissor V_{CE}. Para obter um gráfico com três valores, uma das grandezas pode ser mantida constante enquanto as demais variam, o que produz uma curva. Esse processo pode ser repetido tantas vezes quanto for necessário. Para se obter a família de curvas do coletor, a CORRENTE DE BASE deve permanecer constante. O resistor variável da Figura 5-10 é ajustado para produzir o nível desejado para a corrente de base. Assim, a fonte ajustável produzirá um dado valor de V_{CE}. A corrente de coletor é então registrada. Em seguida, a tensão V_{CE} é alterada para um novo valor. Novamente, registra-se o valor de I_C. Esses pontos são plotados em um gráfico para obter a curva característica volt-ampère de I_C versus V_{CE}. Uma curva bastante exata pode ser obtida a partir de um grande número de pontos. Uma nova curva pode ser produzida da mesma forma descrita anteriormente considerando um novo valor da corrente de base.

As curvas da Figura 5-9 mostram algumas características importantes de um transistor de junção. Note que ao longo de praticamente todo o gráfico a tensão coletor-emissor não afeta a CORRENTE DE

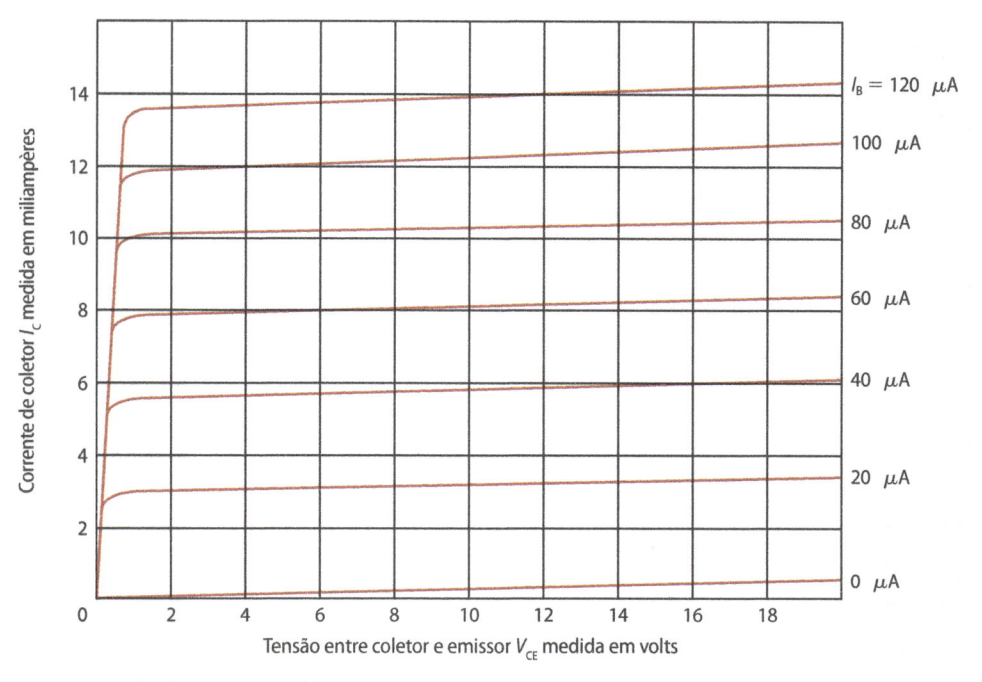

Figura 5-9 Família de curvas do coletor para um transistor NPN.

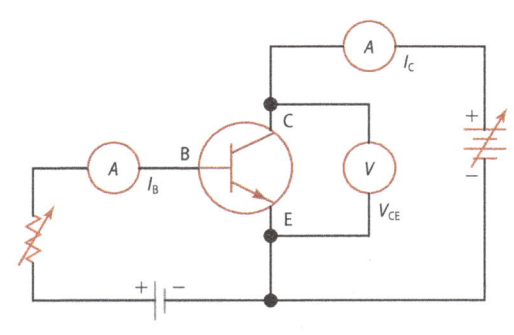

Figura 5-10 Circuito utilizado para a obtenção de dados a partir de um transistor.

COLETOR significativamente. Examine a curva para $I_B = 20\ \mu A$. Qual é variação da corrente do coletor ao longo da faixa entre 2 e 18 V? Verifica-se que a corrente aumenta de 3 para 3,5 mA, isto é, a variação é de apenas 0,5 mA. Por outro lado, tem-se um acréscimo significativo da tensão. A lei de Ohm demonstra que a corrente deveria aumentar nove vezes. Naturalmente, isto aconteceria caso o transistor se comportasse como um simples transistor.

Em um transistor, a corrente de base não influencia a corrente de coletor de forma significativa. Observe que a tensão de coletor afeta a corrente apenas em valores muito reduzidos (inferiores a 1 V na Figura 5-9).

É importante converter as curvas novamente em pontos de dados. Por exemplo, qual é o valor de I_C quando $V_{CE} = 6$ V e $I_B = 20\ \mu A$? Observe a Figura 5-9. Primeiramente, localize 6 V no eixo horizontal. Agora, siga uma linha vertical até que este valor intercepte a curva correspondente a $I_B = 20\ \mu A$. Agora, siga em linha reta em direção à esquerda para interceptar o eixo vertical e obter o valor de I_C. Deve-se então obter um valor correspondente a 3 mA. Tente outro ponto: encontre o valor de I_B para $I_C = 10$ mA e $V_{CE} = 4$ V.

Esses dois pontos cruzam a curva de 80 μA. Pode ser necessário estimar um valor. Por exemplo, qual é o valor da corrente de base quando $V_{CE} = 10$ V e $I_C = 7$ mA? O cruzamento desses dois valores ocorre bem longe de qualquer uma das curvas da família.

> **EXEMPLO 5-7**
>
> Utilize a Figura 5-9 para determinar a corrente de coletor quando $V_{CE}=8$ V e $I_B=20$ μA. Através da estimativa, tem-se um valor aproximado de I_C igual a 3,1 mA.

> **EXEMPLO 5-8**
>
> Utilize as curvas da Figura 5-9 para determinar a corrente de emissor quando V_{CE} é 6 V e I_B é 100 μA. As curvas de coletor não apresentam dados sobre o emissor, mas a corrente do emissor pode ser calculada a partir das correntes de base e de coletor. Como já se conhece a corrente de base, deve-se inspecionar a curva para determinar a corrente do coletor. A Figura 5-9 mostra que $V_{CE}=6$ V e $I_B=100$ μA interceptam o valor $I_C=12$ mA. Assim, tem-se:
>
> $$I_E = I_C + I_B = 12\text{ mA} + 100\text{ μA} = 12{,}1\text{ mA}$$

O valor encontra-se aproximadamente na metade entre as curvas de 40 A e 50 μA, então o valor estimado de 50 μA é satisfatório.

As curvas da Figura 5-9 fornecem informações suficientes para o cálculo de β. Qual é o valor de β quando $V_{CE}=8$ V e $I_C=8$ mA? O primeiro passo consiste em determinar o valor da corrente de base. Os dois valores interceptam a corrente de base de 60 μA. Agora, o valor de β pode ser determinado da seguinte forma:

$$\beta = \frac{I_C}{I_B} = \frac{8\text{ mA}}{60\text{ μA}} = 133$$

Calcule β para a condição em que $V_{CE}=12$ V e $I_C=14$ mA. Esses valores interceptam a curva $I_B=120$ μA, resultando em:

$$\beta = \frac{14\text{ mA}}{120\text{ μA}} = 117$$

Os dois cálculos anteriores revelam outro fato sobre os transistores. Não só o valor de β varia entre transistores, mas também com a corrente de coletor I_C. Posteriormente, será mostrado que a temperatura também afeta o parâmetro β.

O que ocorre a um transistor quando sua corrente de base é relativamente alta? Por exemplo, o que se verifica na Figura 5-11 quando $I_B=1$ mA? Isso ocorre em uma região não mostrada no gráfico, mas o efeito pode ser interpretado. Inicialmente, isso não danificará o transistor, a menos que o valor máximo da dissipação de potência no coletor seja ultrapassado. Este assunto será abordado posteriormente nesta seção. Transistores podem ser danificados por um excesso de corrente de base, mas algo importante deve ocorrer antes que se chegue a esta situação extrema. Assim, vamos verificar o gráfico novamente. O transistor operará em algum ponto ao longo da parte vertical das curvas características. Observe atentamente a Figura 5-11 e verifique que a tensão V_{CE} do transistor é sempre pequena para correntes de base superiores a 35 μA. Quando um transistor opera dessa forma, existe a saturação forte, ou seja, o dispositivo age como uma chave fechada entre coletor e emissor. Idealmente, a tensão é aplicada nos terminais de uma chave fechada porque esta não oferece resistência à passagem da corrente. Chaves reais possuem uma pequena resistência e desenvolvem uma queda de tensão reduzida. Ao operar com grandes correntes de base, os transistores bipolares comportam-se como chaves. Aplicações com chaveamento são abordadas na última seção deste capítulo.

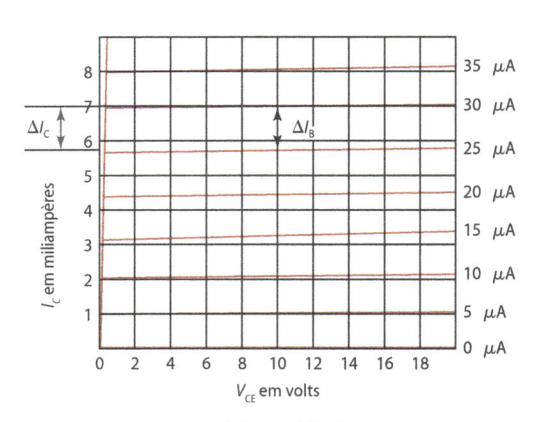

$$\beta_{CA} = h_{fe} = \frac{\Delta I_C}{\Delta I_B} = \frac{1{,}3\text{ mA}}{5\text{ μA}} = 260$$

Figura 5-11 Cálculo de β_{CA} a partir das curvas características.

Existe outro tipo de ganho de corrente da base para o coletor denominado β_{CA} ou h_{fe}. Analise as equações a seguir para constatar como o parâmetro β_{CA} difere do que estudado anteriormente:

$$\beta_{CC} = h_{FE}$$
$$= \frac{I_C}{I_B}$$
$$\beta_{CA} = h_{fe}$$
$$= \frac{\Delta I_C}{\Delta I_B} \bigg| V_{CE}$$

O símbolo Δ representa uma variação, ao passo que o símbolo | indica que V_{CE} deve ser mantida constante. A Figura 5-11 ilustra este processo. A tensão entre coletor e emissor permanece constante em 10 V. A corrente de base muda de 30 μA para 25 μA, para um valor de ΔI_B de 5 μA. Projetando esta variação para a esquerda, tem-se uma mudança na corrente de coletor de 7,0 mA para 5,7 mA, o que corresponde a $\Delta I_C =$ 1,3 mA. Dividindo os valores anteriormente obtidos, chega-se a $_{CA} =$ 260.

Não há uma diferença significativa entre β_{CC} e β_{CA} em baixas frequências. Este livro dá maior ênfase ao parâmetro β_{CC}, sendo que o símbolo β sem o subíndice indica o ganho de corrente CC. O ganho de corrente CA será designado por β_{CA}.

Em altas frequências, o ganho de corrente CA dos transistores bipolares de junção começa a decrescer. Este efeito limita a faixa de frequência útil dos transistores. O **PRODUTO GANHO-LARGURA DE BANDA** corresponde à frequência na qual a drenagem de corrente CA cai para 1. O símbolo do ganho-largura de banda é f_T. Esta especificação do transistor é importante para aplicações em altas frequências. Por exemplo, o componente 2N5179 é um transistor de radiofrequência que possui $f_T =$ 14 GHz. O transistor 2N3904 corresponde a um componente de uso geral onde $f_T =$ 300 MHz. Assim, não é recomendável substituir o transistor 2N5179 por um componente 2N3904 em um circuito de radiofrequência.

É convencional plotar valores positivos em um gráfico utilizando-se o lado direito do eixo e o lado superior do eixo vertical. Valores negativos encontram-se nas partes à esquerda e abaixo. Uma família de curvas de um transistor PNP pode ser plotada em um gráfico da forma exibida na Figura 5-12. A tensão de coletor em um transistor PNP deve ser negativa. Assim, as curvas encontram-se à esquerda. A corrente de coletor flui no sentido inverso em comparação com transistor NPN. Assim, as curvas encontram-se abaixo do eixo horizontal. Entretanto, as curvas dos transistores PNP às vezes são desenhadas na parte de cima à direita. Ambos os métodos são eficazes para descrever as características do coletor.

Algumas instalações e laboratórios possuem um dispositivo denominado **TRAÇADOR DE CURVAS**, o qual plota as curvas características em um tubo de raios catódicos ou tubo de imagem. Este método é mais eficaz que coletar os dados e desenhar as curvas manualmente. Traçadores de curvas mostram os gráficos de transistores NPN no primeiro quadrante (de forma semelhante à Figura 5-9) e as curvas dos transistores PNP no terceiro quadrante (de forma semelhante à Figura 5-12).

A família de curvas do coletor pode ser utilizada para exibir a área de operação segura de um transistor e a Figura 5-13 mostra um exemplo disso. Uma **CURVA DE POTÊNCIA CONSTANTE** foi adicionada ao gráfico para dividir as curvas em pontos de operação acima e abaixo de 7,5 W, assim, a área de operação segura de um transistor pode ser facilmente determinada. Por exemplo, se a máxima dissipação de potência de um transistor é de 7,5 W, então quaisquer pontos à direita da curva de potência indicam que a operação do dispositivo não é segura.

> **EXEMPLO 5-9**
>
> Utilize as curvas da Figura 5-9 para obter os dados necessários e calcular o β_{CA} quando $V_{CE} =$ 4 V e I_B muda de 20 μA para 40 μA.
>
> $$\beta_{CA} = \frac{\Delta I_C}{\Delta I_B} = \frac{2,6 \text{ mA}}{20 \mu A} = 130$$

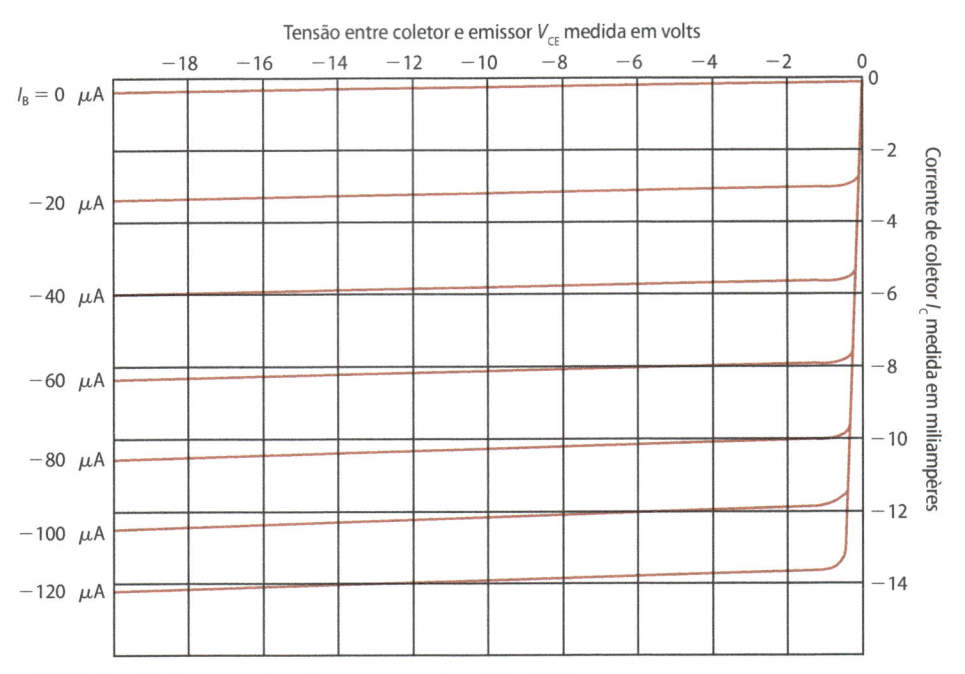

Figura 5-12 Família de curvas do coletor para um transistor PNP.

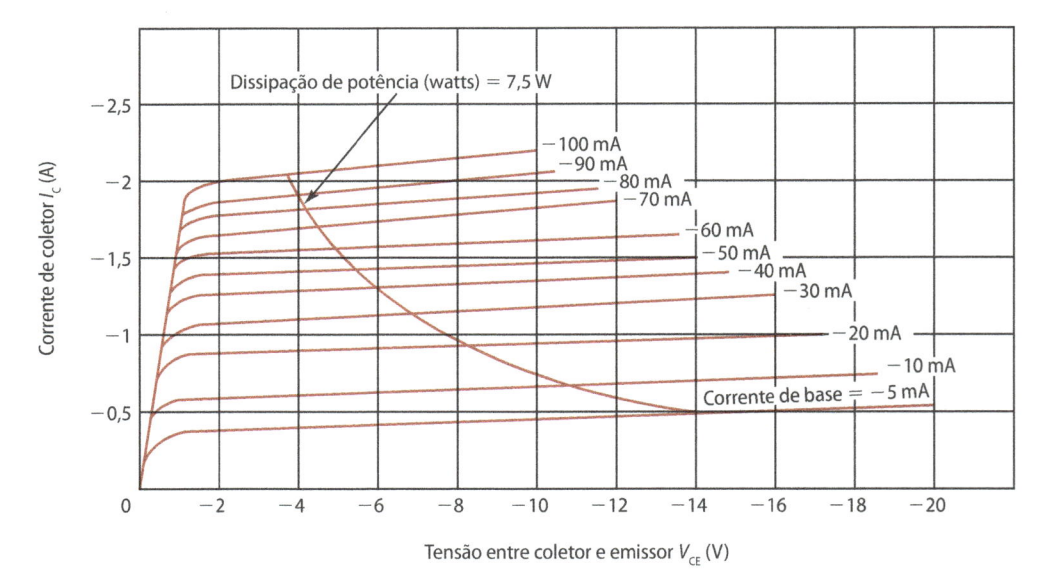

Figura 5-13 Curva de potência constante.

A DISSIPAÇÃO DE POTÊNCIA DO TRANSISTOR é normalmente calculada para o circuito do coletor com base na seguinte expressão:

$$P = V \times I$$

Assim, a DISSIPAÇÃO DE POTÊNCIA NO COLETOR é dada por:

$$P_C = V_{CE} \times I_C$$

Agora, a curva de potência da Figura 5-13 pode ser verificada. Quando $V_{CE}=4$ V, a curva de potência cruza um valor ligeiramente menor que 1,9 A no eixo I_C, isto é:

$$P_C = 4\,V \times 1,9\,A = 7,6\,W$$

Quando $V_{CE}=8$ V, a curva de potência cruza uma valor ligeiramente maior que 0,9 A no eixo I_C, isto é:

$$P_C = 8\,V \times 0,9\,A = 7,2\,W$$

Todos os pontos ao longo da curva de potência correspondem a um produto de 7,5 W (considerando-se que há erros na leitura dos valores acima e abaixo do valor real). Os valores negativos não precisam ser considerados, pois simplesmente indicam que se trata de um transistor PNP. Se os valores negativos forem utilizados, as respostas serão as mesmas, pois a multiplicação entre uma tensão negativa e uma corrente negativa resulta em uma potência positiva.

Se as curvas características do coletor forem estendidas para tensões superiores, a região de **RUPTURA DO COLETOR** pode ser exibida. De forma análoga aos diodos, os transistores possuem junções e a determinação de suas especificações de ruptura pode ser complexa. A Figura 5-14 mostra a família de curvas de coletor onde o eixo horizontal é estendido até 140 V. Se a tensão do coletor se torna muito alta, este parâmetro começa a controlar a corrente de coletor. Isto é indesejável, pois é a corrente de base que deve controlar a corrente de coletor. Os transistores não devem operar em valores próximos ou superiores às máximas especificações de tensão. De acordo com a Figura 5-14, a ruptura do coletor não ocorre em um ponto fixo como no caso dos diodos, variando com a corrente de base. Em 15 μA, o ponto de ruptura do coletor ocorre em torno de 110 V. Em 0 μA, isso ocorre próximo a 130 V.

As **CURVAS CARACTERÍSTICAS DE TRANSFERÊNCIA** mostradas na Figura 5-15 consistem em outro exemplo de utilização de curvas para a determinação dos parâmetros elétricos de um transistor. Curvas desse tipo mostram como o terminal de um transistor (base) afeta o outro (coletor). Por essa razão, são denominadas curvas de transferência. Sabe-se que a corrente de base controla a corrente de coletor. A Figura 5-15 mostra como a tensão base-emissor controla a corrente de coletor. Isso ocorre porque a polarização entre base e emissor estabelece o nível da corrente de base.

A Figura 5-15 também mostra uma das diferenças importantes entre transistores de silício e de germânio. De forma análoga aos diodos, transistores de germânio são ativados com um nível de tensão bem menor (aproximadamente 0,2 V). Os disposi-

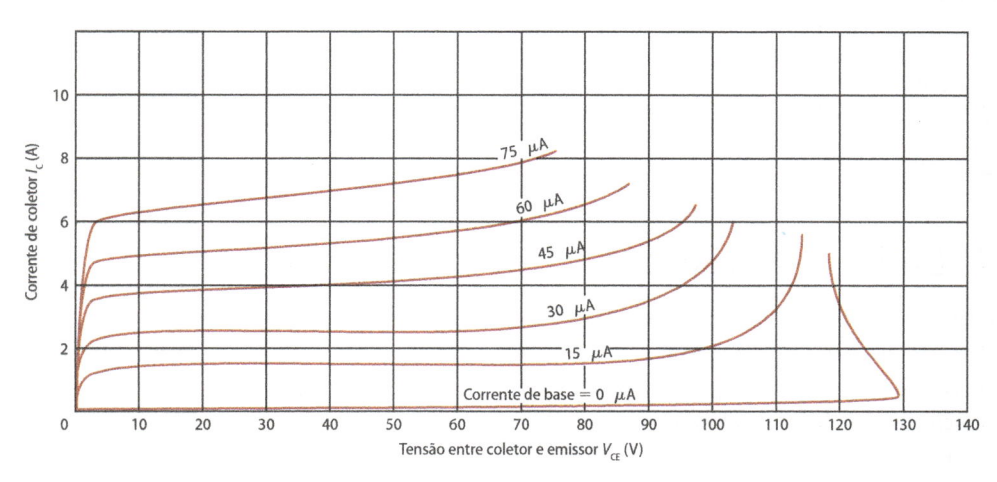

Figura 5-14 Ruptura do coletor.

> **EXEMPLO 5-10**
>
> Calcule a dissipação de potência na Figura 5-13 quando $V_{CE} = -10\text{ V}$ e $I_B = -70\text{ mA}$.
>
> $$P_C = 10\text{ V} \times 1{,}8\text{ A} = 18\text{ W}$$
>
> *Nota*: Este valor excede o limite de segurança do dispositivo.

tivos de silício são ativados em tensões próximas a 0,6 V. É importante recordar estes valores de tensão, pois são relativamente constantes e são de grande auxílio na busca de defeitos em circuitos com transistores. Tais valores também permitem que um técnico determine se o transistor é de silício ou de germânio.

Transistores de germânio não são amplamente empregados em sistemas modernos. De fato, estes dispositivos oferecem algumas vantagens em determinadas aplicações. Alguns transistores de alta potência utilizam o germânio porque este é melhor condutor que o silício. A tensão de ativação

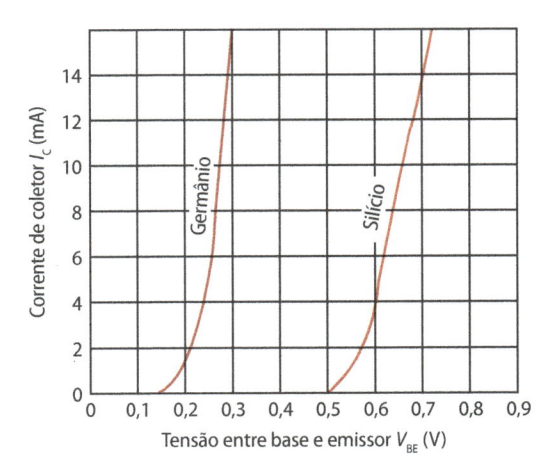

Figura 5-15 Comparação entre transistores de silício e de germânio.

reduzida também se torna uma vantagem em alguns circuitos. Transistores de germânio possuem menor custo e apresentam melhor desempenho em altas temperaturas. Esses dois fatores os tornam a escolha lógica para a maioria das aplicações.

Teste seus conhecimentos

Responda às seguintes perguntas.

25. Observe a Figura 5-9. Para $V_{CE} = 4\text{ V}$ e $I_C = 3\text{ mA}$, qual é o valor de I_B?
26. Observe a Figura 5-9. Para $I_B = 90\ \mu\text{A}$ e $V_{CE} = 4\text{ V}$, qual é o valor de I_C?
27. Observe a Figura 5-9. Para $V_{CE} = 6\text{ V}$ e $I_C = 8\text{ mA}$, qual é o valor de β?
28. Observe a Figura 5-9. Para $I_B = 100\ \mu\text{A}$ e $V_{CE} = 8\text{ V}$, qual é o valor de P_C?
29. Observe a Figura 5-9. Se V_{CE} é mantida constante em 4 V e I_B varia de 60 μA para 80 μA, qual é o valor de β_{CA}?
30. Transistores de germânio são ativados quando a tensão V_{BE} se iguala a qual valor?
31. Transistores de silício são ativados quando a tensão V_{BE} se iguala a qual valor?
32. Entre os dois materiais semicondutores, qual deles é o melhor condutor?

≫ Dados de transistores

Fabricantes de transistores elaboram folhas de dados que detalham as características mecânicas, térmicas e elétricas que os dispositivos produzidos possuem. Estas folhas de dados são normalmente organizadas em catálogos ou **MANUAIS DE DADOS**. A Tabela 5-1 apresenta o exemplo de um manual de dados, o qual exibe as especificações máximas e algumas características adicionais de transistores 2N2222A. Os manuais de dados também contêm as curvas características que foram anteriormente discutidas neste capítulo.

Os técnicos normalmente tentam substituir um transistor defeituoso por outro que possui a mesma nomenclatura. Esta é considerada uma "substituição exata", mesmo quando se tratam de fabricantes diferentes.

Às vezes, é impossível realizar uma substituição exata. Dados semelhantes àqueles mostrados na Tabela 5-1 são muito úteis neste caso. Assim, o técnico selecionará um componente cujas especificações máximas sejam pelo menos iguais àquelas do componente original. As características do transistor também devem ser examinadas, de modo que o componente substituto possua as características mais próximas possíveis do elemento original.

Uma forma de o técnico aprender sobre um transistor em particular reside na utilização de guias de substituição. Estes guias não são exatos, mas fornecem uma ideia geral sobre o dispositivo de interesse. Outra fonte de informações importante é o **CATÁLOGO DE COMPONENTES**. A Figura 5-16 mostra um exemplo dos transistores listados em um catálogo, sendo que os respectivos preços dos componentes foram omitidos. Esta lista pode incluir ainda números de dispositivos não registrados.

Note que uma quantidade considerável de informações é apresentada para cada tipo de transistor. Por exemplo, constata-se que um transistor

Tabela 5-1 *Especificações selecionadas para o transistor bipolar de junção 2N2222A*

Parâmetro	Símbolo	Valor
Especificações máximas		
Tensão entre coletor e emissor	V_{CEO}	40 V cc
Tensão entre coletor e base	V_{CB}	75 V cc
Tensão entre emissor e base	V_{EB}	6 V cc
Corrente de coletor	I_c	800 mA cc
Dissipação de potência total no dispositivo (deve ser menor acima de 25 °C)	P_D	1,8 W 12 mW/°C
Características		
Ganho CC de corrente	h_{FE}	100 a 300
Ganho CA de corrente	h_{fe}	50 a 375
Produto ganho-largura de banda	f_T	300 Mhz
Tensão de saturação entre coletor e emissor	$V_{CE(sat)}$	0,3 V cc
Figura de ruído	NF	4 dB

Tipo	Encapsulamento	Função do Material	Dissipação de potência	Tensão entre coletor e base (volts)	Corrente de coletor (mA)	Beta H_{FE}@Ic Mín. Máx.	mA	f_T MHz
2N2870/2N301	TO-3	GP AP	30C	80	3A	50-165	1A	0,200
2N2876	TO-60	SN AV	17,5C	80	2,5A			0,200
2N2894	TO-18	SP SH	1,2C	12	200	40-150	30	400
2N2895	TO-18	SN GP	0,500	120	1A	60-150	1	120
2N5070	TO-60	SN AP	70C	65	3,3A	10-100	3A	100
2N5071	TO-60	SN AP	70C	65	3,3A	10-100	3A	100
2N5086	TO-92	SP GP	0,310	50	50	150-		40
2N5087	TO-92	SP GP	0,310	50	50	250-	1	40
2N5088	TO-92	SN GP	0,310	35	50	350-		
2N5172	TO-98	SN GP	0,200	25	100	100-	10	
2N5179	TO-72	SN AU	0,200	20	50	25-	20	900
2N5180	TO-104	SN AU	0,180	30		20-	2	650
2N5183	TO-104	SN GP	0,500	18	1A	70-	10	62
2N5184	TO-104	SN GP	0,500	120	50	10-	50	50

Código do material:
- GP .... Germânio, PNP
- SN .... Silício, NPN
- SP .... Silício, PNP

Código da função:
- AP .... Amplificador de potência
- AV .... Amplificador VHF
- SH .... Chave com alta velocidade
- GP .... Aplicações gerais
- AU .... Amplificador UHF

Figura 5-16 Especificações de catálogos de transistores.

2N5179 utiliza um encapsulamento TO – 72, é de silício do tipo NPN e recomendado para aplicações em amplificadores de frequência ultra alta (do inglês, *ultra high frequency* – UHF), dissipam 0,2 W, entre outras informações. Há catálogos de componentes distribuídos gratuitamente ou a preços reduzidos. É interessante colecionar estes catálogos, substituindo-os à medida que são atualizados*.

A Figura 5-17 mostra outro tipo de informação que pode ser encontrada em guias e catálogos de componentes. Os transistores são fabricados na forma de encapsulamentos diversos. As características físicas podem ser tão importantes quanto os parâmetros elétricos. A Figura 5-17 mostra apenas um tipo de encapsulamento dentre diversos outros que existem atualmente. Note que este material também é valioso porque permite identificar claramente os terminais base, coletor e emissor. Essa informação não é normalmente marcada no encapsulamento do transistor.

---

* N. de R. T.: Normalmente, os catálogos de componentes fornecidos pelos fabricantes possuem um grande número de páginas. Com o advento da internet, outra prática que se tornou habitual consiste em acessar os endereços eletrônicos dos fabricantes, que, por sua vez, disponibilizam ferramentas de busca eficazes para permitir a localização de um dado componente de forma fácil e interativa.

Em alguns casos, o número do componente não pode ser encontrado em nenhum dos guias disponíveis ou mesmo no encapsulamento original. Nesses casos, pode ser possível utilizar um transistor do tipo genérico. Por exemplo, o transistor 2N2222A (ou 2N3904) é uma boa escolha para substituição de transistores BJT NPN de pequenos sinais para aplicações gerais. De forma semelhante, o transistor 2N2905A (ou 2N3906) representa um componente PNP para aplicações gerais. A substi-

> **Sobre a eletrônica**
>
> **Especificações de transistores de montagem sobre superfície.**
>
> - 1A ≈ 2N3904;
> - 1B ≈ 2N2222;
> - 2A ≈ 2N3906;
> - 2B ≈ 2N4401.

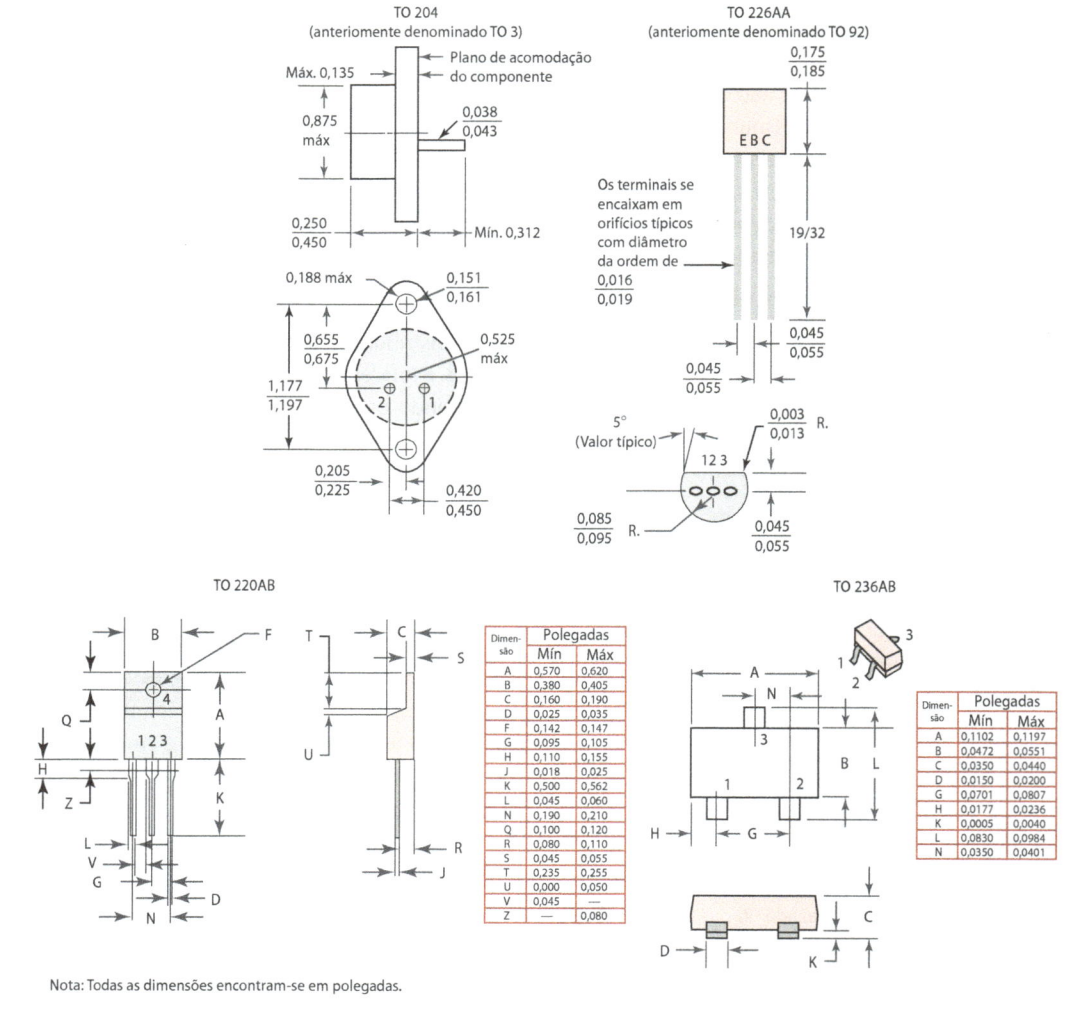

Figura 5-17 Tipos de encapsulamento de transistores.

Nota: Todas as dimensões encontram-se em polegadas.

TO 220AB

Dimensão	Polegadas	
	Mín	Máx
A	0,570	0,620
B	0,380	0,405
C	0,160	0,190
D	0,025	0,035
F	0,142	0,147
G	0,095	0,105
H	0,110	0,155
J	0,018	0,025
K	0,500	0,562
L	0,045	0,060
N	0,190	0,210
Q	0,100	0,120
R	0,080	0,110
S	0,045	0,055
T	0,235	0,255
U	0,000	0,050
V	0,045	—
Z	—	0,080

TO 236AB

Dimensão	Polegadas	
	Mín	Máx
A	0,1102	0,1197
B	0,0472	0,0551
C	0,0350	0,0440
D	0,0150	0,0200
G	0,0701	0,0807
H	0,0177	0,0236
K	0,0005	0,0040
L	0,0830	0,0984
N	0,0350	0,0401

tuição por transistores de aplicação geral deve ser evitada nos seguintes casos:

- Aplicações VHF ou UHF;
- Aplicações de alta potência;
- Aplicações de alta tensão.

Transistores substitutos devem utilizar o mesmo material e possuir a mesma polaridade. Além disso, deve-se ter certeza de que o tamanho e o arranjo dos terminais são compatíveis, pois estes devem ser pautados no mesmo tipo de tecnologia. Por exemplo, uma seção posterior deste capítulo aborda um tipo de transistores que não é compatível com BJTs.

As tensões dos circuitos devem ser verificadas para que se tenha noção das especificações de tensão que o novo componente deve possuir. As especificações de potência podem ser determinadas em termos dos níveis de tensão e de corrente. Naturalmente, as características físicas também devem ser semelhantes. Finalmente, conhecendo a função do componente original, é possível encontrar um dispositivo substituto adequado. Guias de substituição e catálogos normalmente listam transistores divididos em tipos de aplicações como áudio, frequência muito alta (UHF), chaveamento, entre outros.

> **Sobre a eletrônica**
>
> **Aprende-se muito no trabalho.**
> Em muitas empresas, no nível de ingressante, junior ou *trainee* não é necessária experiência de trabalho prévia para ocupar a função.

Teste seus conhecimentos

Verdadeiro ou falso?

33. Fabricantes de dispositivos publicam folhas e manuais de dados para dispositivos de estado sólido.
34. Praticamente todos os dispositivos de estado sólido possuem os terminais devidamente identificados no encapsulamento.
35. Um transistor PNP pode ser substituído por outro NPN se este transistor for destinado a aplicações gerais.
36. A substituição de um transistor 2N2222 fabricado pela Motorola por um transistor 2N2222 fabricado por outra empresa não consiste em uma substituição exata.
37. É possível escolher um transistor para reposição considerando a polaridade, o material semicondutor, os níveis de tensão e corrente e a função do circuito.

» *Teste de transistores*

Uma forma de testar transistores consiste no uso do traçador de curvas. Essa técnica é empregada por fabricantes de semicondutores e equipamentos para testar componentes. Os traçadores de curvas também são utilizados em laboratórios de projeto. A maioria dos técnicos normalmente não possui acesso a este tipo de dispositivo.

Outra técnica utilizada nos centros de fabricação e projeto consiste em inserir o transistor em uma posição fixa especial ou equipamento de teste. Este é um TESTE DINÂMICO porque o dispositivo passa a operar com níveis e sinais reais de tensão e corrente. Este método de teste é frequentemente empregado em transistores VHF e UHF. O teste dinâmico fornece o ganho de potência e a FIGURA DE RUÍDO na presença de sinais. A figura de ruído consiste na capacidade do transistor de amplificar sinais fracos. Alguns transistores geram um ruído suficiente que se sobrepõe ao sinal fraco. Diz-se que esses transistores possuem figura de ruído insatisfatória ou ruim.

Alguns tipos de transistores podem exibir uma perda gradativa do ganho de potência. Por exemplo, amplificadores de radiofrequência de potência podem empregar TRANSISTORES DE REVESTIMENTO (*overlay*). Estes dispositivos podem possuir mais de 100 emissores separados, estando suscetíveis a alterações entre base e emissor que podem gradativamente comprometer o ganho de potência. Outro problema consiste na umidade, que pode penetrar no encapsulamento do transistor e comprometer progressivamente o desempenho. Mesmo que as falhas gradativas existam em transistores, sua ocorrência não é comum.

Na maioria das vezes, os transistores falham de forma súbita e completa. Uma ou ambas as junções dos dispositivos podem entrar em curto-circuito. Uma conexão interna pode ser rompida ou queimar em virtude de uma sobrecarga eventual. Este tipo de falha pode ser verificado facilmente. A maioria dos transistores defeituosos pode ser verificada externamente com um ohmímetro removendo os dispositivos do circuito ou internamente com o uso de um voltímetro.

Um transistor em bom estado possui duas junções PN, as quais podem ser verificadas com um ohmímetro. De acordo com a Figura 5-18, um transistor PNP é análogo a dois diodos onde os respectivos catodos estão conectados entre si. A Figura 5-19 mostra que um transistor NPN é análogo a dois diodos com conexão em anodo comum. Se dois transistores em perfeito estado podem ser verificados com um ohmímetro, também é possível testar um transistor.

O ohmímetro também pode ser utilizado para identificar a polaridade (NPN ou PNP) e os três terminais de um transistor. Isso pode ser útil quando não há dados disponíveis. Ohmímetros analógicos podem ser ajustados na escala $R \times 100$ para o teste da maioria dos transistores. Transistores de potência de germânio podem ser mais facilmente testados utilizando a escala $R \times 1$. Transistores de potência podem ser facilmente reconhecidos porque apresentam maiores dimensões físicas que os componentes de pequenos sinais. Quando um MD for empregado, deve-se utilizar a função diodo do dispositivo.

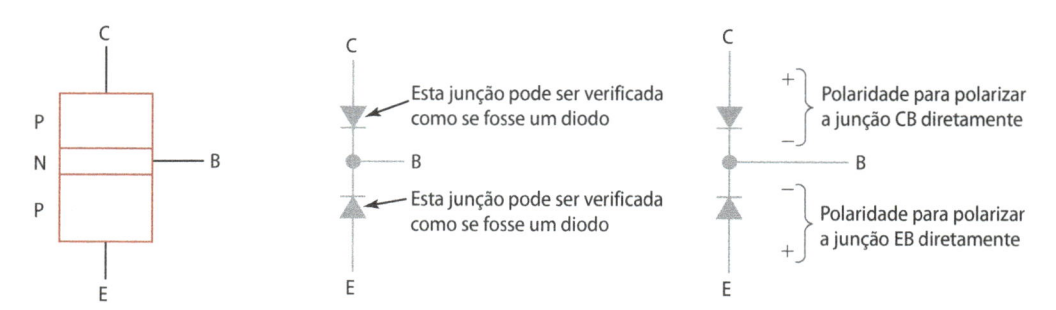

Figura 5-18 Polaridade das junções de um transistor PNP.

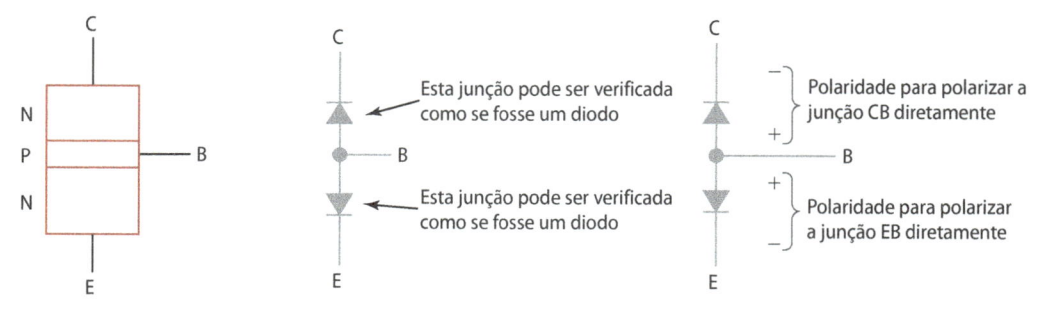

Figura 5-19 Polaridade das junções de um transistor NPN.

O primeiro passo no teste de transistores consiste em conectar as ponteiras ou garras do ohmímetro nos dois terminais do transistor, como mostra a Figura 5-20. Se uma resistência baixa for indicada, os terminais correspondem a um dos diodos ou o transistor está em curto-circuito. Para determinar qual é o caso, deve-se inverter os terminais do ohmímetro. Se a JUNÇÃO DO TRANSISTOR encontra-se em bom estado, o ohmímetro exibirá uma resistência alta, de acordo com a Figura 5-21. Se a conexão for realizada entre os terminais coletor e emissor de um transistor em perfeito estado, o ohmímetro apresentará uma resistência alta em ambas as direções. Isso pode ser explicado porque as duas junções encontram-se no circuito do ohmímetro. Analise as Figuras 5.18 e 5.19 e verifique que um dos diodos estará reversamente polarizado para qualquer polaridade aplicada entre emissor e coletor.

Uma vez que a conexão emissor-coletor é determinada, a base pode ser identificada por eliminação. Agora, conecte o terminal negativo do ohmímetro à base. Encoste uma das pontas do medidor inicialmente em um dos terminais do transistor e depois no outro terminal. Se uma resistência baixa for verificada, trata-se de um transistor PNP. Conecte o terminal positivo na base. Encoste uma das pontas do ohmímetro inicialmente em um dos terminais do transistor e depois no outro terminal. Se uma resistência baixa for verificada, trata-se de um transistor NPN.

Até o momento, você identificou a base e a polaridade do transistor. Agora, é possível identificar o ganho do transistor, bem como os terminais coletor e emissor. Para isso, é necessário um resistor de 100.000 Ω e um ohmímetro analógico. Se um transistor de germânio for testado com a escala $R \times 1$, deve-se utilizar um resistor de 1000 Ω. MDs normalmente não são eficazes na medição do ganho (embora alguns dispositivos possuam esta função).

O resistor será utilizado para fornecer uma pequena corrente de base para o transistor. Se o transistor possuir um ganho de corrente considerável, a corrente no coletor será bem maior. O ohmímetro indicará uma resistência muito menor que

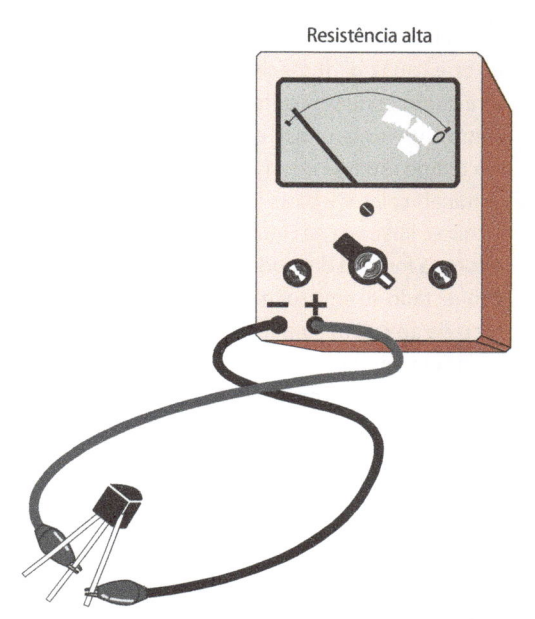

Figura 5-21 Identificação de uma junção polarizada reversamente.

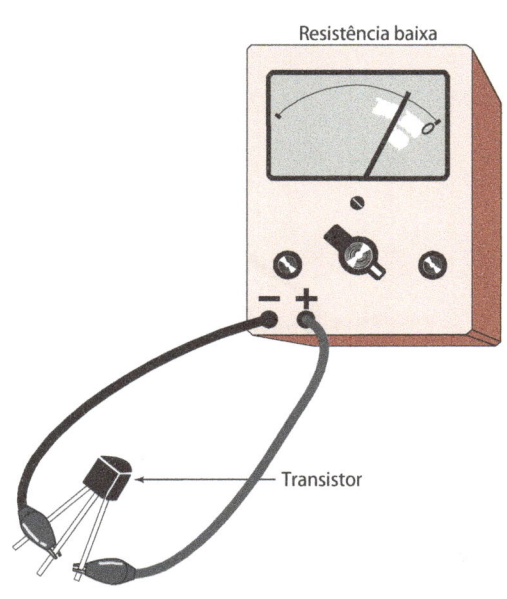

Figura 5-20 Identificação de uma junção polarizada diretamente.

100.000 Ω, de modo que isso prova que o transistor é capaz de fornecer ganho de corrente. Tal verificação pode ser realizada conectando o ohmímetro entre os terminais emissor e coletor, ao mesmo tempo em que o resistor é conectado entre os terminais coletor e base. Para um transistor NPN, a técnica é ilustrada na Figura 5-22. Se uma tentativa incorreta for feita de modo que o terminal positivo é conectado ao emissor e o terminal negativo é conectado ao coletor, uma resistência baixa não será verificada. Lembre-se de que o resistor deve ser conectado entre o terminal positivo e a base para testar o ganho de um transistor NPN. A combinação emissor-coletor que exibe o melhor ganho (menor resistência) consiste na conexão correta. Quando isso for verificado, os terminais do ohmímetro identificarão o coletor e o emissor, como mostra a Figura 5-22 para os transistores NPN. Você ainda identificará o ganho do transistor porque há uma resistência baixa, normalmente muito menor que 100.000 Ω.

Para **VERIFICAR O GANHO** de um transistor PNP, a conexão que fornece o menor valor de resistência é a mostrada na Figura 5-23. Lembre-se de que o resistor deve ser conectado entre o terminal negativo e a base quando se testa o ganho de um transistor PNP. A combinação que exibe o melhor ganho (menor resistência) está representada na Figura 5-23.

O processo completo é mais difícil de descrever do que de realizar. Após alguma prática, o procedimento torna-se rápido e simples. A única desvantagem dessa técnica reside no fato de não ser possível utilizá-la em transistores existentes no interior de circuitos. O resumo do procedimento passo a passo é mostrado a seguir:

1. Utilize a escala $R \times 100$ de um ohmímetro analógico (ou a escala $R \times 1$ para transistores de potência de germânio).
2. Encontre os dois terminais que possuem a maior resistência com ambas as polaridades aplicadas. O terminal restante é a base.

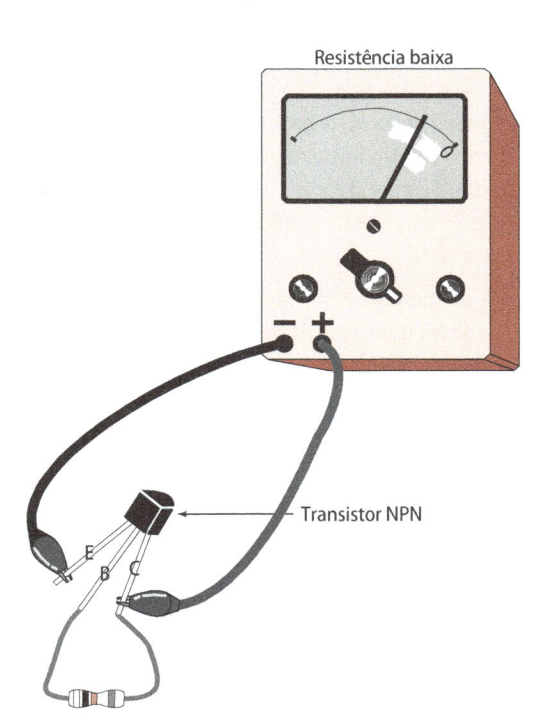

Figura 5-22 Verificação do ganho de um transistor NPN.

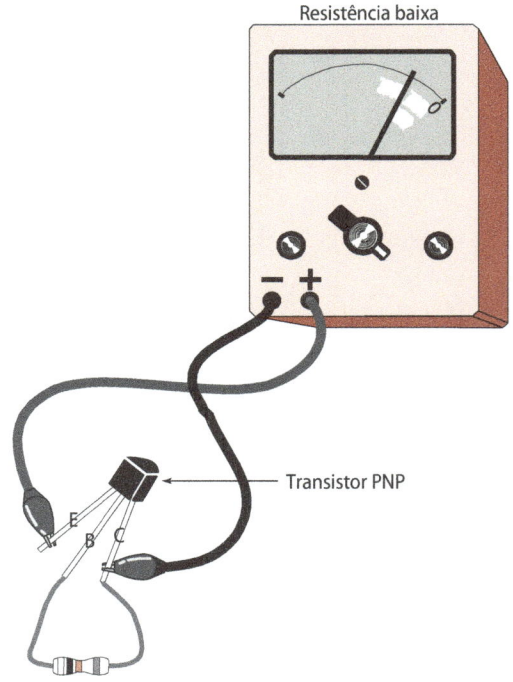

Figura 5-23 Verificação do ganho de um transistor PNP.

3. Com o terminal positivo conectado à base, uma resistência baixa deve ser encontrada conectando o terminal negativo a qualquer um dos pinos restantes do transistor caso o dispositivo seja do tipo NPN. Para um transistor PNP, o terminal negativo deve ser conectado à base para se obter uma resistência baixa.
4. Com o ohmímetro conectado entre emissor e coletor, conecte o resistor (100 kΩ ou 1 kΩ) entre o terminal positivo e a base de um componente NPN. Reverta a conexão entre emissor e coletor. A menor resistência é obtida quando o terminal positivo é conectado ao coletor.
5. Para verificar um transistor PNP, conecta-se o resistor entre o terminal negativo e a base. A combinação correta (menor resistência) é obtida quando o terminal negativo é conectado ao coletor.

O processo é mais facilmente recordado e se torna menos confuso quando se conhece seu funcionamento. A Figura 5-24 mostra o que ocorre quando se verifica o ganho de um transistor NPN. O terminal positivo do ohmímetro é aplicado diretamente ao coletor, que, por sua vez, é reversamente polarizado. O terminal negativo do ohmímetro é conectado à base através de um resistor de alto valor, polarizando a base diretamente. Entretanto, o elevado valor da resistência mantém a corrente de base muito baixa. Se o transistor possui ganho, a corrente emissor-coletor será muito maior. A corrente é fornecida pelo ohmímetro, o qual exibe uma baixa resistência em virtude da elevada corrente do emissor para o coletor.

Alguns ohmímetros podem possuir polaridade inversa, e alguns dispositivos possuem tensões de alimentação reduzidas para evitar a ativação de junções PN. Essas características do ohmímetro devem ser conhecidas.

Os transistores possuem uma **CORRENTE DE FUGA**, normalmente representada por I_{CBO}. O símbolo I indica a corrente, CB corresponde à junção

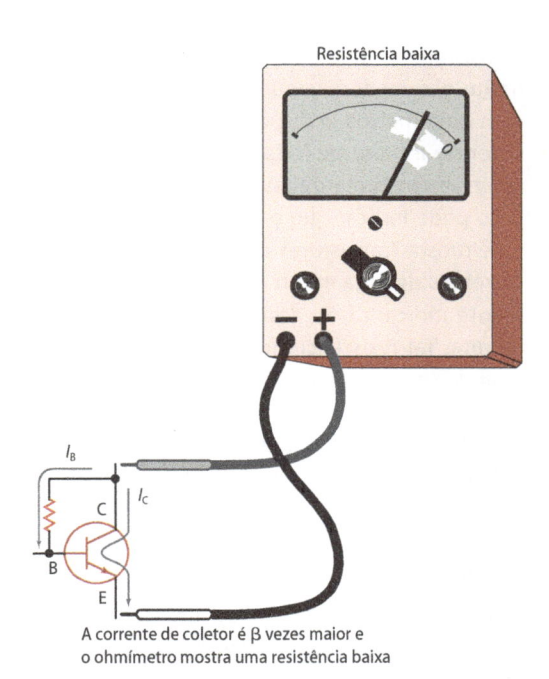

A corrente de coletor é β vezes maior e o ohmímetro mostra uma resistência baixa.

Figura 5-24 Como funciona o teste com o ohmímetro.

coletor-base e O indica que o emissor está aberto (do inglês, *open*). Essa é a corrente que circula na junção coletor-base sob condição de polarização reversa com o terminal emissor aberto. Outro tipo de corrente de fuga do transistor é o parâmetro I_{CEO}. O símbolo I indica a corrente, CE corresponde aos terminais coletor e emissor e O indica que a base está aberta (do inglês, *open*). A corrente I_{CEO} é a maior corrente de fuga, sendo uma forma amplificada de I_{CBO}:

$$I_{CEO} = \beta \times I_{CBO}$$

Com o terminal base aberto, qualquer corrente de fuga na junção coletor-base reversamente polarizada possuirá o mesmo efeito na junção base-emissor como uma corrente de base aplicada externamente. Com o terminal base aberto, não há outro local para onde a corrente de fuga possa fluir.

O transistor amplifica esta corrente de fuga do mesmo jeito que ele faz com a corrente de base:

$$I_C = \beta \times I_B$$

Transistores de silício possuem correntes de fuga muito pequenas. Quando são realizados testes com ohmímetros, o dispositivo exibirá uma resistência infinita quando as junções estiverem reversamente polarizadas. Qualquer outro resultado pode indicar que o transistor encontra-se defeituoso. Transistores de germânio possuem correntes de fuga muito maiores. Isso provavelmente indicará uma resistência alta, mas não infinita. Tal resistência torna-se mais evidente quando se realiza a verificação do emissor para o coletor. Isso ocorre porque I_{CEO} é uma forma amplificada de I_{CBO}. Alguns técnicos utilizam essa técnica para diferenciar transistores de silício e germânio. A técnica funciona, mas lembre-se que você pode ficar confuso caso o transistor esteja defeituoso.

Multímetros digitais tiveram o custo significativamente reduzido e assim se tornaram amplamente disponíveis. O teste de transistores com MDs produz resultados pouco diferentes daqueles obtidos com um medidor analógico. Como foi discutido no Capítulo 3, uma junção PN polarizada diretamente apresentará valores ligeiramente diferentes para a resistência quando escalas de medição diferentes do ohmímetro forem empregadas. O ohmímetro digital típico não utiliza uma corrente de teste tão alta no dispositivo quanto suas contrapartes analógicas. Assim, os valores medidos no teste de junções são muito maiores. Por exemplo, um ohmímetro analógico pode apresentar uma resistência direta de 20 Ω entre a junção emissor-base de um transistor. A mesma junção pode apresentar um valor de resistência superior a 200 kΩ quando um MD é empregado. De fato, não é incomum medir valores da ordem de diversos megaohms com medidores digitais.

De forma geral, os seguintes resultados são esperados quando MDs são utilizados no teste de transistores em perfeito estado:

1. A leitura será maior que 20 MΩ (estouro da escala) quando a junção estiver reversamente polarizada.
2. A leitura será maior que 20 MΩ quando o circuito coletor-emissor for testado, independentemente da polaridade.
3. Os valores lidos serão menores para transistores de potência. Uma junção diretamente polarizada em um transistor de pequenos sinais pode apresentar resistência da ordem de diversos megaohms. A junção de um transistor de potência pode possuir resistência de diversos quiloohms.
4. Os testes de ganho mostrados nas Figuras 5.22 e 5.23 não funcionarão com um MD.

Naturalmente, os resultados reais variam de um tipo de MD para outro. Alguns MDs possuem recurso de ajuste automático da escala. O uso desse recurso leva à obtenção de medições elevadas, porque o dispositivo ajustará a escala para o valor maior quando os terminais encontram-se abertos (desconectados). Então, quando uma junção é conectada ao medidor, a corrente de teste é muito pequena. Com esta corrente de polarização baixa, a resistência de junção é muito alta e o medidor permanece na escala maior.

A maioria dos MDs possui o recurso de teste de diodos, sendo que esta função também pode ser empregada no teste de transistores. Ambas as junções emissor-base e coletor-base podem ser testadas como diodos. Por outro lado, a conexão emissor-coletor não pode ser testada dessa forma. Os técnicos devem ler e analisar cuidadosamente o manual do usuário do equipamento para aprender as diversas funções que o dispositivo possui.

Não há como determinar o que existe no interior de um dispositivo de estado sólido simplesmente observando o encapsulamento. A Figura 5-25 mostra um **TRANSISTOR DARLINGTON** que possui encapsulamento TO-204 (anteriormente denominado TO-3). O transistor Darlington consiste em dois transistores conectados entre si de modo a fornecer elevado ganho de corrente. O componente MJ3000 é projetado para possuir h_{FE} mínimo de 1000, embora este parâmetro possua valor próximo a 4000. Note, na Figura 5-25, que o emissor

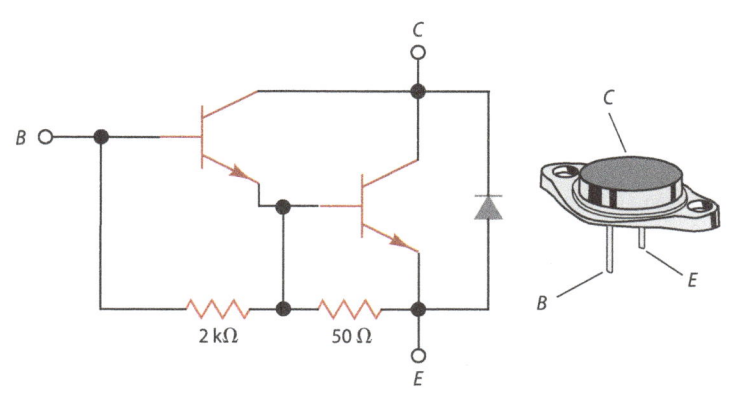

Figura 5-25 Transistor Darlington MJ3000.

do transistor no lado esquerdo controla a base do transistor do lado direito. O ganho de corrente do terminal *B* para o terminal *C* é igual ao produto dos ganhos de ambos os elementos. Se cada transistor possui ganho de 50, tem-se:

$$h_{FE(arranjo)} = h_{FE(1)} \times h_{FE(2)} = 50 \times 50 = 2500$$

O teste com ohmímetro realizado em um dispositivo semelhante àquele da Figura 5-25 pode ser equivocado. Se o ohmímetro não for capaz de polarizar as junções base-emissor em série, então uma resistência de aproximadamente 2 kΩ será medida em ambas as direções. Assim, não se tem a indicação de uma junção em perfeito estado. Além disso, note que os terminais coletor e emissor não seriam verificados normalmente por causa do diodo interno que foi adicionado. Os testes com ohmímetros são eficazes desde que se esteja ciente de suas limitações. A nomenclatura, os símbolos esquemáticos e os manuais de dados de componentes também são necessários.

Muitas informações podem ser obtidas a partir de testes utilizando ohmímetros. Infelizmente, o transistor frequentemente deve ser removido do circuito. Há dispositivos que testam transistores sem a necessidade de removê-los. O TESTE NO INTERIOR DE CIRCUITOS é normalmente realizado de diversas formas. Quando um transistor falha em um circuito, normalmente há mudanças na tensão em seus terminais, que podem ser identificadas com um voltímetro. Este procedimento é denominado ANÁLISE DA TENSÃO. Outro teste interno utiliza um osciloscópio para verificar os sinais de entrada e saída no transistor (traçado de sinais). Um transistor defeituoso pode exibir sinal na entrada, mas não na saída.

A verificação no interior dos circuitos pode ser realizada com a INJEÇÃO DE SINAIS. O técnico aplica um sinal obtido a partir de um gerador de sinais. Se um sinal circula pelo restante do circuito quando aplicado na saída, mas não na entrada de um amplificador, certamente há algum problema.

Em resumo, o teste de transistores no interior de circuitos pode ser realizado de quatro formas descritas a seguir, embora haja outras:

1. Utilizando um dispositivo de teste de transistores no interior de circuitos;
2. Utilizando um voltímetro (análise da tensão);
3. Utilizando um osciloscópio (traçado de sinais);
4. Utilizando um gerador de sinais (injeção de sinais).

Técnicos podem empregar qualquer um desses procedimentos. Uma dada técnica pode ser mais rápida que outra em uma situação específica.

Teste seus conhecimentos

Verdadeiro ou falso?

38. Junções de transistores podem ser testadas com ohmímetros.
39. Falhas na junção são a principal falha em transistores defeituosos.
40. Um transistor em perfeito estado deve possuir baixa resistência entre emissor e coletor, independentemente da polaridade do ohmímetro.
41. Não e possível localizar o terminal base de um transistor com um ohmímetro.
42. Suponha que o terminal positivo de um ohmímetro esteja conectado à base de um transistor em perfeito estado. Além disso, considere que uma resistência moderada é verificada quando se conecta qualquer um dos terminais restantes ao terminal negativo do ohmímetro. Assim, o transistor deve ser do tipo NPN.
43. É possível verificar o ganho de um transistor com o uso de um ohmímetro analógico.
44. O teste de transistores com um ohmímetro é limitado ao interior de circuitos.
45. Não é possível testar transistores que estejam soldados em um circuito.

» Outros tipos de transistores

Transistores de junção bipolar são sensíveis à luz e seus encapsulamentos são projetados de modo a eliminar esse efeito. **Fototransistores** são encapsulados de modo a permitir que a luz penetre no cristal. A energia luminosa criará pares do tipo elétron-lacuna na região de base e polarizará o transistor. Assim, fototransistores podem ser controlados através da luz em vez da corrente de base. Na verdade, alguns fototransistores são fabricados sem o terminal base, como mostra o símbolo esquemático na direita da Figura 5-26(*a*).

A Figura 5-26(*b*) mostra o circuito equivalente de um fototransistor. Pode-se considerar que o coletor é vários volts mais positivo em relação ao emissor. Quando a luz não penetra no encapsulamento, circula uma pequena corrente. Este parâmetro, denominado em muitas folhas de dados como corrente de escuro, é da ordem de 10 nanoampères (10 nA) na temperatura ambiente. Quando a luz incide no encapsulamento, a região de depleção do diodo é atingida gerando portadores. O diodo conduz e fornece corrente de base para o fototransistor. Como o transistor possui ganho de corrente, espera-se que a corrente do coletor seja muito maior que a corrente no diodo. Um transistor típico pode exibir corrente de coletor da ordem de 5 mA quando a intensidade luminosa corresponde a 3 mW por centímetro quadrado.

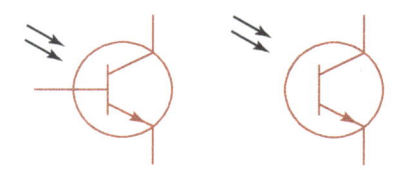

(*a*) Símbolos esquemáticos

(*b*) Circuito equivalente

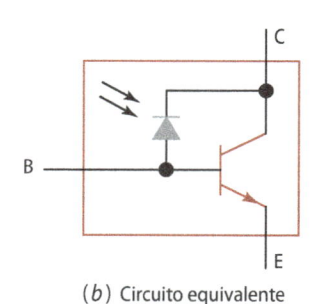

Figura 5-26 Fototransistores.

Uma aplicação do fototransistor é mostrada na Figura 5-27, sendo que o circuito fornece iluminação automática. Durante o dia, o transistor conduz e mantém os contatos normalmente abertos do relé fechados, assim, a luz permanece desligada. Ao cair da noite, a corrente de escuro do fototransistor torna-se muito pequena para manter o relé na

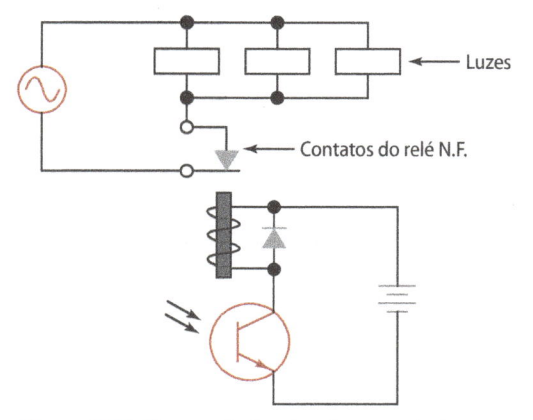

Figura 5-27 Sistema de iluminação controlado por fototransistor.

condição supracitada, de modo que os contatos se fecham e a luz é ligada.

Fototransistores podem ser usados em OPTOISOLADORES (também chamados de optoacopladores). A Figura 5-28 mostra o encapsulamento do fotoisolador 4N35, que armazena um diodo emissor de luz infravermelho à base de arsenieto de gálio e um fototransistor NPN de silício. O diodo e o transistor são acoplados oticamente. Ao polarizar o diodo diretamente, a luz infravermelha é produzida de modo a ativar o transistor. O componente 4N35 pode suportar uma diferença de tensão de 2,5 kV entre seus terminais de entrada (1 e 2) e de saída (4, 5 e 6) durante até um minuto. Esse alto valor de tensão fornece uma indicação de sua capacidade de isolar um circuito de outro.

Transistores bipolares de junção são utilizados na maioria dos circuitos. Entretanto, outro tipo de transistor também é muito popular, sendo classificado como unipolar. Um transistor unipolar (com uma polaridade) utiliza apenas um tipo de portador de corrente. O transistor de efeito de campo de junção (do inglês *junction field-effect transistor* – JFET) é um exemplo de transistor unipolar. A Figura 5-29 mostra a estrutura e o símbolo esquemático de um transistor JFET de canal N. Note que os terminais são denominados fonte, gatilho e dreno.

O JFET pode ser fabricado de duas formas. O canal pode ser constituído de material do tipo N ou tipo P. O símbolo esquemático da Figura 5-29 representa um dispositivo de canal N. O símbolo do transistor de canal N exibe a seta apontando para fora do círculo. Lembre-se de que, em um dispositivo de canal, N possui uma seta apontando para o interior do círculo.

Em um BJT, tanto lacunas como elétrons são utilizados para manter a condução da corrente. Em um **JFET DE CANAL N**, apenas os elétrons são utilizados. Por sua vez, apenas lacunas são empregadas em um **JFET DE CANAL P**.

O JFET opera em modo de depleção. Uma tensão de controle no terminal de gatilho pode esgotar (remover) os portadores no canal. Por exemplo, o transistor da Figura 5-29 conduzirá normalmente do terminal fonte para o terminal dreno. O canal N obtém elétrons livres suficientes para manter o fluxo de corrente. Se a tensão no gatilho se tornar negativa, os elétrons podem ser repelidos do canal, deixando-o com poucos portadores livres. Assim, a resistência do canal se tornará muito maior, de modo que as correntes da fonte e do dreno tendem a ser reduzidas. De fato, se a tensão de gatilho

Figura 5-28 Optoisolador 4N35.

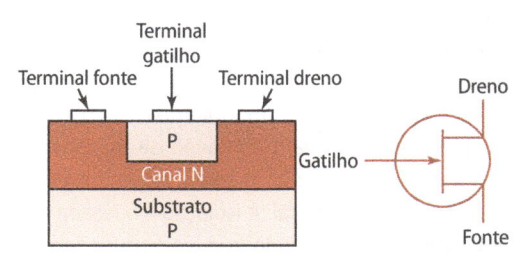

Figura 5-29 Transistor JFET de canal N.

for suficientemente negativa, o dispositivo pode ser desligado e não haverá fluxo de corrente.

Examine as curvas da Figura 5-30. Note que, à medida que a tensão entre o gatilho e a fonte ($-V_{GS}$) aumenta, a corrente de dreno I_D diminui. Compare esta operação com os transistores BJT:

- BJT permanece desligado (não há corrente de coletor) até que seja fornecida a corrente de base.
- JFET permanece ligado (a corrente de dreno circula) até que a tensão de gatilho se torne alta o suficiente para remover os portadores de corrente do canal.

Estas são diferenças importantes: (1) O dispositivo bipolar é controlado por corrente. (2) O dispositivo unipolar é controlado por tensão. (3) O transistor bipolar encontra-se normalmente desligado. (4) O JFET encontra-se normalmente ligado.

Existirá alguma corrente de gatilho no JFET? Observe a Figura 5-29. O gatilho é constituído de material do tipo P. Para controlar a condução do canal, o gatilho deve ser negativo, o que polariza o diodo do canal do gatilho reversamente. Assim, a corrente de gatilho deveria ser nula (pode haver uma corrente de fuga muito pequena).

Também existem JFETs de canal P, os quais empregam material do tipo P para o canal e material do tipo N para o gatilho. O gatilho deve se tornar positivo para repelir as lacunas no canal. Novamente, isso polariza o diodo do canal do gatilho reversamente, de modo que a corrente de gatilho se anula. Como as polaridades são opostas, JFETs de canal N e de canal P não são intercambiáveis.

Transistores de efeito de campo (do inglês *field-effect transistors* – FETs) não necessitam de qualquer corrente de gatilho para operar. Isso significa que a estrutura do gatilho pode ser completamente isolada do canal. Assim, qualquer corrente de fuga pequena resultante da ação de portadores minoritários pode ser bloqueada. O gatilho pode ser constituído de metal. A isolação é baseada em um óxido de silício, sendo que a estrutura é mostrada na Figura 5-31. O dispositivo é denominado

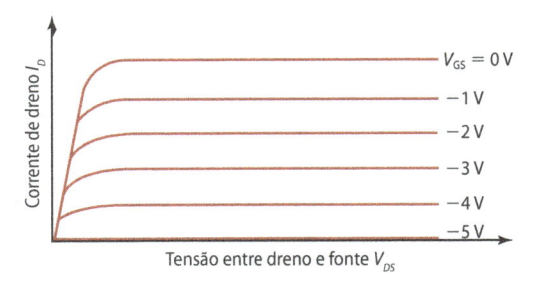

Figura 5-30 Curvas características de um transistor JFET.

transistor de efeito de campo metal-óxido-semicondutor (do inglês *Metal Oxide Semiconductor Field-Effect Transistor* – **MOSFET**). O MOSFET pode ser constituído de um canal P ou N. Novamente, a seta apontando para o interior do símbolo indica que o canal é constituído de material tipo N.

Os primeiros MOSFETs eram dispositivos muitos sensíveis. A fina camada isolante de óxido podia ser facilmente rompida por tensões excessivas, a eletricidade estática armazenada no corpo de técnicos podia facilmente romper a isolação do gatilho. Esses dispositivos deviam ser manuseados cuidadosamente. Os terminais eram mantidos curto-circuitados entre si até que o componente fosse soldado em uma placa. Algumas precauções deviam ser adotadas para a realização de medições

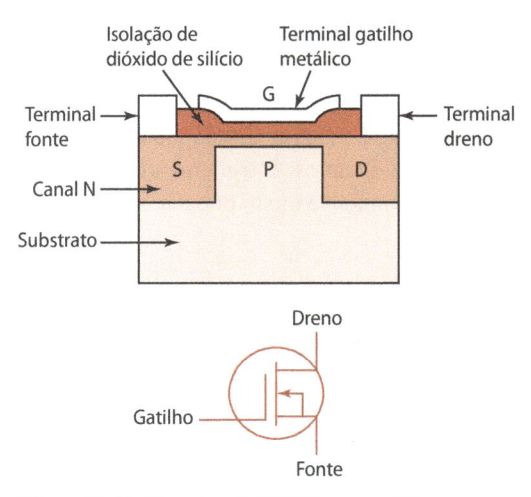

Figura 5-31 Transistor MOSFET de canal N.

em circuitos com MOSFETs. Atualmente, a maioria dos MOSFETs possui um diodo intrínseco para proteger o isolante do gatilho. Se a tensão de gatilho se tornar muito alta, o diodo será ativado e descarregará o potencial de forma segura. Entretanto, os fabricantes ainda incluem instruções sobre cuidados com o manuseio de MOSFETs.

A tensão de gatilho em um MOSFET pode possuir qualquer polaridade, uma vez que uma junção do tipo diodo não é empregada. Isso possibilita a existência de outro modo de operação, denominado MODO DE INTENSIFICAÇÃO. Um dispositivo operando em modo de intensificação normalmente não possui um canal condutor da fonte para o dreno, consistindo em um elemento normalmente inativo (desligado). A tensão de gatilho adequada atrairá os portadores para a região do gatilho para formar um canal condutor. O canal então é intensificado (com o auxílio da tensão de gatilho). A Figura 5-32 mostra os símbolos esquemáticos utilizados para representar MOSFETs de modo de intensificação. Note que a conexão entre dreno e fonte está rompida, o que implica que nem sempre o canal está presente.

A Figura 5-33 mostra a família de curvas de um dispositivo de modo de intensificação de canal N. À medida que a tensão de gatilho se torna mais positiva, mais elétrons são atraídos para a área do canal. Essa intensificação melhora a condução do canal, de modo que a corrente de dreno aumenta. Um JFET é incapaz de operar em modo de intensificação porque o diodo do gatilho seria polarizado diretamente e a corrente circularia no gatilho. Esta circulação de corrente é indesejável em qualquer tipo de FET. Transistores de efeito de campo são normalmente controlados por tensão.

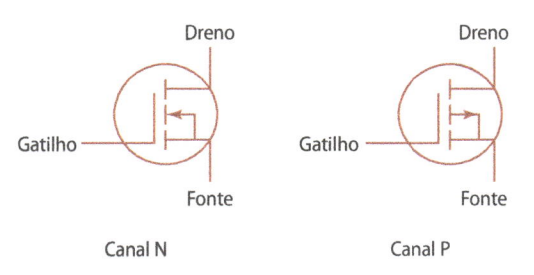

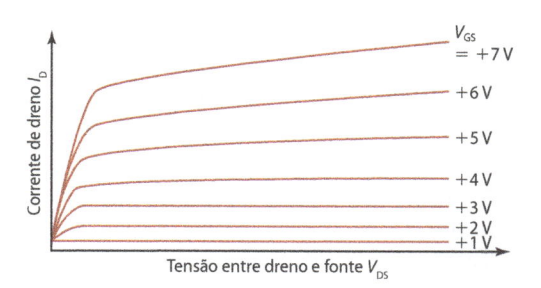

Figura 5-33 Curvas características de transistores de modo de intensificação.

Transistores de efeito de campo possuem algumas vantagens sobre transistores bipolares, tornando-os atrativos para determinadas aplicações. Como o terminal de gatilho não requer corrente, isso pode ser desejável quando um amplificador com elevada resistência de entrada é necessário. Isso é fácil de entender por meio da lei de Ohm:

$$R = \frac{V}{I}$$

Considere V um sinal de tensão fornecido a um amplificador e I a corrente recebida pelo amplificador. Nesta equação, ao passo que I diminui, R aumenta. Isso significa que um amplificador que recebe uma corrente muito pequena de uma fonte de sinal tem uma elevada resistência de entrada.

Transistores bipolares são controlados por corrente. Um amplificador com BJTs requer uma quantidade de corrente muito maior a partir da fonte do sinal. À medida que I aumenta, R diminui. Amplificadores à base de BJTs possuem resistência de entrada muito menor que amplificadores com FETs.

Outro tipo de transistor de efeito de campo possui vantagens sobre os transistores bipolares em se tratando de aplicações de altas potências. Este dispositivo é o semicondutor óxido metálico vertical, sendo normalmente chamado de transistor VMOS (do inglês *Vertical Metal Oxide Semiconductor* – SEMICONDUTOR ÓXIDO METÁLICO VERTICAL) ou VFET. Transistores VMOS são semelhantes aos MOSFETs

Figura 5-32 MOSFETs de modo de intensificação.

no modo de intensificação. Na verdade, estes componentes são representados pelos mesmos símbolos esquemáticos mostrados na Figura 5-32. A diferença é que o fluxo de corrente é vertical, e não lateral. Observe a Figura 5-31. O terminal fonte encontra-se à esquerda, enquanto o terminal dreno está à direita. Assim, a corrente flui lateralmente da esquerda para a direita.

Agora, observe a Figura 5-34. A corrente no transistor VMOS flui verticalmente dos contatos metálicos da fonte na direção inferior ao contato de dreno localizado na base da estrutura. A colocação do dreno na base da estrutura permite que haja um canal largo e curto para o fluxo de altas correntes. A estrutura vertical é uma vantagem para aplicações em altas potências.

Os transistores bipolares encontram-se disponíveis em modelos maiores para altas potências que podem conduzir correntes elevadas, sendo conhecidos por TRANSISTORES BIPOLARES DE POTÊNCIA. Por outro lado, estes dispositivos apresentam várias limitações. Primeiro, os transistores são acionados por corrente. As correntes de base utilizadas no controle dos dispositivos aumentam proporcionalmente com o nível de potência. Segundo, há o ARMAZENAMENTO DE PORTADORES MINORITÁRIOS, o que limita a velocidade de operação. Por exemplo, quando um transistor NPN conduz corrente alta, muitos elétrons se moverão pela região de base tipo P. Esses elétrons representam portadores minoritários no material tipo P. Quando a polarização direta é removida da junção base-emissor, o transistor não será desligado enquanto os portadores minoritários não forem removidos do cristal, sendo que este processo leva algum tempo e limita a velocidade de chaveamento dos dispositivos. Terceiro, há uma tendência em conduzir uma corrente maior quando os transistores se aquecem. Esse aumento da corrente aumenta a temperatura de operação e, dessa forma, os dispositivos passam a conduzir uma corrente ainda maior. Tal efeito indesejável é denominado avalanche térmica e pode continuar até que o transistor seja danificado ou destruído. Isso ocorre quando há pontos de aquecimento no interior do cristal devido à concentração da corrente. Essa concentração é causada pelos campos elétricos criados pelo fluxo de corrente. Em altas correntes, os campos tornam-se intensos o suficiente de modo que o fluxo é confinado a uma área reduzida, provocando sobreaquecimento e falha do transistor.

Transistores de efeito de campo vertical não possuem as limitações associadas à potência exibidas por transistores bipolares, sendo perfeitamente adequados para determinadas aplicações de altas potências. Entretanto, deve-se ressaltar que transistores bipolares de potências ainda são ampla-

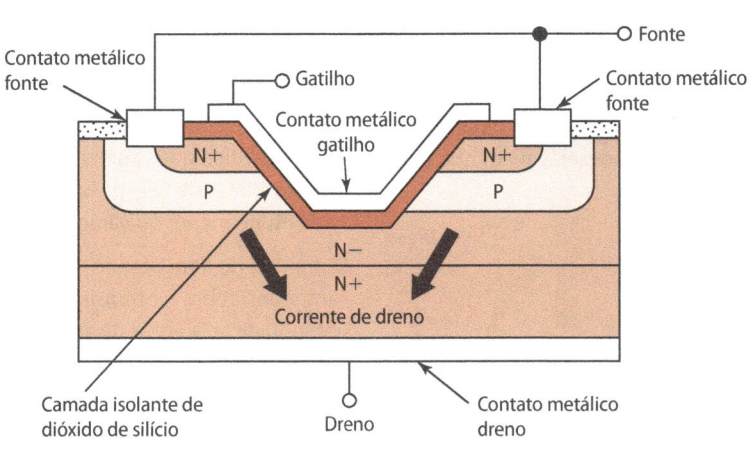

Figura 5-34 Estrutura VMOS.

mente utilizados, pois possuem custo reduzido e há formas de superar algumas de suas limitações.

A estrutura VFET mostrada na Figura 5-34 opera em modo de intensificação. Uma tensão de gatilho positiva estabelecerá um campo elétrico capaz de atrair elétrons para as regiões tipo em cada lado do canal de gatilho em forma de V. Esse canal intensificado suportará o fluxo da corrente de elétrons a partir dos contatos da fonte para o contato do dreno. As áreas N− e N+ são indicadas de forma a exibir o nível de dopagem. Regiões levemente dopadas (menos de 10^{15} átomos de impureza por centímetro cúbico) são marcadas como um sinal negativo. Regiões altamente dopadas (mais de 10^{19} átomos de impureza por centímetro cúbico) são marcadas com um sinal positivo.

A Figura 5-35 mostra as curvas características de um transistor VMOS típico, sendo estas semelhantes àquelas representadas na Figura 5-33 para o MOSFET de modo de intensificação. Entretanto, deve-se destacar a alta capacidade de corrente. Observe que o dispositivo VMOS é capaz de conduzir correntes de dreno da ordem de ampères, enquanto no MOSFET essa capacidade resume-se a apenas miliampères.

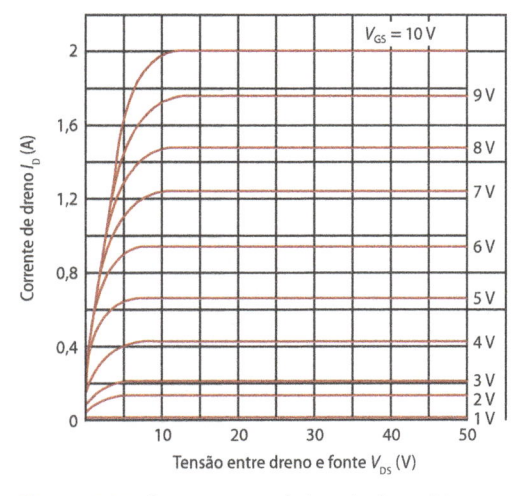

Figura 5-35 Curvas características de dispositivos VMOS.

Note também que as curvas VMOS possuem menor inclinação, com regiões mais planas, e também que as curvas para correntes acima de 200 mA são uniformemente espaçadas entre si. A parte plana indica que a tensão entre dreno e fonte possui pouca influência na corrente de dreno. O espaçamento indica que uma dada mudança na tensão de gatilho produz praticamente a mesma mudança na corrente de dreno ao longo da maior parte da área de operação. As duas características supracitadas são desejáveis em muitas aplicações de transistores.

A Figura 5-36 mostra a estrutura de outro transistor de efeito de campo de potência. Este também é um tipo de transistor de efeito de campo vertical que utiliza um projeto MOS com difusão dupla denominado DMOS (do inglês *double-diffused metal-oxide semiconductor* – semicondutor óxido metálico duplamente difundido). A polaridade dos cristais semicondutores pode ser invertida para formar as estruturas da fonte N+ nos poços tipo P mostrados na Figura 5-36. Este transistor DMOS também é um dispositivo de modo de intensificação de canal N. Uma tensão de gatilho positiva atrairá os elétrons para os poços tipo P, intensificando sua capacidade de atuar como canais N e suportar o fluxo de corrente do terminal fonte para o dreno. Note novamente que o fluxo de corrente é vertical. Diversos fabricantes empregam variações da estrutura de seus respectivos transistores de efeito de campo de potência. Além disso, podem utilizar uma nomenclatura específica para os dispositivos produzidos.

A Figura 5-37 mostra um VFET à base de arsenieto de gálio (GaAs), que possui uma resistência de condução da ordem de um oitavo do valor exibido por um dispositivo DMS equivalente. Isso o torna mais eficiente para aplicações de chaveamento de alta potência, porque a potência dissipada em um interruptor ou chave é proporcional a sua resistência de condução:

$$P_{chave} = R_{chave(on)} I^2$$

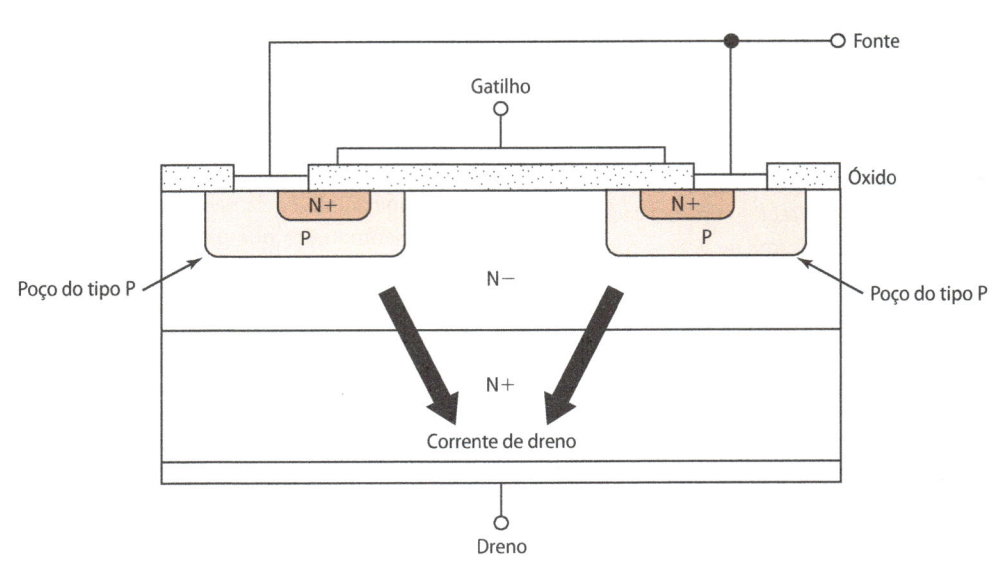

Figura 5-36 Estrutura DMOS.

> **EXEMPLO 5-11**
>
> Qual é a condição do transistor representado na Figura 5-35 quando $V_{GS} = 0$ V? As curvas mostram que a corrente de dreno é nula. O transistor encontra-se desligado.

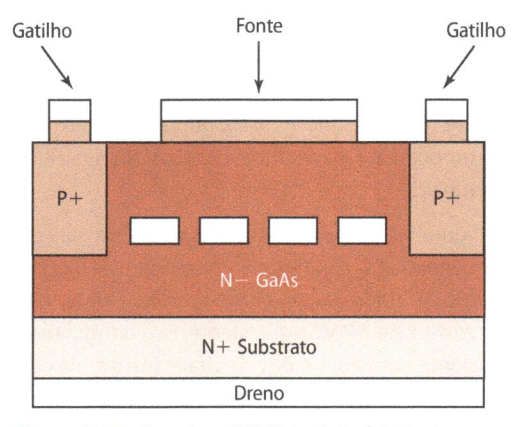

Figura 5-37 Transistor VFET de GaAs fabricado por Texas Instruments.

Quando a resistência de condução de uma chave é muito pequena, o dispositivo é eficiente. De fato, se a resistência $R_{chave(on)}$ é aproximadamente 0 Ω, a dissipação de potência é próxima de 0 W, o que é verdade mesmo em altas correntes. Além disso, em virtude da alta mobilidade de elétrons no composto GaAs, o dispositivo VFET é extremamente rápido, com velocidades de chaveamento aproximando-se da ordem de 10 nanossegundos (ns).

Transistores bipolares de gatilho isolados (do inglês *insulated gate bipolar transistors* – IGBTs) permitem que a região de operação dos transistores alcance a ordem de quilowatts. Estes dispositivos são semelhantes ao transistor VMOS da Figura 5-34 em termos de estrutura. A principal diferença reside no fato de que há um substrato tipo P incluído na parte de baixo da estrutura. Essa camada P atua no sentido de reduzir a resistência de condução do dispositivo por meio de um processo denominado **INJEÇÃO DE LACUNAS**. Lacunas provenientes camada P movem-se na região N quando o dispositivo está conduzindo. As lacunas inseridas aumentam consideravelmente a condutividade do canal N (quanto maior a quantidade de portadores de corrente, melhor a condução). A injeção de lacunas permite a obtenção de densidades de corrente muito altas nos IGBTs. A densidade de corrente é medida em ampères por milímetro quadrado (A/mm^2). Uma alta densidade de corrente significa que um dispositivo de dado tamanho é capaz de suportar um fluxo de corrente maior. Altas densidades de corrente são importantes em transistores de potência.

A Figura 5-38(a) mostra os símbolos esquemáticos utilizados para representar IGBTs, enquanto as curvas de saturação são apresentadas na Figura 5-38(b). Essas curvas são utilizadas para prever como um dispositivo se comporta quando está em condução (saturado). Observe que o eixo horizontal se estende até 800 ampères e que o ponto de operação selecionado no círculo azul representa uma resistência entre coletor e emissor de apenas 8,33 mΩ.

$$R_{CE} = \frac{V_{CE}}{I_C} = \frac{2\,V}{240\,A} = 8,33\text{ m}\Omega$$

Com uma resistência de condução tão reduzida, os IGBTs atuam de forma adequada em circuitos de chaveamento, os quais serão abordados na próxima seção deste capítulo. A Tabela 5-2 mostra uma comparação entre os principais tipos de transistores.

O último tipo de transistor que será abordado é o **TRANSISTOR DE UNIJUNÇÃO** (do inglês *Unijunction Transistor* – UJT), o qual não é utilizado como amplificador, mas em aplicações de temporização e controle. A estrutura deste elemento é apresentada na Figura 5-39(a). O dispositivo possui uma estrutura de silício cristalino do tipo N com uma fina zona do tipo P próxima ao centro. Isso cria apenas uma junção PN no transistor, justificando o termo "uni" utilizado para representá-lo.

A curva característica do UJT é mostrada na Figura 5-39(b), a qual possui um aspecto diferencial denominado região de **RESISTÊNCIA NEGATIVA**. Quando um dispositivo apresenta uma queda de tensão que decresce à medida que a corrente aumenta, diz-se que o elemento apresenta característica de resistência negativa. De acordo com a lei de Ohm, $V = R \times I$. Assim, à medida que a corrente aumenta, espera-se que o mesmo ocorra com a queda de tensão. Se o oposto é verificado, o valor da resistência sofre alteração. É fácil explicar isso utilizando alguns números: suponha que a corrente em um dado dispositivo é 1 A e que sua respectiva resistência seja de 10 Ω. A queda de tensão será:

$$V = R \times I = 10\,\Omega \times 1\,A = 10\,V$$

(a) Símbolos esquemáticos

(b) Curvas de saturação

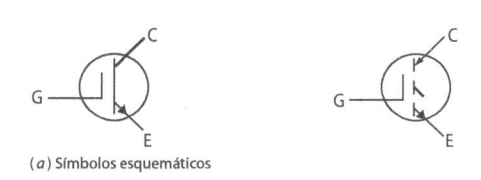

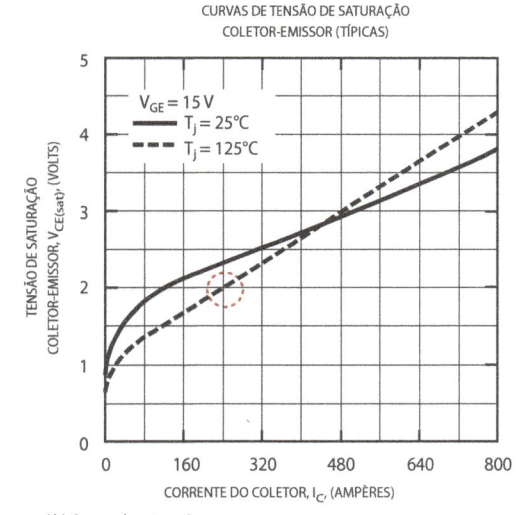

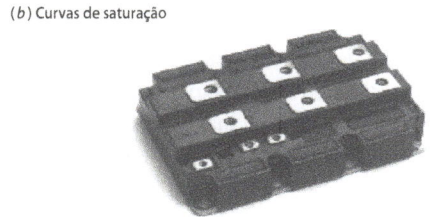

(c) Módulo de IGBTs Powerex

Figura 5-38 Transistor bipolar de gatilho isolado.

Tabela 5-2 *Comparação entre diversos tipos de transistores de potência*

	MOSFETs	IGBTs	BJTs	Darlingtons
Tipo de acionamento	Tensão	Tensão	Corrente	Corrente
Potência do circuito de acionamento	Mínima	Mínima	Elevada	Média
Complexidade do circuito de acionamento	Simples	Simples	Alta	Média
Densidade de corrente	De baixa a alta	Muito alta	Média	Baixa
Perdas por chaveamento	Muito pequenas	De pequenas a médias	De médias a altas	Elevadas

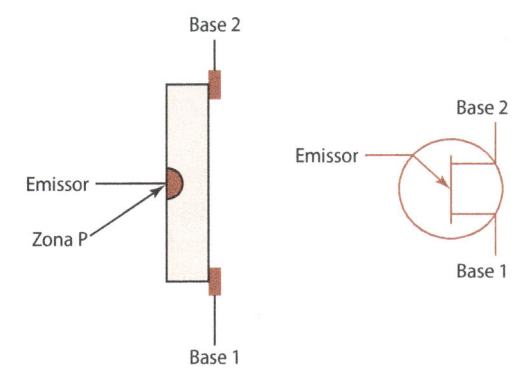

(a) Estrutura e símbolo do UJT

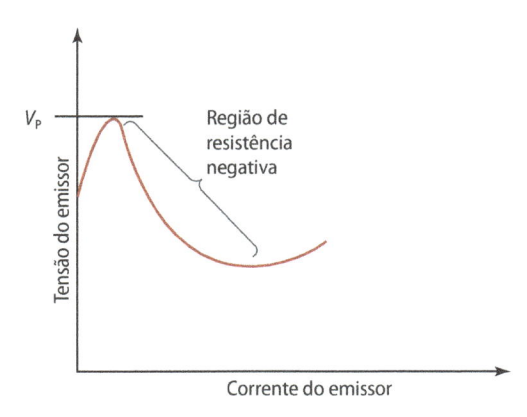

(b) Curva característica do UJT

Figura 5-39 Transistor de unijunção.

Agora, se a corrente aumenta para 2 A, espera-se que a queda de tensão aumente:

$$V = R \times I = 10\,\Omega \times 2\,A = 20\,V$$

Por outro lado, se a resistência é reduzida para 2 Ω, tem-se:

$$V = R \times I = 2\,\Omega \times 2\,A = 4\,V$$

Fisicamente falando, o efeito da resistência negativa não existe. Trata-se simplesmente de uma propriedade aplicada a uma família de dispositivos que exibe uma redução súbita na resistência em um dado ponto da respectiva curva característica.

O UJT é um membro da família de dispositivos com resistência negativa. Quando a tensão de emissor atinge um dado ponto (V_p), na curva da Figura 5-39, o diodo do emissor é polarizado diretamente. Assim, lacunas passam da zona tipo P para o silício tipo N, sendo injetadas na região entre a conexão do emissor e da base 1 do transistor. As lacunas injetadas aumentam consideravelmente a condutividade dessa parte do material tipo N. Maior condutividade significa uma resistência menor. Essa redução súbita da resistência ocorre com um acréscimo da corrente, o que pode ser utilizado para disparar ou acionar outros dispositivos. O ponto de disparo V_p varia entre os dispositivos. Um dispositivo mais recente denominado transistor de unijunção programável (do inglês *programmable unijunction transistor* – PUT) não apresenta este problema.

Teste seus conhecimentos

Verdadeiro ou falso?

46. O símbolo esquemático de um fototransistor pode ou não apresentar o terminal base.
47. Observe a Figura 5-27. A corrente na bobina do relé aumentará proporcionalmente com a luz incidente na base.
48. Observe a Figura 5-28. A aplicação da polarização direta entre os pinos 1 e 2 permite que a corrente circule do pino 4 para o pino 5.
49. Transistores de junção bipolar são dispositivos com duas polaridades.
50. O JFET é um dispositivo unipolar.
51. Um transistor de modo de depleção utiliza tensão de gatilho para aumentar o número de portadores no canal.
52. Transistores bipolares são amplificadores de corrente, enquanto transistores unipolares são amplificadores de tensão.
53. É possível desligar um JFET de canal N com uma tensão de gatilho negativa.
54. Em circuitos como JFETs de canal P, o diodo do gatilho normalmente é polarizado diretamente.
55. Um MOSFET deve ser manuseado cuidadosamente para evitar a ruptura do isolador do gatilho.
56. É possível operar um MOSFET em modo de intensificação.
57. O modo de intensificação significa que os portadores são removidos do canal pela tensão de gatilho.
58. A utilização de FETs permite a obtenção de amplificadores com melhor resistência de entrada do que no caso da utilização de transistores bipolares.
59. Transistores de efeito de campo de potência são normalmente chamados de VMOS ou VFETs.
60. Transistores à base de óxido semicondutor metálico vertical operam em modo de depleção.
61. Transistores à base de óxido semicondutor metálico vertical utilizam o mesmo símbolo esquemático dos JFETs.
62. O UJT é um dispositivo com resistência negativa.
63. UJTs podem ser empregados para obter amplificadores eficientes.

» *Transistores empregados como chaves*

O termo "chave de estado sólido" refere-se a uma chave ou interruptor que não possui partes móveis. Todos os tipos de transistores mostrados na Tabela 5-2 podem ser empregados como chaves. Esses dispositivos se prestam a esta função porque podem ser ativados como uma corrente de base ou tensão de gatilho de modo a produzir um caminho com baixa resistência (quando a chave está ligada). Além disso, podem ser desligadas removendo-se a corrente de base ou tensão de gatilho de maneira a produzir uma resistência elevada (quando a chave está desligada). São amplamente utilizados porque possuem tamanhos reduzidos, sendo também silenciosos, de baixo custo, confiáveis, capazes de operar em alta velocidade, fáceis de controlar e relativamente eficientes.

A Figura 5-40 mostra uma aplicação típica, que corresponde a um condicionador de baterias controlado por computador. O dispositivo é utilizado para determinar as condições de baterias recarregáveis, sendo capaz de conduzir o processo de carga e descarga enquanto monitora a tensão e a temperatura das baterias. Carregadores de baterias recarregáveis modernos normalmente possuem alto custo. Muitos dispositivos utilizam métodos específicos de carga para maximizar a vida útil das baterias.

O transistor Q_2 é ligado na Figura 5-40 quando o computador envia um sinal para o bloco de controle de carga/descarga de modo a polarizar a junção base-emissor diretamente. Um circuito típico normalmente utiliza tensão de +5 V aplicada a um resistor de 1 kΩ na base. Em aplicações de chaveamento, um transistor encontra-se desligado ou é ligado em condições de saturação forte. Em outras palavras, espera-se uma pequena queda de tensão

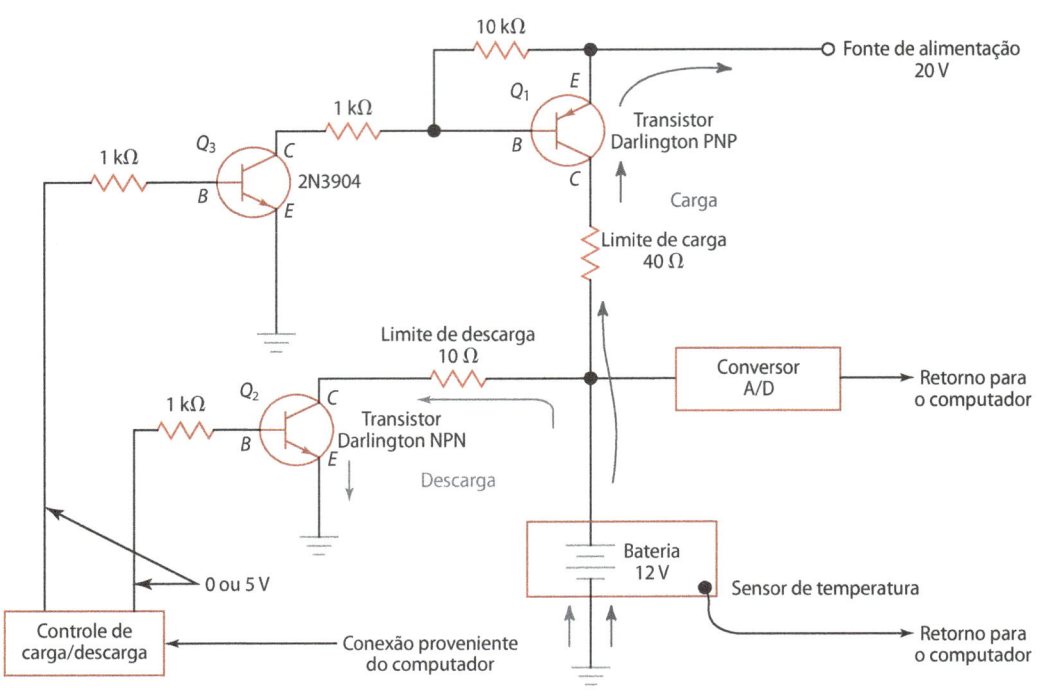

Figura 5-40 Condicionador de baterias controlado por computador.

entre coletor e emissor quando o dispositivo está em condução. Quando o transistor é ativado sob saturação forte, diz-se que este elemento se encontra saturado. Assim, quando Q_2 está ligado na Figura 5-40, apenas o resistor de 10 Ω limita o fluxo de corrente. Pode-se empregar a lei de Ohm para determinar a corrente de descarga:

$$I_{descarga} = \frac{12\,V}{10\,\Omega} = 1,2\,A$$

Estimemos a corrente na base de Q_2, considerando que o transistor Darlington NPN possui ganho de corrente de 1000:

$$I_B = \frac{I_C}{\beta} = \frac{1,2\,A}{1000} = 1,2\,mA$$

Considerando que o circuito de controle de carga/descarga possui tensão de 5 V, pode-se calcular o resistor a ser inserido na base de Q_2:

$$R_B = \frac{5\,V}{1,2\,mA} = 4,2\,k\Omega$$

Utilizando este valor de resistência na base, tem-se a saturação fraca. Circuitos de chaveamento empregam a saturação forte. Um resistor de base de 1 kΩ garante que um transistor operará em modo de saturação mesmo que um dispositivo com ganho menor seja empregado. Um resistor de base de 4,7 kΩ produziria a saturação fraca e, neste caso, um transistor com ganho reduzido não seria capaz de atingir a saturação. A saturação fraca não é utilizada em circuitos de chaveamento de potência porque a tensão e a corrente na carga poderiam assumir valores menores que aqueles normalmente esperados e o transistor sofreria superaquecimento. Quando um transistor de chaveamento é ligado, mas não se encontra saturado, há uma queda de tensão considerável em seus terminais, de modo que há alta dissipação de potência. Lembre-se de que:

$$P_C = V_{CE} \times I_C$$

A tensão V_{CE} é muito pequena em um transistor saturado, mantendo uma dissipação de potência reduzida no coletor, de modo que o rendimento do circuito é alto mesmo quando a corrente no coletor é considerável. *Dica para a busca de falhas:* falhas em transistores de chaveamento podem ocorrer em virtude de níveis insuficientes de corrente ou tensão de acionamento.

Quando Q_2 está ligado na Figura 5-40, Q_1 deve estar desligado porque não é possível carregar e descarregar a bateria simultaneamente. O computador inverterá as condições de funcionamento quando chegar o momento de carregar a bateria. Para a carga, Q_1 deve estar ligado de modo que a fonte de 20 V seja efetivamente conectada à bateria por meio do resistor de 40 Ω. O transistor Q_1 será ligado sob saturação forte, de modo que novamente a corrente pode ser calculada considerando o dispositivo como uma chave fechada. Entretanto, dessa vez, a tensão da bateria deve ser subtraída da tensão da fonte:

$$I_{carga} = \frac{20\,V - 12\,V}{40\,\Omega} = 200\,mA$$

Através do circuito de controle de carga/descarga, o computador liga Q_3 quando chega o momento de carregar a bateria. Quando Q_3 é ativado, a corrente de base circula através do resistor de 1 kΩ para o transistor Darlington PNP, ativando-o. Como foi discutido anteriormente, ambos os transistores Q_3 e PNP agora se encontram sob saturação forte. Quando Q_3 está desligado, não há caminho para a corrente de base, de modo que o transistor PNP encontra-se desativado e a corrente de carga da bateria não circula no circuito. *Dica para a busca de falhas:* na Figura 5-40, as saídas do circuito de controle de carga/descarga devem ser 5 V ou 0 V, mas não podem ser ambas iguais a 5 V simultaneamente.

A Figura 5-41 mostra outra aplicação de transistores como chaves. Motores de passos podem ser empregados em aplicações onde o controle preciso da velocidade e da posição são necessários. Essas aplicações incluem leitores de discos em computadores, tornos controlados numericamente (automatizados) e fresadoras, bem como linhas automatizadas de montagem sobre superfície. O eixo de um motor de passo move-se em incrementos definidos como 1, 2 ou 5 graus por passo. Se o motor apresenta passo de 1°, então os pulsos defasados de 180° deslocarão o eixo exatamente em metade de uma volta. De acordo com a Figura 5-41(*b*), quatro grupos de pulsos são necessários para este motor em particular.

Um computador ou microprocessador envia formas de onda temporizadas precisamente aos transistores de chaveamento para controlar os quatro terminais do motor: *W, X, Y* e *Z* na Figura 5-41(*a*). As formas de onda de controle são mostradas como as fases *A, B, C* e *D* na Figura 5-41(*b*). Note que estas são formas de onda retangulares, o que é típico em aplicações de transistores como chaves. Assim, os dispositivos encontram-se ligados ou desligados (nível alto ou baixo). A Figura 5-41(*d*) mostra que MOSFETs de potência também podem ser empregados para controlar motores de passo.

Motores são cargas indutivas, as quais por sua vez geram uma força contra-eletromotriz (FCEM) elevada quando são desligadas. Note a existência de diodos de proteção na Figura 5-41(*a*), os quais podem ser incluídos ou estar contidos no corpo dos transistores, como foi mostrado na Figura 5-25. Quando um transistor é desligado, a FCEM aplicada no bobina do motor acionará o diodo. Sem este diodo, o coletor do transistor seria rompido pela alta tensão, consequentemente danificando o dispositivo. A Figura 5-41(*d*) mostra que MOSFETs de potência possuem um diodo de corpo intrínseco em sua estrutura. Esse diodo é útil quando se trata da FCEM gerada por cargas indutivas.

Motores de passo possuem custo elevado e não se encontram disponíveis para potências maiores. Motores de indução com velocidade variável consistem em uma escolha mais adequada e também podem ser controlados por dispositivos de estado sólido. Esses motores são semelhantes aos dispositivos convencionalmente encontrados em aplicações residenciais, sendo bons quando se deseja o controle eficiente da velocidade, especialmente em altas potências. Um veículo elétrico pode utilizar dispositivos de estado sólido para o controle da velocidade de deslocamento.

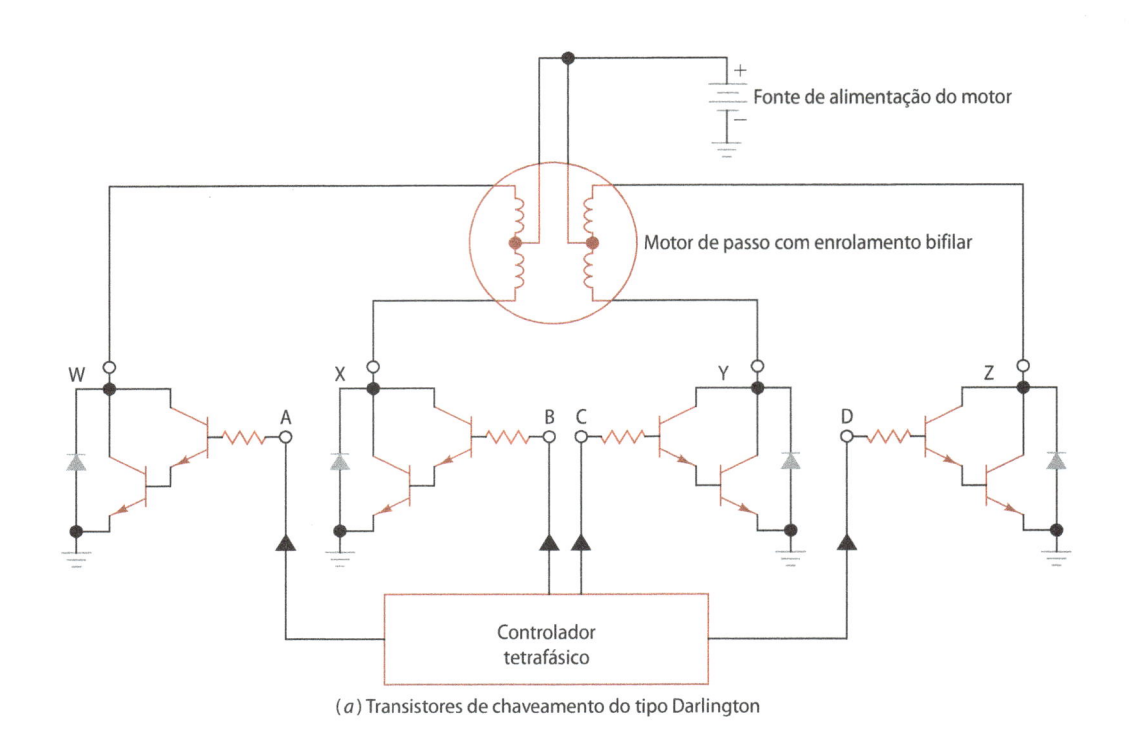

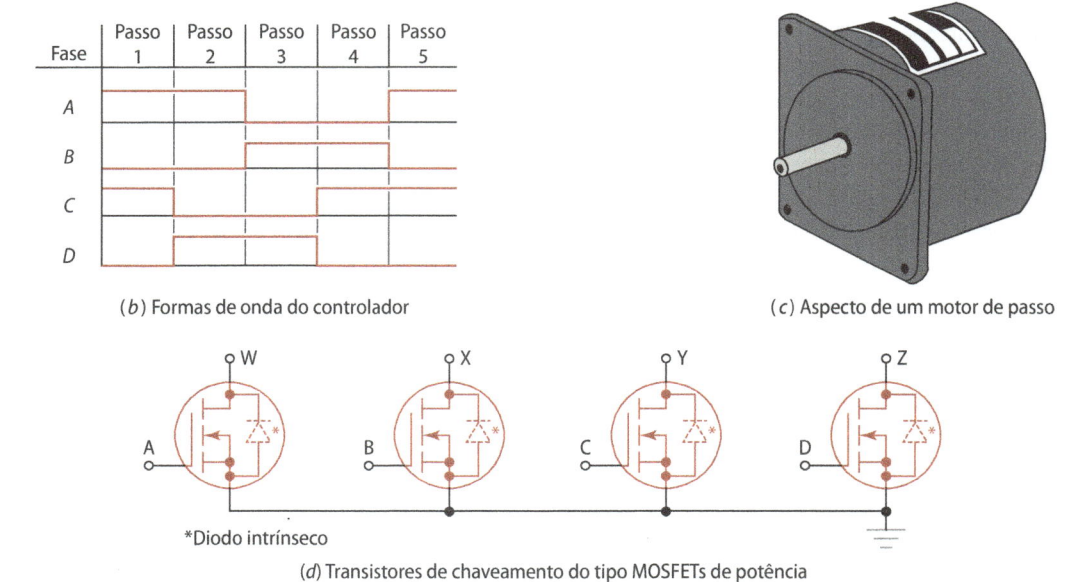

(a) Transistores de chaveamento do tipo Darlington

(b) Formas de onda do controlador

(c) Aspecto de um motor de passo

*Diodo intrínseco

(d) Transistores de chaveamento do tipo MOSFETs de potência

Figura 5-41 Controle de motores de passo.

A Figura 5-42 mostra o controle de um motor CC. O circuito realiza o controle liga-desliga aplicando-se um sinal de acionamento de 5 V a Q_3 para ligar o motor, sendo que um sinal de controle de 0 V desliga o motor. Além disso, a modulação por largura de pulso (do inglês *pulse width modulation* – PWM) pode ser utilizada para controlar a velocidade do motor ao longo de uma ampla faixa. A modulação PWM é abordada no Capítulo 8. Por enquanto, vamos analisar o controle liga-desliga.

Com um sinal de +5 V, o transistor Q_3 estará em saturação forte. Isso permite que Q_2 também seja acionado com saturação forte, de modo que a corrente de base passa a circular em R_3. Quando Q_2 está saturado, os resistores R_4 e R_6 passam a dividir a tensão de 24 V de modo que se tem 16,3 V aplicados ao gatilho de Q_1, que entra em modo de saturação forte ligando o motor. Quando há um sinal de 0 V, Q_3, Q_2 e Q_1 encontram-se desligados e o motor para (a tensão de gatilho agora é nula). *Dica para a busca de falhas*: técnicos normalmente medem a tensão no gatilho de Q_1 com o uso de um voltímetro ou, no caso de um controlador PWM, utilizando um osciloscópio.

Circuitos semelhantes ao da Figura 5-42 são amplamente utilizados, pois FETs de potência apresentam baixo custo, podem possuir resistência de condução muito baixa e operam de forma eficiente. (tornando-os interessantes para aplicações em controle PWM).

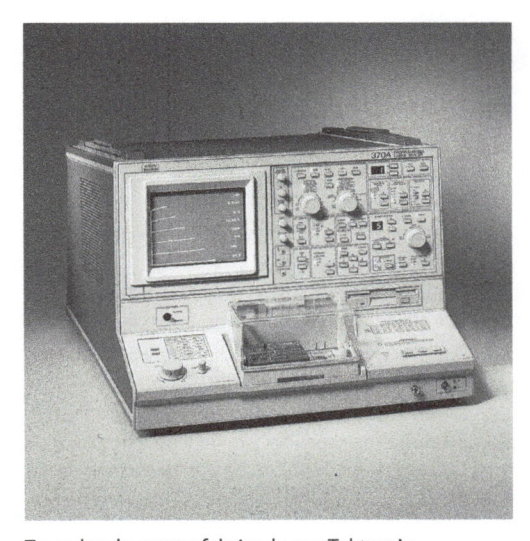

Traçador de curvas fabricado por Tektronix.

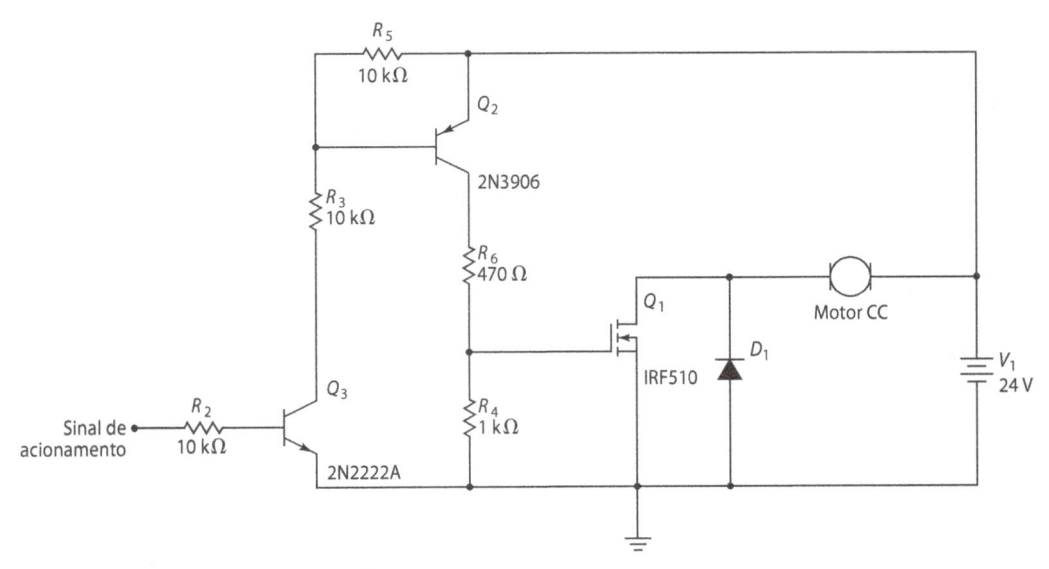

Figura 5-42 Controle de um motor CC.

Neste momento, você descobriu que esta seção do capítulo dedica-se a aplicações digitais dos transistores. Quando são empregados como chaves, os transistores estão ligados ou desligados, mudando rapidamente de um estado para outro. O próximo capítulo trata de aplicações analógicas, onde o transistor deverá ser modelado como uma resistência variável, e não uma chave.

Teste seus conhecimentos

Responda às seguintes perguntas com uma frase ou palavra curta.

64. A chave ideal possui resistência infinita. O que se pode dizer sobre sua resistência de condução?
65. Uma chave ideal não dissipa potência quando está em condução. Por quê?
66. Uma chave ideal não dissipa potência quando está bloqueada. Por quê?
67. O que ocorre com a bateria na Figura 5-40 quando Q_3 é ativado pelo computador?
68. O que ocorre com a bateria na Figura 5-40 quando Q_2 é ativado pelo computador?
69. O que ocorre com a bateria na Figura 5-40 quando ambas as conexões provenientes do bloco de controle de carga/descarga possuem sinais iguais a 0 V?
70. Considerando a operação normal, os transistores Q_2 e Q_3 podem ser ligados simultaneamente na Figura 5-40?
71. Observe a Figura 5-41(*b*). Ignorando as transições entre os modos, quantas bobinas se encontram ativas em um dado instante de tempo?
72. Motores de passo possuem rendimento reduzido porque consomem energia quando estão parados. Que seção da Figura 5-41 prova essa afirmação?

Resolva os seguintes problemas.

73. Determine o novo valor do resistor limitador de carga na Figura 5-40 para manter a corrente de carga em 1 A.
74. Determine o novo valor do resistor limitador de descarga na Figura 5-40 para manter a corrente de descarga em 0,5 A.

RESUMO E REVISÃO DO CAPÍTULO

Resumo

1. O ganho é a função básica de qualquer transistor.
2. O ganho pode ser calculado utilizando a tensão, corrente ou potência. Em qualquer desses casos, as unidades se cancelam e o ganho se torna um número puro.
3. O ganho de potência corresponde ao produto entre os ganhos de tensão e corrente.
4. O termo "amplificador de tensão" é normalmente empregado para descrever um amplificador de pequenos sinais.
5. O termo "amplificador de potência" é normalmente empregado para descrever um amplificador de grandes sinais.
6. Transistores de junção bipolar são fabricados em duas polaridades: NPN e PNP. Os componentes do tipo NPN são mais amplamente utilizados.
7. Em um BJT, o emissor envia os elétrons, a base é a região de controle e o coletor reúne os elétrons.
8. O símbolo esquemático de um transistor NPN mostra a seta apontando para fora do dispositivo.
9. A operação normal de um transistor NPN requer a polarização reversa da junção coletor-base, enquanto a junção base-emissor deve ser polarizada diretamente.

10. A maioria dos portadores de corrente provenientes do emissor não encontra portadores na base para que ocorra a recombinação. Dessa forma, a corrente de base tende a ser muito menor que as demais.
11. A base é muito estreita, ao passo que o coletor polarizado atrai os portadores provenientes do emissor. Dessa forma, a corrente do coletor tende a ser tão alta quanto a corrente do emissor.
12. O parâmetro beta (β) ou h_{FE} é ganho da corrente da base para o coletor. O valor de β pode variar consideravelmente, mesmo entre dispositivos que possuem o mesmo nome.
13. A corrente da base controla as correntes no coletor e no emissor.
14. Os emissores dos transistores PNP produzem lacunas. Os emissores dos transistores NPN produzem elétrons.
15. Uma curva característica do coletor é gerada plotando-se o gráfico de I_C em função de V_{CE} em um dado valor fixo.
16. A tensão do coletor possui pequena influência na corrente do coletor ao longo da maior parte da faixa de operação.
17. Uma curva de potência pode ser plotada no gráfico da família de curvas do coletor para mostrar a área de operação segura.
18. A dissipação de potência no coletor corresponde ao produto entre a tensão e a corrente no coletor.
19. Transistores de germânio requerem uma tensão de polarização entre base e emissor de aproximadamente 0,2 V para serem ativados. Por outro lado, componentes de silício requerem uma tensão de aproximadamente 0,6 V.
20. Transistores de silício são mais amplamente utilizados que transistores de germânio.
21. Guias de substituição fornecem as informações necessárias sobre dispositivos de estado sólido.
22. As características físicas de um dado componente podem ser tão importantes quanto suas respectivas características elétricas.
23. Transistores podem ser testados com traçadores de curvas, testadores dinâmicos, ohmímetros e vários procedimentos de verificação no interior dos circuitos.
24. A maioria dos transistores falha de forma súbita e completa. Uma ou ambas as junções PN pode se encontrar em aberto ou curto-circuito.
25. Com um ohmímetro analógico, pode-se verificar ambas as junções, identificar terminais, verificar o ganho, indicar fuga ou mesmo identificar o tipo de material de fabricação do transistor.
26. A corrente de fuga I_{CEO} é β vezes maior que a corrente I_{CBO}.
27. Fototransistores são polarizados com luz.
28. Fototransistores podem ser encapsulados com LEDs para formar dispositivos denominados optoisoladores ou optoacopladores.
29. Transistores bipolares (NPN e PNP) usam tanto elétrons quanto lacunas para a condução da corrente.
30. Transistores unipolares (de canal N e de canal P) usam apenas elétrons ou lacunas para a condução da corrente.
31. BJT é um dispositivo que se encontra normalmente desligado, sendo ativado por uma corrente de base.
32. JFET é um dispositivo que se encontra normalmente ligado, sendo desativado por uma tensão de gatilho. Isso é chamado de modo de depleção.
33. MOSFET emprega uma estrutura de gatilho isolado. Fabricantes produzem MOSFETs de modo de depleção e de modo de intensificação.
34. Um MOSFET de modo de intensificação é um dispositivo que se encontra normalmente desligado, sendo ativado por uma tensão de gatilho.
35. Transistores de efeito de campo possuem resistência de entrada muito alta.
36. As siglas VFET e VMOS são utilizadas para representar transistores de efeito de campo de potência que possuem fluxo de corrente vertical da fonte para o dreno.
37. FETs de potência não possuem algumas das limitações dos transistores bipolares de potência. FETs são controlados por tensão, são mais

rápidos (sem armazenamento de portadores minoritários), não possuem avalanche térmica e não estão sujeitos à ruptura secundária.
38. FETs de potência operam em modo de intensificação.
39. Transistores de unijunção possuem uma única junção e não são empregados como amplificadores.
40. Transistores de unijunção são dispositivos de resistência negativa e são úteis em aplicações de temporização e controle.
41. Quando um transistor bipolar opera como chave, haverá duas situações possíveis quanto à corrente de base, que pode ser nula ou muito grande.
42. Um transistor operando como chave encontra-se em saturação ou em corte.
43. Idealmente, o chaveamento é muito eficiente porque uma chave aberta não possui corrente e, consequentemente, não há dissipação de potência. Quando a chave encontra-se fechada, a queda de tensão é nula, de modo que também não há potência dissipada.
44. Em circuitos de chaveamento, as formas de onda de controle são normalmente retangulares.
45. Quando ocorre o chaveamento de cargas indutivas, é necessário utilizar algum tipo de circuito ou dispositivo de proteção em virtude da FCEM gerada pela indutância.

Fórmulas

Ganho de potência: $P_{ganho} = V_{ganho} \times I_{ganho}$ e $P_{ganho} = \dfrac{R_{CB}}{R_{BE}}$

Ganho de tensão: $A_V = \dfrac{V_{saída}}{V_{entrada}}$

Corrente no BJT: $I_E = I_C + I_B$

Ganho de corrente do BJT: $\beta = \dfrac{I_C}{I_B}$ ou $h_{FE} = \dfrac{I_C}{I_B}$

Ganho de corrente CA do BJT: $\beta_{CA} = h_{FE} = \dfrac{\Delta I_C}{\Delta I_B} \mid V_{CE}$

Dissipação de potência do coletor: $P_C = V_{CE} \times I_C$

Corrente de fuga: $I_{CEO} = \beta \times I_{CBO}$

Ganho do transistor Darlington: $h_{FE(arranjo)} = h_{FE(1)} \times h_{FE(2)}$

Dissipação de potência na chave: $P_{chave} = R_{chave(on)} I^2$

Questões

Responda às seguintes perguntas.

5-1 Como são normalmente denominados os amplificadores de pequenos sinais?

5-2 Como são normalmente denominados os amplificadores de grandes sinais?

5-3 Transistores de junção bipolar são fabricados em duas polaridades. Quais são elas?

5-4 O fluxo de corrente em transistores bipolares envolve dois tipos de portadores. Se um deles é o elétron, qual é o outro tipo?

5-5 A junção base-emissor normalmente é polarizada de que forma?

5-6 A junção coletor-base normalmente é polarizada de que forma?

5-7 Qual é normalmente a menor corrente em um BJT?

5-8 Em um BJT operando normalmente, a corrente de coletor é controlada principalmente por qual parâmetro?

5-9 Para ativar um BJT do tipo NPN, como deve ser a base em relação ao emissor?

5-10 Para a operação adequada de um BJT do tipo PNP, qual deve ser a polaridade da base em relação ao emissor?

5-11 Qual é a corrente que o emissor de um transistor PNP produz?

5-12 Qual é a corrente que o emissor de um transistor NPN produz?

5-13 O símbolo h_{FE} representa o ganho de corrente de qual corrente de um transistor?

5-14 O símbolo h_{fe} representa o ganho de corrente de qual corrente de um transistor?

5-15 Qual outro símbolo é equivalente a h_{FE}?

5-16 Qual outro símbolo é equivalente a h_{fe}?

5-17 Ao testar transistores bipolares com um ohmímetro, a indicação do funcionamento adequado de um diodo pode ser constatada nas junções coletor-base. Em qual outra junção isto pode ser constatado?

5-18 Independentemente da polaridade do medidor qual será o valor da resistência entre os terminais coletor e emissor em um transistor BJT em perfeito estado?

5-19 O que permite o controle da corrente em um fototransistor?

5-20 Optoacoplador é outro termo utilizado para representar qual dispositivo?

5-21 Observe a Figura 5-30. À medida que a tensão V_{GS} se torna mais positiva, como se comporta a corrente de dreno?

5-22 O que um JFET de canal N utiliza para manter o fluxo de corrente?

5-23 O que um JFET de canal P utiliza para manter o fluxo de corrente?

5-24 A tensão de gatilho em um JFET pode remover os portadores do canal. Como este fenômeno é conhecido?

5-25 A tensão de gatilho em um JFET pode produzir portadores no canal. Como esse fenômeno é conhecido?

5-26 Um JFET normalmente opera em modo de intensificação porque o diodo do gatilho pode ser polarizado de que forma?

5-27 O fluxo de corrente em um transistor de efeito de campo de potência, ao invés de lateral, ocorre de que forma?

5-28 Transistores bipolares de potência podem ser danificados por pontos de aquecimento no interior do cristal ocasionados pela acumulação da corrente. Como é conhecido esse fenômeno?

5-29 Transistores a óxido semicondutor metálico vertical operam em qual modo?

5-30 Uma vez que a tensão de disparo V_P é atingida em um UJT, como se torna a resistência?

Problemas

5-1 Um amplificador fornece ganho de tensão de 20 e ganho de corrente de 35. Determine o ganho de potência.

5-2 Um amplificador deve fornecer um sinal de saída como 5 V de pico a pico. Se o ganho de tensão é 25, determine a amplitude do sinal de entrada.

5-3 Se um amplificador apresenta um sinal de saída de 8 V a partir de um sinal de entrada de 150 mV, qual é o ganho de tensão?

5-4 Um BJT possui corrente de base de 25 μA e $\beta = 200$. Determine a corrente de coletor.

5-5 Um BJT possui corrente de coletor de 4 mA e corrente de base de 20 A. Determine o valor de β.

5-6 Um BJT possui $\beta = 250$ e corrente de coletor de 3 mA. Qual é o valor da corrente de base?

5-7 Um transistor bipolar possui corrente de base de 200 μA e corrente de emissor de 20 mA. Qual é a corrente de coletor?

5-8 Encontre o valor de β para o Problema 5-7.

5-9 Observe a Figura 5-11. Se $V_{CE} = 10$ V e $I_B = 20$ μA, determine β.

5-10 Observe a Figura 5-12. Se $V_{CE} = -16$ V e $I_C = -7$ mA, determine β.

5-11 Observe a Figura 5-12. Se $I_B = -100$ μA e $V_{CE} = -10$ V, determine P_C.

5-12 Observe a Figura 5-15. O transistor é de silício e $V_{BE} = 0{,}65$ V. Qual é o valor de I_C?

Raciocínio crítico

5-1 Se um transistor possui um ganho de corrente de 100, qual é o valor do ganho de corrente obtido quando três componentes desse tipo são empregados? Como eles devem ser arranjados?

5-2 Observando a família de curvas características do coletor em um traçador de curvas, verifica-se que as curvas parecem estar se espalhando (em movimento). O que está acontecendo?

5-3 O aquecimento de transistores é um problema sério em alguns circuitos. Atualmente, é comum operar circuitos em modo digital para reduzir esse efeito indesejável. Por quê?

5-4 Transistores são muito populares, mas uma tecnologia mais antiga baseada em tubos a vácuo ainda é utilizada em aplicação de potências extremamente altas em transmissores de rádio e televisão de grande porte. Por quê? (Dica: Tubos a vácuo podem operar com tensões da ordem de milhares de volts).

5-5 FETs são dispositivos unipolares. No futuro, haverá algum tipo categoria de dispositivos eletrônicos tripolares?

5-6 Examinando um equipamento eletrônico, por que não se pode simplesmente considerar que todos os transistores possuem três terminais, enquanto todos os diodos possuem dois terminais?

Respostas dos testes

1. V
2. F
3. F
4. V
5. F
6. V
7. V
8. F
9. F
10. F
11. V
12. V
13. V
14. V
15. F
16. F
17. F
18. V
19. V
20. 42,5 mA
21. 6,67 μA
22. 250
23. 10 mA
24. 100
25. 20 μA
26. 11 mA
27. 133
28. 96 mW
29. 100
30. 0,2 V
31. 0,6 V
32. Germânio
33. V
34. F
35. F
36. F
37. V
38. V
39. V
40. F
41. F
42. V
43. V
44. F
45. F
46. V
47. V
48. V
49. V
50. V
51. F
52. V
53. V
54. F
55. V
56. V
57. F
58. V
59. V
60. F
61. F
62. V
63. F
64. Idealmente, sua resistência é nula.
65. Porque idealmente a queda de tensão no dispositivo é nula.
66. Porque idealmente a corrente que circula no dispositivo é nula.
67. A bateria é carregada.
68. A bateria é descarregada.
69. Nada ocorre (isto é, a bateria não é carregada ou descarregada).
70. Não.
71. Duas.
72. (b)
73. 8 Ω
74. 24 Ω

capítulo 6

Introdução a amplificadores de pequenos sinais

Este capítulo aborda o ganho. O ganho corresponde à habilidade de um circuito de aumentar o nível de um sinal. Como será visto, o ganho pode ser expresso como uma relação ou o logaritmo de uma relação. Transistores são capazes de fornecer ganho e este capítulo apresentará como estes dispositivos podem ser utilizados em conjunto com outros elementos para formar circuitos amplificadores. Você aprenderá a testar alguns amplificadores utilizando cálculos simples. Este capítulo restringe-se aos amplificadores de pequenos sinais, normalmente chamados de amplificadores de tensão.

Objetivos deste capítulo

- Calcular o ganho e a perda em decibéis.
- Desenhar a reta de carga de um amplificador emissor comum básico.
- Definir grampeamento em um amplificador linear.
- Encontrar um ponto de operação de um amplificador emissor comum básico.
- Determinar o ganho de tensão de um amplificador emissor comum.
- Identificar amplificadores base comum e coletor comum.
- Explicar a importância do casamento de impedância.

❯❯ Medição do ganho

O **GANHO** é a função básica de todos os amplificadores. Isso corresponde à comparação entre o sinal inserido no amplificador com aquele obtido na saída. Devido ao ganho, espera-se que o sinal na saída seja maior que o sinal na entrada. A Figura 6-1 mostra como as medições são utilizadas na determinação do ganho de tensão de um amplificador. Por exemplo, se o sinal de entrada é 1 V e o sinal de saída é 10 V, tem-se:

$$\text{Ganho} = \frac{\text{Sinal de saída}}{\text{Sinal de entrada}} = \frac{10\,V}{1\,V} = 10$$

Observe que as unidades das tensões se cancelam e o ganho é um número puro. Não é correto dizer que o ganho de tensão do amplificador é de 10 V.

Um circuito que possui ganho desempenha a função de amplificação. A letra A é o símbolo geral para o ganho ou amplificação em eletrônica. Um subíndice pode ser acrescentado para definir o tipo de ganho:

EXEMPLO 6-1

Calcule o ganho de um amplificador se o sinal de saída é 4 V e o sinal de entrada é 50 mV.

$$\text{Ganho} = \frac{V_{\text{saída}}}{V_{\text{entrada}}} = \frac{4\,V}{50 \times 10^{-3}\,V} = 80$$

$$A_V = \frac{V_{\text{saída}}}{V_{\text{entrada}}} = \text{ganho de tensão}$$

$$A_I = \frac{I_{\text{saída}}}{I_{\text{entrada}}} = \text{ganho de corrente}$$

$$A_P = \frac{P_{\text{saída}}}{P_{\text{entrada}}} = \text{ganho de potência}$$

O **GANHO DE TENSÃO** A_V é utilizado para descrever a operação de amplificadores de pequenos sinais. O ganho de potência A_P é utilizado para descrever a operação de amplificadores de grandes sinais. Se o amplificador da Figura 6-1 fosse de potência ou de grandes sinais, o ganho seria definido em termos de watts em vez de volts. Por exemplo, se o sinal

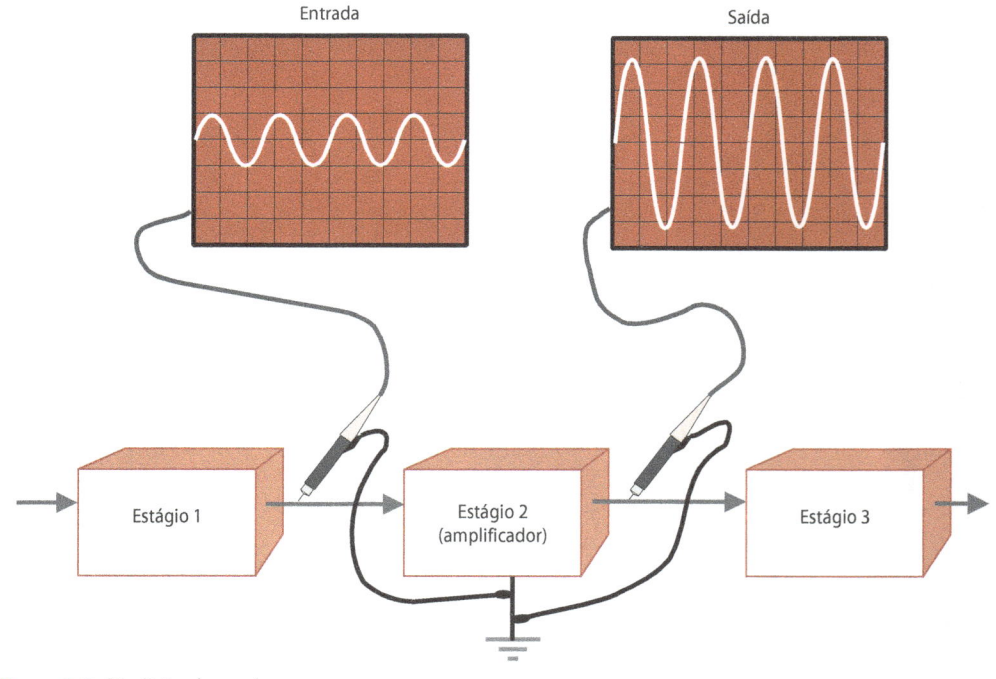

Figura 6-1 Medição do ganho.

> **EXEMPLO 6-2**
>
> Se um amplificador possui ganho de 50, determine a amplitude do seu sinal de saída quando a entrada é de 20 mV.
>
> $V_{saída} = \text{Ganho} \times V_{entrada} = 50 \times 20 \text{ mV} = 1 \text{ V}$

de entrada é 0,5 W e o sinal de saída é 8 W, o ganho de potência é:

$$A_P = \frac{P_{saída}}{P_{entrada}} = \frac{8 \text{ W}}{0,5 \text{ W}} = 16$$

As primeiras aplicações da eletrônica tratavam-se basicamente de equipamentos para telecomunicações. A utilidade da maioria dos circuitos consistia em áudio para fones de ouvido e alto falantes. Assim, engenheiros e técnicos precisavam encontrar um forma de ajustar o desempenho do circuito de acordo com a audição humana. O ouvido humano não responde linearmente à potência do áudio, sendo incapaz de reconhecer a intensidade ou o volume da mesma forma que um dispositivo linear. Por exemplo, se você está ouvindo um alto-falante com potência de 0,1 W na entrada e há um aumento repentino desta potência para 1 W, seu ouvido percebe que o som tornou-se mais alto. Agora, considere que a potência aumentou novamente para 10 W. Você notará um segundo aumento do som. Um detalhe interessante é que provavelmente você perceberá que o segundo aumento do volume é tão alto quanto o primeiro.

Um detector linear identificaria o segundo aumento como sendo 10 vezes maior que o primeiro. Vejamos por quê.

- Inicialmente, aumenta-se a potência de 0,1 W para 1 W, o que corresponde a uma mudança linear de 0,9 W.
- Depois, aumenta-se a potência de 1 W para 10 W, o que corresponde a uma mudança linear de 9 W.

A segunda mudança é 10 vezes maior que a primeira:

$$\frac{9 \text{ W}}{0,9 \text{ W}} = 10$$

A resposta do ouvido humano ao volume é logarítmica. Os logaritmos normalmente são empregados para descrever o desempenho de sistemas de áudio. Normalmente, conhecer o ganho logarítmico de um amplificador é mais interessante que seu respectivo ganho linear. O **GANHO LOGARÍTMICO** é mais conveniente e amplamente empregado. O que começou como uma conveniência em aplicações de áudio tornou-se atualmente uma norma universal para análise do desempenho de amplificadores. Esse parâmetro é utilizado em sistemas de radiofrequência, sistemas de vídeo e aplicações em geral que envolvem ganho eletrônico.

Os logaritmos comuns são potências (expoentes) de 10. Por exemplo, tem-se:

$$10^{-3} = 0,001$$
$$10^{-2} = 0,01$$
$$10^{-1} = 0,1$$
$$10^{0} = 1$$
$$10^{1} = 10$$
$$10^{2} = 100$$
$$10^{3} = 1000$$

O logaritmo de 10 é 1. O logaritmo de 100 é 2. O logaritmo de 1000 é 3. O logaritmo de 0,01 é -2.

> **EXEMPLO 6-3**
>
> Calcule o parâmetro $P_{entrada}$ de um amplificador sendo que o ganho de potência é 20 e a potência de saída é 1 W.
>
> $$P_{entrada} = \frac{P_{saída}}{A_P} = \frac{1 \text{ W}}{20} = 50 \text{ mW}$$

> **EXEMPLO 6-4**
>
> Utilize uma calculadora científica para determinar o logaritmo comum de 2138. Digite 2138 e pressione a tecla "log".
>
> Resultado exibido na tela ≈ 3,33

> **EXEMPLO 6-5**
>
> Utilize uma calculadora científica para determinar o logaritmo comum de 0,0316. Digite 0,0316 e pressione a tecla "log".
>
> Resultado exibido na tela ≈ −1,5
>
> De outra forma, digite o valor 31,6, pressione a tecla EXP, depois digite 3, aperte a tecla ± e, finalmente, pressione a tecla "log".

Qualquer número positivo pode ser convertido em um logaritmo comum. Logaritmos podem ser determinados com uma calculadora científica. Digite o número desejado e pressione a tecla "log" para obter o logaritmo comum de um número.

O ganho de potência é normalmente medido em DECIBÉIS (d**B**). O decibel é uma unidade logarítmica que pode ser determinada a partir da seguinte expressão:

$$\text{Ganho de potência dB} = 10 \times \log_{10} \frac{P_{saída}}{P_{entrada}}$$

O ganho em decibéis baseia-se em LOGARITMOS COMUNS, que utilizam base 10. Isso pode ser verificado na equação anterior, onde se tem $\log_{10}$ (a base é 10). De agora em diante, a base 10 será omitida, de modo que log simplesmente passa a significar $\log_{10}$.

Logaritmos de números menores que 1 são negativos. Isso significa que qualquer componente de um sistema eletrônico que produz uma saída inferior à entrada possuirá ganho negativo (−dB) ao utilizar a expressão anterior.

Vamos aplicar a equação para o exemplo dado anteriormente. O primeiro aumento de volume é dado como:

$$\text{Ganho de potência dB} = 10 \times \log \frac{1\,W}{0,1\,W}$$
$$= 10 \times \log 10$$

O logaritmo de 10 (log 10) é 1. Então, tem-se:

$$\text{Ganho de potência dB} = 10 \times 1 = 10$$

Assim, o primeiro aumento de nível a volume é igual a 10 dB. O segundo aumento de volume é dado como:

$$\text{Ganho de potência dB} = 10 \times \log \frac{10\,W}{1\,W}$$
$$= 10 \times \log 10 = 10 \times 1 = 10$$

O segundo aumento também é igual a 10 dB. Como o decibel é uma unidade logarítmica e a audição também é, os dois acréscimos de 10 dB soam da mesma forma. Uma pessoa pode detectar em média um aumento de até 1 dB. Qualquer alteração inferior a esse valor pode ser imperceptível ao ouvido humano.

Por que o decibel, cuja utilização surgiu a partir do áudio, passou a ser utilizado em todas as áreas da eletrônica onde o ganho é importante? A resposta é: porque este é um conceito conveniente de se trabalhar. A Figura 6-2 mostra por quê. Cinco estágios ou partes de um sistema eletrônico são exibidos. Três destes estágios apresentam ganho (+dB), enquanto dois outros possuem perda (−dB). Para avaliar o desempenho global do sistema da Figura 6-2, basta apenas somar os números:

Ganho global = +10 − 6 + 30 − 8 + 20 = + 46 dB

Quando o ganho ou perda das partes individuais de um sistema é dado em decibéis, é muito fácil avaliar o desempenho global. É por isso que o decibel é tão utilizado em eletrônica.

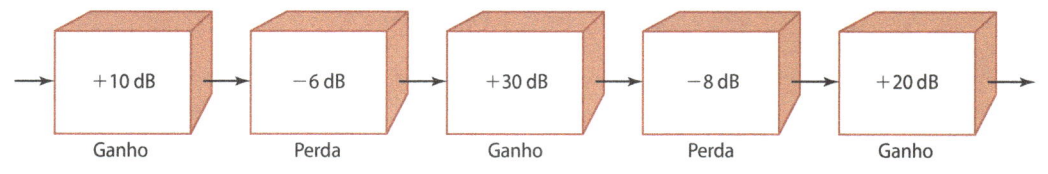

+10 dB	−6 dB	+30 dB	−8 dB	+20 dB
Ganho	Perda	Ganho	Perda	Ganho

Figura 6-2 Ganho e perda em decibéis.

A Figura 6-3 mostra o mesmo sistema onde o desempenho de cada estágio individual é expresso em termos de razões. Agora, não é tão simples analisar o desempenho global do sistema, que é dado por:

$$\text{Ganho global} = \frac{10}{4} \times \frac{1000}{6{,}31} \times 100 = 39.619{,}65$$

Note que é necessário multiplicar os ganhos dos estágios e dividir as respectivas perdas. Quando o desempenho do sistema é expresso em decibéis, os ganhos são somados e as perdas são subtraídas. O desempenho global do sistema pode ser mais facilmente determinado utilizando o sistema dB.

As Figuras 6.2 e 6.3 descrevem o mesmo sistema. Em um caso, o ganho global é +46 dB, enquanto no outro este parâmetro corresponde a 39.619,65. Os ganhos em dB e em razão devem ser os mesmos:

$$\text{dB} = 10 \times \log 39.619{,}65 = 10 \times 4{,}60 = 46$$

O decibel é baseado na razão entre a potência de saída e a potência de entrada e também pode ser empregado para descrever a razão entre duas tensões. A equação que permite determinar o ganho de tensão em dB é ligeiramente diferente da utilizada para determinar o ganho de potência em dB

$$\text{Ganho de tensão em dB} = 20 \times \log \frac{V_{\text{saída}}}{V_{\text{entrada}}}$$

Note que o logaritmo é multiplicado por 20 na equação anterior. Isso ocorre porque a potência varia com o quadrado da tensão:

$$\text{Potência} = \frac{V^2}{R}$$

O ganho de potência pode ser então escrito como:

$$A_P = \frac{(V_{\text{saída}})^2 / R_{\text{saída}}}{(V_{\text{entrada}})^2 / R_{\text{entrada}}}$$

Se $R_{\text{saída}}$ e R_{entrada} forem iguais, estes parâmetros se cancelam. Agora, o ganho de potência é reduzido para:

$$A_P = \frac{(V_{\text{saída}})^2}{(V_{\text{entrada}})^2} = \left(\frac{V_{\text{saída}}}{V_{\text{entrada}}}\right)^2$$

Como $\log V^2 = 2 \times \log V$, o logaritmo pode ser multiplicado por 2 para se eliminar o expoente quadrático da seguinte forma:

$$\text{Ganho de tensão em dB} = 10 \times 2 \times \log \frac{V_{\text{saída}}}{V_{\text{entrada}}}$$
$$= 20 \times \log \frac{V_{\text{saída}}}{V_{\text{entrada}}}$$

O fato de que $R_{\text{saída}}$ e R_{entrada} são iguais é ignorado em amplificadores de tensão. É importante lembrar que, se as resistências não são iguais, o ganho de tensão não será igual ao ganho de potência em dB. Por exemplo, suponha que um amplificador possua ganho de tensão de 50, sendo que a resistência de entrada é 1 kΩ e a resistência de saída é 150 Ω. Seu respectivo ganho de tensão será:

$$A_V = 20 \times \log 50 = 34 \text{ dB}$$

O ganho de potência desse mesmo amplificador pode ser determinado considerando um dado valor da tensão de entrada, o que efetivamente não importa. Se uma tensão de 1 V for arbitrada, então a tensão de saída será 50 V em virtude da razão de tensão estabelecida. Agora, as potências de saída e de entrada podem ser calculadas.

$$P_{\text{entrada}} = \frac{V^2}{R} = \frac{1^2}{1000} = 1 \text{ mW}$$

$$P_{\text{saída}} = \frac{50^2}{150} = 16{,}7 \text{ W}$$

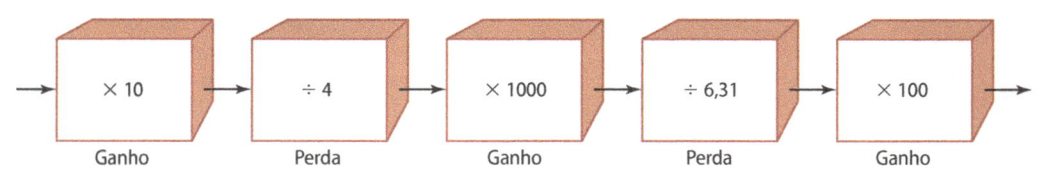

Figura 6-3 Ganho e perda na forma de razão.

O ganho de potência do amplificador em decibéis será:

$$A_P = 10 \times \log \frac{16{,}7\,W}{1\,mW} = 42{,}2\,dB$$

Note que este valor *não* é igual ao ganho de tensão em dB.

Como outro exemplo, suponha que um amplificador possua ganho de tensão de 1, resistência de entrada de 50.000 e resistência de entrada 100 Ω. Seu respectivo ganho de tensão em dB será:

$$A_V = 20 \times \log 1 = 0\,dB$$

Considerando um sinal de entrada de 1 V, tem-se:

$$P_{entrada} = \frac{1^2}{50.000} = 20\,\mu W$$

$$P_{saída} = \frac{1^2}{100} = 10\,mW$$

O ganho de potência desse amplificador em dB é:

$$A_P = 10 \times \log \frac{10 \times 10^{-3}}{10 \times 10^{-6}} = 27\,dB$$

Novamente, verifica-se que o ganho de potência em dB não é igual ao ganho de tensão em dB porque $R_{entrada}$ não é igual a $R_{saída}$. Outro fato interessante pode ser constatado: *um amplificador que não possui ganho de tensão ainda é capaz de desenvolver um ganho de potência considerável.*

Técnicos devem possuir o conhecimento de ganho e perda expressos em decibéis. Normalmente, uma estimativa rápida é o suficiente. A Tabela 6-1 apresenta os valores comuns utilizados por técnicos para obter estimativas.

Tabela 6-1 *Valores comuns para a estimativa do ganho e da perda em dB*

Mudança	Potência	Tensão
Multiplicada por 2	+3 dB	+6 dB
Dividida por 2	−3 dB	−6 dB
Multiplicada por 10	+10 dB	+20 dB
Dividida por 10	−10 dB	−20 dB

EXEMPLO 6-6

Um amplificador de 100 W possui ganho de potência de 10 dB. Qual é o sinal de entrada necessário para acionar o amplificador com potência de saída total? A Tabela 6-1 mostra que a multiplicação (razão) deve ser igual a 10 para obter um ganho de 10 dB. Portanto, o sinal de entrada corresponde a um décimo do sinal de saída desejado é:

$$P_{entrada} = \frac{100\,W}{10} = 10\,W$$

EXEMPLO 6-7

Um transmissor alimenta uma antena através de um cabo coaxial longo. O transmissor desenvolve uma potência de 1 kW na saída, sendo que apenas 500 W chegam à antena. Qual é o desempenho do cabo coaxial em dB? A potência de 500 W corresponde à metade da potência de entrada. Portanto, a potência foi dividida por 2. A Tabela 6-1 mostra que isso corresponde a −3 dB. O desempenho desse cabo pode ser verificado de formas distintas:

1. O ganho do cabo é −3 dB.
2. A perda do cabo é 3 dB.
3. A perda do cabo é −3 dB.

A primeira sentença é tecnicamente correta. Um ganho em dB negativo significa que de fato há uma perda. A segunda sentença também é tecnicamente pertinente. O termo "perda" indica que o valor de 3 dB deve ser precedido por um sinal de menos quando for utilizado nos cálculos referentes ao sistema. A terceira sentença não é tecnicamente correta. Como a palavra "perda" indica que um sinal de menos deve ser utilizado antes do valor numérico, o resultado seria −(−3 dB) = +3 dB, o que efetivamente representa um ganho. Um cabo coaxial não é capaz de produzir ganho de potência. Deve-se evitar o uso de sinais negativos duplos quando se descreve perdas em dB.

EXEMPLO 6-8

A resposta de um filtro passa baixa é especificada como sendo -6 dB em 5 kHz. Um técnico realiza medições na saída do filtro e encontra 1 V em 1 kHz, verificando que este valor é reduzido para 0,5 em 5 kHz. O filtro está funcionando adequadamente? A Tabela 6-1 mostra que uma divisão de tensão de 2 equivale a -6 dB. O filtro funciona corretamente.

EXEMPLO 6-9

Um amplificador apresenta um sinal de saída de 2 W quando o sinal de entrada é 100 mW. Qual é o ganho de potência desse amplificador em dB? Primeiramente, determina-se a razão:

$$\frac{2\text{ W}}{100\text{ mW}} = 20\text{ W}$$

O valor 20 não se encontra na Tabela 6-1. Entretanto, pode ser possível fatorar o ganho em valores que estejam disponíveis na tabela. Um ganho de potência de 20 pode ser separado em um ganho de potência de 10 ($+10$ dB) multiplicado por outro ganho de potência de 2 ($+3$ dB). Somando-se os ganhos, tem-se:

$$\text{Ganho} = 10\text{ dB} + 3\text{ dB} = 13\text{ dB}$$

EXEMPLO 6-10

Um amplificador possui um ganho de tensão de 60. Se o sinal de entrada corresponde a 10 μV, qual é o sinal de saída esperado? A tabela mostra que um ganho de 20 dB produz uma multiplicação de 10; 60 dB = 3 × 20 dB. Assim, um ganho de 60 dB multiplicará o sinal por 10 três vezes, isto é:

$$V_{\text{saída}} = V_{\text{entrada}} \times 10 \times 10 \times 10$$
$$= 10\ \mu\text{V} \times 1000 = 10\text{ mV}$$

Calculadoras científicas são de baixo custo hoje. Espera-se que um técnico seja capaz de utilizar calculadoras para determinar valores em dB relativos a ganho (amplificação) ou perda (atenuação).

EXEMPLO 6-11

Se o sinal de entrada de um amplificador é 350 mV e o sinal de saída é 15 V, qual é o desempenho do amplificador em decibéis?

$$\text{dB} = 20 \times \log \frac{V_{\text{saída}}}{V_{\text{entrada}}} = 20 \times \log \frac{15\text{ V}}{0{,}35\text{ V}}$$
$$= 20 \times \log 42{,}9 = 20 \times 1{,}63 = 32{,}6$$

O amplificador apresenta um ganho de tensão de 32,6 dB. A manipulação dos valores na calculadora é direta. Primeiro, divide-se o sinal de entrada pelo sinal de saída. Em seguida, pressiona-se a tecla log. Finalmente, multiplica-se o valor obtido por 20.

O exemplo a seguir é facilmente resolvido com uma calculadora científica.

Algumas manipulações algébricas são necessárias para resolver determinados problemas. O exemplo a seguir demonstra isso.

O sistema dB algumas vezes é utilizado indevidamente. Valores absolutos são normalmente expressos na forma de decibéis. Por exemplo, você já deve ter ouvido que o volume do som de um dado grupo musical é de 90 dB. Isso não significa absolutamente nada, a menos que se tenha um ponto de referência para comparação. Um nível de referência utilizado em som é a pressão de 0,0002 dinas* por centímetro quadrado (dyn/cm^2) ou 2×10^{-5} newtons por metro quadrado (N/m^2). Essa pressão de referência é equalizada em 0 dB, correspondendo ao limite da audição humana. Agora, se uma segunda pressão for comparada com a pressão de referência, o nível em dB da segunda pressão pode ser determinado. Por exemplo, um avião a jato produz uma pressão sonora de 2000 dyn/cm^2.

$$\text{Nível do som} = 20 \times \log \frac{2000}{0{,}0002} = 140\text{ dB}$$

---

* N. de R. T.: O dina é a unidade de medida padrão do Sistema CGS de unidades para a representação da força. Um dina equivale a 10^{-5} N. O símbolo desta unidade é dyn, sendo ela definida como a força necessária para provocar uma aceleração de um centímetro por segundo quadrado em um corpo de massa igual a um grama.

> **EXEMPLO 6-12**
>
> Utiliza-se um osciloscópio para medir uma forma de onda em alta frequência. O fabricante do osciloscópio especifica que sua resposta é -3 dB na frequência de medição. Se a tela mostra um valor de pico a pico igual a 7 V, qual é o valor real do sinal? Inicialmente, substituem-se as informações conhecidas na equação do ganho da tensão em dB:
>
> $$-3 = 20 \times \log \frac{7\,V_{p-p}}{V_{entrada}}$$
>
> Dividindo ambos os lados da equação por 20, tem-se:
>
> $$-0{,}15 = \log \frac{7\,V_{p-p}}{V_{entrada}}$$
>
> Aplica-se o logaritmo *inverso* a ambos os lados da equação. Isso *remove* o termo log do lado direito da equação. Para o lado esquerdo, deve-se encontrar o logaritmo inverso de $-0{,}15$ utilizando a calculadora. Em algumas calculadoras, basta utilizar a tecla INV em conjunto com a tecla log. Aperte INV e em seguida a tecla log. Em outras calculadoras, pode-se encontrar uma tecla com a marcação 10^x. Simplesmente aperte esta tecla. Execute esta operação quando o valor $-0{,}15$ for exibido na calculadora. O valor obtido deverá ser 0,708. Agora, tem-se:
>
> $$0{,}708 = \frac{7\,V_{p-p}}{V_{entrada}}$$
>
> Rearranjando esta equação e isolando V_{in}, obtém-se:
>
> $$V_{entrada} = \frac{7\,V_{p-p}}{V_{entrada}} = 9{,}89\ V\ \text{de pico a pico}$$

(O logaritmo é multiplicado por 20 porque a potência varia com o quadrado da pressão sonora.) Na maioria das residências, há uma pressão sonora de 0,063 dyn/cm², que pode ser comparado ao nível de referência da seguinte forma:

$$\text{Nível do som} = 20 \times \log \frac{0{,}063}{0{,}0002} = 50\ dB$$

É interessante notar que a escala que posiciona a audição humana em 0 dB insere o limite de percepção em 120 dB. Você deve ter notado que um som muito alto pode ser sentido fisicamente no ouvido. Um som ainda mais alto pode produzir dor no ouvido. A faixa dinâmica total da audição é de 140 dB. Sons mais altos que 140 dB (a exemplo de um avião a jato) não soarão mais altos para um ser humano (embora a dor causada seja maior neste caso).

O volume é normalmente medido utilizando-se a ESCALA D**BA**. Essa escala também posiciona a audição humana em 0 dB. A letra *A* refere-se ao peso adicionado à execução das medições. Um filtro adequa a resposta em frequência para corresponder ao modo como as pessoas ouvem. Testes confirmaram que o peso *A* mostra de forma satisfatória em instrumentos como as pessoas ouvem. A escala dBA é normalmente utilizada para determinar se trabalhadores precisam de proteção auricular. Por exemplo, 90 dBA corresponde ao nível máximo de exposição segura ao som durante um semana normal de trabalho (40 horas). Alguns níveis comuns são:

Sussurro:	30 dBA
Conversação:	60 dBA
Rua movimentada em uma cidade:	80 dBA
Buzina de um automóvel nas proximidades:	100 dBA
Trovão ocorrendo nas proximidades:	120 dBA

A ESCALA D**B**M é amplamente utilizada em comunicações eletrônicas. Essa escala posiciona o nível de referência de 0 dB em um nível de potência de 1 mW. Sinais e fontes de sinais de radiofrequência e micro-ondas são normalmente calibrados em dBm. Com esse nível de referência, um sinal de 0,25 dB corresponde a:

$$\text{Nível de potência} = 10 \times \log \frac{0{,}25}{0{,}001} = +24\ dBm$$

Um sinal de 40 mW equivale a:

$$\text{Nível de potência} = 10 \times \log \frac{40 \times 10^{-6}}{1 \times 10^{-3}} = -14\ dBm$$

Teste seus conhecimentos

Verdadeiro ou falso?

1. A razão entre a saída e a entrada é denominada ganho.
2. O símbolo do ganho de tensão é A_V.
3. A audição humana é linear quando se trata do volume.
4. O ganho ou perda em dB é proporcional ao logaritmo comum da razão do ganho.
5. O desempenho global de um sistema é determinado a partir dos ganhos individuais em dB.
6. O desempenho global de um sistema é determinado pela soma das razões dos ganhos.
7. Se um sinal de saída é menor que um sinal de entrada, o ganho em dB será negativo.
8. O ganho de um amplificador em decibéis é igual ao seu respectivo ganho potência em decibéis se $R_{entrada} = R_{saída}$.
9. A escala dBm utiliza 1 μV como nível de referência.

Resolva os seguintes problemas.

10. Um amplificador de dois estágios possui razão de tensão de 35 no primeiro estágio e 80 no segundo. Qual é a razão de tensão total do sistema?
11. Um amplificador de dois estágios possui ganho de tensão de 26 dB no primeiro estágio e 38 dB no segundo. Qual é o ganho de tensão total do sistema?
12. Um rádio de dupla conversão requer aproximadamente 3 V na entrada de áudio para que o alto-falante possua volume satisfatório. Se a sensibilidade do receptor é especificada em 1 μV, qual será o ganho total do total do receptor em decibéis?
13. Um amplificador de áudio de 100 W é especificado em -3 dB a 20 Hz. Qual é a potência de saída esperada em 20 Hz?
14. Um transmissor produz 5 W de potência na saída. Um amplificador de potência de 12 dB é acrescentado ao arranjo. Qual é a potência de saída do amplificador?
15. Uma estação de transmissão alimenta uma antena com ganho de 8 dB com uma potência de 1000 W. Qual é a potência efetivamente radiada por essa estação?
16. O fabricante de um gerador RF especifica que sua potência máxima de saída é $+10$ dBm. Qual é a máxima potência de saída disponível neste gerador?

» *Amplificador emissor comum*

A Figura 6-4 mostra um **AMPLIFICADOR EMISSOR COMUM**, que recebe este nome porque o emissor é comum a ambos os circuitos de entrada e de saída. O sinal de entrada é aplicado entre os terminais terra e a base. O sinal de saída surge entre os terminais terra e coletor do transistor. Como o emissor é aterrado, este terminal é comum aos sinais de entrada e de saída.

A configuração de um amplificador é determinada pelos terminais do transistor utilizados para os sinais de entrada e de saída. A configuração emissor comum representa uma das três possibilidades. A última seção deste capítulo discute as outras duas configurações.

Há dois resistores no circuito da Figura 6-4: o resistor de polarização da base R_B e o resistor de carga do coletor R_L. O primeiro resistor é selecionado de modo a limitar a corrente de base em um valor baixo. O segundo resistor permite que haja um sinal de tensão oscilante no transistor (entre coletor e emissor), o qual representa o sinal de saída.

O elemento C_C é denominado capacitor de acoplamento, o qual é normalmente empregado em amplificadores onde apenas sinais CA são importantes. Um capacitor bloqueia corrente contínua. Capacitores de acoplamento também podem ser denominados capacitores de bloqueio CC. A reatância capacitiva é infinita a 0 Hz:

$$X_C = \frac{1}{2\pi fC}$$

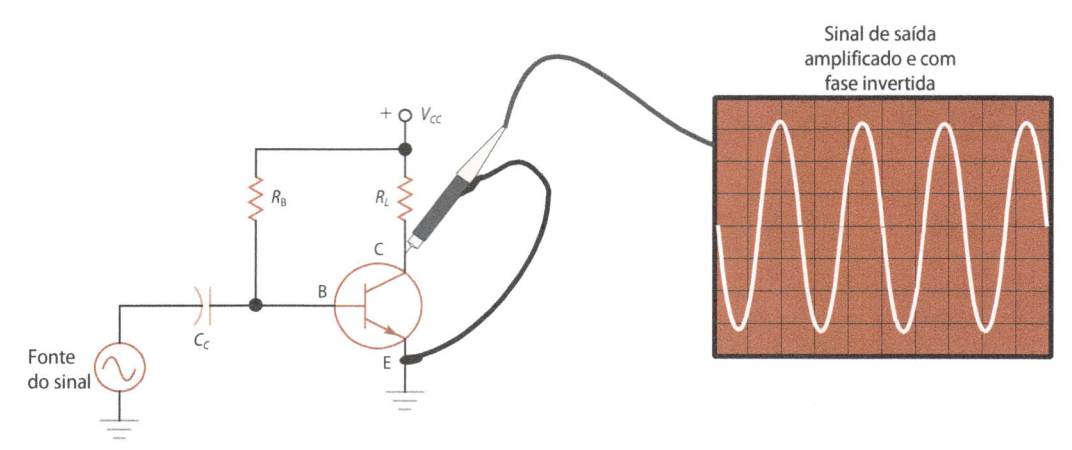

Figura 6-4 Amplificador emissor comum.

À medida que a frequência tende ao valor da corrente contínua (0 Hz), a reatância capacitiva X_C tende a infinito.

Um capacitor de acoplamento pode ser necessário se a fonte do sinal apresentar um caminho CC. Por exemplo, a fonte do sinal pode ser uma bobina de captação em um microfone, que possui baixa resistência. O fluxo de corrente ocorre através do caminho de menor resistência e, sem um capacitor de bloqueio, a corrente contínua circulará pela bobina em vez da base do transistor. A Figura 6-5 mostra como isso ocorre. O fluxo de corrente contínua é desviado da base do transistor pela fonte do sinal.

A corrente contínua em R_B deve ser proveniente da base do transistor, como mostra a Figura 6-6. Deve haver corrente na base para que o transistor seja ativado.

A Figura 6-6 fornece informações suficientes sobre o funcionamento de um amplificador. Vamos começar encontrando a corrente de base. Dois componentes podem limitar a corrente de base: R_B e a junção base-emissor. O resistor R_B possui alta resistência. A junção base-emissor encontra-se polarizada diretamente, de modo que sua resistência é baixa. Assim, R_B e a tensão de alimentação são os

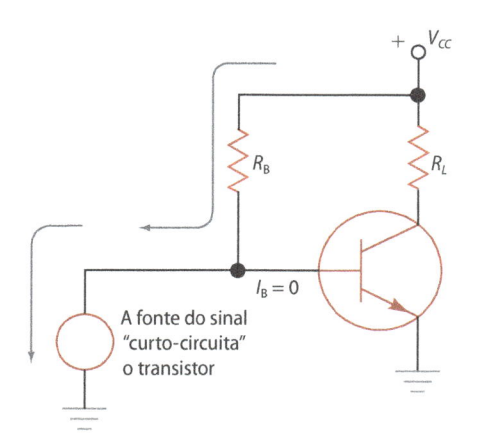

Figura 6-5 Necessidade de um capacitor de acoplamento.

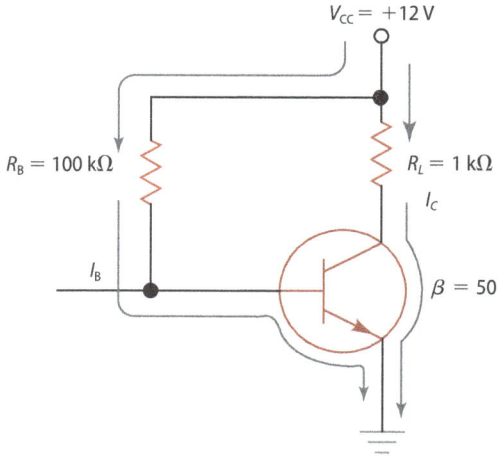

Figura 6-6 Correntes em um circuito com transistor.

principais fatores que determinam a corrente de base. Pela lei de Ohm, tem-se:

$$I_B = \frac{V_{CC}}{R_B} = \frac{12\,V}{100 \times 10^3\,\Omega} = 120 \times 10^{-6}\,A$$

É possível obter uma melhor aproximação da corrente de base considerando a queda de tensão na junção base-emissor do transistor. Essa queda corresponde a aproximadamente 0,6 V para um transistor de silício, a qual é subtraída da tensão no coletor:

$$I_B = \frac{V_{CC} - 0,6\,V}{R_B}$$

Aplicando esta expressão ao circuito da Figura 6-6, tem-se:

$$I_B = \frac{12\,V - 0,6\,V}{100\,k\Omega} = 114 \times 10^{-6}\,A$$

Isso mostra que um erro pequeno é obtido quando a queda de tensão na junção base-emissor é desprezada.

A corrente de base na Figura 6-6 é pequena. Como o valor de β é fornecido, a corrente de coletor pode ser determinada. Utilizaremos a primeira aproximação da corrente de base (120 μA) e β para determinar I_C:

$$I_C = \beta \times I_B = 50 \times 120 \times 10^{-6}\,A = 6 \times 10^{-3}\,A$$

A corrente de coletor é de 6 mA e circula através do resistor de carga R_L. A queda de tensão em R_L será:

$$V_{R_L} = I_C \times R_L = 6 \times 10^{-3}\,A \times 1 \times 10^3\,\Omega = 6\,V$$

Com uma queda de tensão de 6 V em R_L, a queda de tensão no transistor será:

$$V_{CE} = V_{CC} - V_{R_L} = 12\,V - 6\,V = 6\,V$$

Os cálculos mostram a condição do amplificador em estado estático ou de repouso. Um sinal de entrada ocasiona alterações nas **CONDIÇÕES ESTÁTICAS**, (isto é explicado na Figura 6-7). À medida que a fonte do sinal se torna positiva em relação ao terra, a corrente de base aumenta. A parte positiva do sinal aumenta a corrente que circula na placa do capacitor de acoplamento, o que é mostrado na Figura 6-7(a). A Figura 6-7(b) mostra o sinal de entrada se tornando negativo. A corrente deixa de circular no capacitor e passa a circular por R_B, de modo que a corrente de base decresce.

À medida que a corrente de base cresce e decresce, o mesmo ocorre com a corrente do coletor. Isso ocorre porque a corrente de base controla a corrente do coletor. À medida que a corrente do coletor aumenta e diminui, o mesmo acontece com a queda de tensão no resistor de carga. Isso significa que a queda de tensão no transistor também se altera e não permanece constante em 6 V.

A Figura 6-8 mostra como o sinal de saída é produzido. Um transistor pode ser considerado um resistor existente entre os terminais coletor e emissor. Quanto melhor for a condução do transistor, menor será o valor desse resistor. Por outro lado, a condução piora à medida que o valor do resistor aumenta. A condução do transistor não se altera

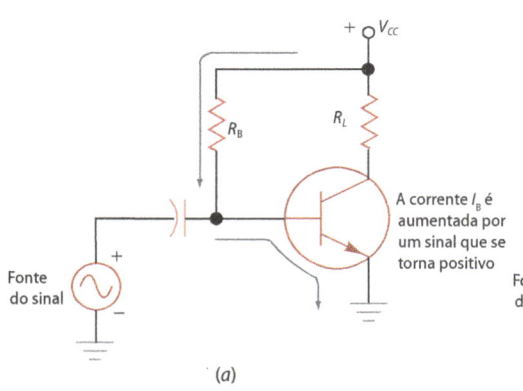

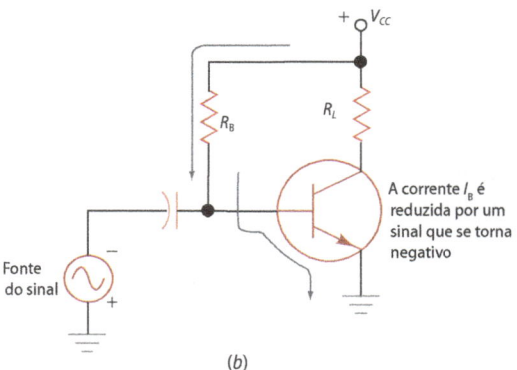

(a) A corrente I_B é aumentada por um sinal que se torna positivo

(b) A corrente I_B é reduzida por um sinal que se torna negativo

Figura 6-7 Efeito do sinal de entrada na corrente I_B.

> **Sobre a eletrônica**
>
> **Ainda não são completamente obsoletos.** Alguns equipamentos de áudio fabricados atualmente utilizam tubos a vácuo. Esse mercado é bastante reduzido se comparado ao mercados dos amplificadores de estado sólido.

à medida que a corrente de base muda. Assim, pode-se considerar que um sinal de entrada pode modificar a resistência entre coletor e emissor do transistor.

Na Figura 6-8(*a*), o amplificador encontra-se em estado estático. A tensão de alimentação é dividida igualmente entre R_L e R_{CE}, que representam a carga e a resistência do transistor, respectivamente. O gráfico mostra que a tensão V_{CE} permanece constante em 6 V.

A Figura 6-8(*b*) mostra o sinal de entrada tornando-se negativo, de modo que a corrente de base diminui e, por sua vez, provoca a redução da corrente do coletor. Agora, o transistor oferece maior resistência ao fluxo de corrente. A resistência R_{CE} aumenta para 2 kΩ. As tensões não se dividem igualmente:

$$V_{CE} = \frac{R_{CE}}{R_{CE} + R_L} \times V_{CC} = \frac{2\ k\Omega}{2\ k\Omega + 1\ k\Omega} \times 12\ V = 8\ V$$

Assim, o sinal de saída aumenta para 8 V, o que é mostrado na Figura 6-8(*b*). Outra forma de determinar a queda de tensão no transistor consiste em calcular a corrente:

$$I = \frac{V_{CC}}{R_L + R_{CE}} = \frac{12\ V}{1\ k\Omega + 2\ k\Omega} = 4 \times 10^{-3}\ A$$

Agora, essa corrente pode ser utilizada para calcular a tensão no transistor:

$$V_{CE} = I \times R_{CE} = 4 \times 10^{-3}\ A \times 2 \times 10^3\ \Omega = 8\ V$$

Esse é o mesmo valor encontrado empregando a técnica anterior.

A Figura 6-8(*c*) mostra o que acontece no circuito amplificador quando o sinal de entrada se torna positivo. A corrente de base aumenta, de modo que a corrente de coletor aumenta. O transistor apresenta melhor condução, pois sua resistência diminuiu. A tensão de saída V_{CE} é dada por:

$$V_{CE} = \frac{0{,}5\ k\Omega}{0{,}5\ k\Omega + 1\ k\Omega} \times 12\ V = 4\ V$$

O gráfico ao longo do tempo mostra esta mudança na tensão de saída.

Note na Figura 6-8 que o sinal de saída encontra-se defasado de 180° do sinal de entrada. Quando a entrada se torna negativa [Figura 6-8(*b*)], a saída começa a se tornar positiva. Quando a entrada se torna positiva [Figura 6-8(*c*)], a saída se torna negativa (menos positiva). Isso é chamado de **INVERSÃO DE FASE**, sendo essa uma característica importante do amplificador emissor comum.

O sinal de saída deve ser uma réplica fiel do sinal de entrada. Se o sinal de entrada for uma onda senoidal, o sinal de saída também deverá ser senoidal. Quando isso ocorre, o amplificador é dito linear.

Um aspecto que pode tornar um amplificador não linear é um sinal de entrada muito grande. Quando isso ocorre, o amplificador encontra-se distorcido. Isso causa **DISTORÇÃO** no sinal de saída, como mostra a Figura 6-9. A forma de onda é ceifada, de modo que V_{CE} não se torna maior que 12 V. Isso significa que o sinal de saída chegará a este valor limite e subitamente deixará de aumentar. Observe que a parte positiva da onda senoidal foi ceifada em 12 V. A tensão V_{CE} não pode se tornar menor que 0 V. Note que a parte negativa da senoide é ceifada em 0 V. Os limites desse amplificador em particular são 12 V e 0 V. O cálculo do ganho não é adequado quando o amplificador é ceifado. A equação na Figura 6-9 está riscada porque não é válida para a operação não linear.

O **CEIFAMENTO** é uma forma de **DISTORÇÃO**. Essa distorção provoca deterioração da fala ou da música em um amplificador de áudio. É isso que ocorre quando o controle de volume de um aparelho de rádio ou áudio é aumentado até o limite. Um ou mais estágios apresentarão distorções, de modo a comprometer a qualidade do som.

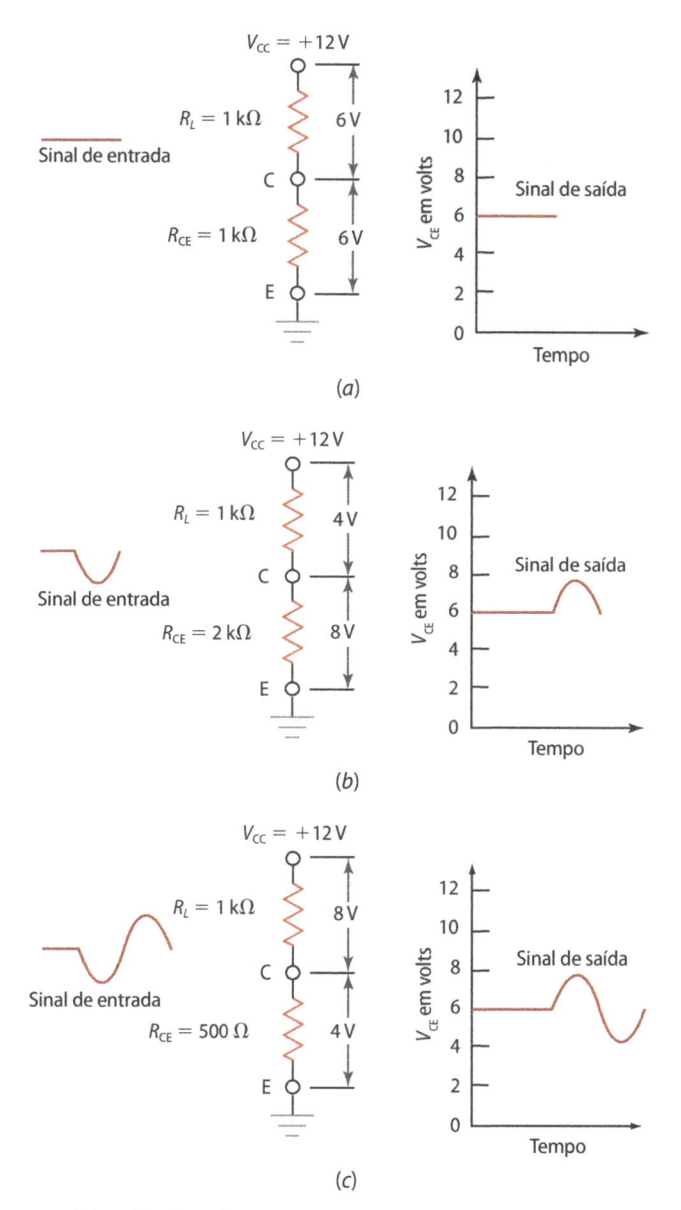

Figura 6-8 Como um sinal de saída é criado.

O ceifamento pode ser evitado controlando a amplitude da entrada e operando o amplificador em um ponto estático adequado. Isso pode ser mais bem representado desenhando uma RETA DE CARGA. A Figura 6-10 mostra uma reta de carga desenhada para a família de curvas características do coletor.

Para desenhar uma reta de carga, deve-se conhecer a tensão de alimentação (V_{CC}) e o valor do resistor de carga (R_L). A tensão V_{CC} representa o final da reta de carga. Se $V_{CC} = 12$ V, uma das extremidades da reta de carga será estabelecida no eixo horizontal em 12 V. A outra extremidade da reta é definida

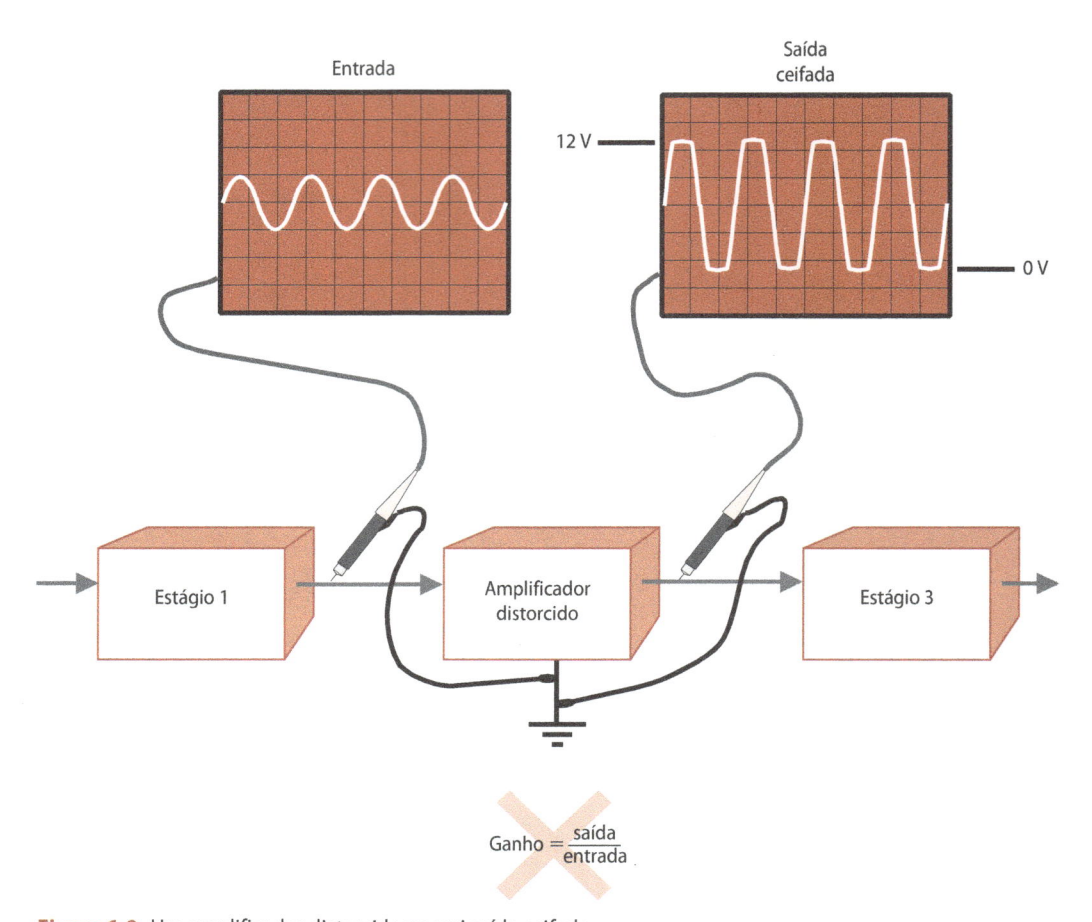

Figura 6-9 Um amplificador distorcido possui saída ceifada.

pela corrente de saturação. Essa é a corrente que circulará se a resistência entre coletor e emissor for reduzida a zero. Nessa condição, apenas R_L limitará a corrente. A lei de Ohm é utilizada para determinar esta corrente de saturação:

$$I_{sat} = \frac{V_{CC}}{R_L} = \frac{12\,V}{1\,k\Omega} = 12 \times 10^{-3}\,A \text{ ou } 12\,mA$$

Esse valor da corrente é encontrado no eixo vertical, correspondendo à outra extremidade da reta de carga. De acordo com a Figura 6-10, a reta de carga do amplificador é definida entre 12 mA e 12 V, sendo estes os limites do circuito. Um limite é denominado SATURAÇÃO (12 mA neste exemplo), enquanto o outro é definido como CORTE (12 V neste exemplo). Independentemente do que ocorre com o sinal de entrada, a corrente do coletor não pode exceder 12 mA, de modo que a tensão de saída não pode exceder 12 V. Se o sinal de entrada for muito grande, a saída será limitada nesses pontos.

É possível operar o amplificador em qualquer ponto ao longo da reta de carga. O melhor ponto de operação normalmente corresponde à metade da reta de carga, sendo este representado na Figura 6-10. Note que o ponto de operação corresponde à intersecção entre a reta de carga e a curva de 120 μA. Esse é o mesmo valor da corrente de base calculado anteriormente. Projete o ponto até o eixo horizontal e verifique que $V_{CE} = 6\,V$, o que também está de acordo com o cálculo anterior. Projete o ponto para a esquerda até cruzar o eixo vertical e

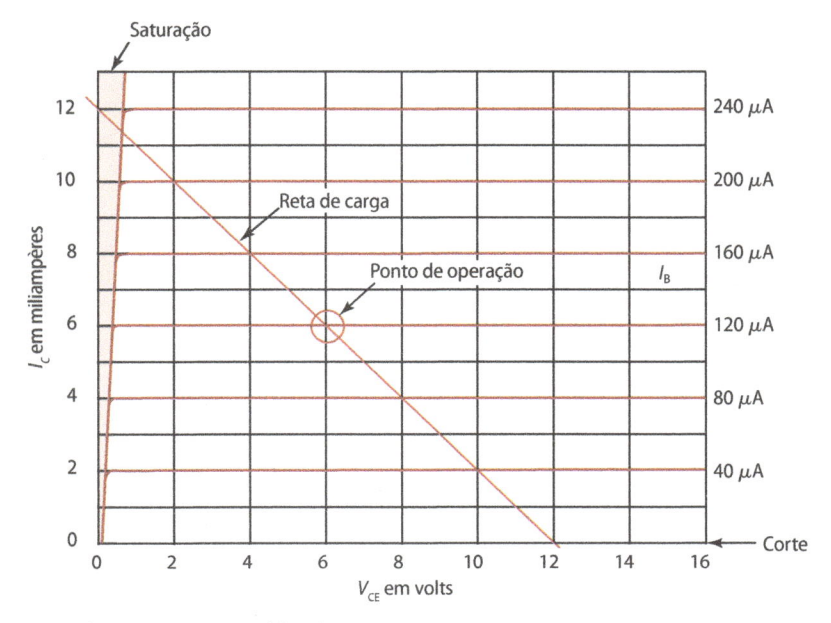

Figura 6-10 Reta de carga de um amplificador a transistor.

verifique que $I_C = 6$ mA. Novamente, isso também está de acordo com os cálculos anteriores.

A reta de carga realmente não fornece novas informações, mas é útil no sentido de fornecer uma visualização gráfica da operação do circuito. Por exemplo, examine a Figura 6-11(*a*) e verifique que o ponto de operação corresponde ao centro da reta de carga. Observe que, à medida que o sinal de entrada se torna positivo e negativo, o sinal de saída não é ceifado. Observe a Figura 6-11(*b*). O ponto de operação se encontra próximo ao limite de saturação da reta de carga. O sinal agora é ceifado em sua parte negativa. A Figura 6-11(*c*) mostra o ponto de operação localizado próximo à região de corte. O sinal agora é ceifado em sua parte positiva. Agora, torna-se óbvio o motivo pelo qual o centro da reta de carga representa o melhor ponto de operação, pois dessa forma não ocorre o ceifamento.

A saturação e o corte devem ser evitados em amplificadores lineares, pois nestes casos ocorre a distorção.

As três condições possíveis para um amplificador são exibidas na Figura 6-12. A Figura 6-12(*a*) indica que um amplificador saturado comporta-se de forma semelhante a uma chave fechada. A saturação é causada por uma corrente de base elevada. A corrente de coletor é máxima porque o transistor encontra-se na condição de resistência mínima. Não há queda de tensão em uma chave fechada, de modo que $V_{CE} = 0$. A Figura 6-12(*b*) mostra o amplificador em corte, que é causado pela ausência de corrente na base. O transistor encontra-se desligado e não há corrente circulando no dispositivo. Há uma queda de tensão aplicada nos terminais da chave aberta que é igual à tensão de alimentação. Um amplificador a transis-

Sobre a eletrônica

Amplificadores silenciosos.
Amplificadores que processam sinais muito pequenos são projetados para produzir a menor quantidade de ruído possível. Esses dispositivos são normalmente chamados de amplificadores com baixo ruído.

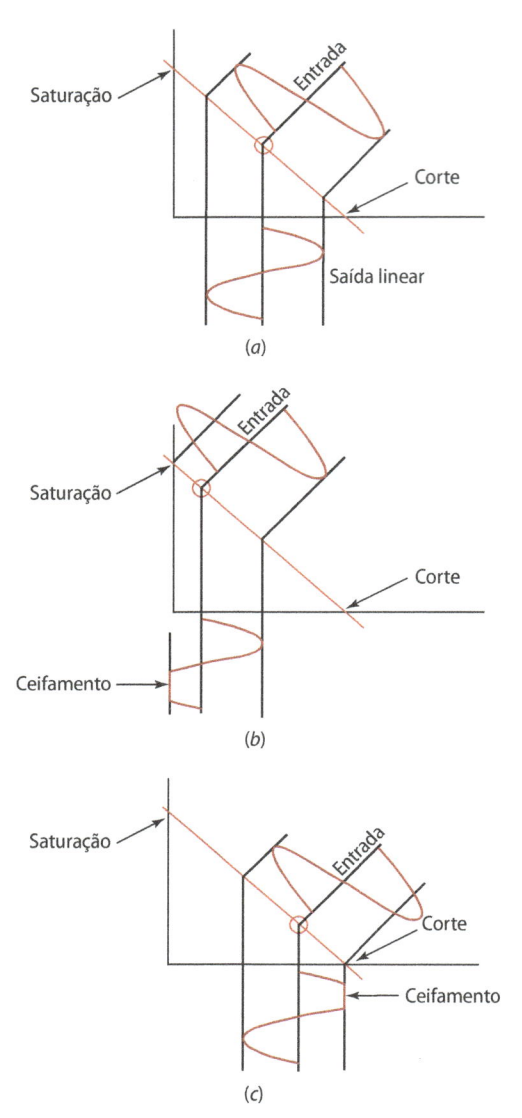

Figura 6-11 Comparação entre pontos de operação de um amplificador.

tor ativo encontra-se entre os dois extremos. Um transistor na região ativa possui um valor moderado de corrente de base. O transistor encontra-se parcialmente ligado e pode ser representado por um resistor. A corrente é aproximadamente igual à corrente de saturação e V_{CE} é aproximadamente igual à tensão de alimentação.

(a) Saturação
$V_{CE} = 0$ e I_C é máxima

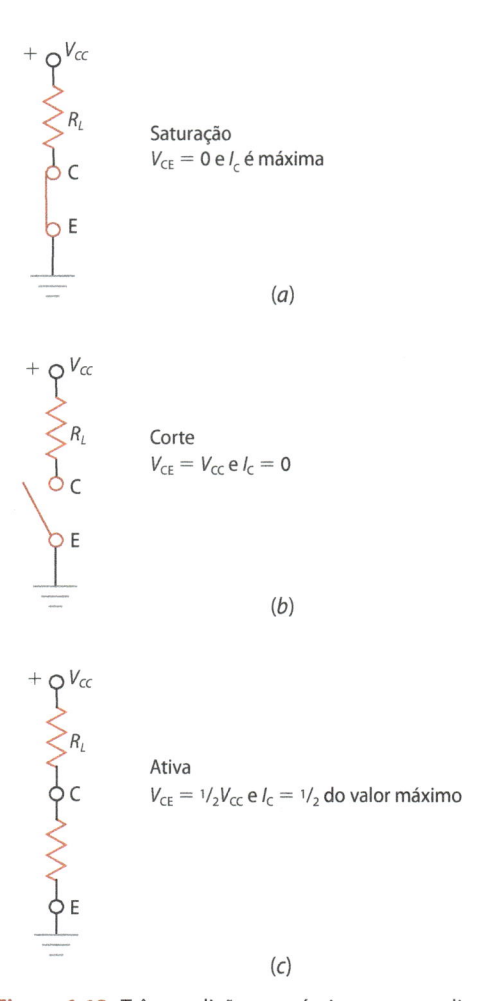

(b) Corte
$V_{CE} = V_{CC}$ e $I_C = 0$

(c) Ativa
$V_{CE} = 1/2 V_{CC}$ e $I_C = 1/2$ do valor máximo

Figura 6-12 Três condições possíveis para o amplificador.

As condições da Figura 6-12 devem ser memorizadas, pois são muito úteis quando se procura defeitos em circuitos. Além disso, tente lembrar que é a corrente de base que define se o transistor está saturado, em corte ou ativo.

Saturação	Corrente de base elevada
Corte	Não há corrente de base
Ativo	Corrente de base moderada

Isso é facilmente verificável observando a Figura 6-10. O ponto de operação pode se encontrar em qualquer posição ao longo da reta de carga, dependendo da corrente de base. Quando a corrente de base é moderada (120 μA), o ponto de operação se encontra na região ativa e no centro da reta de carga. Quando a corrente de base é alta (maior ou igual a 240 μA), o ponto de operação encontra-se na região de saturação. Quando a corrente de base é nula, o ponto de operação encontra-se na região de corte. Amplificadores a transistor que se encontram em saturação ou corte não são capazes de fornecer amplificação linear.

> **LEMBRE-SE**
> ...de que circuitos digitais ou com chaveamento utilizam transistores apenas na região de corte ou saturação. As aplicações com chaveamento foram abordadas no Capítulo 5.

> **EXEMPLO 6-13**
>
> Utilize a Figura 6-10 para determinar o resistor de base para um amplificador linear que emprega uma fonte de alimentação de 12 V e um resistor de carga no coletor de 2 kΩ. O primeiro passo consiste em desenhar a reta de carga. A corrente de saturação é:
>
> $$I_{sat} = \frac{V_{CC}}{R_L} = \frac{12\,V}{2\,k\Omega} = 6\,mA$$
>
> A nova reta de carga vai de 12 V no eixo horizontal a 6 mA no eixo vertical. O centro da reta de carga encontra-se entre as curvas de 40 μA e 80 μA na Figura 6-10. Para a operação linear, uma corrente de base de 60 μA deve ser suficiente. Utiliza-se a lei de Ohm para determinar o resistor de base:
>
> $$R_B = \frac{V_{CC}}{I_B} = \frac{12\,V}{60\,\mu A} = 200\,k\Omega$$

Teste seus conhecimentos

Verdadeiro ou falso?

17. Em um amplificador emissor comum, o sinal de entrada é aplicado ao coletor.
18. Em um amplificador emissor comum, o sinal de saída é obtido a partir do terminal emissor.
19. Um capacitor de acoplamento permite que sinais CA sejam amplificados, bloqueando a corrente contínua.
20. Amplificadores na configuração emissor comum exibem uma inversão de fase de 180°.
21. A distorção de um amplificador causa o ceifamento da saída.
22. O melhor ponto de operação de um amplificador linear encontra-se na saturação.

Resolva os seguintes problemas.

23. Observe a Figura 6-6. Modifique o valor de R_B para 75 kΩ. Desconsidere o valor de V_{BE}. Determine I_B.
24. Quando o valor de R_B é modificado para 75 kΩ na Figura 6-6, qual é o novo valor da corrente de coletor?
25. Quando o valor de R_B é modificado para 75 kΩ na Figura 6-6, qual é o valor de V_{R_L}?
26. Quando o valor de R_B é modificado para 75 kΩ na Figura 6-6, qual é o valor de V_{CE}?
27. Observe a Figura 6-10. Encontre o novo ponto de operação na reta de carga utilizando a resposta do Problema 23, projetando o valor até o eixo da tensão para determinar V_{CE}.
28. Observe a Figura 6-10. A partir do novo ponto de operação, projete o valor para a esquerda e determine I_C.
29. Observe a Figura 6-6. Modifique o valor de R_B para 50 kΩ. Desconsidere o valor de V_{BE} e determine a corrente de base, a corrente de coletor, a queda de tensão no resistor de carga e queda de tensão no transistor. O transistor encontra-se na região de saturação, corte ou ativa?
30. Observe as Figuras 6.6 e 6.10. Se V_{CC} for modificada para 10 V, determine as extremidades da nova reta de carga.

» Estabilizando o amplificador

A Figura 6-13 mostra um amplificador emissor comum que é o mesmo apresentado na Figura 6-6. O transistor possui β igual a 100. Analisando o circuito, a corrente de base pode ser determinada como:

$$I_B = \frac{V_{CC}}{R_L} = \frac{12\,V}{100\,k\Omega} = 120\,\mu A$$

Esse é o mesmo valor anteriormente calculado para a corrente de base. Entretanto, a corrente de coletor é maior:

$$I_C = \beta \times I_B = 100 \times 120\,\mu A = 12\,mA$$

Isso corresponde ao dobro da corrente de coletor na Figura 6-6. Agora, pode-se encontrar a queda de tensão no resistor de carga R_L:

$$V_{R_L} = I_C \times R_L = 12\,mA \times 1\,k\Omega = 12\,V$$

A queda de tensão no transistor é:

$$V_{CE} = V_{CC} - V_{R_L} = 12\,V - 12\,V = 0\,V$$

Não há queda de tensão no transistor, que se encontra em saturação. Um transistor saturado não apresenta amplificação linear. O circuito da Figura 6-13 possuirá distorção e ceifamento do sinal de saída.

A única mudança da Figura 6-6 para a Figura 6-13 consiste no valor de β do transistor, que pode va-

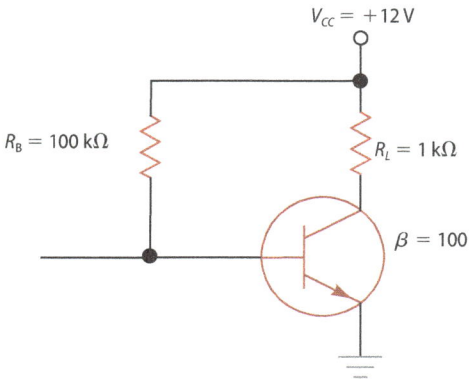

Figura 6-13 Amplificador com transistor que possui valor de β maior.

EXEMPLO 6-14

Encontre a melhor estimativa que representa as condições do amplificador mostrado na Figura 6-13 considerando a tensão da junção base-emissor.

$$I_B = \frac{V_{CC} - V_{BE}}{R_B} = \frac{12\,V - 0,7\,V}{100\,k\Omega} = 113\,\mu A$$

$$I_C = \beta \times I_B = 100 \times 113\,\mu A = 11,3\,mA$$

$$V_{R_L} = I_C \times R_L = 11,3\,mA \times 1\,k\Omega = 11,3\,V$$

$$V_{CE} = V_{CC} - V_{R_L} = 12\,V - 11,3\,V = 0,7\,V$$

Nota: A melhor estimativa não representa uma grande diferença entre os valores calculados. A tensão V_{CE} é muito próxima à saturação e o amplificador ainda apresenta problemas.

EXEMPLO 6-15

Resolva a Figura 6-13 considerando um ganho de corrente de 200. Utilizando a corrente de base de 120 μA determinada anteriormente, tem-se:

$$I_C = \beta \times I_B = 200 \times 120\,\mu A = 24\,mA$$

$$V_{R_L} = I_C \times R_L = 24\,mA \times 1\,k\Omega = 24\,V$$

Nota: A tensão V_{R_L} não pode ser maior que V_{CC}. Quando isso ocorre, o amplificador encontra-se em saturação forte e o valor efetivo da corrente do coletor é limitada pela lei de Ohm:

$$I_C = \frac{V_{CC}}{R_L} = \frac{12\,V}{1\,k\Omega} = 12\,mA$$

A corrente de coletor na Figura 6-13 não pode ser superior a 12 mA, independentemente de β.

---

riar amplamente mesmo em componentes com mesmo nome. O transistor NPN 2N3904 é um componente de aplicação geral. Consultando a folha de dados desse dispositivo, descobre-se que β (h_{FE}) pode variar de um valor mínimo de 100 a um valor máximo de 300. Isso significa que amplificadores semelhantes ao da Figura 6-13 não podem ser empregados com este transistor ou qualquer outro componente destinado a aplicações gerais em virtude da variação de β. É possível ajustar o valor de R_B de acordo com o valor real de β para cada dispositivo. Entretanto, seguir o procedimento será instrutivo. Sabe-se que uma corrente de coletor de 6 mA corresponde ao centro da reta de carga quando $V_{CE} = 12$ V e $R_L = 1$ kΩ. Vamos calcular o valor de R_B considerando $\beta = 200$ e que se deseja operar o amplificador no centro da reta de carga:

$$I_B = \frac{I_C}{\beta} = \frac{6 \text{ mA}}{200} = 30 \text{ } \mu\text{A}$$

$$R_B = \frac{V_{CC}}{I_B} = \frac{12 \text{ V}}{30 \text{ } \mu\text{A}} = 400 \text{ k}\Omega$$

O parâmetro β varia com a temperatura, o que acrescenta outro problema, de modo que o circuito da Figura 6-13 não é capaz de manter o mesmo ponto de operação ao longo de uma ampla faixa de variação da temperatura. É necessário obter um circuito que não seja sensível ao valor de β. Esses projetos são ditos independentes de β, funcionando satisfatoriamente bem ao longo de uma ampla faixa de ganho e temperatura.

É possível melhorar um amplificador emissor comum de forma significativa acrescentando-se dois resistores: um no circuito do emissor e outro entre a base e o terra. Esses resistores tornam o amplificador menos sensível a β e a mudanças na temperatura. Os resistores também causam quedas de tensão adicionais. A Figura 6-14 mostra as quedas que são normalmente utilizadas na análise e busca de defeitos em amplificadores a transistor.

Começando na esquerda da Figura 6-14, tem-se que V_B representa a queda de tensão entre a base e o terra. Este é um exemplo de notação com subíndice simples. Quando subíndices simples (letra B em V_B) são utilizados, o terra representa o ponto de referência. A tensão V_B é medida da base para o terra. A tensão V_{BE} é um exemplo de notação com subíndice duplo. Quando subíndices duplos (letras B e E em V_{BE}) são empregados, a queda de tensão é medida de um ponto em relação ao outro. Outra possibilidade consiste na queda de tensão entre um componente com dois terminais como um resistor. Como exemplo, tem-se V_{R_L} na Figura 6-14, que especifica a queda de tensão no resistor de carga. Estude cuidadosamente esse sistema de notação para entender a representação das quedas de tensão. Isso o ajudará na análise e busca de defeitos em circuitos de estado sólido.

A Figura 6-15 mostra um amplificador com todos os valores especificados dos resistores e fontes de

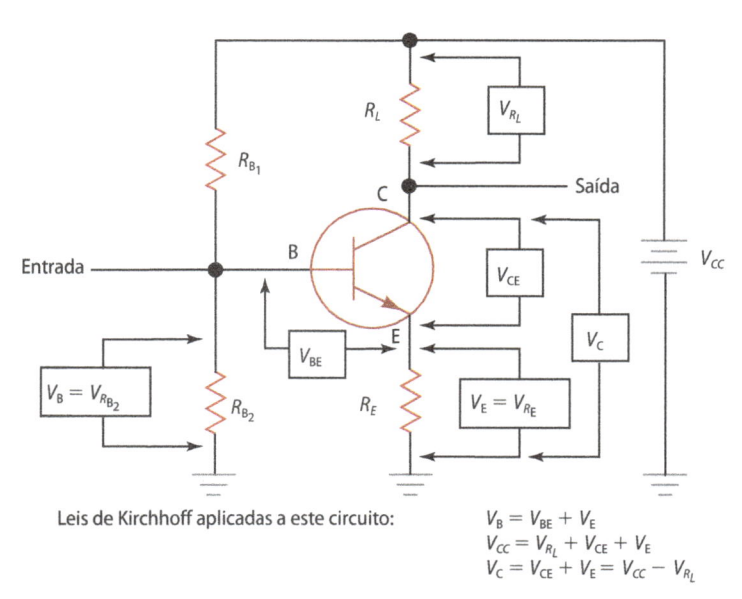

Leis de Kirchhoff aplicadas a este circuito:

$$V_B = V_{BE} + V_E$$
$$V_{CC} = V_{R_L} + V_{CE} + V_E$$
$$V_C = V_{CE} + V_E = V_{CC} - V_{R_L}$$

Figura 6-14 Representação convencional das quedas de tensão em um amplificador a transistor.

(a) Circuito

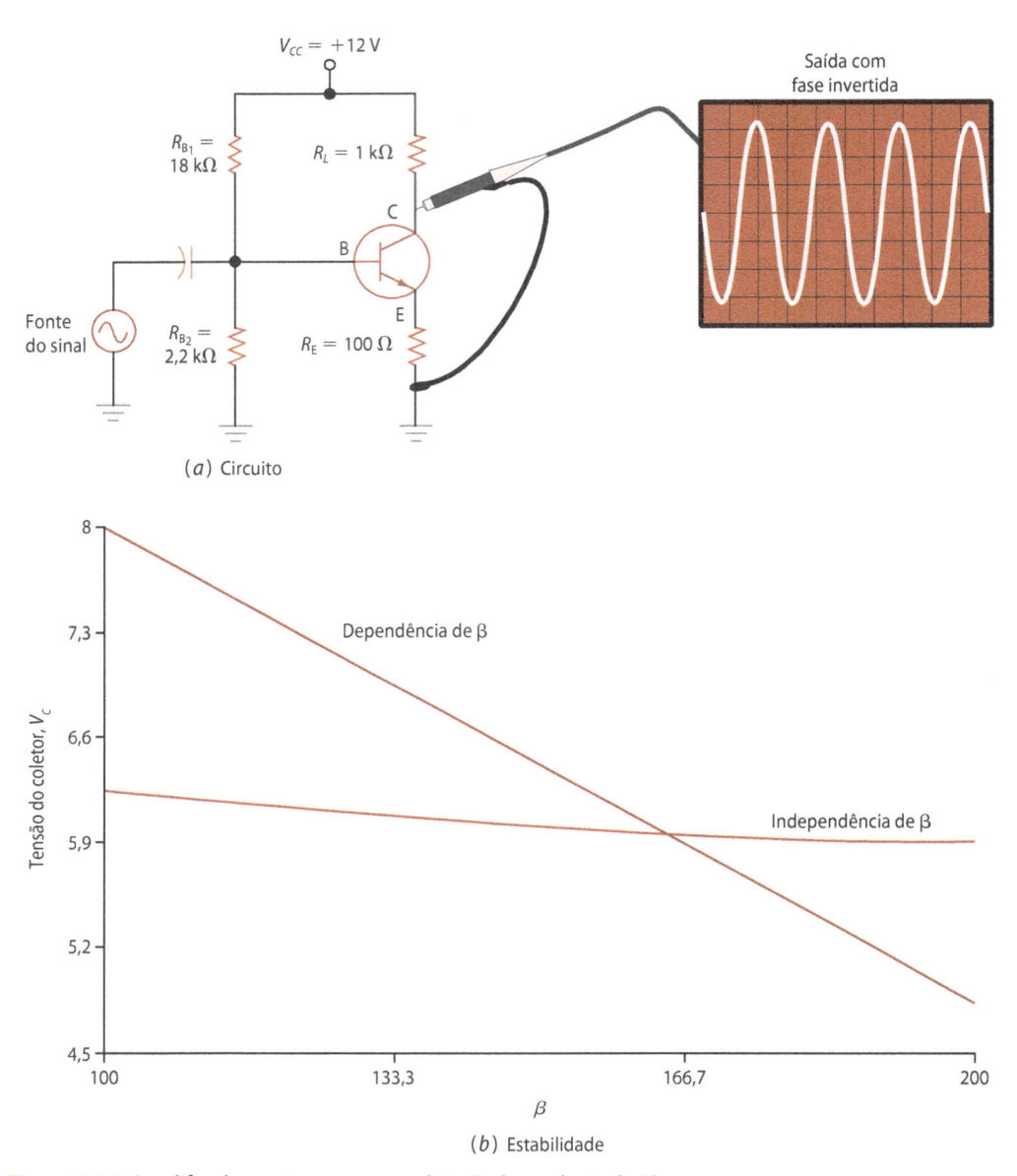

(b) Estabilidade

Figura 6-15 Amplificador emissor comum prático (independente de β).

alimentação. Essa informação permitirá analisar o circuito utilizando os seguintes passos:

1. Calcule a queda de tensão em V_{B_2}, sendo este parâmetro denominado tensão na base ou V_B. Estes dois resistores de base formam um divisor resistivo da tensão de alimentação V_{CC}. A equação do divisor resistivo é:

$$V_B = \frac{R_{B_2}}{R_{B_1} + R_{B_2}} \times V_{CC}$$

2. Considere uma queda de 0,7 V entre base e emissor. Calcule V_E subtraindo-se esta queda de V_B:

$$V_E = V_B - 0{,}7$$

3. Calcule a corrente do emissor utilizando a lei de Ohm:

$$I_E = \frac{V_E}{R_E}$$

4. Considere que a corrente do coletor é igual à corrente do emissor:

$$I_C = I_E$$

5. Calcule a queda de tensão no resistor de carga utilizando a lei de Ohm:

$$V_{R_L} = I_C \times R_L$$

6. Calcule a queda de tensão entre coletor e emissor utilizando a lei de Ohm:

$$V_{CE} = V_{CC} - V_{R_L} - V_E$$

7. Calcule V_C utilizando a seguinte equação:

$$V_C = V_{CE} + V_E$$

ou

$$V_C = V_{CC} + V_{R_L}$$

Esse procedimento com sete passos não é exato, mas é preciso o suficiente em trabalhos práticos. O primeiro passo ignora a corrente de base que circula em R_B. Essa corrente normalmente corresponde a um décimo da corrente do divisor. Assim, um pequeno erro é obtido quando se utiliza apenas os valores dos resistores para determinar V_B. O segundo passo baseia-se no que já foi aprendido sobre junções de silício polarizadas diretamente. Entretanto, para obter uma precisão melhor, utiliza-se 0,7 V em vez de 0,6 V para transistores de silício. Ao se considerar que V_{BE} é um pouco maior, o erro obtido no primeiro passo quando se ignora a corrente de base tende a ser reduzido. O terceiro passo corresponde à lei de Ohm, e nenhum erro é introduzido nesse ponto. O quarto passo implica a inserção de um pequeno erro. Sabe-se que a corrente do emissor é ligeiramente maior que a corrente do coletor. Os últimos dois passos utilizam leis básicas de circuitos, de modo que não há introdução de erro. De forma geral, o procedimento é capaz de fornecer respostas suficientemente exatas. Note que o valor de β não é utilizado em qualquer ponto ao longo dos sete passos.

Vamos aplicar o procedimento ao circuito da Figura 6-15:

1. $V_B = \dfrac{R_{B_2}}{R_{B_1} + R_{B_2}} \times V_{CC} = \dfrac{2{,}2\ k\Omega}{18\ k\Omega + 2{,}2\ k\Omega} \times 12\ V$
   $= 1{,}307\ V$

2. $V_E = V_B - 0{,}7\ V = 1{,}307\ V - 0{,}7\ V = 0{,}607\ V$

3. $I_E = \dfrac{V_E}{R_E} = \dfrac{0{,}607\ V}{100\ \Omega} = 6{,}07\ mA$

4. $I_C = I_E = 6{,}07\ mA$

5. $V_{R_L} = I_C \times R_L = 6{,}07\ mA \times 1\ k\Omega = 6{,}07\ V$

6. $V_{CE} = V_{CC} - V_{R_L} - V_E = 12\ V - 6{,}07\ V - 0{,}607\ V = 5{,}32\ V$

7. $V_C = V_{CE} + V_E = 5{,}32\ V + 0{,}607\ V = 5{,}93\ V$

Como a tensão coletor-emissor é aproximadamente igual à metade da tensão de alimentação, pode-se considerar que o circuito se comporta como um bom amplificador linear. O circuito funcionará bem com qualquer valor razoável de β e será estável ao longo de uma ampla faixa de variação da temperatura.

O gráfico mostrado na Figura 6-15(b) apresenta o desempenho do amplificador onde o ganho do transistor varia de 100 a 200. Observe que há apenas uma pequena mudança no desempenho do

EXEMPLO 6-16

Modifique o circuito da Figura 6-15 de modo que V_{CE} seja igual à metade da tensão de alimentação. Há varias formas de conseguir isso. Talvez a forma mais simples não seja mudar o valor de R_L, porque isso afetará a corrente do coletor ou a tensão do emissor. Comece modificando a equação de Kirchhoff das tensões de modo a determinar o valor de V_{R_L} sendo que V_{CE} é metade da tensão de alimentação:

$$V_{R_L} = V_{CC} - V_{CE} - V_E$$
$$V_{R_L} = 12\ V - 6\ V - 0{,}607\ V = 5{,}39\ V$$

Determine o novo valor de R_L com a lei de Ohm:

$$R_L = \frac{V_{R_L}}{I_C} = \frac{5{,}39\ V}{6{,}07\ mA} = 888\ \Omega$$

> **Sobre a eletrônica**
>
> **Produtos vêm e vão...**
> Os princípios básicos da eletricidade e da eletrônica nunca se tornarão obsoletos.

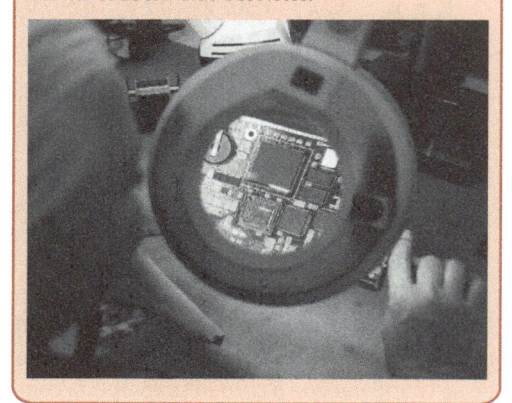

amplificador independentemente de β. Em contraste, o desempenho do circuito dependentemente de β da Figura 6-13 também é exibido. O gráfico foi produzido utilizando um simulador de circuitos.

Até o momento, as discussões e os exemplos têm sido focados na ANÁLISE CC dos amplificadores a transistor. As condições CC incluem todas as correntes estáticas e quedas de tensão. A ANÁLISE CA do amplificador permitirá a determinação do respectivo GANHO DE TENSÃO.

O ganho de tensão é uma característica CA do amplificador, sendo um dos parâmetros mais importantes nos amplificadores de pequenos sinais. Essa é a forma mais fácil de ganho que pode ser medida. Por exemplo, um osciloscópio pode ser utilizado para observar os sinais de entrada e de saída. Dividindo a saída pela entrada, obtém-se o ganho. Por outro lado, os ganhos de corrente e de potência não são medidos tão facilmente.

Transistores de junção bipolar são amplificadores de corrente. Uma mudança na corrente de base produzirá um dado sinal de saída. Entretanto, à medida que a tensão do sinal de entrada muda, a corrente do sinal de entrada também sofrerá modificações. Em outras palavras, é a tensão do sinal de entrada que controla a corrente do sinal de entrada. Assim, torna-se possível discutir, calcular e medir o ganho de tensão do sinal mesmo que os BJTs sejam dispositivos controlados por corrente.

O primeiro passo para calcular o ganho de tensão consiste em estimar a resistência CA do emissor do transistor. Não é possível enxergá-la no diagrama esquemático porque esse componente encontra-se no interior do dispositivo. O símbolo utilizado para representá-lo é r_E. Em eletrônica, uma letra minúscula "r" é normalmente empregada para designar a resistência CA. A resistência CA do emissor r_E é uma função da corrente CC no emissor e é estimada como:

$$r_E = \frac{25 \text{ mV}}{I_E}$$

Como o numerador está em milivolts, a expressão pode ser aplicada diretamente quando a corrente do emissor é medida em miliampères. Entretanto, se a corrente do emissor for dada em ampères, deve-se converter o numerador para volts (25 mV = 0,025 V) ou converter a corrente do emissor para miliampères.

O circuito da Figura 6-15 foi anteriormente resolvido para determinar a corrente CC do emissor, de modo que r_E pode ser estimada:

$$r_E = \frac{25 \text{ mV}}{6,07 \text{ mA}} = 4,12 \text{ } \Omega$$

Em circuitos reais e considerando temperaturas mais altas, r_E tende a possuir valor maior. Assim, o parâmetro pode ser estimado por:

$$r_E = \frac{50 \text{ mV}}{I_E}$$

Assim, para o circuito da Figura 6-15, r_E pode ser da ordem de:

$$r_E = \frac{50 \text{ mV}}{6,07 \text{ mA}} = 8,24 \text{ } \Omega$$

Conhecendo r_E, é possível determinar o ganho de tensão como:

$$A_V = \frac{R_L}{R_E + r_E}$$

Vamos utilizar essa expressão para determinar o ganho de tensão do circuito da Figura 6-15:

$$A_V = \frac{1000 \, \Omega}{100 \, \Omega + 4{,}12 \, \Omega} = 9{,}6 \, \Omega$$

O amplificador possuirá ganho de tensão de 9,6. Se o sinal de entrada possuir 1 V de pico a pico, então o sinal de saída possuirá 9,6 V de pico a pico. Se o sinal de entrada possuir 2 V de pico a pico, o sinal de saída será ceifado. Não é possível exceder o valor da tensão de alimentação nesse tipo de amplificador. O ganho calculado será válido apenas se o amplificador operar de forma linear.

Às vezes, um ganho muito maior é necessário. É possível aumentar um pouco o ganho empregando um capacitor de desvio do emissor. A Figura 6-16 mostra esse capacitor incluído no amplificador. O capacitor é escolhido de modo a possuir uma reatância reduzida na frequência de operação, agindo como um curto-circuito para o sinal CA. Isso significa que o sinal CA é desviado de R_E. A corrente assumirá o caminho que apresenta menor impedância. Como o caminho de R_E foi desviado, o ganho de tensão passa a ser dado por R_L e r_E:

$$A_V = \frac{R_L}{r_E}$$

O ganho de tensão para o circuito da Figura 6-16 é:

$$A_V = \frac{1000 \, \Omega}{4{,}12 \, \Omega} = 243$$

Entretanto, lembre-se de que r_E pode assumir valores da ordem de 8,24 Ω. Assim, o ganho torna-se:

$$A_V = \frac{1000 \, \Omega}{8{,}24 \, \Omega} = 121$$

O ganho de tensão para a Figura 6-16 assume valores entre 121 e 243. Na prática, a menor estimativa é mais segura. Um projeto conservativo possui ganho adicional. É possível obter estimativas mais precisas acerca do ganho do amplificador. Um simulador de circuitos, utilizando o modelo do transistor 2N4401, prevê um ganho de 200 para o amplificador com desvio do emissor. Em trabalhos práticos, o procedimento anteriormente demonstrado é adequado.

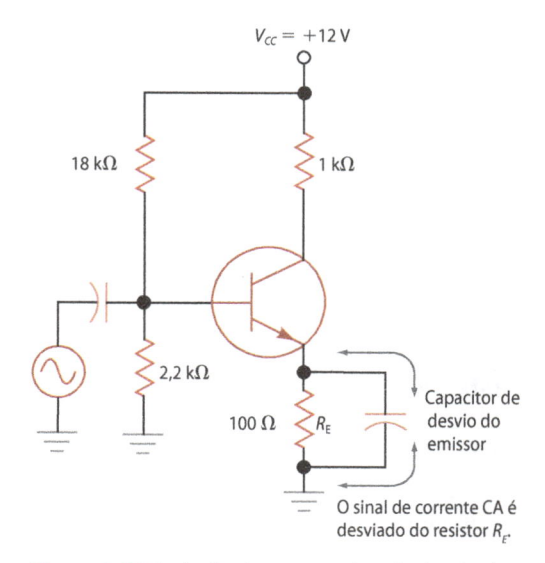

Figura 6-16 Inclusão de um capacitor de desvio do emissor.

Sem o capacitor de desvio, o ganho de tensão foi calculado como 9,6. Com o capacitor, o valor mínimo assumido pelo ganho é 121. Esse é um ganho de tensão impressionante obtido apenas com o acréscimo de um capacitor. Entretanto, há algumas desvantagens. O capacitor de desvio pode apresentar custo considerável e deve possuir uma resistência baixa na menor frequência do sinal. Se o amplificador operar em frequências muito baixas, o capacitor deve possuir um valor muito grande. De forma aproximada, o capacitor pode ser escolhido de modo que sua reatância possua um décimo da resistência do emissor. Na Figura 6-16, a resistência do emissor é 100 Ω. Isso significa que o capacitor deve possuir reatância maior que 10 Ω na menor frequência de operação. Um amplificador de áudio pode operar em frequências da ordem de 15 Hz. A reatância capacitiva pode ser empregada para determinar o capacitor de desvio:

$$X_C = \frac{1}{2\pi f C}$$

Rearranjando a equação e isolando C, obtém-se:

$$C = \frac{1}{2\pi f X_C} = \frac{1}{6{,}28 \times 15 \, \text{Hz} \times 10 \, \Omega} = 1061 \, \mu F$$

Esse é um capacitor grande. Capacitores eletrolíticos normalmente são empregados para o desvio em amplificadores de áudio. A especificação de tensão deve ser reduzida porque a tensão CC no emissor é apenas 0,61 V nesse circuito. Entretanto, o capacitor ainda possuirá tamanho e custo consideráveis.

Há outras considerações a serem adotadas no desvio do emissor além do custo e tamanho do componente. O desvio do emissor afeta a impedância de entrada do amplificador, a faixa de frequência e a distorção. Esses efeitos indesejáveis podem tornar essa prática pouco interessante. Entretanto, projetistas de circuitos podem adotar ganho de 100 utilizando dois estágios amplificadores, onde cada um dos mesmos possui ganho de 10. Esses conceitos serão posteriormente investigado no Capítulo 7.

Teste seus conhecimentos

Resolva os seguintes problemas.

31. Observe a Figura 6-14. Se $V_B = 15$ V e $V_{BE} = 0,7$ V, qual é a queda de tensão em R_E?
32. Observe a Figura 6-14. Se $V_{CC} = 10$ V, $V_{R_L} = 4,4$ V e $V_{R_E} = 1,2$ V, qual é o valor de V_{CE}?
33. Utilizando os dados do Problema 32, determine V_C.

Os problemas 34 a 40 referem-se à Figura 6-15, modificando-se os seguintes parâmetros: $R_{B_2} = 1,5$ kΩ e $R_L = 2700$ Ω.

34. Determine V_B.
35. Determine I_E.
36. Determine V_{R_L}.
37. Determine V_{CE}.
38. O amplificador está operando no centro da reta de carga?
39. Determine A_V.
40. Calcule a faixa de A_V se um capacitor de desvio do emissor for incluído no circuito.

» Outras configurações

A configuração emissor comum é um circuito muito popular, servindo como base para a maioria dos amplificadores lineares. Entretanto, para algumas condições do circuito, as duas configurações restantes podem representar uma escolha mais adequada.

Amplificadores possuem muitas características, dentre as quais se inclui a IMPEDÂNCIA DE ENTRADA. Esse parâmetro corresponde ao efeito de carga que será imposto ao sinal de entrada. A Figura 6-17 mostra que, quando uma fonte de sinal é conectada ao amplificador, essa fonte enxerga uma carga, e não um amplificador. A carga vista pela fonte corresponde à impedância de entrada do amplificador.

Há diversos tipos de fontes de sinal. Uma antena representa a fonte de sinal de um receptor de rádio. Uma antena pode possuir uma impedância de 50 Ω. Um microfone representa a fonte de sinal de um sistema público de chamadas. Um microfone pode possuir uma impedância de 100.000 Ω. Cada fonte de sinal possui uma dada IMPEDÂNCIA CARACTERÍSTICA.

A situação pode ser definida de forma simples: para que haja a melhor transferência de potência, a impedância do amplificador deve se igualar à impedância de entrada do amplificador. Isso é denominado casamento de impedância e que a Figura 6-18 demonstra porque neste caso há a melhor transferência de potência. Na Figura 6-18(a), uma fonte de sinal possui impedância de 15 Ω, sendo

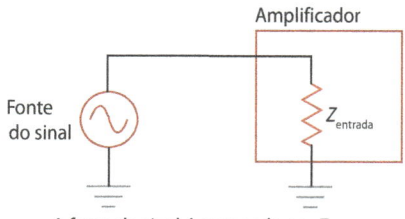

Figura 6-17 Efeito de carga do amplificador.

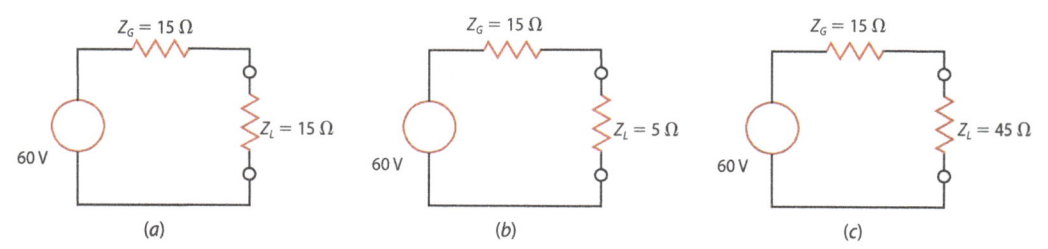

Figura 6-18 Necessidade do casamento de impedância.

que este parâmetro (Z_G) é representado como um resistor externo em série com o gerador (fonte do sinal). Como a impedância do gerador atua como um componente em série, esta é uma representação adequada. A impedância da carga na Figura 6-18(a) também é igual a 15 Ω. Assim, tem-se o casamento de impedâncias. Vamos determinar a potência transferida para a carga. Inicialmente, determina-se a corrente:

$$I = \frac{V}{Z} = \frac{60\,V}{15\,\Omega \times 15\,\Omega} = 2\,A$$

A potência dissipada na carga é:

$$P = I^2 \times Z_L = (2\,A)^2 \times 15\,\Omega = 60\,W$$

Uma carga de 15 Ω apresentará uma potência dissipada de 60 W. A Figura 6-18(b) mostra a mesma fonte com uma carga de 5 Ω. Resolvendo este circuito, tem-se:

$$I = \frac{60\,V}{15\,\Omega + 5\,\Omega} = 3\,A$$

$$P = (3\,A)^2 \times 5\,\Omega = 45\,W$$

Note que a dissipação de potência é menor que o valor máximo quando a impedância da carga é menor que a impedância da fonte. A Figura 6-18(c) mostra a impedância da fonte igual a 45 Ω. Resolvendo esse circuito, tem-se:

$$I = \frac{60\,V}{15\,\Omega + 45\,\Omega} = 1\,A$$

$$P = (1\,A)^2 \times 45\,\Omega = 45\,W$$

A potência dissipada é inferior ao valor máximo quando a impedância da fonte é maior que a impedância da carga. A máxima transferência de potência ocorrerá apenas quando houver o casamento de impedâncias.

A configuração emissor comum normalmente exibe uma impedância de entrada de 1000 Ω. O valor real dependerá tanto do transistor quanto dos demais componentes empregados no amplificador. Esse valor poderá ou não ser desejável, principalmente em virtude da impedância da fonte.

A Figura 6-19 mostra um **AMPLIFICADOR COLETOR COMUM**, que recebe esse nome porque o terminal coletor é comum aos circuitos de entrada e de saída. À primeira vista, esse circuito aparenta ser o mesmo da configuração emissor comum. Entretanto, há duas diferenças importantes:

1. O coletor é desviado para o terra com um capacitor, o qual possui reatância muito pequena na frequência do sinal. Em se tratando dos sinais, pode-se considerar que o coletor está aterrado.

2. O resistor de carga encontra-se no circuito do emissor. O sinal de saída é medido nessa carga, assim, o emissor agora representa o terminal de saída. O coletor é o terminal de saída na configuração coletor comum.

O amplificador coletor comum pode possuir impedância de entrada muito alta, da ordem de centenas de milhares de ohms. Se a fonte do sinal possuir uma impedância característica muito elevada, o amplificador coletor comum pode representar a melhor escolha. O estágio que sucede o coletor comum pode ser uma configuração coletor comum. A Figura 6-20 mostra esse arranjo. O estágio coletor comum é normalmente chamado de **AMPLIFICADOR DE ISOLAÇÃO** ou *buffer*. Sua impedância de entrada elevada carrega muito pouco a fonte do sinal, de modo que uma pequena cor-

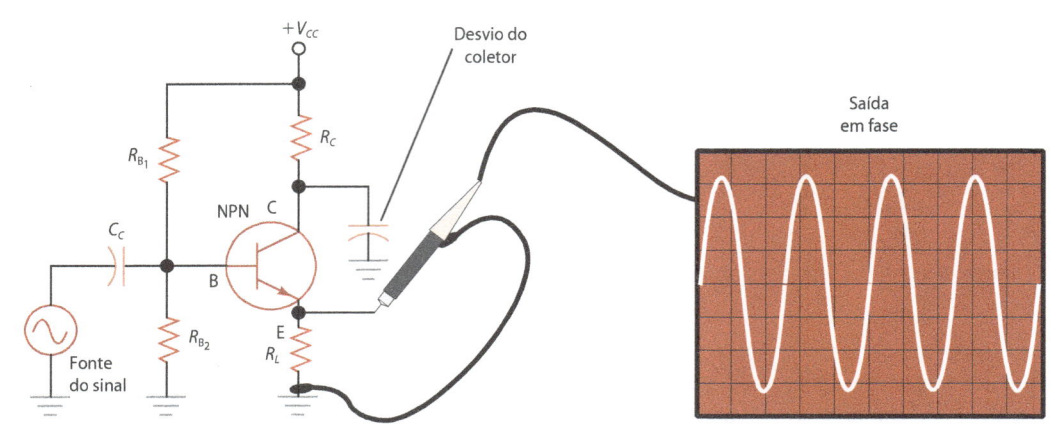

Figura 6-19 Amplificador coletor comum.

rente circulará. Assim, a fonte do sinal encontra-se isolada dos efeitos do carregamento do restante do circuito.

Além da elevada impedância de entrada, o amplificador coletor comum possui outras características importantes. O arranjo é incapaz de fornecer qualquer ganho de tensão. O sinal de saída sempre será menor que o sinal de entrada em termos da tensão. O ganho de corrente é muito alto. Há também um ganho de potência moderado. Não há inversão de fase no amplificador coletor comum. À medida que a fonte do sinal aciona o terminal base no sentido positivo, a saída (terminal emissor) também possui sentido positivo. O fato de a saída seguir a entrada fornece outro nome a esse dispositivo, que é então chamado de SEGUIDOR DE EMISSOR.

Seguidores de emissor também são conhecidos por sua baixa impedância de saída. Essa é uma vantagem quando o sinal deve ser fornecido a

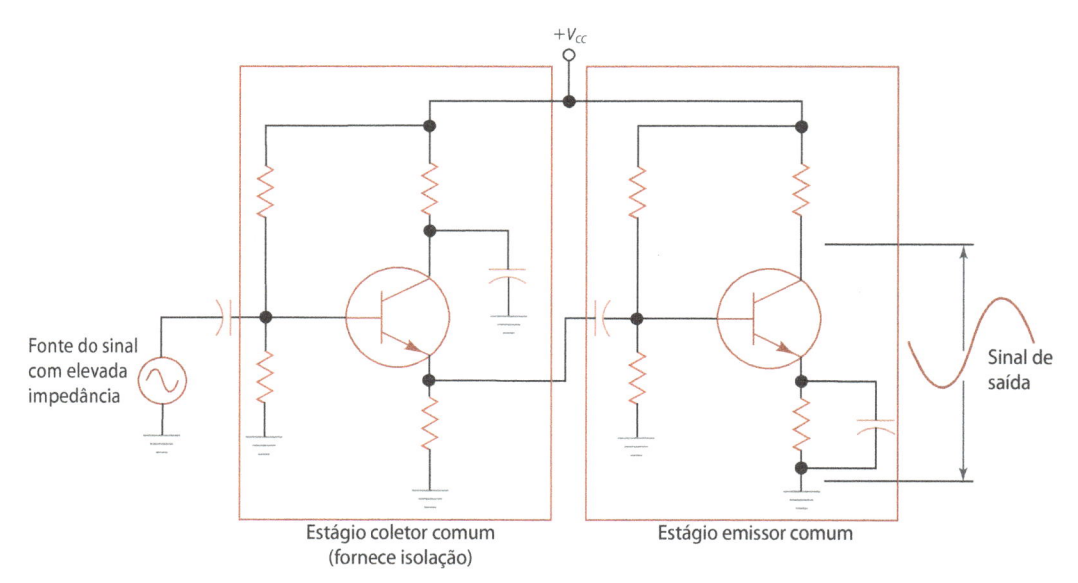

Figura 6-20 Amplificador de dois estágios.

uma carga com baixa impedância. Por exemplo, um alto-falante possui impedância de 4 a 8 Ω. Um seguidor de emissor pode acionar um alto-falante razoavelmente bem, ao passo que um amplificador coletor comum básico não pode.

O último circuito a ser discutido é o **AMPLIFICADOR BASE COMUM**. Essa configuração possui o terminal base comum aos sinais de entrada e de saída. O arranjo impedância tem entrada muito baixa, da ordem de 50 Ω, portanto, só é útil com fontes de sinal que possuem baixa impedância, apresentando bom desempenho em aplicações de radiofrequência (RF).

A Figura 6-21 mostra o diagrama esquemático de um amplificador RF base comum, projetado para amplificar sinais de rádio de pequena intensidade a partir do circuito da antena. A impedância da antena é baixa, sendo da ordem de 50 Ω. Assim, há um bom casamento entre as impedâncias da antena e do amplificador. A base é aterrada na frequência do sinal através do capacitor C_4. O sinal é realimentado no terminal emissor do transistor, sendo que o sinal de saída é obtido do coletor. Os circuitos L_1C_2 e L_2C_5 são utilizados para a sintonia e apresentam ressonância na frequência de operação desejada. Isso permite que o amplificador rejeite outras frequências que podem ocasionar interferência. A bobina L_2 e o capacitor C_5 constituem a carga do coletor para o amplificador. Essa carga apresentará alta impedância na frequência de ressonância. Assim, o ganho de tensão torna-se elevado na frequência de ressonância. Outras frequências apresentarão ganhos menores. A Figura 6-22 mostra o perfil do ganho para um amplificador RF sintonizado desse tipo.

O amplificador base comum é incapaz de fornecer qualquer ganho de corrente. A corrente de entrada sempre será maior que a corrente de saída. Isso ocorre porque a corrente no emissor é sempre maior nos BJTs. O amplificador é capaz de fornecer ganho de tensão maior, além de ganho de potência. De forma semelhante à configuração seguidor de emissor, o sinal de entrada não é invertido (não há inversão de fase).

Apenas o amplificador emissor comum é capaz de fornecer as três formas de ganho: tensão, corrente e potência. O arranjo possui o melhor ganho de potência entre as três configurações possíveis, sendo a mais útil de todas. A Tabela 6-2 resume as principais características de cada tipo de configuração.

Até o momento, apenas amplificadores com transistores NPN foram apresentados. Tudo que foi discutido para circuitos NPN é válido para circui-

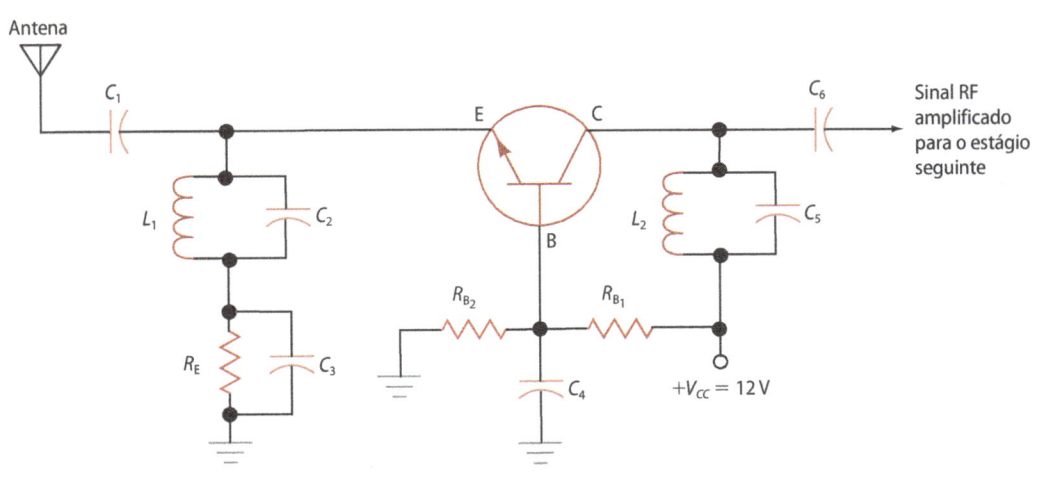

Figura 6-21 Amplificador RF base comum.

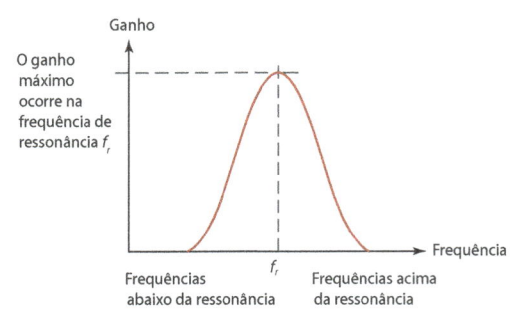

Figura 6-22 Resposta em frequência de um amplificador RF sintonizado.

O ganho máximo ocorre na frequência de ressonância f_r

Frequências abaixo da ressonância

Frequências acima da ressonância

tos PNP, com exceção da polaridade. A Figura 6-23 mostra um amplificador PNP. Observe que a tensão de alimentação V_{CC} é negativa. Comparando-se esse circuito com amplificadores NPN anteriormente mostrados neste capítulo, constata-se que estes últimos arranjos são energizados com tensões positivas.

Circuitos NPN podem ser energizados com tensões negativas. Quando isso ocorre, a tensão é designada por V_{EE} em oposição a V_{CC}, e isso está

> **EXEMPLO 6-17**
>
> Determine a corrente do emissor e V_{CE} para o circuito da Figura 6-21 se $R_{B_1} = 10\ k\Omega$, $R_{B_2} = 2,2\ k\Omega$ e $R_E = 470\ \Omega$. Embora esse circuito aparentemente seja muito diferente, pode-se analisá-lo conforme a Figura 6-15. Da mesma forma anterior, a tensão de polarização é:
>
> $$V_B = \frac{R_{B_2}}{R_{B_1} + R_{B_2}} \times V_{CC} = \frac{2,2\ k\Omega}{10\ k\Omega + 2,2\ k\Omega} \times 12\ V = 2,16\ V$$
>
> Subtrai-se então esse valor da tensão base-emissor:
>
> $$V_E = V_B - 0,7\ V = 2,16\ V - 0,7\ V = 1,46\ V$$
>
> *Nota:* A resistência CC da bobina L_1 é muito pequena e não influenciará na corrente CC do emissor. Calcule a corrente do emissor:
>
> $$I_E = \frac{V_E}{R_E} = \frac{1,46\ V}{470\ \Omega} = 3,11\ mA$$
>
> *Nota:* A resistência CC da bobina L_2 é muito pequena e não influenciará na queda de tensão CC no transistor. Determina-se a queda de tensão no transistor como:
>
> $$V_{CE} = V_{CC} - V_E = 12\ V - 1,46\ V = 10,5\ V$$

Tabela 6-2 *Resumo das configurações de amplificadores*

	Base comum	Coletor comum	Emissor comum
Circuito básico (mostrando a fonte do sinal e a carga R_L)			
Ganho de potência	Sim	Sim	Sim (ganho mais alto)
Ganho de tensão	Sim	Não (menor que 1)	Sim
Ganho de corrente	Não (menor que 1)	Sim	Sim
Impedância de entrada	Menor possível ($\approx 50\ \Omega$)	Maior possível ($\approx 300\ k\Omega$)	Médio ($\approx 1\ k\Omega$)
Impedância de saída	Maior possível ($\approx 1\ M\Omega$)	Menor possível ($\approx 300\ \Omega$)	Médio ($\approx 50\ k\Omega$)
Inversão de fase	Não	Não	Sim
Aplicação	Utilizado principalmente como amplificador RF.	Utilizado principalmente como amplificador de isolação	Universal. Funciona bem em todas as aplicações

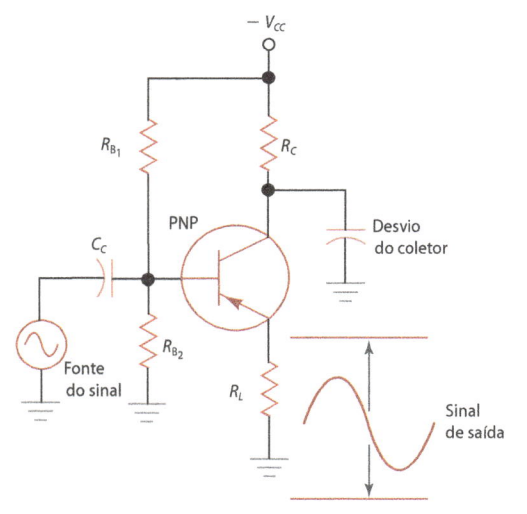

Figura 6-23 Amplificador com transistor PNP.

mostrado na Figura 6-24. Estude esse circuito e o compare à Figura 6-15 para verificar que ambos os transistores são propriamente polarizados. Deve-se constatar que em ambos os circuitos o coletor está reversamente polarizado e a junção base-emissor está polarizada diretamente. Lembre-se de que essas condições de polarização devem ser obedecidas para que o transistor opere como amplificador linear.

A Figura 6-24 apresenta a captura de tela de um circuito analisado em um aplicativo de simulação de circuitos. Note que os valores obtidos são muito próximos dos anteriormente calculados para a Figura 6-15. Os nomes de alguns medidores são diferentes para mostrar a mudança no referencial de terra desse circuito.

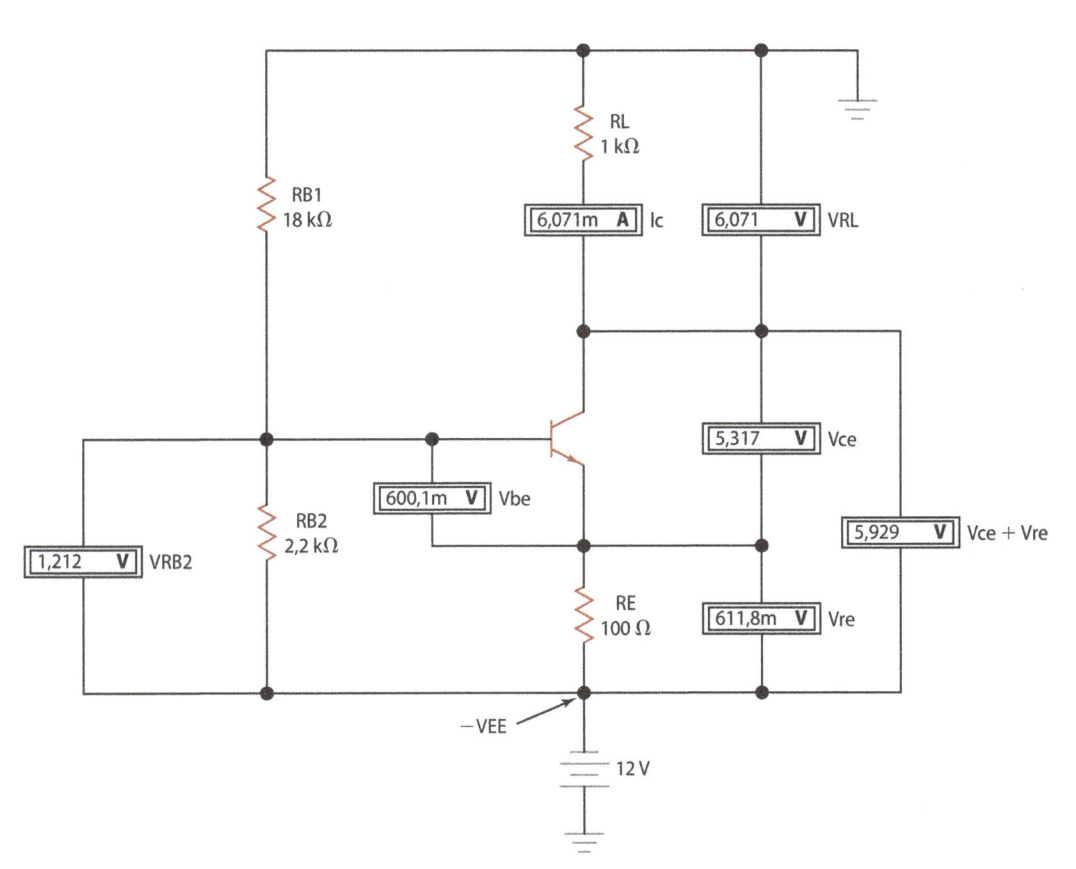

Figura 6-24 Amplificador com transistor NPN utilizando fonte de alimentação no emissor.

Teste seus conhecimentos

Verdadeiro ou falso?

41. A configuração de um amplificador pode ser determinada analisando quais são os terminais dos transistores utilizados como entrada e saída.

42. Para a máxima transferência de potência, a resistência da fonte deve ser igual à resistência da carga.

43. O termo "seguidor de emissor" é aplicado a amplificadores emissor comum.

44. A configuração coletor comum é a melhor escolha quando se deseja realizar o casamento de uma fonte de alta impedância com uma carga de baixa impedância.

45. O amplificador mostrado na Figura 6-23 possui configuração emissor comum.

Resolva os seguintes problemas.

46. Uma fonte de sinal possui impedância de 300 Ω e a tensão na saída é 1 V. Calcule a potência transferida dessa fonte para os seguintes amplificadores:
    a. O amplificador A possui uma impedância de entrada de 100 Ω.
    b. O amplificador B possui uma impedância de entrada de 300 Ω.
    c. O amplificador C possui uma impedância de entrada de 900 Ω.

47. Observe a Figura 6-19. Se $V_{CC} = 12$ V, $R_{B_1} = 47$ kΩ, $R_{B_2} = 68$ kΩ e $R_L = 470$ Ω, qual é a corrente CC do emissor I_E?

48. Observe a Figura 6-21. Se $R_{B_1} = 5,6$ kΩ, $R_{B_2} = 2,2$ kΩ e $R_E = 270$ Ω, e considerando que a bobina possui resistência nula, qual é a corrente de coletor I_C?

» Simulação e modelos

Modelos têm sido utilizados ao longo de milhares de anos. Projetistas e artesãos aprenderam há muito tempo que normalmente é mais fácil trabalhar com um modelo do que com o objeto real. Se um modelo é de boa qualidade, o que se aprende através dele pode ser utilizado no cenário real. Modelos podem ser utilizados para estudos diversos incluindo pontes, edifícios, moléculas, clima, interações com drogas, veículos e circuitos. Em engenharia, os modelos normalmente são matemáticos. A seguinte expressão representa um exemplo:

$$I_D = I_S [e^{V_D/V_T} - 1]$$

onde: I_D = corrente em diodo de junção PN
I_S = corrente de saturação de polarização reversa (provavelmente da ordem de 1×10^{-14} A)
$e \cong 2,718$
V_D = tensão na junção PN
V_T = tensão térmica (0,026 V a 27 °C)

Técnicos raramente utilizam um modelo como esse. O motivo é o seguinte: observe o circuito da Figura 6-25. O circuito pode ser facilmente resolvido com um modelo simplificado que fixa a queda de tensão em um diodo polarizado em 0,7 V. O modelo sofisticado não é facilmente empregado porque não se conhece o valor de V_D até que o circuito seja resolvido. Pode-se tentar utilizar as leis de circuitos como estratégia. Sabe-se, pela lei de Kirchhoff das tensões, que as duas quedas de tensão na Figura 6-25 devem ser iguais a V_S. Sabe-se também que a queda de tensão pode ser expressa por $I_D R$ (lei de Ohm). Assim, tem-se:

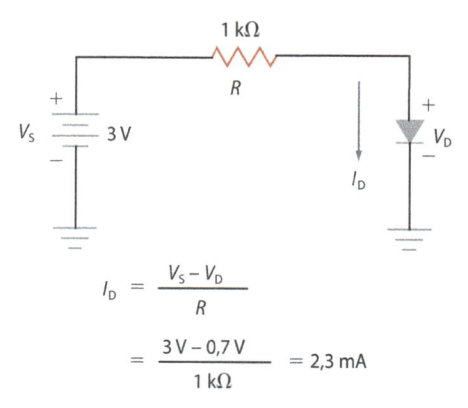

$$V_S = I_D R + V_D$$

$$I_D = \frac{V_S - V_D}{R}$$

$$= \frac{3 \text{ V} - 0,7 \text{ V}}{1 \text{ k}\Omega} = 2,3 \text{ mA}$$

Figura 6-25 Circuito com diodo resolvido a partir de um modelo simples.

Agora, combinando essa expressão com a que representa o modelo sofisticado do diodo, tem-se:

$$3\,V = [1 \times 10^{-14}][e^{\frac{V_D}{0,026}} - 1][1 \times 10^3] + V_D$$

A estratégia utilizada resultou em uma equação onde há apenas uma incógnita (V_D). Entretanto, essa é uma EQUAÇÃO TRANSCENDENTAL e não pode ser resolvida diretamente. A equação é dita transcendental em virtude do expoente ($V_D/0{,}026$). Computadores (e seres humanos) podem utilizar um processo de adivinhação repetitivo denominado ITERAÇÃO para resolver tais equações. Substitui-se continuamente valores de V_D no lado direito da equação até que se obtenha um resultado próximo a 3 V. A iteração nem sempre funciona. Se alguma vez você já utilizou aplicativos computacionais que apresentaram erros do tipo "falha na convergência", isso quer dizer que um resultado adequado não foi encontrado após um dado número de tentativas. Sim, computadores podem ser programados para "saber" quando se deve desistir. Quando a iteração do aplicativo falha, pode ser possível alterar a tolerância da simulação ou os limites da iteração para obter uma solução.

De qualquer forma, se você pretende utilizar um processo iterativo para o problema do diodo, utilize uma calculadora que possua uma tecla e^x. Resolva o expoente fracionário inicialmente utilizando um valor de 0,7 V para V_D, divida por 0,026 e então pressione a tecla e^x, subtraia 1, multiplique pela corrente de saturação, multiplique pelo valor do resistor e, finalmente, some 0,7 V. *Dica*: 0,68 V é um palpite melhor para V_D neste caso.

Computadores são incansáveis, mas os seres humanos não. Computadores são capazes de fazer milhões de cálculos em um segundo e raramente cometem erros. Computadores são adequados para simulações utilizando modelos complexos. A IBM desenvolveu um dos primeiros simuladores de circuitos aproximadamente em 1960, denominado ECAP (do inglês *Electronic Circuit Analysis Program* – Programa Eletrônico de Análise de Circuitos). Após o ECAP, surgiu o SPICE (do inglês *Simulation Program with Integrated Circuit Emphasis* – Programa de Simulação com Ênfase em Circuitos Integrados). SPICE foi desenvolvido na Universidade da Califórnia em Berkeley no início da década de 1970. Esse programa é de domínio público e se tornou um padrão em aplicativos de simulação eletrônica. Da mesma forma que ECAP, SPICE inicialmente era executado em computadores *mainframe**que se encontravam disponíveis apenas em agências governamentais, grandes empresas e algumas universidades. Atualmente, computadores pessoais de custo relativamente reduzido possuem maior capacidade de processamento que os antigos computadores *mainframe* possuíam.

O desenvolvimento da simulação SPICE continua a evoluir com o surgimento de novos modelos, funções e versões de aplicativos adaptados para computadores pessoais. Certamente, a maioria dos profissionais do ramo da eletrônica utilizará algum tipo de programa simulador de circuitos. Mesmo hobbystas utilizam esses aplicativos. É interessante saber se um dado simulador de circuitos é baseado em SPICE. Em caso afirmativo, há chances de que ele seja compatível com outros simuladores e modelos de dispositivos desenvolvidos para SPICE. Modelos de dispositivos são muito importantes, por exemplo, a corrente de saturação reversa de um diodo real varia de acordo com as dimensões físicas e com o tipo de dopagem. A faixa de valores práticos varia entre 10^{-15} e 10^{-13} A. A corrente I_S dobra a cada aumento de aproximadamente 5 °C na temperatura (essa é uma forma como os simuladores de circuito lidam com a mudança de temperatura). Assim, modelos SPICE exatos podem prever como vários componentes reais operarão nos circuitos e quais serão os efeitos causados pela temperatura.

Aplicativos de simulação permitem que circuitos sejam investigados sem que o processo seja onero-

---

* N. de T.: Um *mainframe* é um computador de grande porte, dedicado normalmente ao processamento de um grande volume de informações. São capazes de oferecer serviços de processamento a milhares de usuários através de milhares de terminais conectados diretamente ou através de uma rede. O termo *mainframe* se refere ao gabinete principal que alojava a unidade central de fogo nos primeiros computadores.

so em termos de tempo e custo. Por exemplo, uma VARREDURA DE PARÂMETROS pode permitir que o circuito seja resolvido para uma faixa de valores. É assim que o gráfico da Figura 6-15(*b*) foi obtido. O ganho de corrente do transistor β foi variado entre 100 e 200. Varreduras de temperatura consistem em outro exemplo. É fácil resolver um circuito com diodo para 10 temperaturas diferentes. Imagine que isso seja feito utilizando um circuito real. A simulação de circuitos oferece as seguintes vantagens:

- Representa economia de tempo e dinheiro.
- Consiste em um ambiente dinâmico de aprendizagem.
- Consiste em uma forma simples de testar ideias e conceitos.
- Trata-se de uma forma de segura de trabalhar com circuitos que envolvem altas potências.
- Permite a realização de investigações que não seriam práticas utilizando outros métodos.
- Permite uma verificação independente de projetos de circuitos (detecção e correção de erros).
- Permite que os projetos sejam melhorados (em termos de confiabilidade, custo, entre outros aspectos).

A modelagem não é perfeita. Se um modelo não é apropriado, é incapaz de retratar a realidade. Além disso, os simuladores podem empregar o processo de estimativa e iteração para resolver dados problemas. Simuladores de circuitos apresentam diversas limitações, que por sua vez incluem:

- Imprecisão no comportamento do simulador em altas frequências.
- Falha na verificação de problemas diversos (ruptura por tensão, ruptura por temperatura, entre outros).
- Incapacidade de simular determinados circuitos (onde uma solução não é encontrada).
- Incapacidade de simular determinados circuitos de forma precisa (onde a solução não é realista).
- Incapacidade fornecer um tipo particular de análise.
- Indisponibilidade de modelos para determinados dispositivos.

Vamos examinar alguns aspectos que ocorrem em altas frequências. A Figura 6-26 mostra que, em altas frequências, os componentes básicos tornam-se mais complexos. Por que isso ocorre? Existem capacitâncias e indutâncias parasitas em todos os dispositivos reais. Se um dispositivo emprega cabos de conexão, esses elementos produzem indutâncias parasitas. Se um resistor apresenta um filme depositado sobre um corpo isolante, há uma capacitância parasita entre o filme e o corpo. Os efeitos em virtude desses elementos parasitas são mínimos, pois eles são da ordem de nanohenries e picofarads. Entretanto, os elementos parasitas não podem ser desprezados em altas frequências.

O que se pode dizer sobre os capacitores? Esses elementos normalmente possuem terminais metálicos que apresentam uma pequena indutância, a qual se torna significativa em altas frequências. Projetos em altas frequências normalmente empregam dispositivos sem terminais (como capacitores e resistores em pastilhas) de modo a reduzir a indutância parasita.

Considere um indutor ou uma bobina que apresenta espiras constituídas de material metálico que se encontram muito próximas umas das outras. Há uma pequena capacitância entre as espiras. O efeito total se resume à chamada CAPACITÂNCIA DISTRIBUÍDA da bobina.

A capacitância distribuída é reduzida e pode ser ignorada em baixas frequências. Em altas frequências, esse parâmetro torna-se significativo e pode fazer uma bobina atuar como um circuito ressonante. O condutor utilizado na confecção de uma bobina possui uma resistência de baixa frequência e uma resistência de alta frequência ocasionada pelo efeito pelicular (*skin*). Lembre-se de que o efeito pelicular significa que a maior parte do fluxo de corrente em alta frequência é confinada na periferia do condutor.

Profissionais que trabalham com radiofrequência (RF) normalmente utilizam simuladores de circuitos RF especializados que são projetados para fornecer resultados mais realistas em altas frequências. Aplicativos de projeto em RF também podem empregar modelos diversos para dispositivos como transistores.

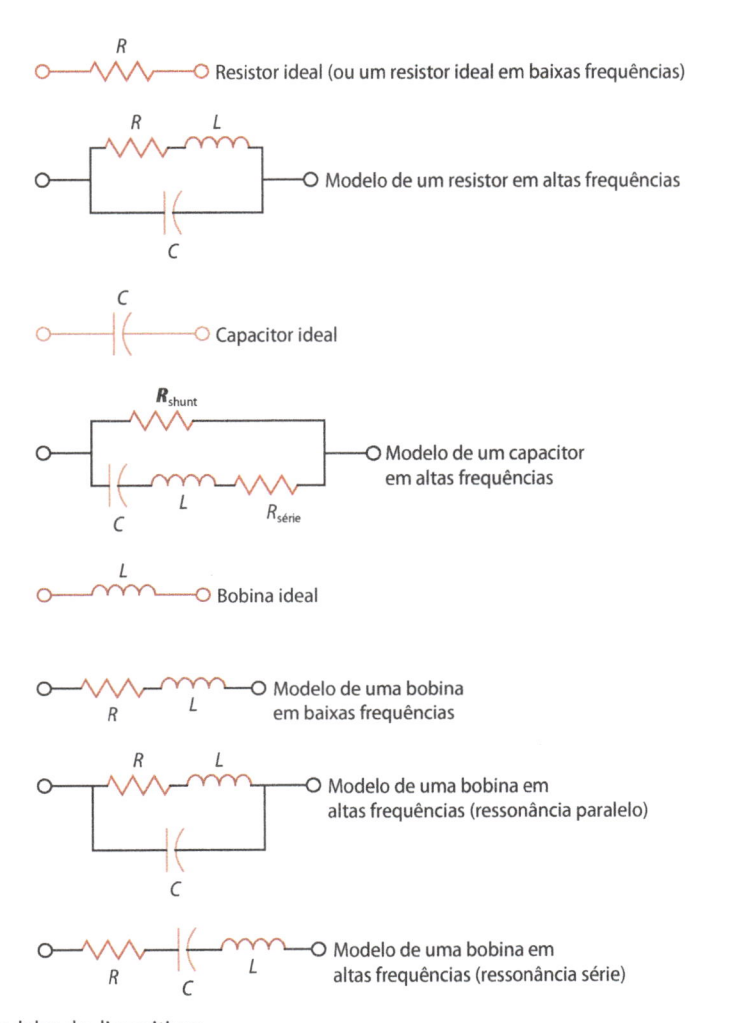

Figura 6-26 Modelos de dispositivos.

Teste seus conhecimentos

Responda às seguintes perguntas com uma frase ou palavra curta.

49. Cite alguns dispositivos que podem ser simulados em computadores.
50. Cite um exemplo de modelo matemático.
51. O que a sigla SPICE representa?
52. Cite o exemplo de aspectos modelados em um dado dispositivo.
53. Qual é o outro nome dado para o processo de palpites repetidos?
54. O que significa uma falha de convergência?
55. Para que serve a varredura de parâmetros?
56. Por que modelos ideais são adequados em baixas frequências?

RESUMO E REVISÃO DO CAPÍTULO

Resumo

1. O ganho de um amplificador é determinado dividindo a saída pela entrada.
2. O ganho é especificado como uma razão de tensão, corrente ou potência, ou como o logaritmo de uma razão.
3. Quando cada parte de um sistema é especificada em termos do ganho ou perda em decibéis, o desempenho global pode ser determinado simplesmente somando todos os ganhos e subtraindo todas as perdas.
4. Quando cada parte de um sistema é especificada em termos de razões, o desempenho global pode ser determinado multiplicando todos os ganhos e dividindo todas as perdas.
5. O decibel é baseado no ganho ou na perda de potência, podendo ser adaptado ao ganho ou perda de tensão considerando que as resistências de entrada e saída são idênticas. Quando isso não ocorre, o ganho de tensão em dB não é igual ao ganho de potência em dB.
6. Em um amplificador emissor comum, o terminal emissor é comum aos sinais de entrada e de saída.
7. O resistor de carga do coletor em um amplificador emissor comum permite que a tensão de saída seja oscilante.
8. O resistor de polarização da base limita a corrente de base em um valor desejado ou nível estático.
9. O sinal de entrada provoca mudanças na corrente de base, na corrente do coletor e na tensão de saída.
10. O amplificador emissor comum provoca uma inversão de fase de 180°.
11. Uma forma de determinar os limites do amplificador consiste na determinação da reta de carga. Amplificadores lineares operam no centro da reta de carga.
12. Um transistor saturado pode ser comparado a uma chave fechada, de modo que a queda de tensão em seus terminais será nula (ou muito pequena).
13. Um transistor cortado pode ser comparado a uma chave aberta, de modo que a queda de tensão em seus terminais será igual à tensão de alimentação.
14. Um transistor operando na região linear deve se encontrar entre as regiões de saturação e corte. A queda de tensão em seus terminais é aproximadamente igual à metade da tensão de alimentação.
15. Para que um amplificador a transistor seja prático, o arranjo não pode ser sensível ao parâmetro β.
16. Um circuito amplificador prático e estável utiliza um divisor de tensão para ajustar a tensão na base e um resistor no terminal emissor.
17. O ganho de tensão de um amplificador emissor comum é ajustado pela resistência de carga e pela resistência do emissor.
18. O amplificador emissor comum ajustado é o mais popular dentre as três configurações possíveis.
19. A melhor transferência de potência em um amplificador ocorre quando a impedância da fonte é igual à impedância da carga.
20. O amplificador coletor comum ou seguidor de emissor possui impedância de entrada muito alta e baixa impedância de saída.
21. O amplificador coletor comum possui ganho de tensão inferior a 1.
22. Devido à alta impedância de entrada, o amplificador coletor comum consiste em um bom amplificador de isolação.
23. O amplificador base comum possui impedância de entrada muito baixa.
24. O amplificador base comum é utilizado principalmente como amplificador RF.
25. O amplificador emissor comum é a única configuração que fornece ganhos de tensão e de corrente, possuindo o melhor ganho de potência.
26. Qualquer uma das três configurações de amplificadores pode usar transistores NPN ou PNP. A principal diferença reside na polaridade.

27. Quando o circuito do coletor em um amplificador é alimentado, a fonte de alimentação é denominada V_{CC}.
28. Quando o circuito do emissor em um amplificador é alimentado, a fonte de alimentação é denominada V_{EE}.
29. Pode-se aprender bastante com modelos realistas de dispositivos diversos, como circuitos.
30. Em engenharia e tecnologia, modelos matemáticos são populares.
31. Embora algumas equações não possam ser resolvidas diretamente, muitas podem ser resolvidas através da iteração, que é um processo de tentativas repetidas.
32. Computadores consistem em ferramentas excelentes para trabalhar com modelos matemáticos e soluções iterativas.
33. SPICE, desenvolvido pela Universidade da Califórnia, em Berkeley, é o aplicativo de simulação de circuitos mais popular.
34. Há modelos SPICE disponíveis para diversos dispositivos.
35. Embora simuladores de circuitos sejam muito úteis e poderosos, tais aplicativos possuem limitações.

Fórmulas

Ganho: $\text{Ganho} = \dfrac{\text{Sinal de saída}}{\text{Sinal de entrada}}$ $A_V = \dfrac{V_{\text{saída}}}{V_{\text{entrada}}}$;

Ganho em dB: $A_I = \dfrac{I_{\text{saída}}}{I_{\text{entrada}}}$ $A_P = \dfrac{P_{\text{saída}}}{P_{\text{entrada}}}$

Ganho de tensão em dB $= 20 \times \log \dfrac{V_{\text{saída}}}{V_{\text{entrada}}}$

Ganho de potência dB $= 10 \times \log_{10} \dfrac{P_{\text{saída}}}{P_{\text{entrada}}}$

Corrente de base (em um circuito dependente de β):

$I_B = \dfrac{V_{CC} - 0{,}6\,V}{R_B}$

Corrente de coletor (em um circuito dependente de β):
$I_C = \beta \times I_B$

Tensão coletor-emissor (em um circuito dependente de β):

$V_{CE} = V_{CC} - I_C R_L$

Corrente de saturação (em um circuito dependente de β):

$I_{\text{sat}} = \dfrac{V_{CC}}{R_L}$

Tensão de base (em um circuito independente de β):

$V_B = \dfrac{R_{B_2}}{R_{B_1} + R_{B_2}} \times V_{CC}$

Tensão no emissor (em um circuito independente de β):

$V_E = V_B - 0{,}7\,V$

Corrente no emissor (em um circuito independente de β):

$I_E = \dfrac{V_E}{R_E}$

Corrente no coletor (em um circuito independente de β):

$I_C \cong I_E$

V_{R_L} (em um circuito independente de): $V_{R_L} = I_C \times R_L$

V_{CE} (em um circuito independente de β):
$V_{CE} = V_{CC} - V_{R_L} - V_E$

V_C (em um circuito independente de β):
$V_C = V_{CE} + V_E = V_{CC} - V_{R_L}$

Resistência CA do emissor: $r_E = \dfrac{0{,}025}{I_E}$ ou $r_E = \dfrac{0{,}05}{I_E}$

Ganho de tensão: $A_V = \dfrac{R_L}{R_E + r_E}$ ou $A_V = \dfrac{R_L}{r_E}$

Questões

Responda às seguintes perguntas.

6-1 O que representa o símbolo A_V?

6-2 O que representa o símbolo A_P?

6-3 Logaritmos comuns são potências com qual base?

6-4 Se o sinal de saída é menor que o sinal de entrada, o ganho em dB será um número com qual sinal?

6-5 Considerando que a sensibilidade do ouvido humano ao som não é linear, como é possível defini-la então?

6-6 Em um amplificador emissor comum, o sinal é realimentado no circuito de base do transistor. Como a saída é obtida?

6-7 Observe a Figura 6-4. Qual é o componente que evita o fluxo de corrente CC da fonte do sinal circulando na junção base-emissor?

6-8 Observe a Figura 6-4. Qual é o componente que permite que o amplificador desenvolva um sinal de tensão na saída?

6-9 Observe a Figura 6-4. Se R_B estiver aberto (resistência infinita), como o transistor irá operar?

6-10 Observe a Figura 6-6. À medida que um sinal de entrada aciona a base no sentido positivo, o que ocorrerá no coletor?

6-11 Observe a Figura 6-6. À medida que um sinal de entrada aciona a base no sentido positivo, como deverá ser a corrente no coletor?

6-12 O ceifamento pode ser evitado controlando o sinal de entrada e operando o amplificador em que ponto da reta de carga?

6-13 Observe a Figura 6-10. A corrente de base é nula. O amplificador encontra-se em qual condição?

6-14 Observe a Figura 6-10. A corrente de base é 300 µA. O amplificador encontra-se em qual condição?

6-15 Um técnico busca falhas em um amplificador e encontra a tensão V_{CE} próxima a 0 V. Assim, o transistor opera em qual modo?

6-16 Observe a Figura 6-13. O circuito amplificador não é prático porque é muito sensível à temperatura. Além disso, qual a outra razão que não o torna factível?

6-17 Uma fonte de sinal possui impedância de 50 Ω. Para a melhor transferência de potência, qual deve ser a imp. de entrada do amplificador projetado para essa fonte?

6-18 Observe a Figura 6-19. À medida que a base é acionada no sentido positivo, a corrente no emissor como se comportará?

6-19 Observe a Figura 6-19. Essa configuração é conhecida por possuir alta impedância de entrada. Como se comporta a impedância de saída?

6-20 Precisa-se de um amplificador com baixa impedância de entrada para aplicação em radiofrequência. Qual seria a melhor escolha neste caso?

6-21 Qual é a única configuração de amplificador que produz inversão de fase de 180°?

6-22 Precisa-se de um amplificador com impedância de entrada moderada e com o melhor ganho de potência possível. Qual seria a melhor configuração neste caso?

6-23 Precisa-se de um amplificador para isolar uma fonte de sinal de alguns efeitos de carregamento. Qual seria a melhor configuração neste caso?

6-24 Observe a Figura 6-24. Se esse circuito for projetado com um transistor PNP, como deve ser a tensão V_{EE} em relação ao terra?

Problemas

6-1 O sinal aplicado no amplificador é de 100 mV, enquanto o sinal de saída possui 8,5 V. Qual é o valor de A_V?

6-2 Qual é o ganho de tensão em dB para o Problema 6-1?

6-3 Se $R_{entrada} = R_{saída}$ no Problema 6-1, qual é o ganho de potência em dB?

6-4 Um amplificador com ganho de potência de 6 dB apresenta um sinal de saída de 20 W. Qual é a potência do sinal de entrada?

6-5 Um transmissor de 1000 W é conectado a um cabo coaxial com perda de 2 dB. Qual é a potência que chega à antena?

6-6 Um amplificador de dois estágios possui ganho de 40 no primeiro estágio e ganho de 18 no segundo. Qual é o ganho de razão total?

6-7 Um amplificador de dois estágios possui ganho de 18 no primeiro estágio e ganho de 22 no segundo. Qual é o ganho total em dB?

6-8 Um osciloscópio possui uma frequência resposta que é -3 dB em 50 MHz. Um sinal de 10 V pico a pico com 50 MHz é aplicado no osciloscópio. Qual será o valor da tensão exibido na tela?

6-9 O sinal proveniente de uma antena de micro-ondas é especificado em -90 dBm. Qual é o nível desse sinal em watts?

6-10 Observe a Figura 6-4. Considere $R_B = 100$ kΩ e $V_{CC} = 10$ V. Não corrija o valor de V_{BE} e determine I_B.

6-11 Observe a Figura 6-6. Não corrija o valor de V_{BE}. Considere $\beta = 80$ e determine V_{CE}.

6-12 Observe a Figura 6-10. Considere uma corrente de base de 180 μA e determine I_C.

6-13 Observe a Figura 6-10. Se a corrente de base é 200 μA, qual é o valor de V_{CE}?

6-14 Observe a Figura 6-15(a). Considere $R_L = 1500$ Ω e determine V_{CE}.

6-15 Observe a Figura 6-15(a). Determine o valor máximo de I_E.

6-16 Observe a Figura 6-16. Considere que a corrente de emissor seja 5 mA. Qual é o valor do ganho de tensão?

6-17 Determine A_V considerando os dados do Problema 6-16 se o capacitor de desvio do emissor estiver aberto (defeito comum em capacitores eletrolíticos).

6-18 Observe a Figura 6-23. Considerando $V_{CC} = -20$ V, $R_{B_1} = R_{B2} = 10$ kΩ, $R_L = 1$ kΩ e $R_C = 100$ Ω, determine V_B, V_E, I_E, V_{R_C} e V_{CE}.

Raciocínio crítico

6-1 Existe alguma vantagem no fato de a audição humana ser logarítmica?

6-2 Suponha que um amplificador esteja defeituoso e, assim, independentemente do sinal de entrada, o sinal de saída seja sempre nulo. O desempenho desse amplificador pode ser expresso utilizando decibéis?

6-3 Você é abordado por um inventor que deseja investir dinheiro em um novo empreendimento denominado amplificador de energia. Por que você deve ter cuidado nesse caso?

6-4 Sabe-se que amplificadores são capazes de tornar os sons mais altos. Esses dispositivos são capazes de melhorar a qualidade do som?

6-5 Um transistor possui um ponto de operação no centro da reta de carga. Considerando que não há ceifamento, esse transistor funcionará em diferentes temperaturas quando estiver amplificando sinais em comparação com a situação onde não há qualquer sinal na entrada?

6-6 Em alguns casos, o ganho é necessário, mas a inversão de fase não é aceitável. A configuração emissor comum pode ser utilizada nesses casos?

Respostas dos testes

1. V
2. V
3. F
4. V
5. F
6. F
7. V
8. V
9. F
10. 2800
11. 64 dB
12. 130 dB
13. 50 W
14. 79,2 W
15. 6,31 kW
16. 10×10^{-3} W
17. F
18. F
19. V
20. V
21. V
22. F
23. 160 µA
24. 8 mA
25. 8 V
26. 4 V
27. $V_{CE} = 4$ V
28. $I_C = 8$ mA
29. $I_B = 240$ µA, $I_C = 12$ mA, $V_{R_L} = 12$ V, $V_{CE} = 0$ V, saturação
30. $V_{CE(corte)} = 10$ V, $I_{sat} = 10$ mA.
31. 0,8 V
32. 4,4 V
33. 5,6 V
34. 0,923 V
35. 2,23 mA
36. 6,02 V
37. 5,75 V
38. Opera em uma região próxima ao centro.
39. 24
40. De 120 a 241
41. V
42. V
43. F
44. V
45. F
4.6 a. 0,625 mW, b. 0,833 mW, c. 0,625 mW
47. 13,6 mA
48. 9,94 mA
49. Clima, circuitos, sistemas físicos, entre outros.
50. Lei de Ohm, equação do diodo, entre outros.
51. *Simulation program with integrated circuit emphasis* (programa de simulação com ênfase em circuitos integrados).
52. Dados de um dispositivo real, incluindo seu desempenho de acordo com a temperatura, corrente de saturação, entre outros.
53. Iteração.
54. A iteração falhou ao produzir uma resposta próxima o suficiente do valor desejado.
55. Investigação do efeito de um parâmetro do dispositivo ou da temperatura.
56. Porque elementos parasitas como a indutância e a capacitância são desprezíveis.

capítulo 7

Mais informações sobre amplificadores de pequenos sinais

Normalmente, um único estágio de amplificação não é suficiente. Este capítulo aborda amplificadores com múltiplos estágios, bem como os métodos utilizados para transferir sinais de um estágio para a etapa seguinte. Os amplificadores com transistores de efeito de campo também são abordados. Este capítulo também discute a realimentação negativa e a resposta em frequência.

Objetivos deste capítulo

- Identificar os métodos padrão de acoplamento de sinal e citar suas características.
- Calcular a impedância de entrada de amplificadores do tipo emissor comum.
- Determinar o ganho de tensão em amplificadores em cascata.
- Desenhar a reta de carga de sinal de um amplificador emissor comum.
- Resolver circuitos amplificadores com FETs.
- Identificar a realimentação negativa e citar seus efeitos.
- Determinar a resposta em frequência de um amplificador emissor comum.

» Acoplamento do amplificador

O termo acoplamento refere-se ao método utilizado para transferir o sinal de um estágio para o seguinte. Há três tipos básicos de acoplamento em amplificadores: capacitivo, direto e com transformador.

O **ACOPLAMENTO CAPACITIVO** é útil quando os sinais são alternados. Capacitores de acoplamento são selecionados de modo a possuir reatância reduzida na frequência mais baixa do sinal, assim, tem-se um bom desempenho do amplificador ao longo de toda a faixa de frequência. Qualquer componente CC será bloqueada pelo capacitor de acoplamento.

A Figura 7-1 mostra por que é importante bloquear a componente CC em um amplificador com múltiplos estágios. O transistor Q_1 representa o ganho do primeiro estágio, sendo que sua tensão de coletor estática é de 7 V, medida entre o coletor e terra. O transistor Q_1 na Figura 7-1 possui potencial estático na base de 3 V, medido entre base e terra. Como os terminais terra são comuns, é simples determinar a tensão entre o coletor de Q_1 e a base de Q_2:

$$V = 7\,V - 3\,V = 4\,V$$

Assim, há uma tensão de 4 V no capacitor C_2.

O que ocorreria na Figura 7-1 se ocorresse um curto-circuito em C_2? As tensões do coletor de Q_1 e da base de Q_2 em relação ao terra seriam as mesmas, assim, isso mudaria significativamente o ponto de operação de Q_2. A tensão na base de Q_2 seria maior que 3 V e esse aumento levaria o transistor à saturação. Logo, o dispositivo não seria capaz de operar de forma linear.

Capacitores de acoplamento utilizados em circuitos com transistores normalmente são do tipo eletrolítico, principalmente quando se trata de amplificadores de baixa frequência. Valores elevados de capacitância são utilizados para transmitir o sinal com perdas reduzidas. A **POLARIDADE** é importante quando se trabalha como capacitores eletrolíticos. Novamente, observe a Figura 7-1. O coletor de Q_1 é 4 V mais positivo que a base de Q_2. Assim, o capacitor C_2 deve ser utilizado com a polaridade mostrada.

O acoplamento capacitivo é amplamente empregado em amplificadores eletrônicos que processam sinais CA. Entretanto, algumas aplicações são estritamente CC (0 Hz). Instrumentos eletrônicos

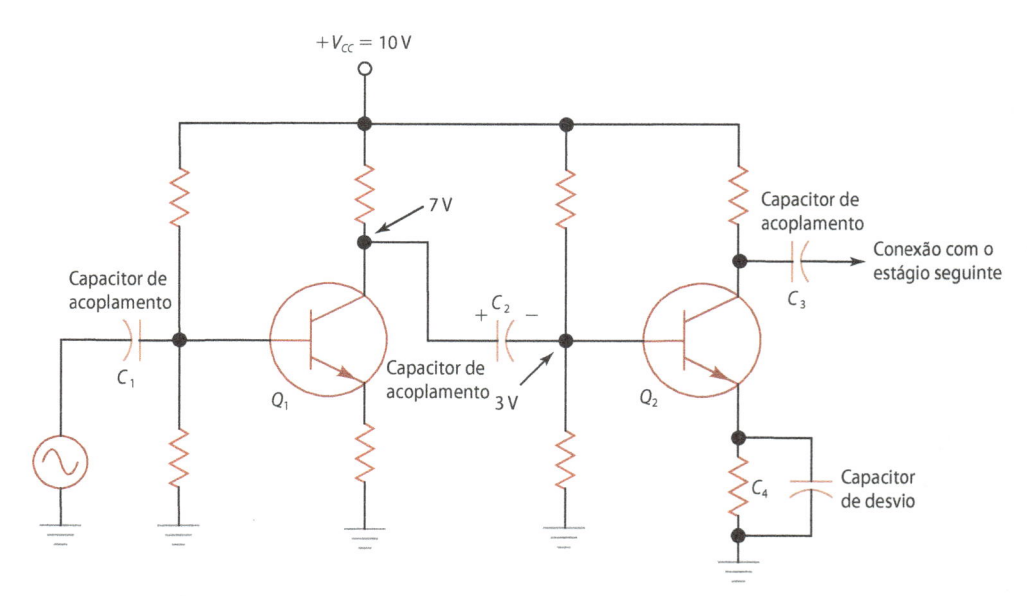

Figura 7-1 Amplificador com acoplamento capacitivo.

como osciloscópios e medidores devem responder à corrente contínua. Assim, amplificadores nestes instrumentos não podem utilizar acoplamento capacitivo.

O **ACOPLAMENTO DIRETO** funciona em 0 Hz (corrente contínua). Um amplificador acoplado diretamente utiliza condutores ou outro caminho CC entre os estágios. A Figura 7-2 mostra um amplificador com acoplamento direto. Note que o emissor de Q_1 é conectado diretamente à base de Q_2. Um amplificador desse tipo deve ser projetado de forma que as tensões estáticas nos terminais sejam compatíveis entre si. Na Figura 7-2, a tensão no emissor de Q_1 é a mesma tensão na base de Q_2.

A **SENSIBILIDADE À TEMPERATURA** pode ser um problema em amplificadores diretamente acoplados. À medida que a temperatura aumenta, o parâmetro β e a corrente de fuga aumentam e isso tende a deslocar o ponto de operação de um amplificador. Quando isso ocorre no estágio inicial de um amplificador, os demais estágios tenderão a amplificar a variação da temperatura. Na Figura 7-2, considere que houve aumento da temperatura. Assim, o transistor Q_1 conduzirá uma corrente maior, que circulará no resistor do emissor e aumentará a queda de tensão. A base de Q_2 passa a enxergar uma tensão maior, de modo que a saturação torna-se mais forte. Se houver um terceiro e um quarto estágios, mesmo uma pequena alteração no ponto de operação de Q_1 levará o quarto estágio a sair da região de operação linear.

O acoplamento direto envolvendo alguns estágios não é complexo. Essa pode ser a forma com menor custo para se obter o ganho desejado. O acoplamento direto pode ser utilizado em estágios de um amplificador de áudio onde a frequência mais baixa é da ordem de 20 Hz. O acoplamento direto fornece uma resposta em frequência adequada, sendo utilizado em aplicações de áudio onde possui menor custo que outras formas de acoplamento.

Um **CIRCUITO DARLINGTON** consiste em outro exemplo de acoplamento direto. Lembre-se de que essa configuração pode ser encontrada na forma de encapsulamento único ou uma associação de dois dispositivos de forma semelhante àquela mostrada na Figura 7-3. O ganho de corrente para a Figura 7-3 é aproximadamente igual ao produto dos dois valores individuais de beta, isto é:

$$\text{Ganho de corrente} = A_I \approx \beta_1 \times \beta_2$$

Se cada transistor possuir $\beta = 100$, tem-se:

$$A_I \approx 100 \times 100 = 10.000$$

Um circuito Darlington representa uma escolha satisfatória quando se deseja ganho elevado de corrente ou alta impedância de entrada. Como o circuito possui ganho alto de corrente, um sinal de corrente com menor amplitude é necessário, o que significa que o carregamento da fonte é reduzido quando se trata de

Figura 7-2 Amplificador com acoplamento direto.

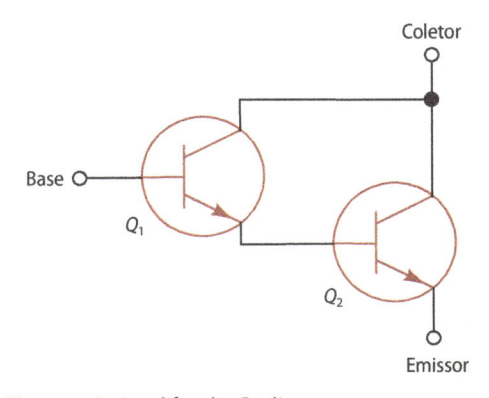

Figura 7-3 Amplificador Darlington.

um amplificador Darlington, ou seja, a corrente drenada da fonte torna-se menor. Isso é especialmente verdadeiro em um seguidor de emissor Darlington como o circuito da Figura 7-4. Vamos determinar as condições estáticas desse circuito. A tensão na base de Q_1 é ajustada pelo divisor:

$$V_{B1} = \frac{220 \text{ k}\Omega}{220 \text{ k}\Omega + 470 \text{ k}\Omega} \times 12 \text{ V} = 3,83 \text{ V}$$

O resistor do emissor de Q_2 enxergará essa tensão subtraída das quedas de tensão base-emissor:

$$V_{E(Q_2)} = 3,83 \text{ V} - 0,7 \text{ V} - 0,7 \text{ V} = 2,43 \text{ V}$$

EXEMPLO 7-1

Modifique o circuito da Figura 7-4 de forma que $V_{CE(Q_2)}$ seja metade da tensão de alimentação. Isso significa que a tensão no emissor de Q_2 deve ser de 6 V. Pode-se modificar o divisor resistivo para produzir uma tensão que corresponde a uma tensão de 6 V somada a duas vezes a queda de tensão base-emissor:

$$V_{divisor} = 6 \text{ V} + 0,7 \text{ V} + 0,7 \text{ V} = 7,4 \text{ V}$$

Um novo valor para o resistor de 470 kΩ pode ser determinado resolvendo a seguinte equação para R:

$$7,4 \text{ V} = \frac{220 \text{ k}\Omega}{220 \text{ k}\Omega + R} \times 12 \text{ V}$$

Multiplicando-se ambos os lados pelo denominador, tem-se:

$$7,4 \text{ V}(220 \text{ k}\Omega + R) = 220 \text{ k}\Omega \times 12 \text{ V}$$

Divide-se ambos os lados por 12 V:

$$0,617(220 \text{ k}\Omega + R) = 220 \text{ k}\Omega$$

Aplica-se a propriedade distributiva:

$$136 \text{ k}\Omega + 0,617R = 220 \text{ k}\Omega$$

Subtrai-se 136 kΩ de ambos os lados:

$$0,617R = 84 \text{ k}\Omega$$

Divide-se ambos os lados por 0,617:

$$R = 136 \text{ k}\Omega$$

Substitui-se então o resistor de 470 kΩ por outro componente de 130 kΩ, que representa o valor comercial mais próximo.

Sobre a eletrônica

Busca de falhas e fase de um sinal.
Quando um osciloscópio de duplo traço é utilizado pra verificar a fase de um sinal em vários pontos de um circuito, o disparo do sinal de entrada representa uma solução adequada.

A lei de Ohm fornece a corrente no emissor de Q_2:

$$I_{E(Q_2)} = \frac{2,43 \text{ V}}{1 \text{ k}\Omega} = 2,43 \text{ mA}$$

De acordo com a lei de Kirchhoff das tensões, a queda de tensão em Q_2 é:

$$V_{CE(Q_2)} = 12 \text{ V} - 2,43 \text{ V} = 9,57 \text{ V}$$

A Figura 7-5 mostra um amplificador ACOPLADO COM TRANSFORMADOR. O transformador atua como carga do coletor para o transistor e como dispositivo de acoplamento para a carga do amplificador. A vantagem do acoplamento com transformador é facilmente compreensível analisando o casamento de impedância de forma adequada. A relação de espiras de um transformador é dada por:

$$\text{Relação de espiras} = \frac{N_P}{N_S}$$

onde N_P=número de espiras do enrolamento primário e N_S=número de espiras do enrolamento secundário.

A *relação de impedância* é dada por:

$$\text{Relação de impedância} = (\text{Relação de espiras})^2$$

Se o transformador da Figura 7-5 possui 100 espiras no primário e 10 espiras no secundário, sua relação de espiras é:

$$\text{Relação de espiras} = \frac{100}{10} = 10$$

Sua relação de impedância é:

$$\text{Relação de impedância} = 10^2 = 100$$

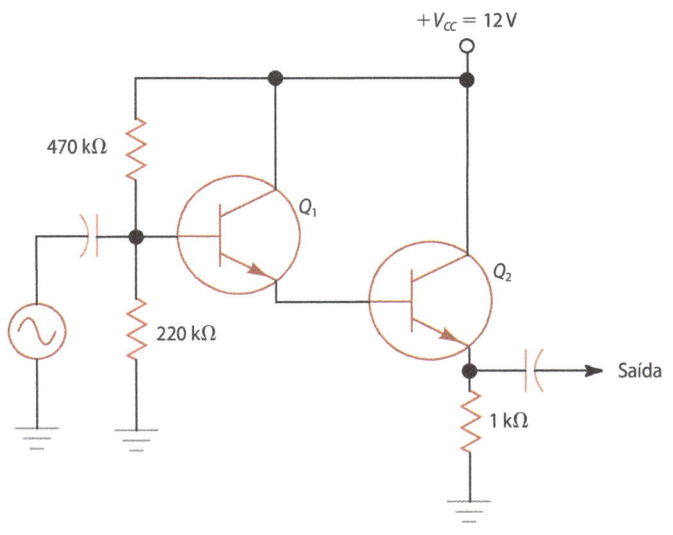

Figura 7-4 Seguidor de emissor Darlington.

Isso significa que a carga vista pelo coletor do transistor será igual a 100 vezes a impedância da carga real. Se a carga for de 10 Ω, o coletor enxergará 100×10 Ω = 1 kΩ.

A impedância de saída de amplificadores emissor comum é muito mais alta que 10 Ω. Quando o amplificador deve aplicar um sinal a uma impedância tão baixa, um transformador para o casamento de impedâncias melhorará significativamente a transferência de potência. A carga do coletor de 1000 Ω da Figura 7-5 é suficientemente alta para fornecer um ganho de tensão satisfatório. Assumindo que a corrente de emissor é 5 mA, é possível calcular o ganho. Inicialmente, deve-se estimar a resistência CA do emissor, como foi mostrado no capítulo anterior:

$$r_E = \frac{25 \text{ mV}}{5 \text{ mA}} = 5 \text{ Ω}$$

O resistor do emissor é desviado, de modo que o ganho de tensão é dado por:

$$A_V = \frac{R_L}{r_E}$$

Não há resistor de carga na Figura 7-5, mas existe uma carga de 10 Ω alimentada pelo transformador de acoplamento. Essa carga é convertida em 1 kΩ

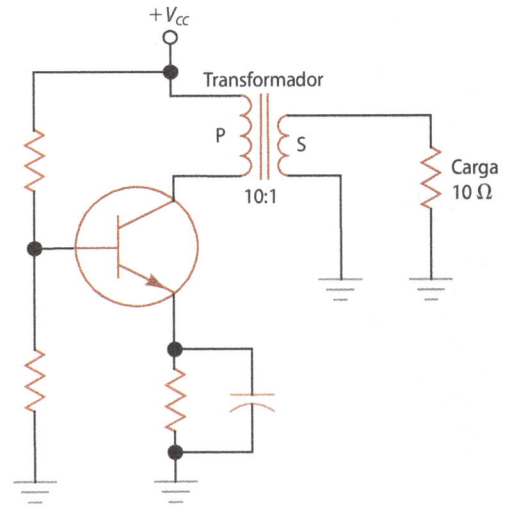

Figura 7-5 Amplificador com transformador de acoplamento.

pelo transformador e estabelecerá o ganho de tensão juntamente com r_E:

$$A_V = \frac{1000 \text{ Ω}}{5 \text{ Ω}} = 200$$

A carga externa de 10 Ω enxerga um sinal de tensão 200 vezes maior enviado à base do transistor? Não, pois o transformador abaixador possui relação 10:1. Portanto, o ganho entre o circuito da base e a carga de 10 é:

$$A_V = \frac{200}{10} = 20$$

Esse ainda é um valor melhor do que o que pode ser obtido sem o transformador. Se a carga de 10 Ω fosse conectada diretamente ao circuito do coletor como um resistor de carga, o ganho seria:

$$A_V = \frac{10\,\Omega}{5\,\Omega} = 2$$

Naturalmente, o transformador possui papel importante na melhoria do ganho de tensão do circuito.

Amplificadores de potência com tubos a vácuo utilizavam transformadores de acoplamento para casar a impedância relativamente alta dos circuitos das placas com os alto-falantes. Atualmente, amplificadores de estado sólido empregam a configuração coletor comum com baixa impedância de saída para acionar alto-falantes sem a necessidade de transformadores para o casamento de impedância.

O acoplamento com capacitor é utilizado em sistemas de som distribuído. Essas instalações são denominadas sistemas de tensão constante (e normalmente chamadas de sistemas 70,7 V nos Estados Unidos). A saída do amplificador é elevada em termos da tensão, de modo que uma corrente menor de áudio é necessária para um dado nível de potência. O transformador elevador pode ser agregado juntamente com o amplificador ou ser utilizado de forma separada. A tensão mais alta e a corrente mais baixa permitem que semicondutores menores sejam utilizados, de modo que há uma economia considerável de espaço na estrutura ou edifício. O sinal de áudio distribuído assume 70,7 V quando o amplificador produz sua saída máxima. Cada alto-falante do sistema contém ou é associado a um transformador abaixador para casar a impedância relativamente alta do sistema distribuição com as impedâncias de 4 Ω ou 8 Ω, sendo esses valores típicos. Os transformadores abaixadores possuem *taps* de modo a permitir o controle do volume em cada alto-falante. Outros valores de tensão encontram-se disponíveis e 70,7 V é o padrão utilizado nos Estados Unidos. Esse valor surgiu como uma exigência da empresa UL (*Underwriter's Laboratories*) para que todos os condutores para qualquer tensão distribuída acima de 100 V fossem localizados no conduíte. Conduítes possuem alto custo, de forma que sistemas de som distribuído foram padronizados em 70,7 V_{rms} (100 $V_{P-}V_P$) quando o sistema opera em potência plena.

Amplificadores de radiofrequência normalmente possuem acoplamento com transformador. Em virtude das frequências de operação muito altas, os transformadores possuem tamanho e custo reduzidos. Transformadores RF utilizam materiais no núcleo como ferro em pó, ferrite e ar. Além disso, os enrolamentos do transformador podem entrar em ressonância com capacitores de modo a fornecer uma função de banda passante (capacidade de selecionar uma banda de frequência, rejeitando as frequências acima e abaixo da faixa escolhida). A Figura 7-6 mostra um amplificador RF sintonizado com um transformador de acoplamento. Quando T_1 encontra-se na ressonância ou próximo a essa condição, representará uma

---

EXEMPLO 7-2

Calcule o ganho de tensão na Figura 7-5 utilizando uma estimativa conservativa para a resistência CA do emissor. Considere que a corrente CC do emissor seja 5 mA. A estimativa conservativa para a resistência CA do emissor utiliza 50 mV, de forma que o ganho de tensão será 10 e este valor é metade daquele obtido quando se emprega 25 mV. A resistência do emissor para 50 mV é:

$$r_E = \frac{50\text{ mV}}{5\text{ mA}} = 10\,\Omega$$

A carga do coletor modificada pelo transformador e o ganho do circuito coletor é:

$$A_V = \frac{1000\,\Omega}{10\,\Omega} = 100$$

O sinal de tensão na carga de 10 é reduzido, de forma que o ganho se torna:

$$A_V = \frac{100}{10} = 10$$

carga de alta impedância para o circuito do coletor. Nesse caso, haverá um ganho elevado de tensão. Assim, frequências próximas ou iguais à ressonância no circuito sintonizado fornecem o maior ganho possível. O uso de estágios sintonizados adicionais permite melhorar a **SELETIVIDADE** de amplificadores desse tipo. A seletividade consiste na capacidade de rejeitar frequências indesejadas.

Os transformadores da Figura 7-6 fornecem um casamento de impedâncias. O transformador T_1 normalmente possuirá um número maior de espiras no primário que no secundário. Isso permite o casamento da alta impedância no coletor de Q_1 com a impedância de entrada menor de Q_2.

O enrolamento secundário de T_1 entrega um sinal CA para a base de Q_2, além disso, também fornece a tensão de base CC para Q_2. A Figura 7-6 mostra que o divisor resistivo na base de Q_2 é conectado à parte de baixo do secundário de T_1. O enrolamento secundário possui baixa resistência CC, de modo que a tensão na junção do divisor resistivo também aparecerá na base de Q_2. Observe que um capacitor de desvio fornece um terra para o sinal no terminal inferior de T_1. Sem esse capacitor, a corrente circulará no divisor resistivo e a maior parte da energia será dissipada (perdida).

Conhecer a função dos componentes do circuito é importante para a busca de falhas e defeitos em nível de componente. Por exemplo, se o capacitor desvio supracitado na Figura 7-6 for aberto, o sintoma será a perda do ganho porque a maior parte do sinal será dissipada no divisor resistivo. Por outro lado, se o capacitor estiver em curto-circuito, o amplificador poderá ser incapaz de fornecer qualquer sinal porque não haverá polarização na base de Q_2, que estará em corte. Além disso, se o capacitor estiver aberto, a falha não pode ser encontrada verificando as tensões CC. Se o capacitor estiver em curto-circuito, a falha pode ser detectada medindo as tensões CC.

Foram apresentados três métodos de acoplamento. A Tabela 7-1 resume alguns pontos importantes dos métodos discutidos anteriormente.

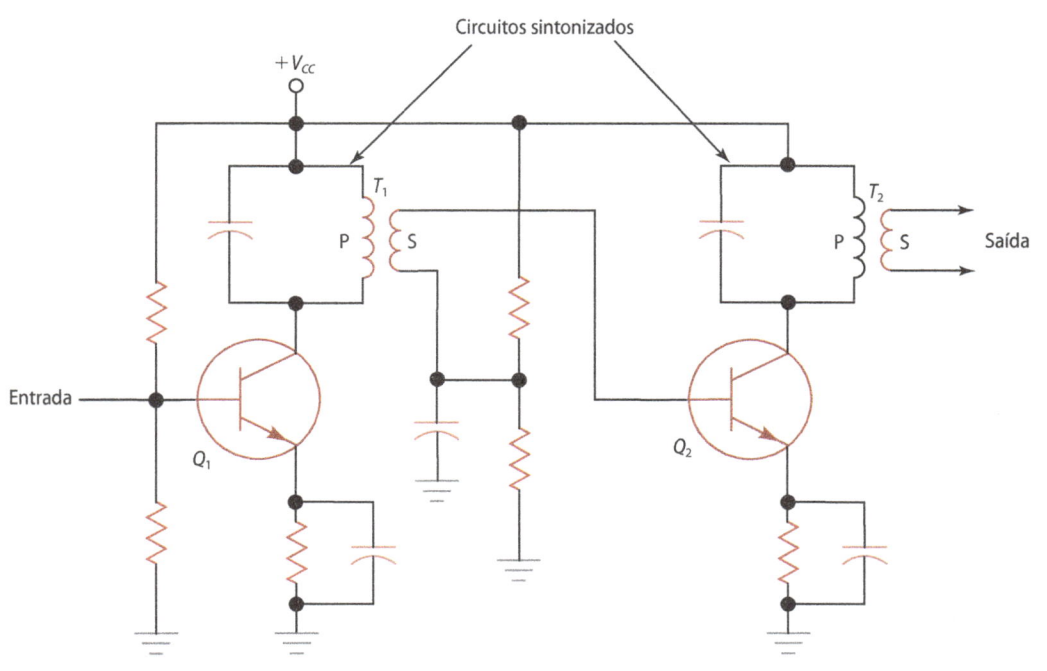

Figura 7-6 Amplificador RF sintonizado.

Tabela 7-1 *Resumo dos métodos de acoplamento*

	Acoplamento capacitivo	Acoplamento direto	Acoplamento com capacitor
Resposta à corrente contínua	Não	Sim	Não
Fornece casamento de impedância	Não	Não	Sim
Vantagens	Fácil de utilizar. Os terminais com níveis CC diferentes podem ser acoplados.	Simplicidade quando alguns estágios são utilizados.	Alto rendimento. Pode ser sintonizado de modo a obter um amplificador seletivo.
Desvantagens	Valores elevados de capacitância podem ser necessários para a operação em baixa frequência.	Complexidade de projeto quando há muitos estágios envolvidos. Sensibilidade à temperatura.	O custo, o tamanho e o peso podem representar um problema.

Teste seus conhecimentos

Verdadeiro ou falso?

1. O acoplamento capacitivo não pode ser empregado em amplificadores CC.
2. O acoplamento com transformador não pode ser empregado em amplificadores CC.
3. Um capacitor de acoplamento em curto-circuito não pode ser detectado verificando as tensões CC.
4. Um capacitor de acoplamento em aberto pode ser detectado verificando as tensões CC.
5. Um capacitor de desvio em curto-circuito pode ser detectado verificando as tensões CC.
6. Se uma fonte de sinal e uma carga possuem impedâncias distintas, o acoplamento com transformador pode ser utilizado para obter o casamento de impedâncias.

Resolva os seguintes problemas.

7. Observe a Figura 7-1. Um capacitor de acoplamento deve possuir uma impedância que seja no máximo igual a um décimo da impedância da carga utilizada. Se o segundo estágio possui impedância de entrada de 2 kΩ e o circuito deve amplificar frequências baixas da ordem de 20 Hz, qual é o valor mínimo de C_2?
8. Observe a Figura 7-1. Considere que C_2 esteja em curto-circuito e que a tensão na base de Q_2 aumente para 6 V. Além disso, considere que Q_2 possui um resistor de carga de 1200 Ω e que o resistor do emissor é de 1000 Ω. Resolva o circuito e prove que Q_2 encontra-se em saturação.
9. Observe a Figura 7-3. Se Q_1 possui β de 50 e Q_2 possui β de 100, qual é o ganho de corrente da base para o emissor?
10. Observe a Figura 7-4. Considere que o resistor de 220 kΩ é modificado para 330 kΩ. Calcule a corrente no resistor de 1 kΩ.
11. Encontre a queda de tensão entre o coletor e o emissor de Q_2 considerando os dados do Problema 10.
12. Observe a Figura 7-5. Considere que a relação de espira é de 14:1 (entre primário e secundário). Qual é a carga enxergada pelo coletor do transistor?

≫ Ganho de tensão em estágios acoplados

A Figura 7-7(*a*) mostra um amplificador emissor comum acionado por uma fonte de tensão de 100 mV, a qual possui impedância de 10 kΩ. Fontes com impedâncias internas elevadas fornecem apenas uma fração de sua capacidade de corrente na saída quando são conectadas a amplificadores com impedâncias de entrada moderadas.

EXEMPLO 7-3

Qual é a tensão fornecida ao amplificador da Figura 7-7 se a fonte do sinal possui impedância interna de apenas 50 Ω?

$$V = \frac{6{,}48\ k\Omega}{50\ k\Omega + 6{,}48\ k\Omega} \times 100\ mV = 99{,}2\ mV$$

Isso demonstra que a carga do amplificador possui pouca influência quando a impedância da fonte é pequena.

A Figura 7-7(b) mostra a impedância interna da fonte e a impedância de entrada do amplificador formando um divisor resistivo. Para determinar a tensão efetivamente entregue ao amplificador a transistor, a equação do divisor resistivo é empregada:

$$V = \frac{6{,}48\ k\Omega}{10\ k\Omega + 6{,}48\ k\Omega} \times 100\ mV = 39{,}3\ mV$$

Esse cálculo demonstra por que às vezes é importante conhecer a impedância de entrada de um amplificador.

A determinação da **IMPEDÂNCIA DE ENTRADA** de um amplificador emissor comum é detalhada na Figura 7-8. A Figura 7-8(a) mostra que a corrente CA total da fonte divide-se em três caminhos. A fonte de alimentação é marcada pelo sinal + e encontra-se aterrada em se tratando de sinais CA. Fontes de alimentação normalmente possuem impedâncias muito pequenas para sinais CA. A parte superior de R_{B_1} efetivamente encontra-se no terra do sinal. Assim, os resistores de polarização da base e o transistor drenam corrente da fonte CA. A Figura 7-8(b) mostra o circuito equivalente. Se essas três cargas forem conhecidas, a impedância de entrada do amplificador pode ser determinada utilizando a equação recíproca normalmente associada a resistores em paralelo.

A Figura 7-7 será utilizada como exemplo para determinar a impedância de entrada de um amplificador emissor comum. As condições CC são inicialmente determinadas a partir da abordagem empregada no capítulo anterior:

$$V_B = \frac{8{,}2\ k\Omega}{68\ k\Omega + 8{,}2\ k\Omega} \times 12\ V = 1{,}29\ V$$

$$V_E = 1{,}29\ V - 0{,}7\ V = 0{,}591\ V$$

$$I_E = \frac{0{,}591\ V}{270\ \Omega} = 2{,}19\ mA$$

$$r_E = \frac{25\ mV}{2{,}19\ mA} = 11{,}4\ \Omega$$

A impedância de entrada do transistor pode ser determinada agora. Para evitar confusões, utilizaremos o símbolo $r_{entrada}$ para esta resistência e, posteriormente, $Z_{entrada}$ para representar a impedância de entrada do amplificador completo. A resistência de entrada $r_{entrada}$ é determinada multiplicando-se β pela soma das resistências do emissor que não foram desviadas. A resistência R_E não é desviada na Figura 7-7 e deve ser considerada:

$$r_{entrada} = \beta(R_E + r_E)$$
$$= 200(270\ \Omega + 11{,}4\ \Omega)$$
$$= 56{,}3\ k\Omega$$

Nota: O valor 200 representa uma boa estimativa de β para um transistor 2N2222. Além disso, note que r_E pode ser ignorada sem afetar o resultado significativamente:

$$r_{entrada} = 200 \times 270\ \Omega = 54\ k\Omega$$

O resultado de 56,3 kΩ é mais preciso, embora para isso seja necessário conhecer o valor de r_E. Quando o resistor do emissor é desviado por um capacitor, r_E deve ser utilizado porque o resistor do emissor (R_E) é eliminado do cálculo de forma semelhante ao que ocorreu com o ganho de tensão. Se um capacitor de desvio fosse conectado ao resistor do emissor de 270 Ω na Figura 7-7(a) o resultado seria:

$$r_{entrada} = 200 \times 11{,}4\ \Omega = 2{,}28\ k\Omega$$

Agora, é possível determinar a impedância de entrada do amplificador mostrado na Figura 7-7 utilizando a equação recíproca padrão e o valor mais preciso de $r_{entrada}$ na condição onde não ocorre o desvio:

$$Z_{entrada} = \frac{1}{1/R_{B_1} + 1/R_{B_2} + 1/r_{entrada}}$$
$$= \frac{1}{1/68\ k\Omega + 1/8{,}2\ k\Omega + 1/56{,}3\ k\Omega} = 6{,}48\ k\Omega$$

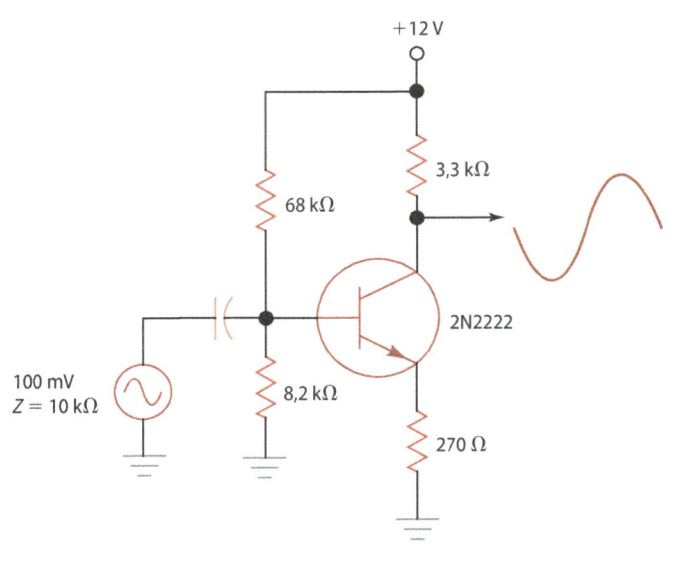

(a) Amplificador emissor comum

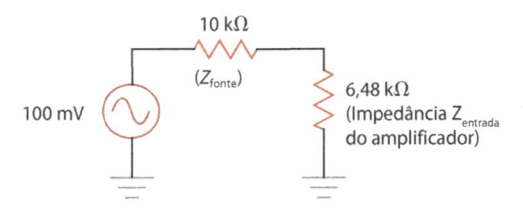

(b) Circuito equivalente da entrada

Figura 7-7 A entrada do amplificador carrega a fonte do sinal.

Se o resistor do emissor de 270 Ω na Figura 7-7 for contornado, a impedância de entrada será reduzida para 1,74 kΩ. Você deve conferir este cálculo combinando 2,28 kΩ com os dois resistores de base. Como pode ser desejável possuir o maior valor possível para a impedância de entrada dos amplificadores, o desvio do emissor deve ser evitado em algumas aplicações.

Vamos aplicar o que foi aprendido ao amplificador em CASCATA da Figura 7-9. A conexão em cascata indica que a saída de um estágio é conectada à entrada do dispositivo seguinte. O conhecimento sobre o cálculo da impedância de entrada de amplificadores permite a determinação do ganho total desse circuito entre a fonte e o resistor de carga de 680 Ω, bem como a amplitude do sinal de saída.

Inicialmente, vamos resolver o segundo estágio considerando tais condições:

$$V_B = \frac{3,9 \text{ k}\Omega}{27 \text{ k}\Omega + 3,9 \text{ k}\Omega} \times 12 \text{ V} = 1,51 \text{ V}$$

$$V_E = 1,51 \text{ V} - 0,7 \text{ V} = 0,815 \text{ V}$$

$$I_E = \frac{0,815 \text{ V}}{100 \text{ }\Omega} = 8,15 \text{ mA}$$

$$r_E = \frac{25 \text{ mV}}{8,15 \text{ mA}} = 3,07 \text{ }\Omega$$

O conhecimento de r_E permite determinar o ganho de tensão do segundo estagio. O ganho de tensão em amplificadores emissor comum é calculado dividindo a resistência de carga do coletor pela resistência do circuito do emissor. Entretanto, quando o sinal de saída é obtido a partir de outro resistor como o componente 680 Ω da Figura 7-9,

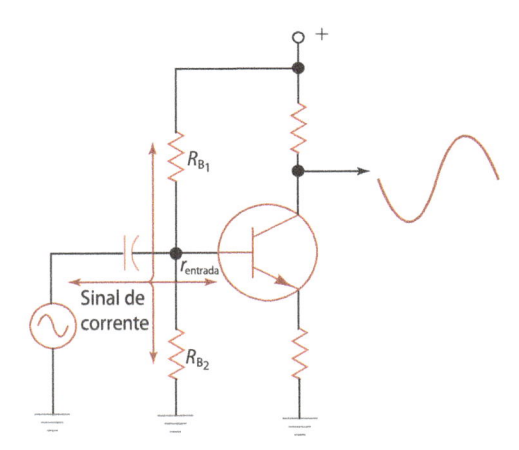

(a) A corrente de entrada circula em três caminhos

(b) Circuito equivalente

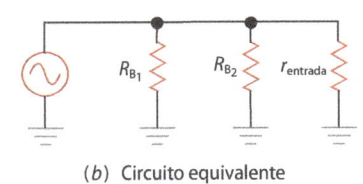

Figura 7-8 Impedância de entrada do amplificador.

então o resistor de carga total do coletor corresponde à associação em **PARALELO** do resistor do coletor e o outro resistor de carga. Novamente, verifica-se que a fonte de alimentação encontra-se aterrada quando se trata de sinais CA. Assim, o segundo transistor na Figura 7-9 fornece uma corrente para os resistores do coletor de 1 kΩ e de 680 Ω. Utilizando a regra do produto dividido pela soma envolvendo estes dois valores de resistência, tem-se:

$$R_P = \frac{1\ k\Omega \times 680\ \Omega}{1\ k\Omega + 680\ k\Omega} = 405\ \Omega$$

O ganho de tensão é determinado como:

$$A_V = \frac{R_P}{R_E + r_E} = \frac{405\ \Omega}{100\ \Omega + 3,07\ \Omega} = 3,93$$

Novamente, verifica-se que desprezar o valor de r_E não altera o resultado de forma significativa. O ganho de tensão é obtido como sendo de 4,05 quando essa aproximação é adotada ($^{405}/_{100}$). Se o resistor do emissor de 100 Ω for desviado, então r_E deve ser considerado, uma vez que R_E é eliminado:

$$A_V = \frac{405}{3,07} = 132$$

A inserção de uma carga no amplificador altera a forma de calcular seu respectivo ganho. O ganho do amplificador sempre é reduzido quando há carga. A questão agora é saber efeito o segundo estágio da Figura 7-9 provoca no primeiro estágio. Efetivamente, o segundo estágio representa uma carga, portanto, para determinar o ganho de tensão do primeiro estágio novamente, deve-se determinar a impedância de entrada do segundo estágio. Vamos começar determinando a resistência de entrada do segundo transistor:

$$Z_{entrada} = \frac{1}{1/27\ k\Omega + 1/3,9\ k\Omega + 1/20,6\ k\Omega} = 2,92\ k\Omega$$

A impedância de entrada de 2,92 kΩ do segundo estágio atua em paralelo com o resistor de coletor de 3,3 kΩ do primeiro estágio na Figura 7-9:

$$R_P = \frac{3,3\ k\Omega \times 2,92\ \Omega}{3,3\ k\Omega + 2,92\ k\Omega} = 1,55\ \Omega$$

Portanto, o ganho do primeiro estágio é:

$$A_V = \frac{1550}{270 + 11,4} = 5,51$$

O ganho total do amplificador de dois estágios da Figura 7-9 é determinado multiplicando-se os ganhos individuais:

$$A_{V(total)} = A_{V_1} \times A_{V_2} = 5,51 \times 3,93 = 21,7$$

Como a impedância de saída não é especificada para a fonte do sinal, considera-se que se trata de uma fonte de tensão ideal (com impedância interna nula). Dessa forma, todo o sinal é aplicado ao primeiro estágio e o sinal de saída é:

$$V_{saída} = 100\ mV \times 21,7 = 2,17\ V$$

Você já deve ter se acostumado ao fato de a tensão coletor-emissor quiescente (estática) ser aproximadamente igual à metade da tensão de alimentação em um amplificador linear. Isso não ocorre quando amplificadores com acoplamento RC possuem carga, uma vez que o segundo estágio na Figura 7-9 possui uma carga correspondente ao resistor de 680 Ω.

A maioria das condições CC para o segundo estágio da Figura 7-9 foi previamente determinada. A tensão do emissor (V_E) é 0,815 V e a corrente do

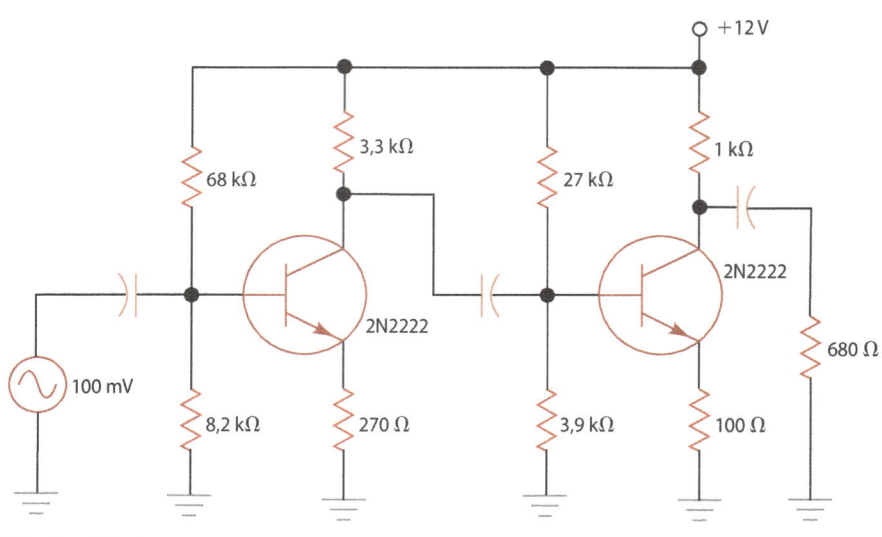

Figura 7-9 Amplificador em cascata.

emissor é 8,15 mA. Considerando que a corrente CC do coletor é igual à corrente do emissor, a lei de Ohm fornece a tensão no resistor do coletor:

$$V_{RL} = 8{,}15\ mA \times 1\ k\Omega = 8{,}15\ V$$

A lei de Kirchhoff das tensões fornece a queda de tensão estática no transistor:

$$\begin{aligned} V_{CE} &= V_{CC} - V_{RL} - V_E \\ &= 12\ V - 8{,}15\ V - 0{,}815\ V \\ &= 3{,}04\ V \end{aligned}$$

EXEMPLO 7-4

Calcule o ganho para o segundo estágio da Figura 7-9 utilizando a estimativa conservativa da resistência CA do emissor (isto é, 50 mV). O ganho calculado não será significativamente alterado porque o resistor do emissor não é desviado. Assim, determina-se a resistência CA do emissor:

$$r_E = \frac{50\ mV}{8{,}15\ mA} = 6{,}13\ \Omega$$

Determina-se então o ganho de tensão:

$$A_V = \frac{R_P}{R_E + r_E} = \frac{405\ \Omega}{100\ \Omega + 6{,}13\ \Omega} = 3{,}82$$

Verifica-se que esse valor não é significativamente diferente de 3,93.

Metade da tensão de alimentação corresponde a 6 V. Uma aproximação gráfica será utilizada para determinar se o amplificador está adequadamente polarizado para operar na região linear.

A Figura 7-10 mostra a reta de carga do SINAL PARA O AMPLIFICADOR COM CARGA. A reta de carga CC é desenhada, inicialmente, estendendo-se da tensão de alimentação (12 V) no eixo horizontal até o valor da corrente de saturação CC (10,9 mA) no eixo vertical. O ponto quiescente (Q) localiza-se na reta de carga CC projetando-se a corrente ou a tensão estática do transistor no respectivo eixo. Quiescente é um sinônimo de estático em eletrônica. Note que o ponto Q não se localiza no centro da reta de carga CC.

Agora que a reta de carga CC foi desenhada na Figura 7-10 (linha vermelha) e o ponto Q foi localizado, é o momento de desenhar a reta de carga CA temporária (linha azul). A Figura 7-10 mostra que o circuito de saturação CA é diferente do circuito de saturação CC. Novamente, verifica-se que o resistor de carga do coletor e o resistor de 680 Ω encontram-se em paralelo. Isso torna a corrente de saturação CA maior que a corrente de saturação CC. Uma reta de carga CA temporária é desenhada a partir do valor da tensão de alimentação (12 V)

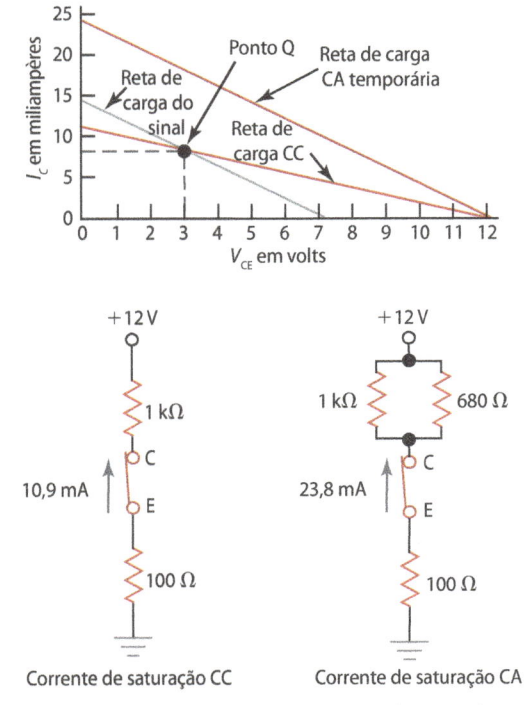

Figura 7-10 Desenvolvimento da reta de carga do sinal.

até a corrente de saturação CA (23,8 mA). Essa reta temporária possui a inclinação adequada, mas não passa pelo ponto Q. O último passo consiste em construir a reta de carga do sinal (linha amarela), que é paralela (com mesma inclinação) à reta de carga CA e passa pelo ponto Q.

A reta de carga do sinal na Figura 7-10 determina os pontos de ceifamento do amplificador. Como o ponto Q é próximo ao centro da reta de carga do sinal, o ceifamento será aproximadamente simétrico. Em outras palavras, o amplificador encontra-se propriamente polarizado para operar de forma linear. Quando ocorre o ceifamento, os valores de pico positivo e negativo do sinal são afetados praticamente da mesma forma.

A reta de carga do sinal mostra se um amplificador está adequadamente polarizado para operar na região linear. Normalmente, é necessário que o ponto Q esteja no centro da reta de carga do sinal, a qual mostra a máxima oscilação da tensão V_{CE} de pico a pico. A oscilação da tensão na carga de 680 Ω será menor para a Figura 7-9 devido à queda de tensão no resistor do emissor de 100 Ω. A Figura 7-11 mostra o desempenho do amplificador quando sua saída apresenta ceifamento. A maior das formas de onda (vermelha) mostra a oscilação de V_{CE} em um valor pouco maior que 7 V_{p-p}. Esse fato está de acordo com a reta de carga do sinal da Figura 7-10.

Uma análise dos pontos de ceifamento do amplificador fornecerá maiores informações sobre o funcionamento de um circuito. Existem dois pontos de ceifamento: corte e saturação. A Figura 7-12(a) mostra como o circuito se comporta durante o corte. O transistor encontra-se desligado, de modo que se deve considerar apenas a tensão de alimentação, a resistência de 1 kΩ, a carga de 680 Ω e o capacitor de acoplamento de saída, que possui carga de 3,86 V. Essa carga corresponde à tensão quiescente do coletor. Anteriormente, foram obtidos os valores quiescente de V_{CE} e V_E para o circuito. A tensão quiescente do coletor é determinada somando-se estas tensões:

$$V_{CE} = V_E + V_{CE} = 0{,}815\,V + 3{,}04\,V = 3{,}86\,V$$

Se a constante de tempo do circuito de saída é relativamente alta em comparação com o período do sinal, o capacitor manterá uma tensão constante. É por isso que o circuito correspondente ao corte na Figura 7-12(a) apresenta uma fonte de tensão de 3,86 V. Em muitos casos, um capacitor carregado pode ser considerado uma bateria. Observe que a tensão da bateria possui polaridade oposta à fonte de alimentação de 12 V. A queda de tensão no resistor de 680 Ω pode ser determinada a partir da seguinte equação para o divisor de tensão:

$$V = (+12\,V - 3{,}86\,V) \times \frac{680\,\Omega}{1\,k\Omega + 680\,\Omega} = +3{,}29\,V$$

Isso confirma o valor positivo da tensão de ceifamento da Figura 7-11.

A Figura 7-12(b) mostra o circuito de saída em saturação. Esse é um circuito mais complexo porque há várias fontes de tensão.

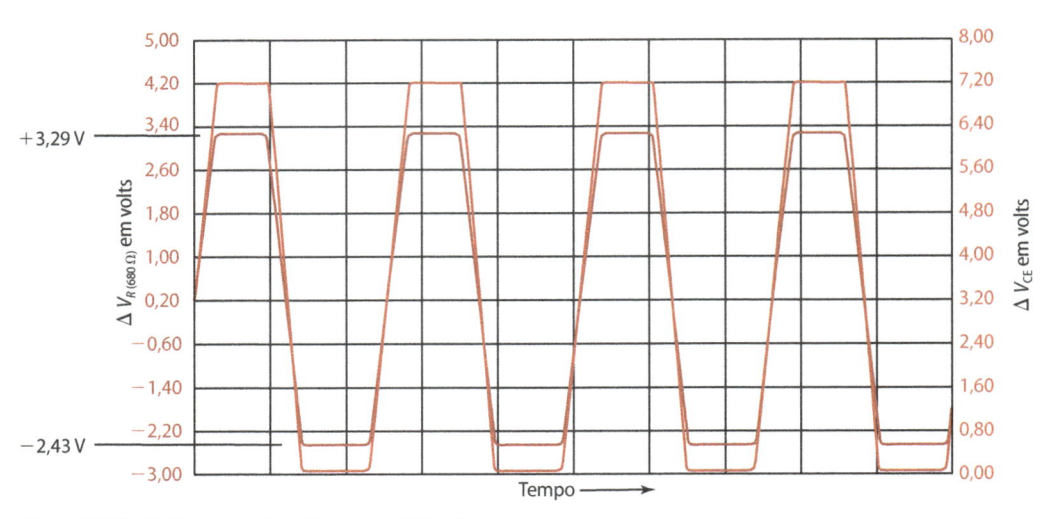

Figura 7-11 Ceifamento da saída do amplificador.

LEMBRE-SE

...de que uma forma de resolver circuitos com múltiplas fontes consiste na utilização do TEOREMA DA SUPERPOSIÇÃO.

Os passos consistem em:

1. Substituir todas as fontes de tensão por curtos-circuitos, com exceção de uma.
2. Calcular o valor e o determinar o sentido da corrente em cada resistor para o circuito temporário gerado no Passo 1.
3. Repetir os passos 1 e 2 até que todas as fontes de tensão tenham sido analisadas.
4. Somar todas as correntes obtidas no Passo 2 algebricamente.

A Figura 7-12(c) mostra os passos do procedimento. O resultado é uma corrente igual a 3,58 mA que circula no resistor de 680 Ω no sentido horário. O terminal superior do resistor torna-se então negativo em relação ao terra:

$$V = -3{,}58 \text{ mA} \times 680 \text{ } \Omega = -2{,}43 \text{ V}$$

Esse valor confere com o limite negativo da oscilação da tensão no resistor de carga de 680 Ω, como mostra a Figura 7-11. A máxima oscilação de tensão no resistor de 680 Ω corresponde à diferença entre ambos os limites:

$$V_{\text{saída, máx}} = 3{,}29 - (-2{,}43) = 5{,}72 \text{ V}_{\text{p-p}}$$

Esse valor é ligeiramente inferior à oscilação de tensão existente no resistor do emissor de 100 Ω.

O ceifamento no amplificador pode ocasionar problemas. De acordo com a Figura 7-11, a saída ceifada começa a se parecer com uma onda quadrada. Ondas quadradas possuem componentes de altas frequências denominadas HARMÔNICAS, as quais podem danificar componentes. Por exemplo, é possível queimar alto-falantes de alta frequência em alguns sistemas estéreo quando o som neles é muito alto. Isso resulta no ceifamento e na geração de harmônicas de alta frequência. Outro problema ocasionado por esses efeitos indesejáveis consiste na interferência. Um transmissor que apresenta ceifamento gerará frequências harmônicas, que, por sua vez, interferirão em outros canais de comunicação.

As harmônicas podem ser investigadas utilizando equipamentos de testes (como um analisador

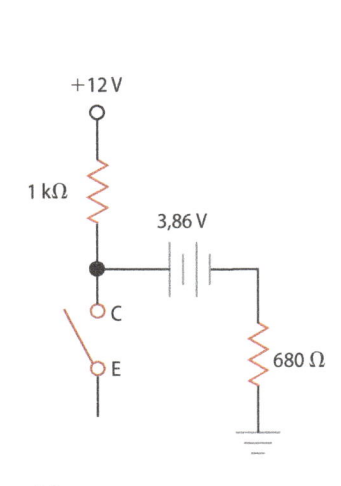

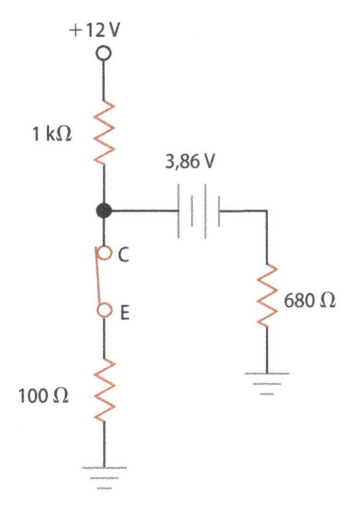

(a) Circuito amplificador em corte

(b) Circuito amplificador em saturação

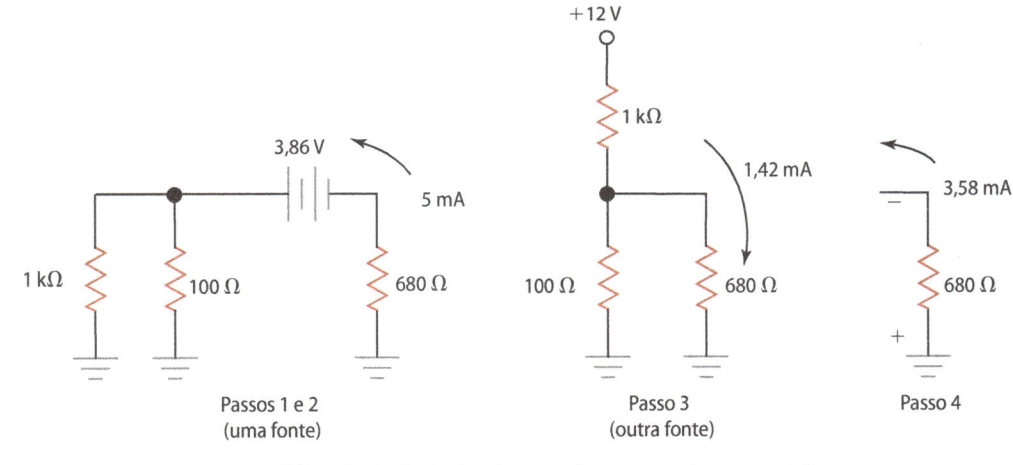

Passos 1 e 2
(uma fonte)

Passo 3
(outra fonte)

Passo 4

(c) Resolução do circuito de saturação empregando superposição

Figura 7-12 Verificação da forma de onda da carga na Figura 7-11.

de espectro) ou a **ANÁLISE DE FOURIER**. A análise de Fourier é uma ferramenta matemática utilizada para determinar o conteúdo de frequência de uma forma de onda. A Figura 7-13 mostra o resultado obtido com um simulador de circuitos para a análise de Fourier aplicada a uma senoide e uma onda quadrada. Note que o conteúdo de frequência da onda senoidal corresponde apenas a uma única frequência. Por outro lado, o conteúdo de

Sobre a eletrônica

Sintonização de um amplificador de televisão.
Alguns dos amplificadores utilizados em receptores de televisão são sintonizados com dispositivos piezoelétricos.

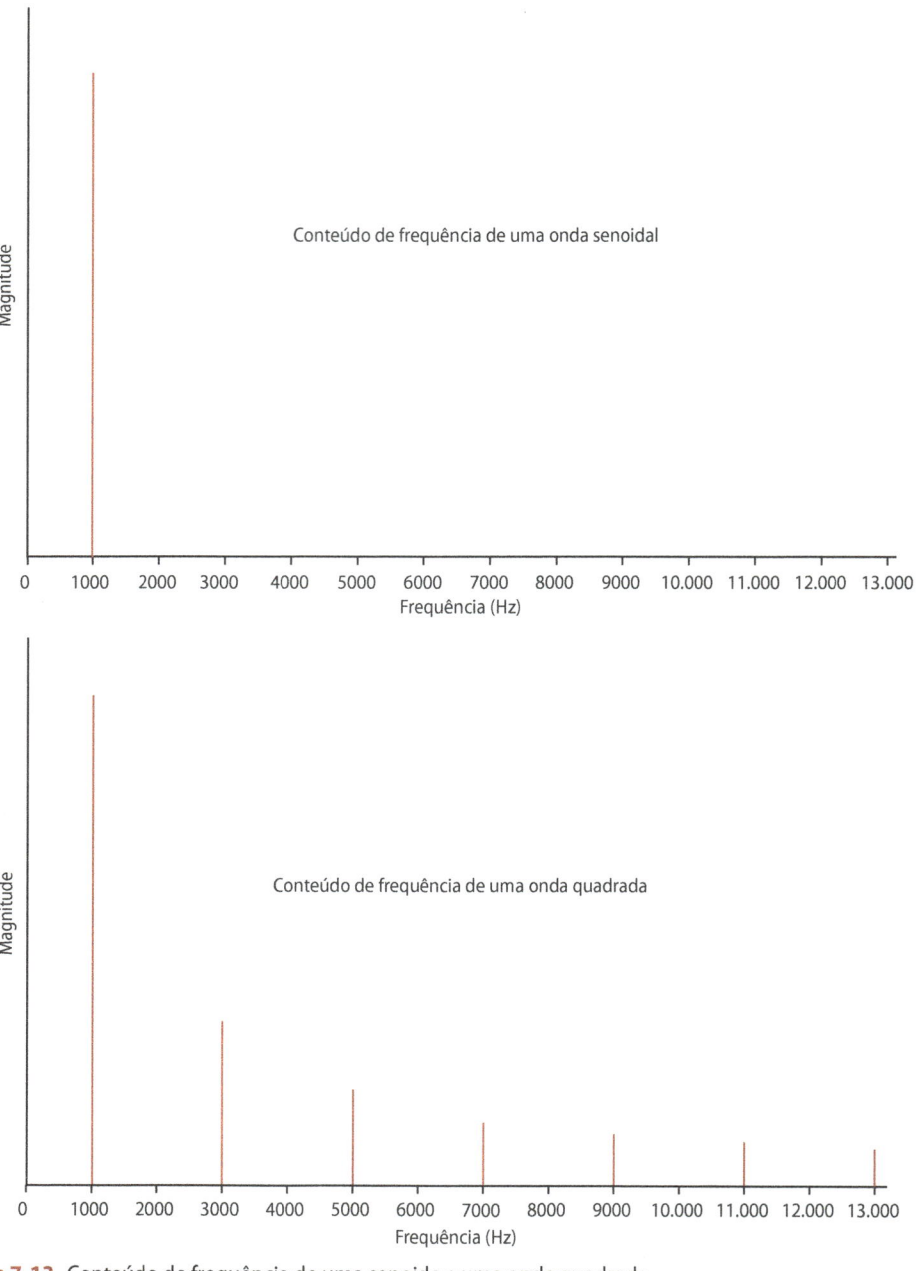

Figura 7-13 Conteúdo de frequência de uma senoide e uma onda quadrada.

frequência da onda quadrada espalha-se ao longo de uma faixa de frequências harmônicas ímpares. Nesse caso, a frequência fundamental é 1 kHz, e há ainda o conteúdo correspondente à terceira, quinta, sétima e demais componentes harmônicas ímpares.

As harmônicas nem sempre são prejudiciais. Sua presença pode ser intencional para acrescentar determinados efeitos à música, ou elas podem ser empregadas para gerar frequências mais altas em um circuito denominado multiplicador de frequências. O conceito principal consiste no fato de que a forma de onda de um dado sinal é modificada, bem como seu respectivo conteúdo de frequência.

Teste seus conhecimentos

Verdadeiro ou falso?

13. A tensão de saída em circuito aberto de uma fonte de sinal com característica de impedância moderada não será modificada quando conectada a um amplificador que possui impedância de entrada moderada.
14. O desvio do emissor em um amplificador emissor comum aumenta o ganho e a impedância de entrada do amplificador.
15. A inserção de carga em um amplificador sempre provoca a redução do seu ganho de tensão.
16. A corrente quiescente de um amplificador é o mesmo que a corrente estática.
17. Um amplificador fornece uma oscilação de tensão com distorção indesejável quando é polarizado no centro da reta de carga do sinal.
18. A verificação do fato que V_{CE} corresponde à metade da tensão de alimentação por si só não garante que um amplificador linear com carga esteja adequadamente polarizado.
19. A máxima oscilação de tensão na saída de um amplificador com carga é menor que a tensão de alimentação.

Resolva os seguintes problemas.

20. Um microfone possui impedância característica de 100 kΩ e tensão de circuito aberto de 200 mV. Qual é o sinal de tensão que este microfone entregará a um amplificador cuja impedância de entrada é de 2 kΩ?
21. Foi determinado que o ganho total do amplificador de dois estágios da Figura 7-9 é 21,7. Determine o máximo valor do sinal de entrada que não causará ceifamento. (Dica: Utilize a Figura 7-11 para determinar primeiramente o máximo sinal de saída.)
22. Determine a impedância de entrada do primeiro estágio na Figura 7-9 se o resistor de 270 Ω for desviado. Considere que a corrente no resistor de 270 Ω seja de 5 mA e $\beta = 100$. Utilize 50 mV para estimar r_E.
23. Determine o ganho de tensão do segundo estágio na Figura 7-9 considerando que o resistor de 100 Ω é desviado e que a corrente do coletor é de 10 mA. Utilize 50 mV para estimar r_E.

>> Amplificadores com transistores de efeito de campo (FETs)

O transistor BJT de silício é o componente fundamental utilizado em circuitos eletrônicos, pois seu custo reduzido e desempenho ótimo o tornam a melhor escolha para a maioria das aplicações. Entretanto, transistores de efeito de campo apresentam algumas vantagens, tornando-se mais interessantes em determinados circuitos. Algumas dessas vantagens são:

1. Os amplificadores são controlados por tensão e, dessa forma, possuem impedância de entrada muito alta.
2. Desenvolvem ruído reduzido na saída. Isso os torna úteis para utilização como pré-amplificadores quando o ruído é muito reduzido frente ao elevado ganho dos estágios seguintes.
3. Possui melhor linearidade, o que os torna atrativos quando a distorção deve ser minimizada.
4. Possuem baixa capacitância intereletrodo, sendo que isso pode comprometer o desempenho de amplificadores. Assim, isso torna os

FETs interessantes para utilização em alguns estágios RF.

5. Podem ser produzidos com dois estágios. O segundo estágio é útil na obtenção do controle do ganho ou aplicação de um segundo sinal.

A Figura 7-14(a) mostra um **AMPLIFICADOR FONTE COMUM** com FET. O **TERMINAL FONTE É COMUM** aos sinais de entrada e de saída, sendo que esse circuito é semelhante ao amplificador emissor comum com BJT. A tensão de alimentação V_{DD} é positiva em relação ao terra. A corrente circulará do terra para o canal N, através do resistor de carga e em direção ao terminal positivo da fonte de alimentação. Note que uma tensão de polarização V_{GS} é aplicada na junção gatilho-fonte. A polaridade dessa tensão polariza a junção reversamente e, dessa forma, espera-se que a corrente do gatilho seja nula.

O resistor do gatilho R_G na Figura 7-14(a) normalmente possuirá valor elevador [da ordem de um 1 megaohm (MΩ)]. Não haverá queda de tensão nesse elemento porque não há corrente no gatilho. A utilização de um valor alto de R_G mantém a impedância de entrada elevada. Se $R_G = 1$ MΩ, a fonte do sinal enxerga uma impedância de 1 MΩ. Essa elevada impedância de entrada é ideal para amplificar fontes de sinal com alta impedância. Em frequências muito altas, outros efeitos podem reduzir tal impedância. Em baixas frequências, a impedância de entrada do amplificador é simplesmente igual ao valor de R_G.

O resistor de carga na Figura 7-14(a) permite que o circuito produza um ganho de tensão. A Figura 7-14(b) mostra as curvas características do transistor e a reta de carga. De forma análoga ao que foi visto anteriormente, uma das extremidades da reta de carga é representada pela tensão de alimentação, enquanto a outra é determinada pela lei de Ohm:

$$I_{sat} = \frac{V_{DD}}{R_L} = \frac{20\,V}{5\,\Omega} = 4\,mA$$

Assim, a reta de carga é compreendida entre 20 V no eixo da tensão a 4 mA no eixo da corrente, como mostra a Figura 7-14(b). Na operação linear, o ponto de operação deve estar próximo ao centro da reta de carga. O ponto de operação é ajustado pela tensão de polarização gatilho-fonte V_{GS} em um amplificador FET. A tensão de polarização é igual a $-1,5$ V na Figura 7-14(a). Na Figura 7-14(b), tem-se o ponto de operação representado na reta de carga. Projetando o ponto de operação no eixo horizontal, verifica-se que tensão estática ou de repouso no transistor corresponde a aproximadamente 11 V. Isso é aproximadamente igual à metade da tensão de alimentação, de modo que o transistor encontra-se adequadamente polarizado para operar na região linear.

Um sinal de entrada será capaz de acionar o amplificador abaixo e acima de seu ponto de operação. De acordo com a Figura 7-14(b), a sinal de entrada com 1 V de pico a pico promove um sinal de saída de 8 V de pico a pico. O ganho de tensão é:

$$A_V = \frac{V_{saída}}{V_{entrada}} = \frac{8\,V_{P-P}}{1\,V_{P-P}} = 8$$

Assim como no circuito emissor comum, a configuração fonte comum produz um defasamento de 180°. Observe a Figura 7-14(b). À medida que o sinal de entrada muda o ponto de operação de $-1,5$ V para 1,0 V (sentido positivo), o sinal de saída muda de 11 V para 7 V (sentido negativo). Amplificadores nas configurações dreno comum e gatilho comum não produzem tal inversão de fase.

Há uma segunda forma de calcular o ganho de tensão para o amplificador fonte comum, que é baseada em uma característica do transistor denominada **ADMITÂNCIA DE TRANSFERÊNCIA DIRETA** Y_{fs}:

$$Y_{fs} = \frac{\Delta I_D}{\Delta V_{GS}}|V_{DS}$$

onde ΔV_{GS} = mudança na tensão gatilho-fonte, ΔI_D = mudança na corrente de dreno e $|V_{DS}$ significa que a tensão dreno-fonte é mantida constante.

A família de curvas do dreno pode ser utilizada para calcular o parâmetro Y_{fs} de FET. Na Figura 7-15, a tensão dreno-fonte V_{DS} é mantida cons-

(a) Circuito

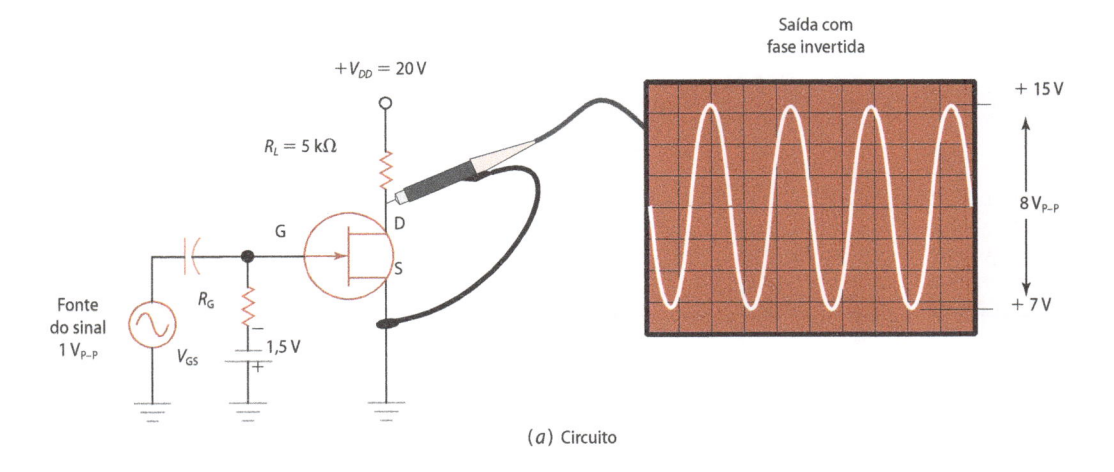

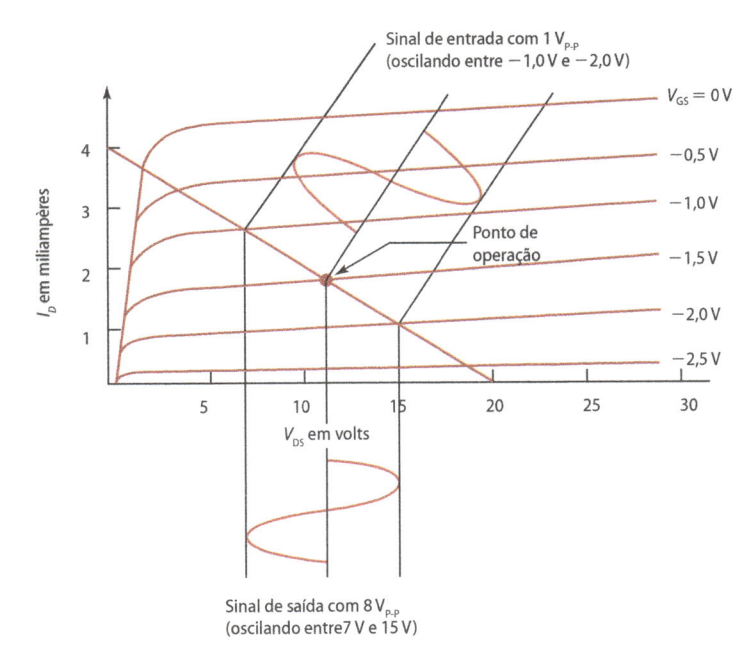

(b) Família de curvas características do dreno

Figura 7-14 Amplificador com FET de canal N com polarização fixa.

tante em 11 V. A mudança na tensão gatilho-fonte V_{GS} é de $-1,0$ para $-2,0$ V, correspondendo a $(-1,0\text{ V}) - (-2,0\text{ V}) = +1,0$ V. A mudança na corrente de dreno ΔI_D é de 2,6 para 1 mA, o que equivale a 1,6 mA. Agora, é possível determinar a admitância de transferência direta do transistor:

$$Y_{fs} = \frac{1,6 \times 10^{-3}\text{ A}}{1\text{ V}} = 1,6 \times 10^{-3} \text{ siemens (S)}$$

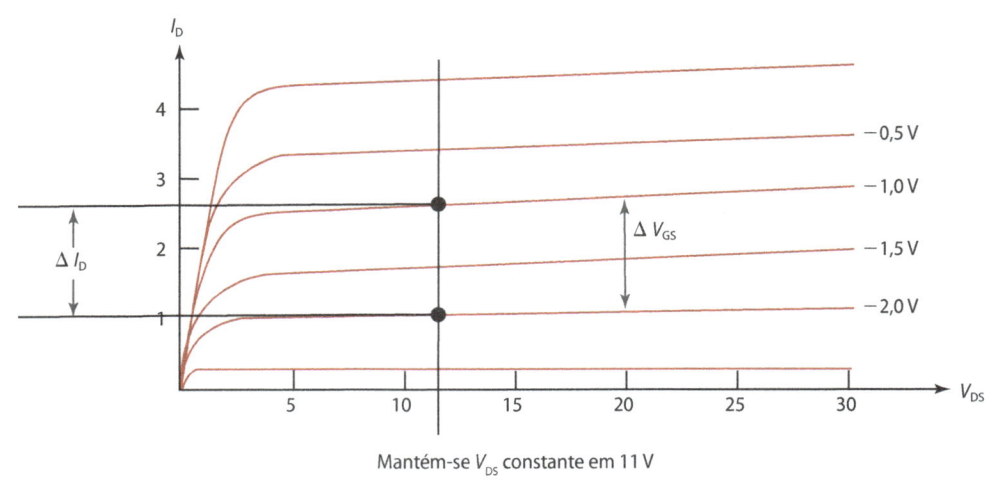

Figura 7-15 Cálculo da admitância de transferência direta.

Mantém-se V_{DS} constante em 11 V

Siemen é a unidade utilizada para medir a condutância (embora algumas referências mais antigas ainda utilizem a representação mho*). A unidade pode ser abreviada pela letra S. A condutância (representada pela letra G) é o parâmetro recíproco da resistência:

$$G = \frac{1}{R}$$

A condutância é uma característica CC. A admitância é uma característica CA recíproca à impedância. Ambas as grandezas são medidas em siemens.

O ganho de tensão do amplificador FET fonte comum é dado por:

$$A_V \approx Y_{fs} \times R_L$$

Para o circuito da Figura 7-14, o ganho de tensão será:

$$A_V = 1,6 \times 10^{-3}\,S \times 5 \times 10^3\,\Omega = 8$$

Nota: Como as unidades siemen e ohm consistem em uma relação recíproca, as unidades se cancelam durante o processo de multiplicação, resultando em um número puro para representar o ganho.

Um ganho de tensão de 8 está de acordo com a solução gráfica obtida na Figura 7-14(b). Uma vantagem de utilizar a equação do ganho reside na simplicidade de cálculo do ganho de tensão para valores diferentes da resistência de carga. Se a resistência de carga muda para 8,2 kΩ, o ganho de tensão será:

$$A_V = 1,6 \times 10^{-3}\,S \times 8,2 \times 10^3\,\Omega = 13,12$$

Com uma resistência de carga de 5 kΩ, o circuito fornece um ganho de tensão de 8. Com uma resistência de carga de 8,2 kΩ, o circuito fornece um ganho de tensão ligeiramente maior que 13. Isso mostra que o ganho está diretamente relacionado à resistência de carga. Isso também ocorria em amplificadores do tipo emissor comum empregando BJTs. Lembre-se desse conceito, pois ele é importante para compreender e buscar defeitos em amplificadores.

A Figura 7-16 mostra melhoria no amplificador fonte comum. A fonte de polarização V_{GS} foi eliminada. Em vez disso, encontra-se um resistor R_S no circuito do terminal fonte. À medida que a corrente na fonte circula nesse resistor, surgirá uma queda de tensão, que, por sua vez, polarizará a junção gatilho-fonte do transistor. Se a tensão e a corrente de polarização desejadas são conhecidas, é sim-

---

* N. de R. T.: Mho é o contrário de ohm, que, por sua vez, é unidade de medida utilizada para medir a resistência e a impedância. A unidade também pode ser representada pelos símbolos Ω^{-1} ou ℧.

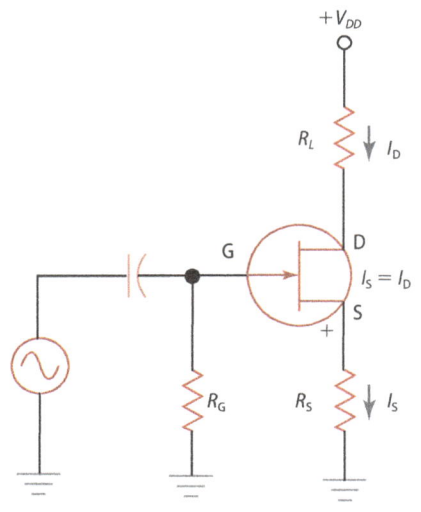

Figura 7-16 Amplificador com FET de canal N utilizando polarização com o terminal fonte.

ples calcular o valor do resistor da fonte. Como as correntes do dreno e da fonte são iguais, tem-se:

$$R_S = \frac{V_{GS}}{I_D}$$

Considerando as mesmas condições operacionais do circuito da Figura 7-14(a), a tensão de polarização do gatilho deverá ser de −1,5 V (o sinal não é utilizado no cálculo). O resistor da fonte é obtido como:

$$R_S = \frac{1,5\text{ V}}{1,9\text{ mA}} = 790\ \Omega$$

Observe que o valor da corrente utilizado no cálculo é aproximadamente igual à metade da corrente de saturação. Verifique na Figura 7-14(b) que o valor da corrente de dreno encontra-se próximo ao centro da reta de carga.

O circuito da Figura 7-16 é denominado circuito de polarização com o terminal fonte. A tensão de polarização é produzida pela corrente do terminal fonte que circula no resistor. Uma queda de tensão torna o terminal fonte positivo em relação ao terra. O terminal gatilho encontra-se no potencial do terra. Não há corrente no gatilho e, portanto, não há queda de tensão no resistor R_G. Assim, a fonte é positiva em relação ao gatilho, ou de outra forma, o gatilho é negativo em relação à fonte, o que produz o mesmo efeito da fonte separada V_{GS} mostrada na Figura 7-14(a).

A polarização com o terminal fonte torna-se muito mais simples utilizando uma fonte de polarização separada. Entretanto, o ganho é sacrificado. Para entender por que isso ocorre, verifique a Figura 7-17. À medida que o sinal de entrada aciona o gatilho no sentido positivo, a corrente da fonte aumenta, o que também aumenta a queda de tensão no resistor da fonte. Assim, o terminal fonte torna-se mais positivo em relação ao terra. Por outro lado, o gatilho torna-se mais negativo em relação à fonte. O efeito total resulta no cancelamento de parte do sinal de entrada.

Quando um amplificador desenvolve um sinal que interage com o sinal de entrada, diz-se que o amplificador possui realimentação. A Figura 7-17 mostra uma forma de realimentação que pode afetar o amplificador. Nesse exemplo, a realimentação age no sentido de cancelar parte do efeito do sinal de entrada. Quando isso ocorre, a realimentação é dita negativa.

A **REALIMENTAÇÃO NEGATIVA** implica a redução do ganho do amplificador, sendo também capaz de aumentar a respectiva faixa de frequência. A realimentação negativa pode ser empregada para reduzir a distorção de um amplificador. Portanto, a realimentação negativa não é boa ou ruim, mas uma combinação de ambos os efeitos. Se o ganho máximo de tensão é desejado, a realimentação negativa deverá ser eliminada. Na Figura 7-18, o circuito de realimentação da fonte possui um capacitor de desvio da fonte, que elimina a realimentação negativa e aumenta o ganho. O capacitor é escolhido de modo a possuir reatância reduzida na frequência do sinal. Isso evita que a tensão no terminal fonte oscile com o aumento e a redução da corrente da fonte. Esse elemento possui basicamente o mesmo efeito do capacitor de desvio do emissor no amplificador emissor comum estudado anteriormente.

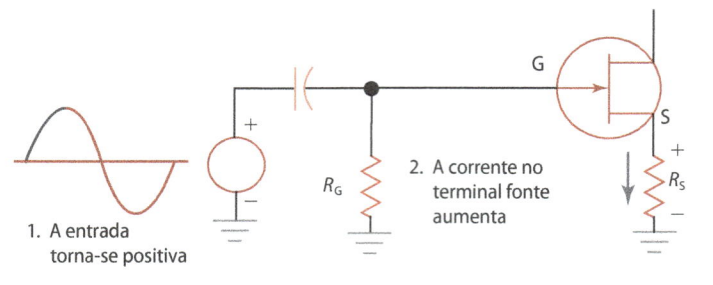

Figura 7-17 Realimentação da fonte.

1. A entrada torna-se positiva
2. A corrente no terminal fonte aumenta
3. A queda de tensão em R_s aumenta
4. O aumento da queda de tensão em R_s torna o gatilho mais negativo em relação à fonte
5. Parte do sinal de entrada é cancelada

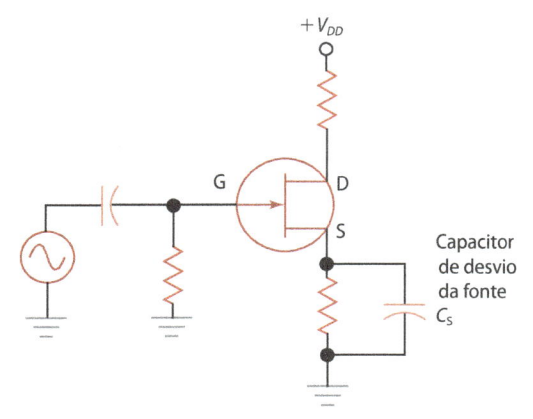

Figura 7-18 Inserção do capacitor de desvio da fonte.

Quando estudamos os BJTs, descobrimos que o valor de β é imprevisível, o que levou à busca de um circuito que não fosse sensível a este parâmetro. Transistores de efeito de campo também possuem características que variam significativamente de componente para componente. Assim, é necessário utilizar circuitos que sejam insensíveis a determinadas características destes dispositivos.

O circuito da Figura 7-14(a) é denominado **POLARIZAÇÃO FIXA** e só funcionará bem se o transistor possuir características previsíveis. O circuito de polarização fixa normalmente não consiste em uma escolha adequada. O circuito da Figura 7-16 utiliza polarização da fonte, sendo mais adequado, pois permite que as características do transistor variem. Por exemplo, se a corrente no transistor tende a aumentar, a polarização da fonte aumentará automaticamente. Uma polarização da fonte reduz a corrente, de modo que o resistor da fonte estabiliza o circuito.

Quanto maior for a resistência da fonte, mais estável será o ponto de operação. Por outro lado, uma resistência da fonte muito grande pode aumentar a polarização de forma tão significativa que o transistor operará próximo ao corte. Se esse efeito for mitigado, o circuito funcionará de forma mais adequada. A Figura 7-19 apresenta uma forma de conseguir isso, sendo que esse circuito emprega **POLARIZAÇÃO COM COMBINAÇÃO**. A polarização consiste na combinação de uma tensão fixa positiva aplicada ao terminal de gatilho e da polarização da fonte. A tensão positiva é estabelecida por um divisor de tensão, o qual é composto por R_{G_1} e R_{G_2}. Tais resistores possuirão valor elevado para estabelecer uma alta impedância de entrada no amplificador.

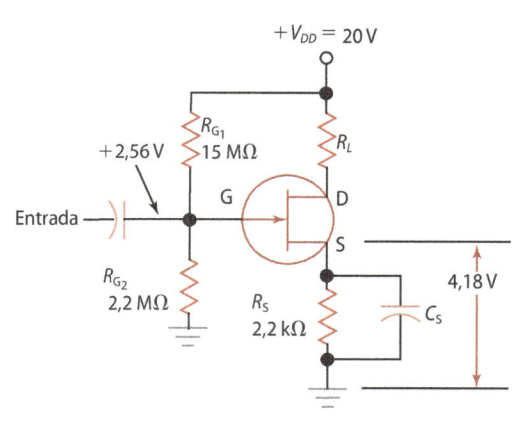

Figura 7-19 Amplificador FET utilizando polarização por combinação.

O circuito de polarização por combinação pode usar um resistor da fonte R_S com valor maior. A tensão de polarização V_{GS} não será muito alta porque uma tensão fixa positiva é aplicada no gatilho, que por sua vez reduzirá o efeito da queda de tensão no resistor da fonte.

Alguns cálculos podem demonstrar como esse circuito de polarização por combinação funciona. Considere que a corrente da fonte desejada na Figura 7-19 seja de 1,9 mA. Assim, a queda de tensão no resistor R_S é:

$$V_{R_S} = 2,2\ k\Omega \times 1,9\ mA = 4,18\ V$$

Em seguida, a queda de tensão no resistor R_{G_2} do divisor de tensão é dada por:

$$V_G = \frac{2,2\ M\Omega}{2,2\ M\Omega + 15\ M\Omega} \times 20\ V = 2,56\ V$$

Ambas as tensões calculadas anteriormente são positivas em relação ao terra. A tensão da fonte é mais positiva, portanto, a tensão do gatilho é negativa em relação à fonte em um valor correspondente a:

$$V_{GS} = 2,56\ V - 4,18\ V = -1,62\ V$$

Ao medir a tensão de polarização em circuitos semelhantes ao da Figura 7-19, lembre-se de que V_G e V_{GS} são diferentes. A tensão de gatilho V_G é medida em relação ao terra. A tensão gatilho-fonte V_{GS} é medida em relação à fonte. Além disso, não se esqueça de considerar o efeito de carga do seu medidor. Quando se mede V_G em um circuito de alta impedância semelhante àquele da Figura 7-19, um medidor com alta impedância de entrada é necessário para se obter resultados razoáveis.

A Figura 7-20 mostra um amplificador empregando JFET de canal P. A fonte de alimentação é negativa em relação ao terra. Note o sentido da corrente do terminal fonte I_S. A queda de tensão provocada por essa corrente polarizará o diodo gatilho-fonte reversamente. Isso é adequado, de modo que a corrente de gatilho não circulará em R_G.

É possível obter a operação linear com polarização nula, como mostra a Figura 7-21. Deve-se reconhecer que este é um transistor MOSFET, sendo que

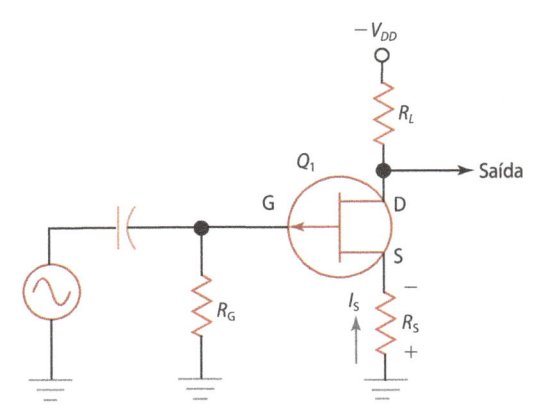

Figura 7-20 Amplificador com transistor FET de canal P.

neste caso o gatilho é isolado da fonte. Isso evita a circulação de corrente de gatilho independentemente da polaridade da tensão gatilho-fonte. À medida que o sinal se torna positivo, a corrente de dreno aumenta. À medida que o sinal se torna negativo, a corrente de dreno diminui. Esse tipo de transistor é capaz de operar nos MODOS DE INTENSIFICAÇÃO e DEPLEÇÃO. O circuito de polarização nula é restrito aos MOSFETs de modo de depleção no caso da operação linear.

A Figura 7-22 mostra o diagrama esquemático de um amplificador a MOSFET com GATILHO DUAL. Esse circuito emprega acoplamento com transformador sintonizado. Um ganho satisfatório é obtido em frequências próximas à ressonância dos transformadores. O sinal é aplicado no gati-

---

EXEMPLO 7-5

Determine a tensão de polarização gatilho-fonte na Figura 7-20 considerando que a corrente de dreno é 2 mA e o resistor da fonte é 860 Ω. Há alguma diferença desta polarização em comparação com a Figura 7-16? Esta tensão é determinada com a lei de Ohm, considerando que as correntes de dreno e fonte são iguais:

$$V_{GS} = R_S \times I_S = 860\ \Omega \times 2\ mA = 1,72\ V$$

A tensão V_{GS} é positiva na Figura 7-20 e negativa na Figura 7-16.

lho 1 (G_1) do MOSFET. O sinal de saída surge no circuito do dreno. O ganho desse amplificador pode ser controlado ao longo de uma ampla faixa pelo gatilho 2 (G_2).

O gráfico da Figura 7-23 mostra uma faixa típica do ganho desse tipo de amplificador. Note que o máximo ganho de potência de 20 dB ocorre quando o gatilho 2 é positivo em relação à fonte em aproximadamente 3 V. Com polarização nula, o ganho é de apenas 5 dB. À medida que o gatilho 2 torna-se negativo em relação à fonte, o ganho continua a decrescer. O ganho mínimo é de aproximadamente -28 dB. Naturalmente, -28 dB corresponde a uma perda significativa.

A faixa total do ganho do amplificador varia de $+20$ dB a -28 dB, isto é, é igual a 48 dB. Isso significa uma relação de potência de aproximadamente 63.000:1. Assim, com a tensão de controle adequada aplicada a G_2, o circuito da Figura 7-22 é capaz de manter a saída constante ao longo de uma ampla faixa de níveis de entrada. Amplificadores desse tipo são utilizados em aplicações como comunicações onde se espera uma ampla faixa de níveis de sinais.

Transistores de efeito de campo possuem ótimas características. Entretanto, transistores bipolares normalmente possuem menor custo e fornecem melhores ganhos de tensão. Isso torna o transistor bipolar mais adequado para a maioria das aplicações.

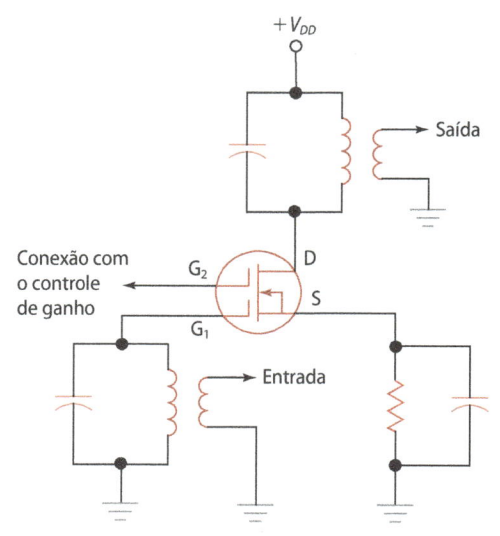

Figura 7-22 Amplificador a MOSFET com gatilho dual.

Transistores de efeito de campo são utilizados quando alguma característica especial é necessária. Por exemplo, esses dispositivos são adequados quando uma impedância de entrada muito alta é necessária. Normalmente, os FETs são encontrados no primeiro ou nos dois estágios de um sistema linear.

Examine a Figura 7-24. O transistor Q_1 é do tipo FET, enquanto o transistor Q_2 é do tipo BJT. Graças ao

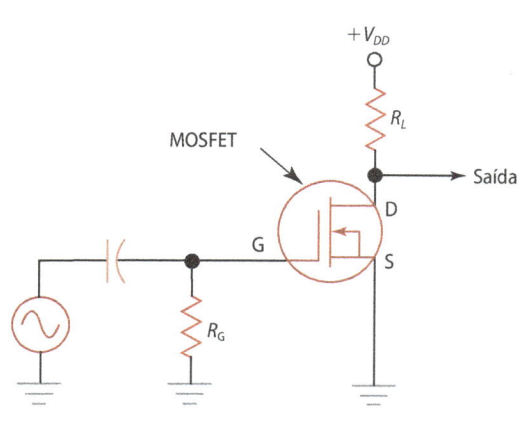

Figura 7-21 Amplificador utilizando MOSFET com polarização nula.

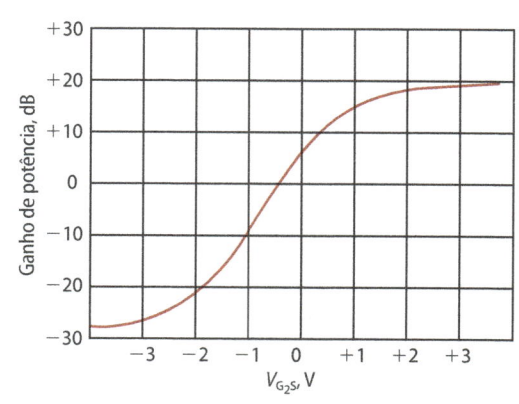

Figura 7-23 Efeito de V_{G_2} no ganho.

Sobre a eletrônica

A "eletrônica" e o corpo humano.
Sem a realimentação negativa fornecida pelos nervos para o cérebro, provavelmente você não seria capaz de andar.

FET, a impedância de entrada é alta. Em virtude da utilização do BJT, o ganho de potência é adequado e o custo é razoável. Essa é uma forma de projeto típica quando se deseja obter o melhor desempenho com o menor custo.

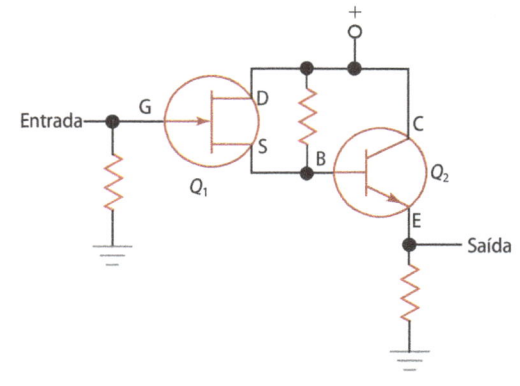

Figura 7-24 Combinação entre dispositivos bipolares e FETs.

Teste seus conhecimentos

Verdadeiro ou falso?

24. Amplificadores controlados por tensão normalmente possuem impedância de entrada menor que amplificadores controlados por corrente.
25. Evita-se a circulação da corrente de gatilho em amplificadores JFET mantendo-se a junção gatilho-fonte reversamente polarizada.
26. Uma fonte de alimentação separada, semelhante àquela da Figura 7-14(a), representa a melhor forma de manter a junção do gatilho reversamente polarizada.
27. O ganho de tensão em um amplificador FET é dado em siemens.
28. A polarização da fonte tende a estabilizar amplificadores FET.
29. MOSFETs com gatilho dual não são empregados como amplificadores lineares.

Resolva os seguintes problemas.

30. Observe a Figura 7-14(a). Considere $I_D = 3$ mA e determine V_{DS}.
31. Observe a Figura 7-14(b). Considere $V_{GS} = 0$ V. Em que condição o transistor está operando?
32. Observe a Figura 7-14(b). Considere $V_{GS} = -3,0$ V. Em que condição o transistor está operando?
33. Observe a Figura 7-16. Se $I_D = 1,5$ mA e $R_S = 1000\ \Omega$, qual é o valor de V_{GS}?
34. Observe a Figura 7-19. Considere $V_{DD} = 15$ V e $I_D = 2$ mA. Qual é o valor de V_{GS}? Qual é a polaridade do gatilho em relação à fonte?
35. Observe a Figura 7-24. Quais são as configurações dos circuitos nos quais Q_1 e Q_2 estão conectados?
36. Observe a Figura 7-24. Se o sinal circula no sentido positivo, em que direção circula a saída?

» *Realimentação negativa*

A Figura 7-25 mostra dois diagramas de blocos. Na Figura 7-25(a), o bloco A representa o **GANHO DE MALHA ABERTA** do amplificador. Esse é o ganho sem realimentação negativa. Como exemplo, considera-se $A = 50$. Com realimentação negativa, é o **GANHO DE MALHA FECHADA** que determina $V_{saída}$, e este ganho sempre é menor que A. Assim, se $A = 50$, o ganho de malha fechada deve ser menor que 50. O bloco B representa o circuito de realimentação que devolve parte do sinal de saída novamente à entrada. A **RAZÃO DE REALIMENTAÇÃO** indica a porção da saída que sofre realimentação. Se o bloco B corresponder a um divisor de tensão formado por dois resistores idênticos, então $B = 0,5$. A junção de soma na Figura 7-25(a) corresponde ao ponto de combinação da realimentação e $V_{entrada}$.

A Figura 7-25(b) mostra que é possível simplificar o circuito, de modo que se torne mais fácil determinar o ganho de malha fechada.

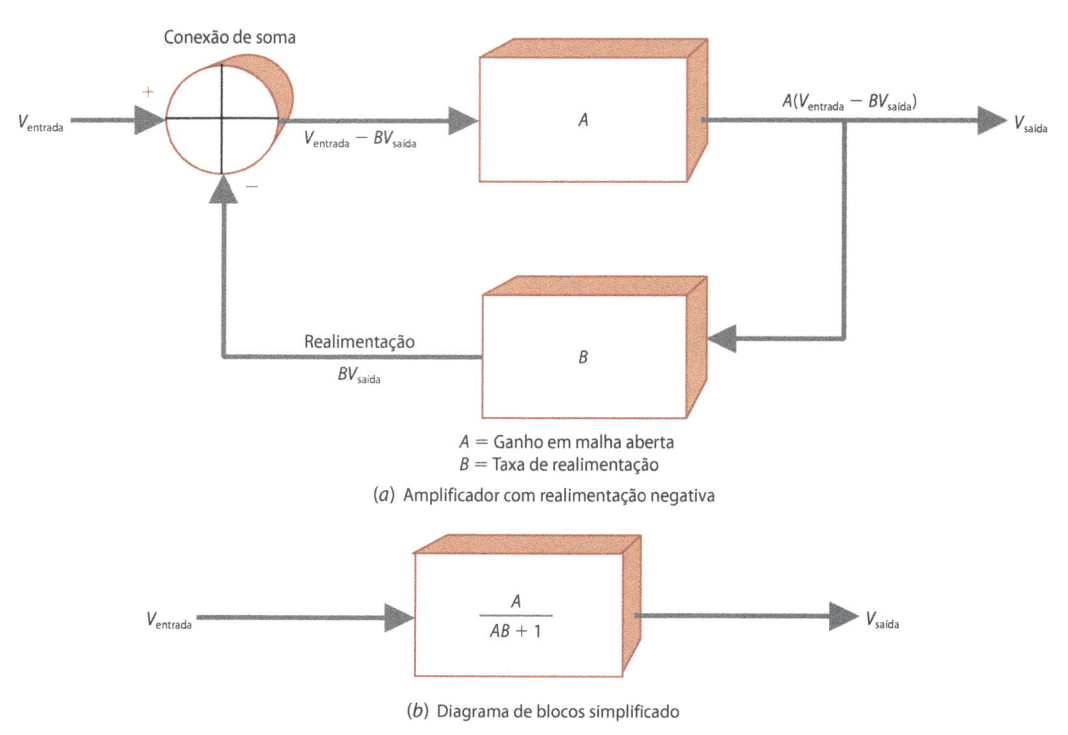

Figura 7-25 Diagramas de blocos com realimentação negativa.

(a) Amplificador com realimentação negativa
A = Ganho em malha aberta
B = Taxa de realimentação

(b) Diagrama de blocos simplificado

A realimentação negativa reduz o ganho de um amplificador, de modo que aparentemente não apresenta qualquer vantagem. Na verdade, esta é uma escolha vantajosa em muitos casos. Eis as razões pelas quais a realimentação negativa é utilizada:

1. *Estabilização do amplificador*: torna o ganho e/ou o ponto de operação independentes das características do dispositivo e da temperatura.
2. *Aumento da largura de banda de um amplificador*: fornece um ganho útil ao longo de uma faixa maior de frequências
3. *Aumento da linearidade de um amplificador*: reduz a quantidade de distorção do sinal.
4. *Melhoria do desempenho do amplificador em termos de ruído*: reduz a quantidade de ruído presente.
5. *Modifica a impedância do amplificador*: aumenta ou diminui a impedância de entrada ou saída.

EXEMPLO 7-6

Qual é o ganho de malha fechada de um amplificador com realimentação negativa sendo o ganho de malha aberta de 50 e a razão de realimentação de 0,5? Utiliza-se o modelo simplificado:

$$\frac{V_{saída}}{V_{entrada}} = A_{CL} = \frac{A}{AB+1} = \frac{50}{50 \times 0,5 + 1} = 1,92$$

Isso demonstra que efetivamente a realimentação negativa reduz o ganho de malha aberta significativamente.

A equação simplificada do ganho de malha fechada pode ser obtida utilizando-se a álgebra. Inicia-se o processo observando a Figura 7-25(a) e verificando que o sinal de saída pode ser escrito nestes termos:

$$V_{saída} = A(V_{entrada} - BV_{saída})$$

Aplica-se a propriedade distributiva:

$$V_{saída} = AV_{entrada} - ABV_{saída}$$

Divide-se cada termo por $V_{saída}$:

$$1 = \frac{V_{saída}}{V_{entrada}} - AB$$

Soma-se AB em ambos os lados da equação:

$$AB + 1 = \frac{V_{entrada}}{V_{saída}}$$

Divide-se ambos os lados por A:

$$\frac{AB + 1}{A} = \frac{V_{entrada}}{V_{saída}}$$

Inverte-se ambos os lados:

$$\frac{A}{AB + 1} = \frac{V_{saída}}{V_{entrada}} = A_{CL}$$

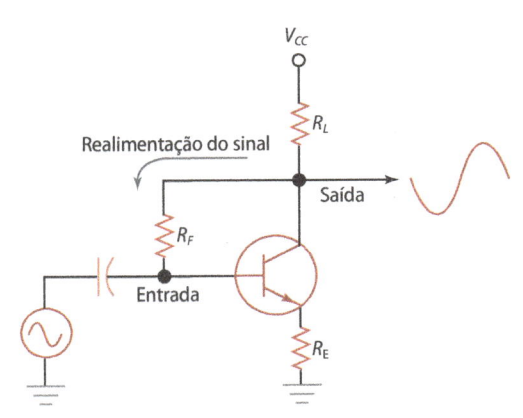

A Figura 7-26 mostra um amplificador emissor comum com **REALIMENTAÇÃO DO COLETOR**. O resistor R_F fornece realimentação do terminal coletor (saída) para o terminal base (entrada). O resistor de realimentação R_F fornece ambas as **REALIMENTAÇÕES CC E CA**. A **REALIMENTAÇÃO CC** estabiliza o ponto de operação do amplificador. Se a temperatura aumenta, o ganho do transistor aumenta e uma corrente maior circulará no coletor. Entretanto, o resistor R_F está conectado ao coletor na Figura 7-26, e não ao ponto de alimentação V_{CC}. Assim, quando a corrente do coletor tende a aumentar, a tensão do coletor começa a cair. Isso reduz efetivamente a tensão de alimentação que fornece para a corrente de base. Assim, esta corrente também é reduzida, provocando a redução da corrente do coletor. Por sua vez, isso tende a cancelar o efeito do aumento da corrente do coletor em virtude do aumento da temperatura. Se o transistor for substituído por outro componente com maior ganho de corrente, novamente R_F ajudará a estabilizar o circuito. A realimentação CC em um amplificador é útil no sentido de manter o ponto de operação próximo ao valor desejado. O resistor do emissor na Figura 7-26 fornece a realimentação adicional e melhora ainda mais a estabilidade do ponto de operação.

Na Figura 7-26, o resistor R_F ainda fornece a realimentação CA. Quando o amplificador é acionado com um dado sinal, um sinal defasado maior surge no coletor do transistor. Esse sinal é realimentado e reduz o ganho de corrente CA do amplificador, além de reduzir sua impedância de entrada. Por exemplo, suponha que o ganho de tensão de um amplificador seja 50 e que $R_F = 100$ kΩ. Qualquer mudança na tensão do sinal provocará uma mudança na tensão do terminal de R_F conectado ao coletor correspondente a 50 vezes maior, embora no sentido oposto. Isso significa que corrente CA circulando em R_F será 50 vezes maior do que no caso onde o resistor é conectado a V_{CC}.

A corrente em R_F é proporcional à tensão em seus terminais. O ganho do amplificador é 50. Portanto, a corrente será igual a 50 vezes o valor previsto para a tensão e o valor de R_F. Isso também significa que R_F carrega a fonte como se possuísse 1/50 do valor real, ou 2 kΩ neste exemplo. Portanto, verifica-se que a realimentação CA na Figura 7-26 provoca um aumento da corrente que circula no circuito de entrada. O ganho de corrente do amplificador decresce, pois sua impedância de entrada diminui. O ganho de tensão não é alterado por R_F.

A realimentação CA pode não ser desejada. A Figura 7-27 mostra como ela pode ser eliminada. O resistor de realimentação é substituído por dois resistores, denominados R_{F_1} e R_{F_2}. A junção desses dois resistores é desviada para o terra pelo capa-

Figura 7-26 Amplificador emissor comum com realimentação do coletor.

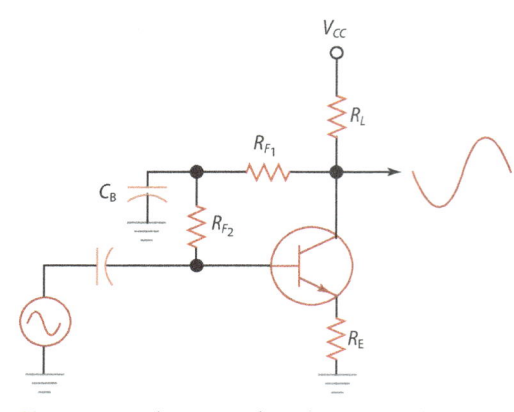

Figura 7-27 Eliminação da realimentação CA.

citor C_B, que possui reatância muito baixa nas frequências do sinal e atua como um curto-circuito de modo a evitar que qualquer realimentação CA chegue à base do transistor. Agora, a impedância de entrada e o ganho de corrente do transistor são maiores que aqueles da Figura 7-26. O capacitor de desvio da Figura 7-27 não possui influência na realimentação CC. A reatância capacitiva é infinita em 0 Hz e, portanto, o amplificador possui a mesma estabilidade do ponto de operação existente na Figura 7-26.

Em muitos casos, um resistor de emissor fornece uma realimentação suficiente. Na Figura 7-28, o resistor de emissor R_E fornece ambas as realimentações CA e CC. A realimentação atua no sentido de estabilizar o ponto de operação do amplificador. O resistor do emissor R_E não é desviado, de modo que um sinal surge em seus terminais quando um amplificador é acionado. O sinal encontra-se em fase com o sinal de entrada. Se a fonte do sinal aciona a base no sentido positivo, o sinal em R_E também fará com isso ocorrer no emissor. Tal ação reduz a tensão base-emissor e o ganho de tensão do amplificador. Além disso, aumenta a impedância de entrada do amplificador, como foi discutido anteriormente neste capítulo. Sabe-se que R_E pode ser desviado para obter um melhor ganho de tensão ao custo da redução da impedância de entrada.

Quando são necessárias impedâncias de entrada muito altas, o circuito da Figura 7-29 pode ser utilizado, sendo normalmente denominado CIRCUITO DE COMANDO DE ENTRADA ou *boostrap*. O capacitor C_B e o resistor R_B fornecem um caminho de realimentação que funciona no sentido de aumentar a impedância de entrada do amplificador. Surge um sinal em fase na parte do resistor do emissor que não é desviado. Esse sinal é acoplado ao terminal direito de R_B por meio de C_B. Como se encontra em fase com o sinal de entrada, isso provoca uma redução da corrente que circula em R_B. Por exemplo, se o sinal de realimentação no terminal direito de R_B for igual ao sinal fornecido pela fonte, não haverá diferença de tensão em R_B e, consequentemente, não circulará corrente no componente. Desta forma, R_B comporta-se como uma impedância infinita para sinais de corrente. Em circuitos reais, o sinal de realimentação possui amplitude menor que o sinal de entrada. Portanto, há uma corrente circulando em R_B. Entretanto, para o sinal de entrada, R_B representa uma impedância muito maior do que o seu respectivo valor em ohms. Como R_B encontra-se em série com o divisor de polarização CC, este componente efetivamente isola a fonte do sinal dos dois resistores de polarização. Um amplificador *boostrap* semelhante àquele mostrado na Figura 7-29 possui impedância de entrada da ordem de centenas de milhares de ohms, enquanto no circuito da Figura 7-28 o parâmetro é da ordem de vários milhares de ohms.

Até o momento, vimos que a realimentação negativa de um amplificador pode provocar a redução do ganho de corrente ou de tensão. Foi visto também que isso pode reduzir ou aumentar a impedância de entrada de um amplificador. Por que se deve utilizar a realimentação se o ganho (em termos de corrente ou de tensão) é penalizado? Às vezes, é necessário obter uma impedância de entrada adequada. A redução do ganho pode ser eliminada utilizando outro estágio de amplificação. Outra razão pela qual a realimentação é utilizada consiste na melhoria da largura de banda. Observe a Figura 7-30. O ganho do amplificador é maior quando não se utiliza realimentação negativa. Em frequências mais altas, o ganho começa a ser reduzido, o que passa a ocorrer a partir de f_1 na Figura 7-30. A re-

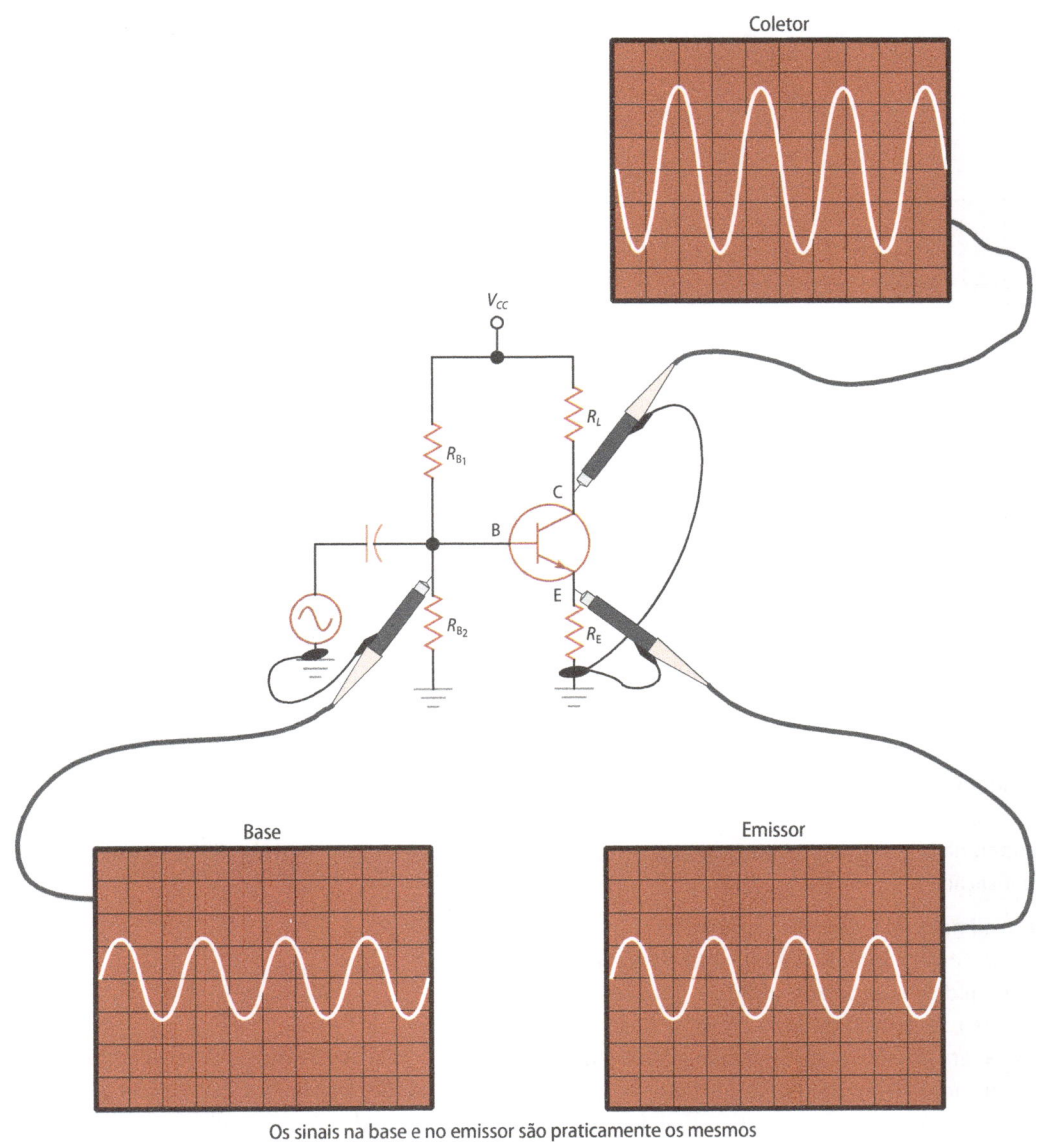

Os sinais na base e no emissor são praticamente os mesmos

Figura 7-28 Amplificador emissor comum com realimentação do emissor.

dução do ganho é um reflexo do desempenho do transistor e da capacitância do circuito. Todos os transistores desenvolvem uma redução do ganho à medida que a frequência aumenta. A reatância de um capacitor diminui com o aumento da frequência, o que, por sua vez, provoca aumento da carga do amplificador e redução do ganho.

Agora, observe o desempenho do amplificador da Figura 7-30 com realimentação negativa. O ganho é muito menor em baixas frequências, mas não sofre redução até que o valor de f_2 seja atingido. A frequência f_2 é muito mais alta que f_1. Com a realimentação negativa, o amplificador fornece um ganho menor, mas o ganho se torna constante ao

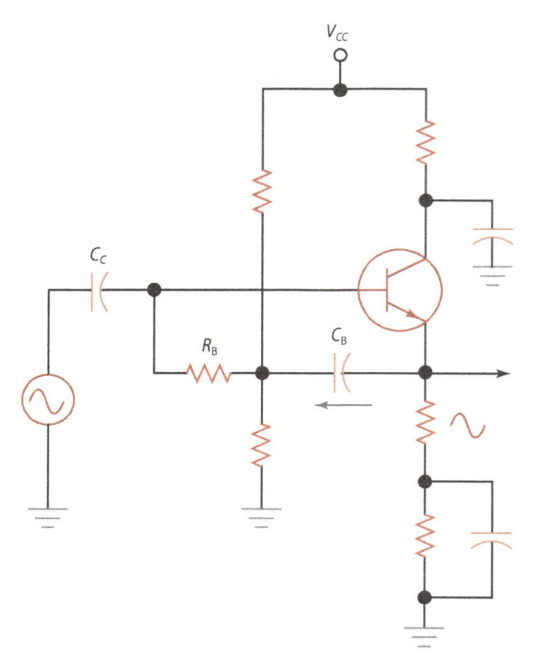

Figura 7-29 Circuito *boostrap* para obter uma elevada impedância de entrada.

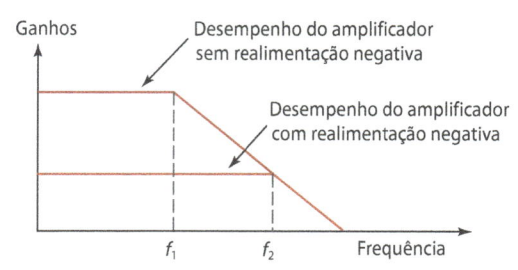

Figura 7-30 Efeito da realimentação no ganho e na largura de banda.

longo de uma faixa de frequência maior. A redução do ganho em um estágio pode ser facilmente superada acrescentando-se outro estágio de amplificação.

A realimentação negativa também reduz o ruído e a distorção. Supondo que o sinal apresente algum ruído ou distorção a partir do amplificador, o que se reflete no sinal de saída, parte do sinal de saída será realimentada na entrada. Assim, o ruído ou distorção será inserido no sinal de entrada de forma oposta. Lembre-se de que a realimentação é defasada ou oposta em relação à entrada. A maior parte do ruído ou distorção é cancelada dessa forma. Ao distorcer o sinal de entrada intencionalmente, de forma oposta à distorção imposta pelo amplificador, o circuito torna-se mais linear.

A Figura 7-31 mostra um amplificador em cascata com uma chave para ativar ou desativar a realimentação negativa. A realimentação ocorre apenas em corrente alternada, pois o capacitor de 25 μF bloqueia a corrente contínua. O osciloscópio superior mostra o desempenho com a realimentação negativa. Observe que ambas as formas de onda são triangulares sem que haja distorção aparente. A visualização inferior apresenta as formas de onda sem realimentação negativa. A onda triangular de saída encontra-se distorcida. A Tabela 7-2 compara o desempenho do circuito com e sem realimentação. Atente para o fato de que a largura de banda é muito melhor com a realimentação negativa: largura de banda=f_H–f_L.

Ondas triangulares são normalmente empregadas para verificar o ceifamento ou outras formas de

EXEMPLO 7-7

Verifique o ganho da realimentação negativa na Tabela 7-2. A Figura 7-31 mostra que a realimentação negativa é aplicada ao resistor da fonte de Q_1, formando um divisor resistivo com o resistor de 5,1 kΩ. A razão de realimentação é determinada com a equação do divisor de tensão:

$$B = \frac{180 \, \Omega}{180 \, \Omega + 5,1 \, \text{k}\Omega} = 0,0341$$

Agora, aplica-se a equação do ganho em malha fechada que foi desenvolvida anteriormente. O ganho de malha aberta é determinado a partir da Tabela 7-2 (A_{OL}=240).

$$A_{CL} = \frac{A}{AB + 1} = \frac{240}{(240)(0,0341) + 1} = 26,1$$

Isso está de acordo com o valor da tabela. A redução do ganho é o preço pago em virtude da baixa distorção e da ampla largura de banda.

EXEMPLO 7-8

Determine as condições CC para o amplificador da Figura 7-32. A tensão de base na entrada é:

$$V_{B(NPN)} = \frac{5{,}1\ k\Omega}{5{,}1\ k\Omega + 27\ k\Omega} \times 12\ V = 1{,}91\ V$$

$$I_{560\Omega} = \frac{1{,}91\ V - 0{,}7\ V}{560\ \Omega} = 2{,}16\ mA$$

Essa não é a corrente que circula no transistor NPN porque ambos os transistores compartilham o resistor. Note na Figura 7-32 que a junção base-emissor do transistor PNP encontra-se em paralelo com um resistor de 680 Ω. Como é razoável assumir uma queda de tensão de 0,7 V, tem-se:

$$I_{680\Omega} = \frac{0{,}7\ V}{680\ \Omega} = 1{,}03\ mA$$

Normalmente, considera-se $I_E = I_C$, de forma que é possível subtrair essa corrente de 2,16 mA para determinar a corrente no transistor PNP:

$$I_{C(PNP)} = I_{E(PNP)} = 2{,}16\ mA - 1{,}03\ mA = 1{,}13\ mA$$

O cálculo se encerra determinando-se a tensão de saída CC do amplificador. Inicialmente, a queda de tensão no resistor de 4,7 kΩ é:

$$V_{4{,}7\ k\Omega} = 1{,}13\ mA \times 4{,}7\ k\Omega = 5{,}31\ V$$

$$V_{saída} = V_{560\Omega} + V_{4{,}7\ k\Omega} = 1{,}21\ V$$
$$+ 5{,}31\ V = 6{,}52\ V$$

O fato de essa tensão ser aproximadamente igual à metade da tensão de alimentação mostra que o circuito encontra-se adequadamente polarizado para operar de forma linear. O método utilizado neste exemplo é baseado em algumas considerações e apresenta algum erro. De acordo com a Figura 7-32, um simulador de circuitos apresenta condições CC distintas, embora a diferença não seja significativa.

EXEMPLO 7-9

Determine o ganho de malha fechada em dB para a Figura 7-32 e compare-o com o valor da simulação. Inicialmente, determina-se o ganho de cada estágio. O resistor do emissor do transistor NPN é maior e não é desviado, de forma que o ganho deste estágio é:

$$A_{V(NPN)} = \frac{R_L}{R_E} = \frac{680\ \Omega}{560\ \Omega} = 1{,}21$$

O transistor PNP não possui resistor no emissor, de modo que é necessário determinar r_E inicialmente para calcular o ganho:

$$r_E = \frac{25}{I_E} = \frac{25}{1{,}13} = 22{,}1\ \Omega$$

$$A_{V(NPN)} = \frac{R_L}{r_E} = \frac{4{,}7\ \Omega}{22{,}1\ \Omega} = 213$$

O ganho de malha aberta para a Figura 7-32 corresponde ao produto entre os ganhos:

$$V_{OL} = A_{V(NPN)} \times A_{V(NPN)} = 1{,}21\ V \times 213 = 258$$

O ganho de malha fechada é menor em virtude da realimentação. A razão de realimentação é ajustada pelo divisor de tensão constituído pelos resistores de 560 Ω e 4,7 kΩ:

$$B = \frac{560\ \Omega}{560\ \Omega + 4{,}7\ k\Omega} = 0{,}106$$

Converte-se este valor em dB:

$$A_{CL} = \frac{A}{AB + 1} = \frac{258}{(258)(0{,}106) + 1} = 9{,}11$$

$$= 20 \times \log 9{,}11 = 19{,}2\ dB$$

Esse valor é muito próximo àquele obtido na simulação do circuito da Figura 7-32 (o ganho é mostrado no traçador do diagrama de Bode).

Tabela 7-2 *Desempenho com e sem realimentação*

	Com realimentação	Sem realimentação
A_V	26 (28 dB)	240 (48 dB)
f_L	150 Hz	1,2 kHz
f_H	1,9 MHz	190 kHz
Distorção	Nenhuma	Alta

distorção. Ondas senoidais não são tão úteis para verificar a distorção, pois é muito mais fácil notar desvios em linhas retas.

A Figura 7-32 mostra um amplificador NPN-PNP com realimentação negativa. O transistor PNP compartilha seu circuito do coletor com o circuito do emissor do transistor NPN. Há realimentação CC e CA nesse amplificador.

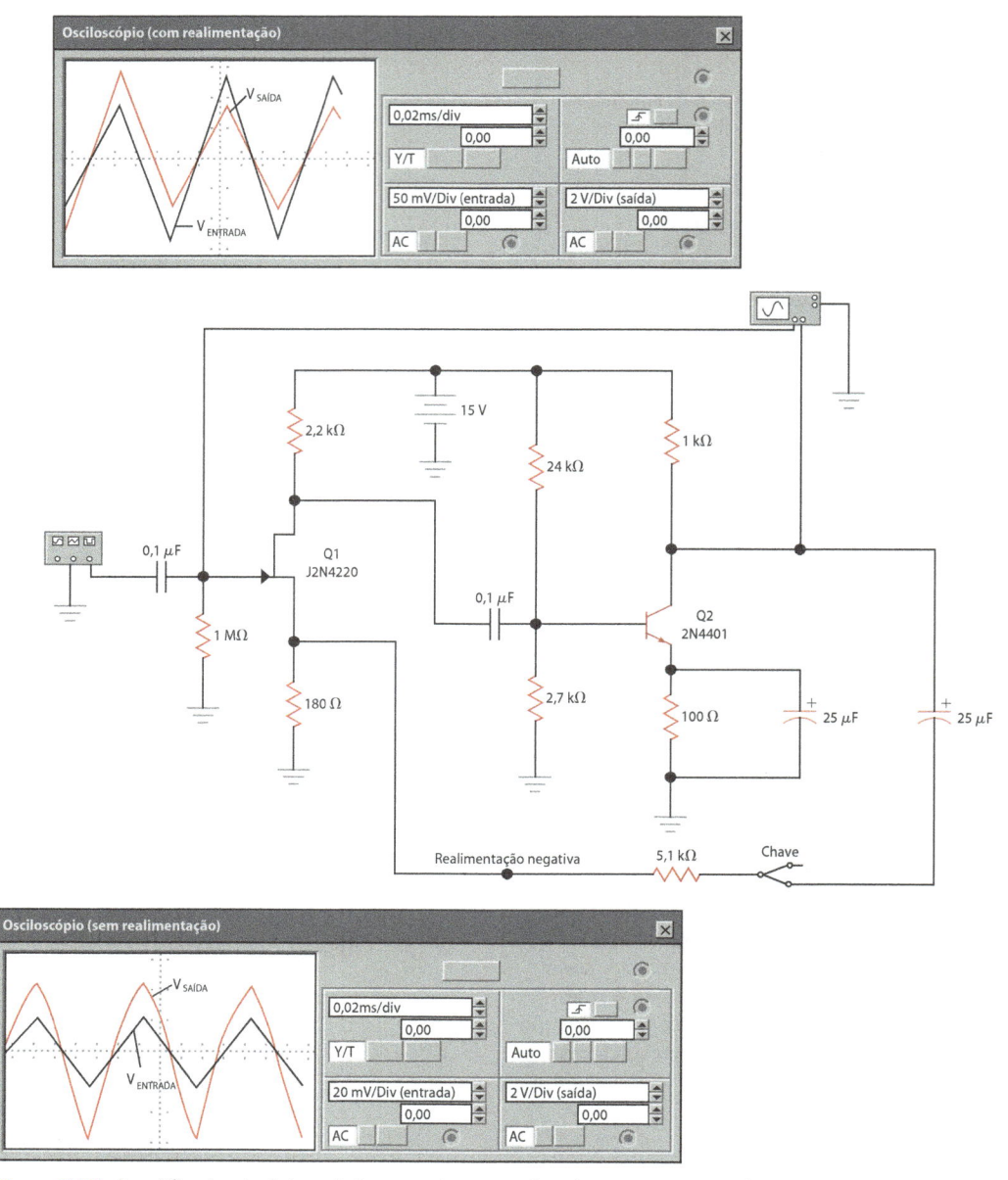

Figura 7-31 Amplificador de dois estágios com chave para inserir ou remover a realimentação negativa.

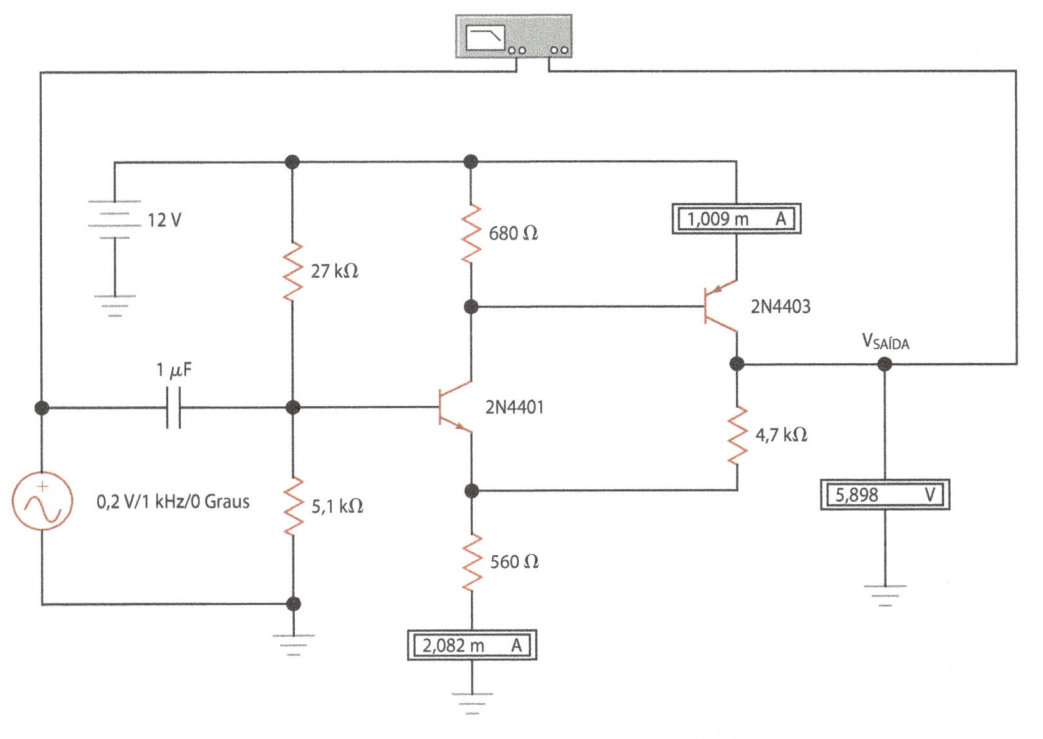

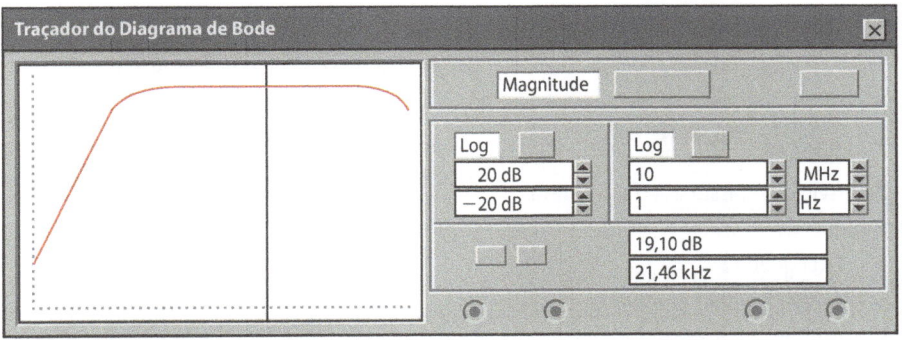

Figura 7-32 Amplificador NPN-PNP com realimentação em série.

Teste seus conhecimentos

Verdadeiro ou falso?

37. A realimentação negativa sempre reduz o ganho de tensão ou de corrente de um amplificador.
38. A realimentação pode ser utilizada para reduzir ou aumentar a impedância de entrada de um amplificador.
39. A realimentação negativa reduz a faixa de frequência dos amplificadores.
40. A realimentação negativa CC de um amplificador torna-o menos suscetível à temperatura.
41. O segundo estágio amplificador Figura 7-31 opera na configuração coletor comum.

Resolva os seguintes problemas.

42. Observe a Figura 7-26. Considere que o ganho de tensão do amplificador é 50 e o resistor de realimentação do coletor é 100 kΩ. Qual é o efeito de carregamento de R_F na fonte do sinal?
43. Observe a Figura 7-28. Considere que o ganho de corrente do amplificador é 100 e o $R_E = 220\ \Omega$. Qual é a impedância r_{in} entre a base e o terra para o sinal de entrada desprezando-se R_{B1} e R_{B2}?
44. Observe a Figura 7-28. O que acontecerá à impedância de entrada do amplificador se R_E for desviado?
45. Observe a Figura 7-32. Considere que o sinal na base do transistor seja negativo. Qual é o sentido do sinal no coletor?
46. Qual é a configuração do transistor 2N4403 na Figura 7-32?

>> Resposta em frequência

A Figura 7-33 mostra um amplificador emissor comum. A análise CC desse circuito determina a corrente de emissor em 8,38 mA. A resistência CA do emissor é:

$$r_E = \frac{50\ \text{mV}}{8,38\ \text{mA}} = 5,96\ \Omega$$

Com a chave de desvio do emissor aberta, o ganho de tensão do amplificador é:

$$A_V = \frac{1\ \text{k}\Omega\ \|\ 680\ \Omega}{100\ \Omega + 5,96\ \Omega} = 3,82$$

Para obter uma estimativa mais precisa do ganho, a resistência interna da fonte do sinal deve ser considerada. A impedância de entrada do amplificador provoca um efeito de carga e perda no sinal de tensão em r_s na Figura 7-33. O primeiro passo consiste em determinar a resistência de entrada do transistor:

$$r_{entrada} = \beta(R_E + r_E) = 150\,(100\ \Omega + 5,96\ \Omega) = 15,9\ \text{K}\Omega$$

A impedância de entrada do amplificador é determinada a seguir:

$$Z_{entrada} = \cfrac{1}{\cfrac{1}{R_{B1}} + \cfrac{1}{R_{B2}} + \cfrac{1}{r_{entrada}}}$$

$$= \cfrac{1}{\cfrac{1}{6,8\ \text{k}\Omega} + \cfrac{1}{1\ \text{k}\Omega} + \cfrac{1}{15,9\ \text{k}\Omega}} = 826\ \Omega$$

Parte do sinal de tensão da fonte na Figura 7-33 será aplicado à base do transistor. Utilizando a equação do divisor de tensão, tem-se:

$$V_{parte} = \frac{826}{826 + 50} = 0{,}943$$

Assim, o ganho de tensão sem o desvio no amplificador emissor comum na Figura 7-33 é:

$$A_V = 0{,}943 \times 3{,}82 = 3{,}60$$

O ganho em dB é:

$$A_V = 20 \times \log_{10} 3{,}60 = 11{,}1\ \text{dB}$$

A Figura 7-34 mostra o ganho em função da resposta em frequência. A curva inferior representa a condição sem desvio. Na banda central, o ganho é de 11,1 dB. Note que a curva de ganho começa a cair em frequências acima e abaixo da banda central.

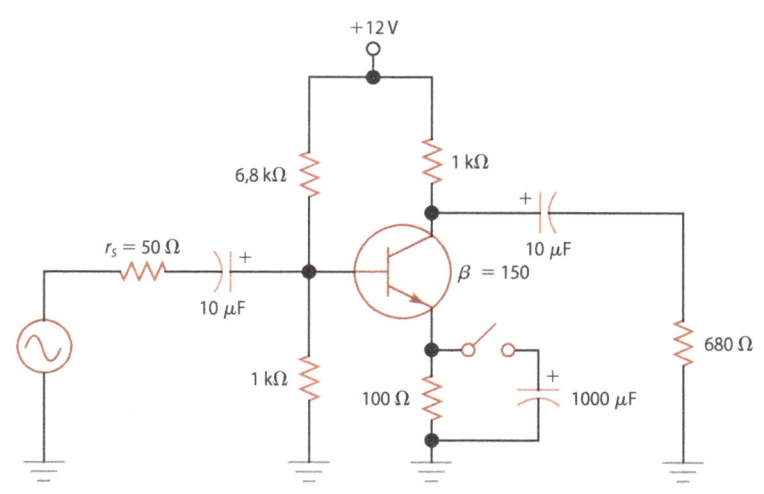

Figura 7-33 Amplificador emissor comum.

As curvas da Figura 7-34 são plotadas em um gráfico semilogarítmico. O eixo da frequência é logarítmico e o eixo vertical é linear. Se ambos os eixos fossem logarítmicos, o gráfico seria denominado log-log. Uma razão para se utilizar um eixo logarítmico consiste na obtenção de uma boa resolução ao longo de uma faixa mais ampla.

Os gráficos de resposta em frequência mostram a faixa na qual um amplificador é útil. Geralmente, a largura de banda de um amplificador é representada pela faixa de frequências onde seu ganho encontra-se 3 dB distante do ganho da banda central. Examinando a curva inferior da Figura 7-34, é possível constatar que o ganho do amplificador é

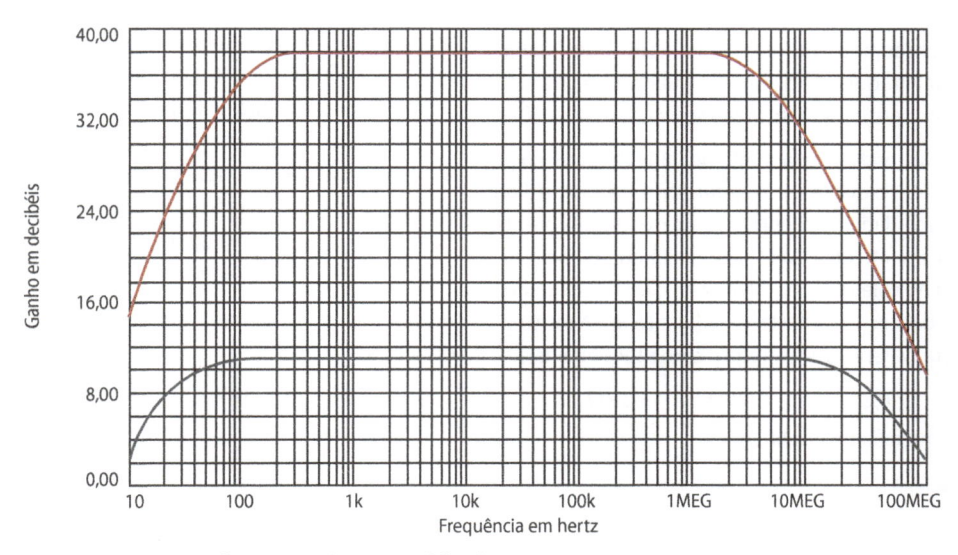

Figura 7-34 Resposta em frequência de um amplificador emissor comum.

reduzido em 3 dB em torno das frequências de 20 Hz e 40 MHz. Assim, o amplificador é útil em 20 Hz e 40 MHz, sendo que a largura de banda é ligeiramente inferior a 40 MHz.

O ponto no qual o ganho do amplificador é reduzido em 3 dB a partir do melhor valor normalmente é chamado de frequência de quebra. A menor **FREQUÊNCIA DE QUEBRA** é causada pelos capacitores na Figura 7-33. Na banda central do amplificador, os capacitores comportam-se como curtos-circuitos CA. Na frequência de quebra, a reatância do capacitor é igual à resistência equivalente que representa o acoplamento ou o desvio. Em outras palavras, na frequência de quebra, tem-se:

$$X_C = R_{eq}$$

A reatância capacitiva na frequência de quebra (f_b) é:

$$X_C = \frac{1}{2\pi f_b C}$$

Substitui-se o parâmetro X_C:

$$R_{eq} = \frac{1}{2\pi f_b C}$$

Isolando o valor de f_B, tem-se:

$$f_b = \frac{1}{2\pi R_{eq} C}$$

A equação anterior mostra que não é difícil determinar a frequência de quebra quando a resistência equivalente e a reatância capacitiva são conhecidas.

O capacitor de acoplamento de saída de 10 μF na Figura 7-33 provocará uma redução no ganho de 3 dB em uma dada frequência. Esse capacitor apresenta acoplamento em 680 Ω, sendo alimentado pelo circuito do coletor do amplificador, o qual possui uma impedância de saída de 1 kΩ (igual a R_L). A resistência equivalente que carrega o capacitor de saída é:

$$R_{eq} = 1\ k\Omega + 680\ \Omega = 1{,}68\ k\Omega$$

A frequência de quebra é:

$$f_b = \frac{1}{2\pi R_{eq} C} = \frac{1}{6{,}28 \times 1{,}68\ k\Omega \times 10 \times 10^{-6}\ F}$$
$$= 9{,}47\ Hz$$

O outro capacitor de 10 μF na Figura 7-33 se acopla com o amplificador. A impedância de entrada foi anteriormente calculada com 826 Ω. A resistência interna da fonte do sinal é de 50 Ω. A resistência interna do circuito de entrada é:

$$R_{eq} = 50\ \Omega + 826\ \Omega = 876\ \Omega$$

A frequência de quebra é:

$$f_b = \frac{1}{6{,}28 \times 876\ \Omega \times 10 \times 10^{-6}\ F} = 18{,}2\ Hz$$

Esse valor é um pouco maior que a frequência de quebra do circuito de saída. O valor mais alto deve ser utilizado à resposta em baixa frequência. Neste caso, as frequências de quebra são próximas (9,47 e 18,2 Hz). Quando isso ocorre, o ponto de quebra real do amplificador ocorrerá em uma frequência mais alta que o maior valor individual. O circuito da Figura 7-33 possui frequência de quebra aproximadamente igual a 24 Hz.

A frequência de quebra mais alta de um amplificador emissor comum semelhante àquele mostrado na Figura 7-33 é parcialmente determinado pelas capacitâncias que não são exibidas no diagrama esquemático. Os transistores possuem capacitâncias internas de junção que agem no sentido de desviar altas frequências.

O desempenho do amplificador emissor comum da Figura 7-33 muda um pouco quando a chave é fechada. A chave conecta um capacitor de desvio do emissor, este capacitor aumenta o ganho, reduz a impedância de entrada do amplificador e reduz a largura de banda do amplificador. O ganho quando o resistor R_E é desviado é:

$$A_V = \frac{1\ k\Omega \parallel 680\ \Omega}{5{,}96\ \Omega} = 67{,}9$$

A impedância de entrada quando o resistor R_E é desviado é:

$$r_{entrada} = \beta \times r_E = 150 \times 5{,}96\ \Omega = 894\ \Omega$$

$$Z_{entrada} = \frac{1}{\dfrac{1}{R_{B_1}} + \dfrac{1}{R_{B_2}} + \dfrac{1}{r_{in}}}$$

$$= \frac{1}{\dfrac{1}{6{,}8\ k\Omega} + \dfrac{1}{1\ k\Omega} + \dfrac{1}{894\ k\Omega}} = 441\ \Omega$$

De forma semelhante à anterior, utiliza-se a equação do divisor de tensão:

$$V_{parte} = \frac{441}{441 + 50} = 0{,}898$$

Assim, o ganho de tensão do amplificador emissor comum com desvio da Figura 7-33 é:

$$A_V = 0{,}989 \times 67{,}9 = 61{,}0$$

Logo, o ganho em dB é:

$$A_V = 20 \times \log_{10} 61{,}0 = 35{,}7 \text{ dB}$$

A curva superior Figura 7-34 mostra que o ganho da banda central é de 38 dB. Foi utilizado o valor conservativo de 50 mV para determinar a resistência CA do emissor. O ganho real do amplificador tende a ser um pouco maior.

O ponto de quebra do capacitor de acoplamento de saída permanece o mesmo (9,47 Hz). O ponto de quebra muda para o capacitor de acoplamento de entrada porque a impedância de entrada do amplificador é menor:

$$R_{eq} = 50\,\Omega + 441\,\Omega = 491\,\Omega$$

Agora, a frequência da quebra é:

$$f_b = \frac{1}{6{,}28 \times 491\,\Omega \times 10 \times 10^{-6}\,F} = 32{,}4 \text{ Hz}$$

Outro valor da frequência de quebra mais baixa resulta em virtude da utilização do capacitor de desvio do emissor. Deve-se determinar a resistência equivalente desviada por esse capacitor. Tal resistência é parcialmente determinada pelo circuito de base, do ponto de vista do terminal emissor. Assim, os valores dos resistores são menores em um fator igual a:

$$r_{EB} = \frac{r_S \| R_{B_1} \| R_{B_2}}{\beta} = \frac{50\,\Omega \| 6{,}8\,k\Omega \| 1\,k\Omega}{150}$$
$$= 0{,}315\,\Omega$$

Essa resistência encontra-se em série com r_E, de forma que a combinação está em paralelo com R_E:

$$R_{eq} = (r_{EB} + r_E) \| R_E = (0{,}315\,\Omega + 5{,}96\,\Omega) \| 100$$
$$= 5{,}90\,\Omega$$

$$f_b = \frac{1}{6{,}28 \times 5{,}9\,\Omega \times 1000 \times 10^{-6}\,F} = 27{,}0 \text{ Hz}$$

De acordo com a Figura 7-34, a frequência de quebra mais baixa é de aproximadamente 80 Hz. Como os três valores da frequência de quebra são muito próximos entre si (9,47, 32,4 e 27,0 Hz), o valor real desse parâmetro será maior que qualquer um deles.

Note que a largura de banda é sacrificada quando o ganho é aumentado pela inserção de um capacitor de desvio do emissor. Como foi discutido na seção anterior, a realimentação negativa fornecida pela realimentação do emissor torna o amplificador útil ao longo de uma faixa de frequências mais ampla.

A frequência de quebra mais alta na Figura 7-34 cai de 40 para 4 MHz quando o capacitor é acrescentado. Isso ocorre porque o aumento do ganho multiplica o efeito da capacitância interna do transistor. Quando projetistas precisam de amplificadores com largura de banda muito larga, normalmente o ganho de um dos estágios é mantido em um valor moderado e um ou dois estágios de amplificação adicionais são incluídos para obter o ganho desejado.

A Figura 7-35 mostra um amplificador *cascode*, sendo este um arranjo em cascata especial no qual o estágio emissor comum é diretamente acoplado com um estágio base comum. Amplificadores *cascode* estendem os limites de frequência dos amplificadores emissor comum reduzindo o efeito de uma das capacitâncias internas dos transistores. Assim, isso permite o aumento da largura de banda. Amplificadores *cascode* são utilizados em aplicações de radiofrequência (RF).

Amplificadores base comum possuem largura de banda ampliada, mas também apresentam impedância de entrada muito baixa. O arranjo *cascode* é adequado para situações nas quais o desempenho com frequência estendida de um amplificador base comum é desejado juntamente com a impedância de entrada mais alta do amplificador emissor comum. Na Figura 7-35, Q_1 é o amplificador emissor comum de entrada e Q_2 representa o amplificador base comum de saída. O arranjo *cascode* fornece ganho elevado (de quase 33 dB), ampla largura de banda (aproximadamente 300 MHz) e impedância de entrada da ordem de quiloohms.

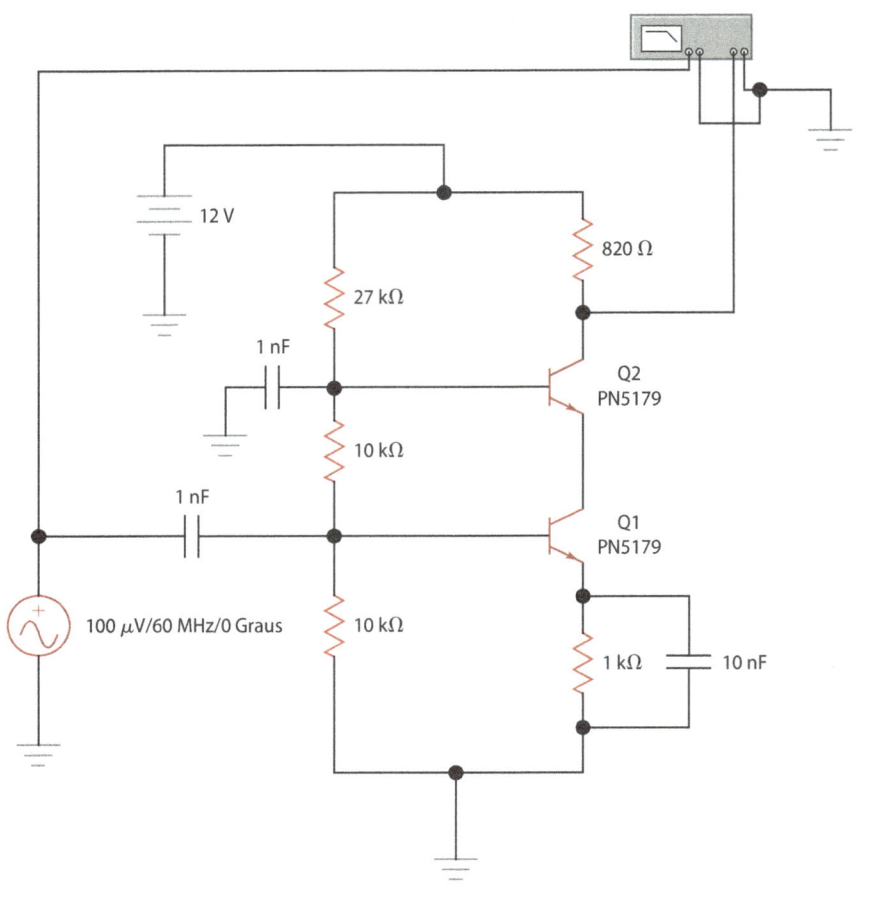

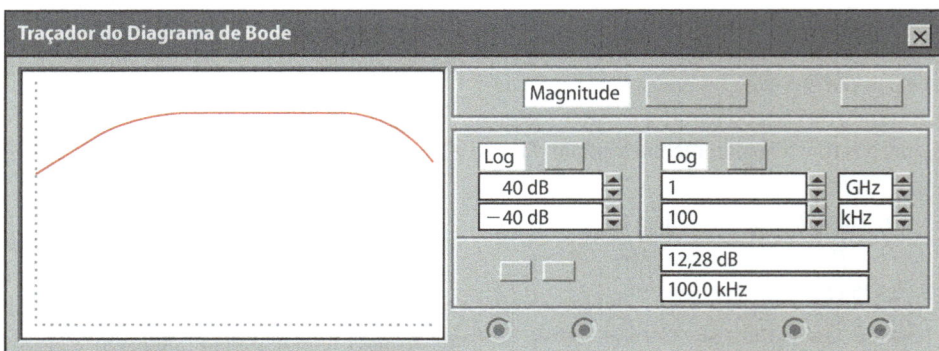

Figura 7-35 Amplificador *cascode*.

Teste seus conhecimentos

Resolva os problemas seguintes:

47. Suponha que o amplificador da Figura 7-33 possua impedância de entrada de 600 Ω e ganho de tensão de banda central de 10. Determine a tensão de saída da banda central do amplificador se a fonte do sinal possui impedância de 600 Ω e possui 100 mV_{p-p}.
48. Determine a frequência de quebra mais baixa para o circuito de entrada da questão 47 se o capacitor de acoplamento de entrada for de 0,1 μF.
49. Qual é o ganho da banda central em dB para o amplificador descrito na Questão 47?
50. Qual é o ganho do amplificador descrito na Questão 47 na frequência de quebra?
51. Escolha um capacitor de acoplamento de entrada para o amplificador descrito na Questão 47 de modo a promover a mudança da frequência de quebra para 10 Hz.
52. Um amplificador possui três capacitores. Cálculos fornecem valores de 10, 15 e 150 Hz para a frequência de quebra. Qual é a frequência de quebra mais baixa para o amplificador completo?
53. Um amplificador possui três capacitores. Cálculos fornecem valores de 135, 140 e 150 Hz para a frequência de quebra. Qual é a frequência de quebra mais baixa para o amplificador completo?
54. Determine as condições CC para a Figura 7-35.

RESUMO E REVISÃO DO CAPÍTULO

Resumo

1. Há três tipos básicos de acoplamento em amplificadores: capacitivo, direto e com transformador.
2. O acoplamento com capacitores é útil em amplificadores CA porque o capacitor bloqueará a corrente contínua e permitirá que o sinal CA seja acoplado.
3. Capacitores de acoplamento eletrolíticos devem ser instalados com a polaridade correta.
4. O acoplamento direto fornece ganho CC e só pode ser utilizado quando as tensões terminais CC são compatíveis.
5. Um amplificador Darlington utiliza acoplamento direto. Transistores Darlington possuem ganho elevado de corrente.
6. O acoplamento com capacitor possui a vantagem do casamento de impedâncias.
7. A relação de impedâncias de um transformador corresponde ao quadrado da relação de espiras.
8. Transformadores de radiofrequência podem ser sintonizados para possuir seletividade. As frequências próximas à ressonância apresentarão os maiores valores de ganho.
9. Uma carga associada a uma fonte de sinal provoca a redução da tensão de saída. Esse efeito torna-se mais evidente em fontes que possuem elevada impedância interna.
10. Em amplificadores com múltiplos estágios, cada estágio é carregado pela impedância de entrada da etapa seguinte.
11. Quando um amplificador encontra-se carregado, seu ganho de tensão é reduzido.
12. O desvio do emissor em um amplificador emissor promove o aumento do ganho de tensão, mas a impedância de entrada do amplificador é reduzida.
13. Amplificadores com carga devem ser polarizados no centro da reta de carga do sinal para obter a melhor variação linear na saída.
14. A máxima variação da saída em um amplificador carregado é menor que a tensão de alimentação. Esse valor pode ser determinado desenhando-se a reta de carga do sinal ou através da análise do circuito saída.
15. É necessário polarizar a junção gatilho-fonte reversamente para obter a operação linear de amplificadores com transistores de efeito de campo.

16. Como não há corrente de gatilho, a impedância de entrada de amplificadores FET é muito alta.
17. O ganho de tensão de um amplificador FET é aproximadamente igual ao produto entre a resistência de carga e a admitância de transferência direta do transistor.
18. Uma resistência de carga maior implica um ganho de tensão maior.
19. A polarização fixa não e desejável em amplificadores FET porque as características do dispositivo mudam de componente para componente.
20. A polarização da fonte tende a estabilizar um amplificador FET, tornando-o imune às características do transistor.
21. A polarização por combinação emprega as polarizações fixa e da fonte para tornar o circuito ainda mais estável e previsível.
22. Um amplificador FET fonte comum que emprega polarização da fonte deve utilizar um capacitor de desvio para se obter o máximo ganho de tensão.
23. O amplificador MOSFET com gatilho dual é capaz de possuir ampla faixa de ganho aplicando-se uma tensão de controle ao segundo gatilho.
24. Quando a realimentação tende a cancelar o efeito da entrada em um amplificador, ela é negativa. Outra forma de identificá-la consiste na verificação da saída defasada em relação à entrada.
25. A realimentação negativa em corrente contínua pode ser utilizada para estabilizar o ponto de operação de um amplificador.
26. A realimentação negativa do sinal pode ser utilizada para reduzir o ganho de corrente ou de tensão do amplificador.
27. A realimentação negativa do sinal pode ser utilizada para reduzir ou aumentar a impedância de entrada de um amplificador.
28. A realimentação negativa do sinal aumenta a largura de banda de um amplificador, reduzindo também o ruído e a distorção.

Fórmulas

Ganho de corrente do amplificador Darlington:
$A_I = \beta_1 \times \beta_2$

Transformadores: **Razão de espiras** $= \dfrac{N_P}{N_S}$;

Relação de impedância $=$ (Razão de espiras)^2

Resistência CA do emissor: $r_E = \dfrac{25\,mV}{I_E}$

Ganho de tensão CA: $A_V = \dfrac{R_L}{r_E}$ (com o emissor no terra CA)

(válido para o amplificador emissor comum)

Resistência de entrada CA: $r_{entrada} = \beta(R_E + r_E)$
(com o desvio de R_E)

Impedância de entrada do amplificador:

$Z_{entrada} = \dfrac{1}{1/R_{B_1} + 1/R_{B_2} + 1/r_{entrada}}$

Carga em paralelo: $R_P = \dfrac{R_1 \times R_2}{R_1 + R_2}$

Ganho de tensão: $A_V = \dfrac{R_P}{R_E + r_E}$ ou $\dfrac{R_P}{r_E}$

Ganho da configuração em cascata:
$A_{V(total)} = A_{V_1} \times A_{V_2}$

Admitância de transferência direta: $Y_{fs} = \dfrac{\Delta I_D}{\Delta V_{GS}}\bigg|V_{DS}$

Ganho de tensão: $A_V \approx Y_{fs} \times R_L$

Ganho de tensão: $A_V = \dfrac{A}{AB + 1}$ (com realimentação negativa)

Frequência de quebra: $f_b = \dfrac{1}{2\pi R_{eq} C}$

Questões

Verdadeiro ou falso?

7-1 Quando capacitores eletrolíticos são utilizados com capacitores de acoplamento, não há necessidade de verificar a polaridade no momento de sua instalação.

7-2 Capacitores acoplam corrente alternada e bloqueiam corrente contínua.

7-3 Se o estágio inicial de um amplificador sofre redução no ganho em virtude da temperatura, essa redução será intensificada pelos estágios seguintes.

7-4 Um transistor Darlington possui três terminais, mas contém dois BJTs.

7-5 Um transformador é capaz de casar um circuito de coletor com elevada impedância com uma carga de baixa impedância.

7-6 Observe a Figura 7-6. Esse amplificador fornece um ganho reduzido em 0 Hz.

7-7 A impedância de entrada do amplificador pode ser ignorada quando a fonte do sinal é ideal.

7-8 Observe a Figura 7-9. Pode-se verificar que a impedância de entrada do primeiro amplificador não pode ser maior que 8,2 kΩ por simples inspeção do circuito.

7-9 Observe a Figura 7-10. O ponto Q também é chamado de ponto de operação.

7-10 Observe a Figura 7-10. O amplificador é capaz de desenvolver uma oscilação de tensão máxima de 12 V de pico a pico.

7-11 Observe a Figura 7-14(b). Se $V_{GS} = -2,5$ V, a parte positiva do sinal será severamente ceifada.

7-12 Observe a Figura 7-16. O aumento do valor de R_L deverá aumentar o valor do ganho de tensão.

7-13 Observe a Figura 7-18. O efeito do capacitor C_S é o aumento do ganho de tensão do amplificador.

7-14 Observe a 7-20. O transistor Q_1 encontra-se na configuração seguidor de fonte.

7-15 Observe a Figura 7-21. A tensão de polarização é $V_{GS} = -1,5$ V.

7-16 Observe as Figs. 7-22 e 7-23. Para reduzir o ganho do amplificador, G_2 deve ser mais negativo em relação à fonte.

7-17 Observe a Figura 7-24. Os terminais de entrada e de saída encontram-se defasados em 180°.

7-18 A realimentação negativa tende a cancelar o sinal de entrada.

7-19 A realimentação negativa aumenta o ganho de tensão do amplificador ao custo da redução da largura de banda.

7-20 A realimentação negativa melhora a linearidade do amplificador.

7-21 A realimentação negativa CC pode ser utilizada para estabilizar o ponto de operação do amplificador.

7-22 Observe a Figura 7-33. Há mais distorção no amplificador quando a chave está fechada.

7-23 Observe a Figura 7-33. Há uma resposta maior em frequência quando a chave está aberta.

Problemas

7-1 Observe a Figura 7-4. Considere que o resistor de 220 kΩ seja modificado para 470 kΩ. Determine a tensão na base de Q_1.

7-2 Considerando os dados do Problema 7-1, determine a tensão no emissor de Q_1.

7-3 Considerando os dados do Problema 7-1, determine a tensão no emissor de Q_2.

7-4 Considerando os dados do Problema 7-1, determine a corrente no emissor de Q_2.

7-5 Considerando os dados do Problema 7-1, determine a tensão V_{CE} para Q_2.

7-6 Considerando os dados do Problema 7-1, determine a impedância $Z_{entrada}$ para Q_1. (*Dica*: Devido ao alto ganho e ao resistor do emissor de 1 kΩ, $r_{entrada}$ assume valores tão altos em circuitos desse tipo a ponto de que pode ser ignorado).

7-7 Observe a Figura 7-3. Cada transistor possui $\beta=80$. Qual é o ganho de corrente total do arranjo?

7-8 Observe a Figura 7-5. O enrolamento secundário possui cinco espiras e o enrolamento primário possui 200 espiras. Qual é a relação de espiras do transformador?

7-9 Utilize os dados do Problema 7-8 e determine a amplitude de pico a pico do sinal na carga se o sinal do coletor possui 40 V de pico a pico.

7-10 Utilize os dados do Problema 7-8 e determine a carga do coletor se o resistor de carga no lado secundário do transformador é de 4 Ω.

7-11 Observe a Figura 7-6. As indutâncias dos enrolamentos primários são de 100 μH. Os capacitores nos enrolamentos primários são de 680 pF. Em qual frequência o ganho do amplificado será o maior possível?

7-12 Observe a Figura 7-14. Se $R_L=1000$ Ω, onde a reta de carga interceptará o eixo vertical?

7-13 Observe a Figura 7-14. Se $V_{DD}=12$ V, onde a reta de carga interceptará o eixo horizontal?

7-14 A corrente no dreno de um FET oscila em 2 mA quando a tensão no gatilho oscila em 1 V. Qual é a admitância de transferência direta desse FET?

7-15 Um FET possui uma admitância de transferência direta de 4×10^{-3} S, a qual deverá ser utilizada na configuração fonte comum com um resistor de carga de 4700 Ω. Qual é o ganho de tensão esperado?

7-16 Observe a Figura 7-16. Considere uma corrente de fonte de 10 mA e um resistor de fonte de 100 Ω. Qual é o valor de V_{GS}?

7-17 Observe a Figura 7-18. Deseja-se que $V_{GS}=-2,0$ V quando $I_D=8$ mA. Qual deve ser o valor do resistor de fonte?

7-18 Observe a Figura 7-28. Se $V_{CC}=15$ V, $R_L=1,2$ kΩ, $R_{B1}=22$ kΩ, $R_{B2}=4,7$ kΩ, $R_E=470$ Ω e $\beta=150$, determine $Z_{entrada}$.

7-19 Utilizando os dados do Problema 7-18, determine A_V.

7-20 Utilizando os dados do Problema 7-18, determine o sinal de saída do amplificador considerando que a fonte do sinal desenvolve uma tensão de circuito aberto de 1 V de pico a pico em sua saída e possui impedância característica de 10 kΩ.

Raciocínio crítico

7-1 Cite três vantagens e desvantagens de um amplificador de áudio diretamente acoplado.

7-2 Transformadores são capazes de fornecer o casamento de impedância para se obter a melhor transferência de potência. É possível estabelecer uma analogia mecânica com esse fato?

7-3 Você consegue pensar em outros tipos de acoplamentos diferentes além daqueles que foram discutidos neste capítulo?

7-4 O ganho de um amplificador tende a ser reduzido quando este possui carga. É possível estabelecer uma analogia em termos de mecânica?

7-5 Com base no que foi aprendido sobre realimentação negativa, qual seria o efeito da realimentação positiva em sua opinião?

7-6 Por que não é possível que qualquer amplificador possua largura de banda infinita?

Respostas dos testes

1. V
2. V
3. F
4. F
5. V
6. V
7. 39,8 μF
8. I_E=5,3 mA, V_{RL}=6,36 V, $V_{RE}+V_{RL}>V_{CC}$. O amplificador encontra-se em saturação.
9. 5000
10. 3,55 mA
11. 8.45 V
12. 1,96 kΩ
13. F
14. F
15. V
16. V
17. V
18. V
19. V
20. 3,92 mV
21. 0,264 V de pico a pico.
22. 880 Ω
23. 81
24. F
25. V
26. F
27. F
28. V
29. F
30. 5 V
31. Saturação
32. Corte
33. $-1,5$ V
34. $-2,48$ V; negativa.
35. Dreno comum (seguidor de fonte) e coletor comum (seguidor de emissor), respectivamente.
36. Positiva
37. V
38. V
39. F
40. V
41. F
42. 2 kΩ
43. 22 kΩ
44. A impedância de entrada será reduzida.
45. Positivo.
46. Emissor comum.
47. 500 mV$_{P-P}$
48. 1,33 kHz
49. 20 dB
50. 17 dB (7,07)
51. 13,3 μF
52. 150 Hz
53. Maior que 150 Hz
54. Para Q_1: V_B=2,55 V, V_E=1,85 V, I_E=1,85 mA, V_C=4,41 V_{CE}=2,56 V. Para Q_2: V_C=10,5 V_E=4,41 V_{CE}=6,09.

capítulo 8

Amplificadores de grandes sinais

Este capítulo introduz o conceito de rendimento de um amplificador. Um amplificador eficiente disponibiliza grande parte da potência retirada da fonte na forma de um sinal útil na saída. O rendimento é mais importante quando potências maiores são processadas. Será mostrado que o rendimento de um amplificador está relacionado à forma de polarização do amplificador. É possível obter uma melhoria significativa do rendimento movendo o ponto de operação para um ponto distante do centro da reta de carga.

Objetivos deste capítulo

- » Calcular o rendimento de um amplificador.
- » Identificar a classe de operação de um amplificador.
- » Reconhecer a distorção no cruzamento por zero em amplificadores *push-pull*.
- » Explicar a operação de amplificadores com simetria complementar.
- » Descrever a ação de um circuito tanque em um amplificador classe C.
- » Explicar como os amplificadores classe D funcionam.

>> Classe do amplificador

Todos os amplificadores são amplificadores de potência. Entretanto, tais dispositivos lidam com pequenos sinais quando operam nos estágios iniciais de um sistema de processamento de sinais. Esses estágios iniciais são projetados de modo a fornecer um ganho de tensão satisfatório. Como o ganho de tensão é a função mais importante dos amplificadores, esses arranjos são denominados amplificadores de tensão. A Figura 8-1 representa um diagrama de blocos de um amplificador de áudio simples. O cabeçote produz um sinal muito pequeno da ordem de milivolts. O primeiro estágio amplifica este sinal de áudio, que se torna maior. O último estágio produz um sinal muito maior e é denominado amplificador de potência.

Um amplificador de potência é projetado para a obtenção de um ganho de potência satisfatório, devendo ser capaz de lidar com grandes oscilações da tensão e da corrente. Estas altas tensões e correntes tornam a potência alta. É muito importante obter RENDIMENTO elevado em um amplificador de potência. Um amplificador de potência eficiente entrega a maior parte da potência retirada da fonte na saída. Observe a Figura 8-2 e verifique que o papel do amplificador de potência é converter a potência CC em potência do sinal. Seu rendimento é dado por:

$$\text{Rendimento} = \frac{\text{Potência do sinal de saída}}{\text{Potência CC de entrada}} \times 100\%$$

O amplificador de potência da Figura 8-2 produz 8 W de potência na saída. Sua fonte de alimentação possui 16 V e o amplificador drena uma corrente de 1 A. Assim, a potência CC na entrada é:

$$P = V \times I = 16\,V \times 1\,A = 16\,W$$

Logo, o rendimento do amplificador é:

$$\text{Rendimento} = \frac{8\,W}{16\,W} \times 100\% = 50\%$$

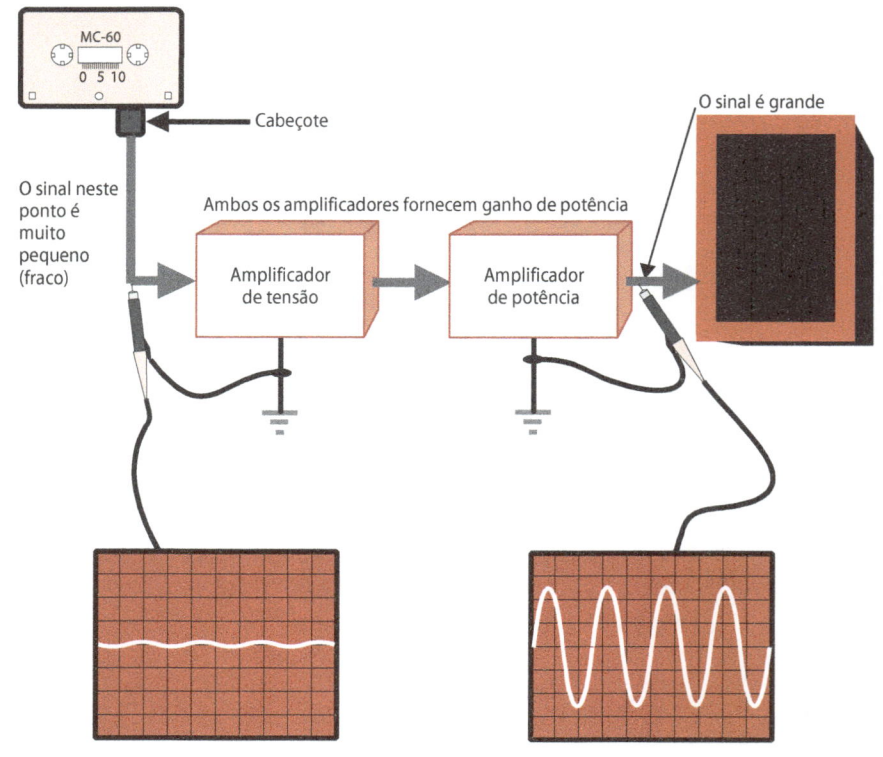

Figura 8-1 Amplificador típico.

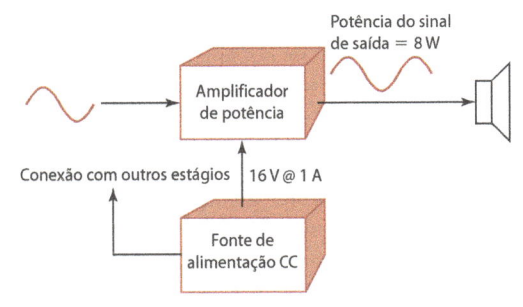

Figura 8-2 Comparação do sinal de saída com a potência de entrada CC.

O rendimento é muito importante em sistemas de alta potência. Por exemplo, considere que seja necessária uma potência de 100 W para um amplificador de áudio. Além disso, considere que o rendimento do amplificador seja de apenas 10%. Qual seria o tipo de fonte de alimentação será necessário? A fonte de alimentação deverá então ser capaz de fornecer 1000 W para o amplificador. Uma fonte com potência de 1 kW (quilowatt) é um dispositivo de custo, peso e volume elevados. Além disso, o aquecimento seria outro problema neste amplificador, porque o sistema inevitavelmente requereria a instalação de um ventilador para resfriamento.

EXEMPLO 8-1

Qual é o rendimento de um amplificador que drena 2 A de uma fonte de 40 V quando a potência de saída é de 52 W? Quantos watts são dissipados nesse amplificador? Inicialmente, determina-se a potência CC de entrada:

$$P_{entrada} = V \times I = 40 \times 2\,A = 80\,W$$

O rendimento é dado por:

$$\text{Rendimento} = \frac{P_{saída}}{P_{entrada}} \times 100\%$$
$$= \frac{52\,W}{80\,W} \times 100\% = 65\%$$

A potência dissipada (na forma de calor) é a diferença entre as potências de entrada e de saída:

$$\text{Potência dissipada} = P_{entrada} - P_{saída} = 80\,W - 52\,W$$
$$= 28\,W$$

EXEMPLO 8-2

Um amplificador de áudio estéreo automotivo possui potência de saída nominal de 70 W por canal e rendimento de 60%. Qual será a corrente drenada por este amplificador quando estiver operando na potência nominal? Sistemas elétricos automotivos operam em 12 V. O primeiro passo consiste em determinar a potência de saída e, na sequência, a corrente pode ser calculada. Rearranja-se a equação do rendimento da seguinte forma:

$$P_{entrada} = \frac{P_{saída}}{\text{Rendimento}} = \frac{140\,W}{0,6} = 233\,W$$

Além disso, deve-se rearranjar a expressão da potência:

$$I = \frac{P}{V} = \frac{233\,W}{12\,V} = 19,4\,A$$

Os circuitos amplificadores abordados nos capítulos anteriores são da classe A. Amplificadores CLASSE A operam no centro da reta de carga. Assim, o ponto de operação é denominado classe A, de modo que se tem a maior oscilação da saída sem ceifamento. O sinal de saída representa uma réplica fiel do sinal de entrada, o que implica uma distorção reduzida e essa é a principal vantagem da operação classe A.

A Figura 8-4 mostra outra classe de operação. O ponto de operação encontra-se na região de corte da reta de carga, o que pode ser obtido ao aplicar polarização nula à junção base-emissor do transistor. A polarização nula significa que apenas metade do sinal de entrada será amplificada. Em outros termos, apenas a metade do sinal que polarizará o diodo base-emissor será capaz de produzir um sinal na saída. O transistor conduzirá durante apenas metade do ciclo de entrada. Um amplificador CLASSE B possui ÂNGULO DE CONDUÇÃO de 180°. Amplificadores classe A conduzem durante o ciclo de entrada completo e apresentam ângulo de condução de 360°.

O que se ganha com a operação classe B? Naturalmente, há o problema da distorção que não é constatado na classe A. Apesar disso, a classe B é útil, pois se obtém um rendimento maior, isto é, a polarização de um amplificador no corte representa economia de energia.

A classe A implica desperdício de energia, o que é especialmente verdadeiro quando se trabalha com sinais de entrada que possuem níveis muito baixos. O ponto de operação classe A encontra-se no centro da reta de carga, o que significa que aproximadamente metade da tensão de entrada é aplicada ao transistor, que também conduz metade da corrente de saturação. Tais níveis de tensão e corrente representam uma perda de potência no transistor, que é constante no caso da classe A. Há extração de potência a partir da fonte, ainda que nenhum sinal seja amplificado.

O amplificador classe B opera em corte. Nesse caso, a corrente no transistor é nula. Não há potência extraída da fonte enquanto não houver amplificação de um sinal e quanto maior a amplitude do sinal, maior será a potência drenada da fonte. O ampli-

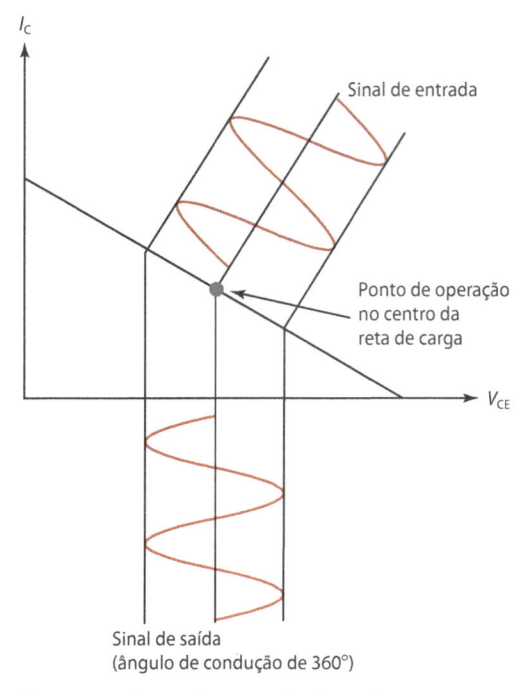

Figura 8-3 Ponto de operação classe A.

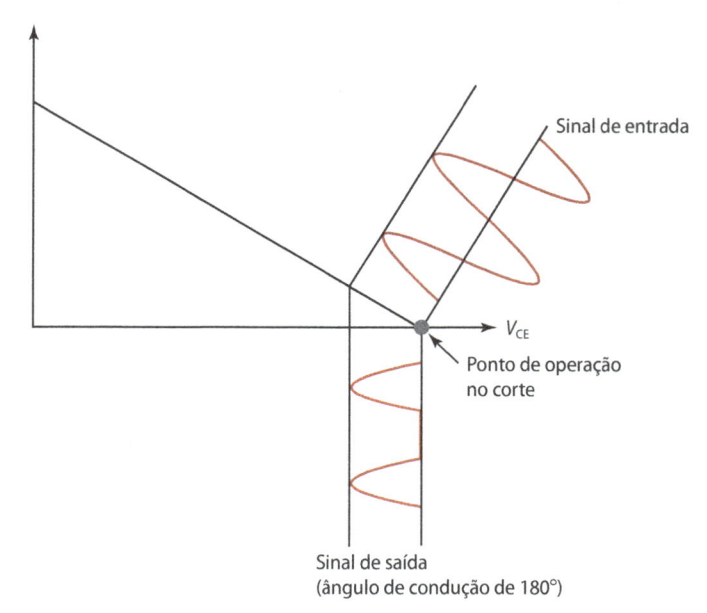

Figura 8-4 Ponto de operação classe B.

ficador classe B não possui o aspecto da corrente constante drenada da fonte e, portanto, torna-se mais eficiente.

O melhor rendimento do amplificador classe B é um aspecto muito importante em aplicações de altas potências. A maior parte da distorção pode ser eliminada com a utilização de dois transistores, sendo que cada um dos mesmos é responsável por amplificar metade do sinal. Esses circuitos são relativamente mais complexos, mas o ganho em termos do rendimento os torna viáveis.

Existem também os amplificadores das classes AB e C. Novamente, trata-se de uma questão de polarização, em que é possível controlar o ponto de operação, o ângulo de condução e a classe de operação. Com amplificadores classe D, não se trabalha com a polarização propriamente dita, mas com um modo de operação totalmente diferente denominado modulação por largura de pulso. A Tabela 8-1 mostra um resumo das características importantes das classes de amplificadores. Estude esta tabela agora e, posteriormente, consulte-a após terminar de ler as últimas seções deste capítulo.

É fácil confundir-se quando se estuda amplificadores pela primeira vez, pois há várias categorias e termos descritivos. A Tabela 8-2 foi preparada para ajudá-lo a se lembrar disso.

Tabela 8-1 *Resumo das classes de amplificadores*

	Classe A	Classe AB	Classe B	Classe C	Classe D
Rendimento	50%*	Valor intermediário entre as classes A e B	78,5%*	100%*	100%*
Ângulo de condução	360°	Valor intermediário entre as classes A e B	180°	Pequeno (aproximadamente 90°)	Não aplicável (utiliza-se modulação PWM)
Distorção	Pequena	Moderada	Alta	Extrema	Moderada após a filtragem da frequência de chaveamento
Polarização (emissor-base)	Direta (centro da reta de carga)	Direta (próxima ao corte)	Nula (no corte)	Reversa (além do corte)	Não aplicável
Aplicações	Praticamente todos os amplificadores de pequenos sinais. Alguns amplificadores de áudio com potência moderada.	Estágios de alta potência em aplicações de áudio e radiofrequência.	Estágios de alta potência – geralmente não são utilizados em amplificadores de áudio devido à distorção.	Geralmente limitados a aplicações de radiofrequência. Circuitos sintonizados removem a maior parte da distorção extrema.	Utilizados em amplificadores de potência onde o rendimento é a principal preocupação.

*Limites máximos teóricos. Não podem ser atingidos na prática

Tabela 8-2 *Características dos amplificadores*

	Explicações e exemplos
Amplificadores de tensão	Amplificadores de tensão são amplificadores de pequenos sinais e podem ser encontrados em estágios iniciais de sistemas de sinais. Normalmente, eles são projetados para a obtenção de um bom ganho de tensão. Um pré-amplificador de áudio é um bom exemplo de amplificador de tensão.
Amplificadores de potência	Amplificadores de potência são amplificadores de grandes sinais e podem ser encontrados em estágios finais de sistemas de sinais. São projetados para fornecer ganho de potência e frequência razoável. O estágio de saída de um amplificador de áudio é um bom exemplo de amplificador de potência.
Configuração	A configuração de um amplificador mostra como um sinal é aplicado e retirado do dispositivo de amplificação. Em transistores bipolares, as configurações possíveis são emissor comum, coletor comum e base comum. Em transistores de efeito de campo, as configurações possíveis são fonte comum, dreno comum e gatilho comum.
Acoplamento	Indica como um sinal é transferido de um estágio para o outro. O acoplamento pode ser capacitivo, direto ou com transformador.
Aplicações	Amplificadores podem ser categorizados de acordo com sua utilização. Como exemplos, tem-se amplificadores de áudio, amplificadores de vídeo, amplificadores RF, amplificadores CC, amplificadores passa banda e amplificadores de banda ampla.
Classes	Esta categoria refere-se ao modo como o dispositivo de amplificação é polarizado no caso das classes A, B, AB e C. Amplificadores classe D utilizam um modo de operação distinto denominado modulação por largura de pulso. Amplificadores de tensão são normalmente polarizados para operação na classe A. Para o aumento do rendimento, os amplificadores de potência podem operar nas classes B, AB ou C. Amplificadores classe D são empregados quando o rendimento é a principal preocupação.

Teste seus conhecimentos

Verdadeiro ou falso?

1. Um amplificador de tensão ou de pequenos sinais não produz ganho de potência.
2. O rendimento de um amplificador classe A é inferior ao de um amplificador classe B.
3. O ângulo de condução de um amplificador classe A é 180º.
4. Observe a Figura 8-3. Sem a presença de sinal de entrada, a potência extraída da fonte é de 0 W.
5. Observe a Figura 8-4. Sem a presença de sinal de entrada, a potência extraída da fonte é de 0 W.
6. A polarização controla o ponto de operação, o ângulo de condução, a classe de operação e o rendimento de um amplificador.

Resolva os seguintes problemas.

7. Observe a Figura 8-2. Suponha que a tensão de alimentação seja de 20 V. Qual é o rendimento do amplificador?
8. Um dado amplificador produz uma potência de saída de 100 W e tem rendimento de 60%. Qual será a potência extraída da fonte de alimentação?

» *Amplificadores de potência classe A*

O amplificador de potência classe A opera próximo ao centro da reta de carga. Trata-se de um dispositivo que não apresenta bom rendimento, mas desenvolve distorção reduzida e consiste no arranjo mais simples possível.

A Figura 8-5 mostra um amplificador de potência classe A. Será utilizada uma reta de carga para

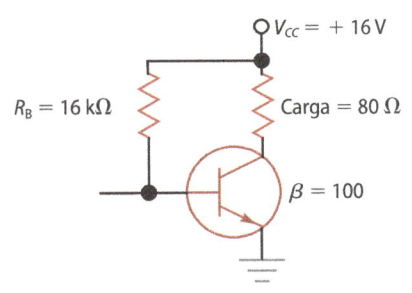

Figura 8-5 Amplificador de potência classe A.

identificar que potência que pode ser produzida. A reta de carga é constituída pela tensão de alimentação V_{CC} e pela corrente de saturação:

$$I_{sat} = \frac{V_{CC}}{R_{carga}} = \frac{16\,V}{80\,\Omega} = 0{,}2\,A \text{ ou } 200\,mA$$

A reta de carga começa em 16 V no eixo vertical e termina em 200 mA no eixo horizontal.

A seguir, determina-se o ponto de operação do amplificador. A corrente de base é dada por:

$$I_B = \frac{V_{CC}}{R_B} = \frac{16\,V}{16\,k\Omega} = 1\,mA$$

O transistor possui ganho $\beta = 100$ e a corrente do coletor é:

$$I_C = \beta \times I_B = 100 \times 1\,mA = 100\,mA$$

A reta de carga é apresentada na Figura 8-6, onde é representado o ponto de operação correspondente a 100 mA.

O amplificador pode operar até os extremos da reta de carga antes que ocorra o ceifamento. A máxima oscilação da tensão será de 16 V de pico a pico. A máxima oscilação da corrente será de 200 mA de pico a pico. Ambos os limites máximos são representados na Figura 8-6.

Agora, há informações suficientes para determinar a potência do sinal. Os valores de pico a pico

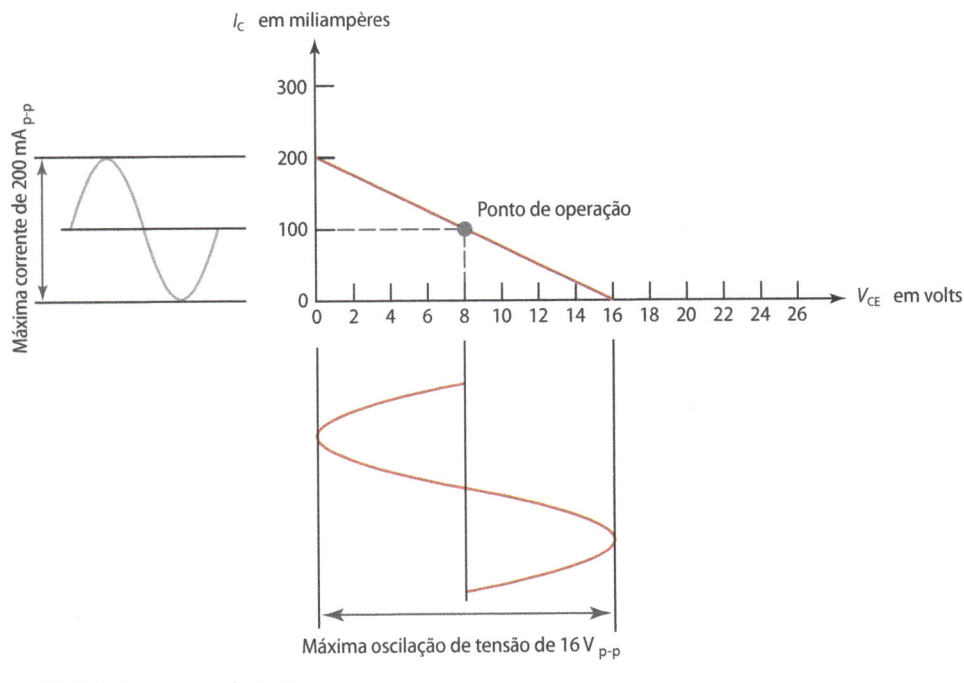

Figura 8-6 Reta de carga classe A.

devem ser convertidos em valores eficazes ou rms* da seguinte forma:

$$V_{rms} = \frac{V_{p-p}}{2} \times 0{,}707 = \frac{16\,V}{2} \times 0{,}707 = 5{,}66\,V$$

De forma análoga, a corrente eficaz ou rms é:

$$I_{rms} = \frac{I_{p-p}}{2} \times 0{,}707 = \frac{200\,mA}{2} \times 0{,}707 = 70{,}7\,mA$$

Finalmente, a potência do sinal é dada por:

$$P = V \times I = 5{,}66\,V \times 70{,}7\,mA = 0{,}4\,W$$

A potência máxima (onda senoidal) é 0,4w. Quanta potência CC é envolvida na produção desse sinal? A resposta é obtida observando a fonte de alimentação. Ela fornece 16 V ao circuito. A corrente exigida da fonte também precisa ser determinada. A corrente de base é muito pequena e pode ser desprezada. A corrente média no coletor do transistor é de 100 mA. Portanto, a potência média é

$$P = V \times I = 16\,V \times 100\,mA = 1{,}6\,W$$

O amplificador drena 1,6 W da fonte de alimentação para produzir um sinal de 0,4 W. O rendimento do amplificador é:

$$\text{Rendimento} = \frac{P_{CA}}{P_{CC}} \times 100\% = \frac{0{,}4\,W}{1{,}6\,W} \times 100\% = 25\%$$

O amplificador classe A apresenta rendimento máximo de 25%, o que ocorre apenas quando o dispositivo opera com valor máximo na saída. Esse valor tende a ser reduzido quando o amplificador opera em outras condições. A potência de 1,6 W determinada anteriormente é um valor fixo. Sem a presença de um sinal de entrada, o rendimento é reduzido a zero. Um amplificador desse tipo é uma escolha inadequada para aplicações em altas potências. A fonte de alimentação deve ser capaz de produzir uma potência quatro vezes maior que o valor necessário na saída. Três quartos desta potência são perdidos na forma de calor, de modo que o transistor precisará de um dissipador com grandes dimensões neste caso.

_____
* N. de R. T.: RMS é a sigla que corresponde ao valor quadrático médio (em inglês, *root mean square*). Em termos práticos, pode-se afirmar que se trata do valor de uma tensão ou corrente alternada que produz potência equivalente a uma grandeza contínua. Neste livro tanto o termo rms como eficaz podem ser utilizados para definir grandezas em corrente alternada.

EXEMPLO 8-3

O amplificador da Figura 8-5 produz uma onda senoidal na saída com 8 V de pico a pico. Determine o rendimento da estrutura. Inicialmente, deve-se determinar o valor eficaz do sinal:

$$V_{rms} = \frac{V_{p-p}}{2} \times 0{,}707 = \frac{8}{2} \times 0{,}707 = 2{,}83\,V$$

Pode-se analisar a Figura 8-6 para determinar a corrente de pico a pico, convertendo-a então em seu respectivo valor eficaz. Entretanto, é mais fácil calcular a potência de saída diretamente da seguinte forma:

$$P = \frac{V^2}{R} = \frac{2{,}83^2}{80} = 0{,}1\,W$$

A potência de entrada CC não muda em um amplificador classe A. Logo, o rendimento é:

$$\text{Rendimento} = \frac{P_{CA}}{P_{CC}} \times 100\% = \frac{0{,}1\,W}{1{,}6\,W} \times 100\% = 6{,}25\%$$

EXEMPLO 8-4

Qual é a potência dissipada no amplificador do Exemplo 8-3? Qual é o valor dissipado na ausência de um sinal de entrada? Esta dissipação corresponde à diferença entre as potências de entrada e de saída:

$$\text{Potência dissipada} = P_{entrada} - P_{saída} = 1{,}6\,W - 0{,}1\,W = 1{,}5\,W$$

Quando não há sinal de entrada, não há potência útil:

$$\text{Potência dissipada} = P_{entrada} - P_{saída} = 1{,}6\,W - 0\,W = 1{,}6\,W$$

Uma das razões pela qual o amplificador classe A possui rendimento baixo reside no fato de a potência CC ser dissipada na carga. O circuito pode ser melhorado significativamente ao remover a carga do circuito. A Figura 8-7 mostra como isto ocorre, de modo que transformador promoverá o acoplamento com a carga. Assim, não há fluxo de corrente contínua na carga. O **ACOPLAMENTO COM O TRANSFORMADOR** permite que o amplificador produza o dobro do valor da potência de saída.

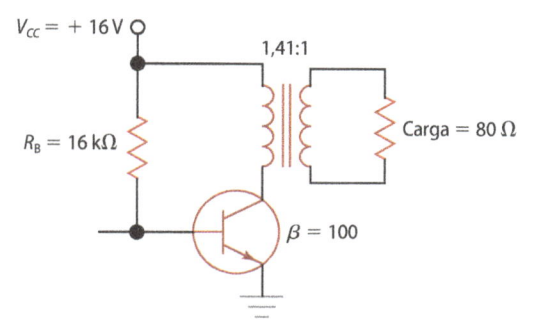

Figura 8-7 Amplificador classe A com acoplamento com transformador.

A Figura 8-7 mostra os mesmos elementos da Figura 8-5, como tensão de alimentação, resistor de polarização, transistor e carga. A única diferença reside no transformador de acoplamento, pois, agora, as condições CC são completamente diferentes. O enrolamento primário do transformador possui resistência muito baixa, o que significa que praticamente toda a tensão de alimentação será aplicada ao transformador no ponto de operação em questão.

A reta de carga CC do amplificador com transformador de acoplamento é apresentada na Figura 8-8, onde se constata que esta é uma reta vertical e que o ponto de operação ainda se encontra em 100 mA. Isso ocorre porque a corrente de base e o parâmetro β não mudaram. A única mudança consiste na ausência do resistor de 80 Ω em série com o coletor. Assim, toda a tensão de alimentação está aplicada nos terminais do transformador.

Na verdade, a reta de carga não será perfeitamente vertical, pois o transformador e a fonte de alimentação na prática possuem uma resistência de pequeno valor. Entretanto, a reta de carga CC é muito inclinada, de modo que não é possível constatar qualquer variação em seu valor.

Há uma segunda reta de carga em um amplificador com transformador de acoplamento, que é o resultado da carga CA no circuito do coletor e recebe o

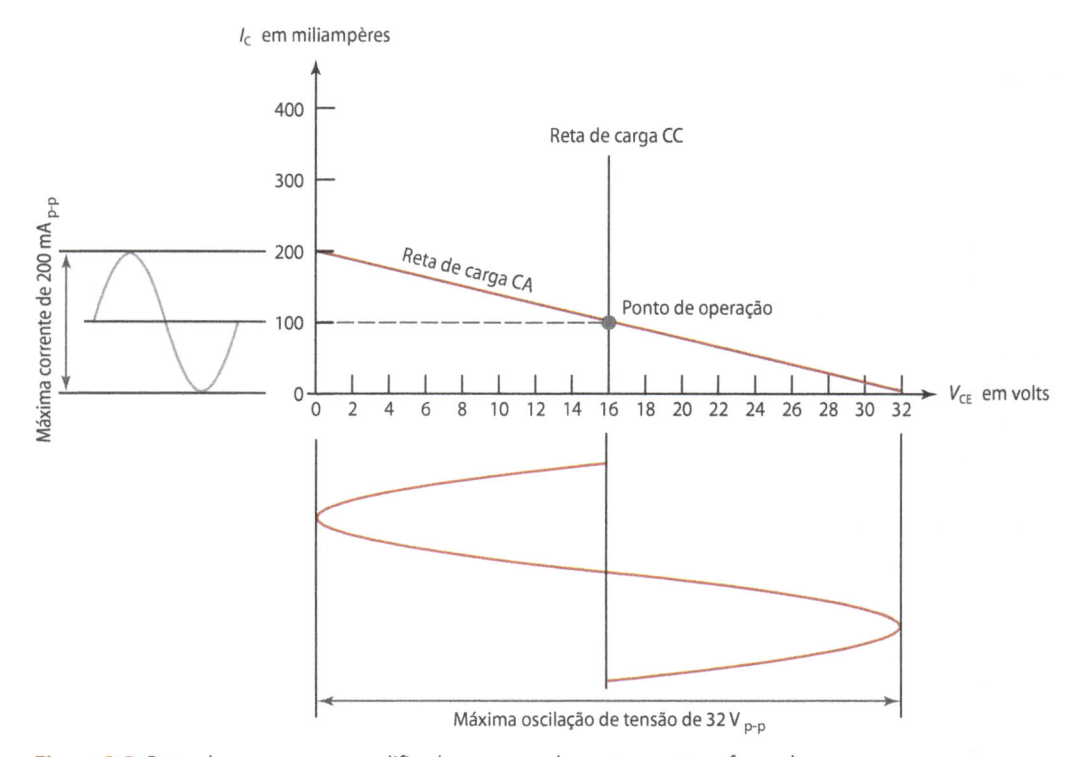

Figura 8-8 Retas de carga para o amplificador com acoplamento com transformador.

> **Sobre a eletrônica**
>
> **Fatos sobre equipamentos de áudio.**
> Testes de audição de som são altamente subjetivos. Equalizadores gráficos compensam a acústica do ambiente e a projeção inadequada dos alto falantes. O posicionamento físico dos alto-falantes é importante, mas *subwoofers* podem ser colocados em qualquer lugar no ambiente.

nome de reta de carga CA. A carga CA não é igual a 80 Ω no circuito do coletor na Figura 8-7. Lembre-se de que a relação de impedâncias de um transformador é igual ao quadrado da relação de espiras. Portanto, a carga CA no circuito do coletor será:

$$\text{Carga}_{CA} = (1{,}41)^2 \times 80\ \Omega = 160\ \Omega$$

Observe que a reta de carga na Figura 8-8 varia de 32 V a 200 mA. Isso corresponde a uma impedância de:

$$Z = \frac{V}{I} = \frac{32\ \text{V}}{200\ \text{mA}} = 160\ \Omega$$

Além disso, note que a reta de carga CA passa pelo ponto de operação, A reta de carga CC e a reta de carga CA sempre devem passar pelo mesmo ponto de operação.

Como a reta de carga da Figura 8-8 se estende até 32 V? Esse valor corresponde ao dobro da tensão de alimentação. Há duas formas de explicar tal fato. Primeiramente, a reta deve se estender até 32 V para que seja capaz de passar pelo ponto de operação, possuindo uma inclinação de 160 Ω. Além disso, o transformador é um tipo de indutor. Quando do existe campo magnético, uma tensão é gerada, a qual se soma com o valor da tensão da fonte de alimentação. Assim, a tensão V_{CE} pode variar a até o dobro da tensão de alimentação em um amplificador com transformador de acoplamento.

Compare a Figura 8-8 com a Figura 8-6. A amplitude da saída é o dobro quando se utiliza acoplamento com transformador e é razoável assumir que a potência de saída também dobra. Além disso, a potência de entrada CC do amplificador não muda. A tensão de alimentação permanece igual a 16 V e a corrente ainda é de 100 mA. O acoplamento com transformador amplificador classe A fornece o dobro de potência na saída para um mesmo valor da potência de entrada CC. O rendimento máximo do amplificador classe A com acoplamento com transformador é:

$$\text{Rendimento} = \frac{P_{CA}}{P_{CC}} \times 100\%$$
$$= \frac{0{,}8\ \text{W}}{1{,}6\ \text{W}} \times 100\% = 50\%$$

Entretanto, lembre-se de que esse rendimento só é obtido no nível máximo do sinal. O rendimento é inferior a este valor para sinais menores, caindo a zero quando não há sinal de entrada.

Um rendimento de 50% pode ser aceitável em algumas aplicações. Amplificadores de potência classe A são normalmente empregados em aplicações de médias potências (até 5 W). Entretanto, o transformador pode ser um elemento com custo considerável. Por exemplo, em um amplificador de áudio de alta qualidade, o transformador de saída pode custar mais do que todos os outros componentes do transformador juntos! Assim, para amplificadores de altas potências ou alta qualidade, outras classes de amplificadores são mais adequadas.

Os cálculos de rendimento realizados anteriormente não consideraram a existência de algumas perdas. Inicialmente, ignorou-se a tensão de saturação do transistor. Na prática, a tensão V_{CE} não pode se tornar nula, sendo que este valor pode ser de 0,7 V em um transistor de potência. Este valor deveria ser subtraído da tensão de saída. Em segundo lugar, as perdas no transformador de acoplamento do amplificador foram desprezadas. Na prática, transformadores não possuem rendimento de 100%, sendo que transformadores de tamanho e custo reduzidos normalmente exibem rendimentos de 75% em baixas frequências de áudio. Os rendimentos calculados de 25% e 50% são limites teóricos máximos, os quais não são obtidos na prática.

Outro problema dos amplificadores classe A reside na potência constante drenada da fonte. Em nosso caso, esse valor foi estipulado em 1,6 W. A maioria dos amplificadores trabalha com sinais cujas amplitudes variam. Por exemplo, um amplificador de áudio utilizará uma ampla gama de níveis de volume. Quando o volume é baixo, o rendimento do amplificador classe A será muito reduzido.

> **EXEMPLO 8-5**
>
> Qual é o melhor rendimento do amplificador da Figura 8-7 se o rendimento do transformador é de 80%? O rendimento total de um sistema é igual ao produto dos rendimentos individuais de seus respectivos estágios, isto é:
>
> $$\text{Rendimento} = 0{,}5 \times 0{,}8 \times 100\% = 40\%$$

Teste seus conhecimentos

Resolva os seguintes problemas.

9. Observe a Figura 8-5. O ganho de corrente do transistor é 120. Calcule a potência dissipada no transistor quando não há sinal de entrada.

10. Observe a Figura 8-6. O ponto de operação encontra-se em $V_{CE} = 12$ V. Calcule a potência dissipada no transistor quando não há sinal de entrada.

11. Observe a Figura 8-7. O transformador possui uma relação de número de espiras entre os enrolamentos primário e secundário de 3:1. Qual é a carga enxergada pelo coletor do transistor?

12. Observe a Figura 8-7. O transformador possui uma relação de número de espiras entre os enrolamentos primário e secundário de 4:1. Um osciloscópio mostra que há um sinal senoidal no coletor de 30 V de pico a pico. Qual é a amplitude do sinal na carga de 80 Ω? Qual será a potência entregue à carga em termos de valores eficazes?

Verdadeiro ou falso?

13. O acoplamento da saída com transformador não melhora o rendimento do amplificador classe A.

14. Observe a Figura 8-8. A reta de carga CC é muito inclinada porque a resistência CC do enrolamento primário do transformador de saída é muito pequena.

15. Na prática, é possível obter rendimento de 50% em um amplificador classe empregando um transformador de acoplamento.

» *Amplificadores de potência classe B*

O amplificador **CLASSE B** é polarizado no corte. Não há circulação de corrente até que um sinal de entrada seja capaz de polarizar o transistor. Dessa forma, não há consumo de potência constante a partir da fonte de alimentação, de modo que o rendimento se torna maior. Entretanto, apenas metade do sinal de entrada é amplificado. Um único transistor em um amplificador classe B não é muito útil em aplicações de áudio, de modo que o som é horrível.

Dois transistores podem operar na classe B: Um componente pode ser empregado para amplificar a parte positiva do sinal de entrada, enquanto o outro pode ser utilizado na amplificação da parte negativa do mesmo sinal. Ao combinar ambas as metades ou partes, a distorção será significativamente reduzida. Nessa configuração, os dois transistores operam de forma **PUSH-PULL**.

A Figura 8-9 mostra um amplificador de potência *push-pull* classe B, onde dois transformadores são utilizados. O dispositivo T_1 é denominado transformador de acionamento, sendo responsável pela operação de Q_1 e Q_2. O dispositivo T_2 é denominado transformador de saída, sendo responsável por combinar os dois sinais e alimentar a carga na saída. Note que ambos os transformadores possuem um dos enrolamentos com *tap* central.

Quando não há sinal de entrada, não há corrente circulando na Figura 8-9. Ambos os transistores Q_1

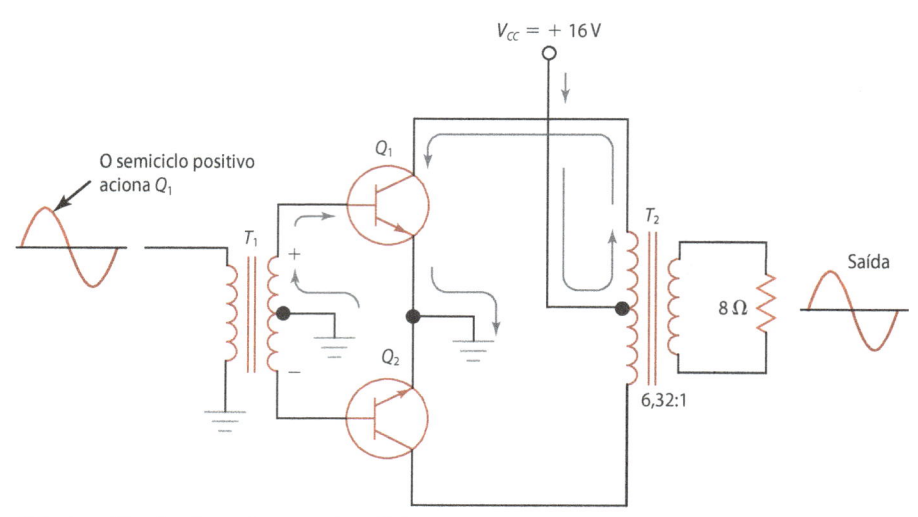

Figura 8-9 Amplificador de potência *push-pull* classe B com o transistor Q_1 ligado.

e Q_2 estão em corte e não há tensão CC capaz de polarizar as junções base-emissor. Quando o sinal de entrada produz a polaridade indicada no secundário, Q_1 é ligado e a corrente circulará na metade do enrolamento primário de T_2. Como a corrente no primário muda no transformador de saída, um sinal surgirá no secundário. A parte positiva do sinal é então amplificada e surge nos terminais da carga.

Quando a polaridade do sinal é invertida, Q_1 é cortado e Q_2 é ligado, como mostra a Figura 8-10. A corrente circulará na outra metade do enrolamento primário de T_2. Quando Q_1 estava ativo, a corrente circulava no enrolamento primário no sentido horário. A mudança no sentido da corrente gera a parte negativa do sinal aplicado à carga. Operando-se os dois transistores de forma *push-pull*, a maior parte da distorção pode ser eliminada. Esse circuito amplifica praticamente o sinal de entrada completo.

É possível utilizar gráficos para mostrar a variação da saída e o rendimento do amplificador de potên-

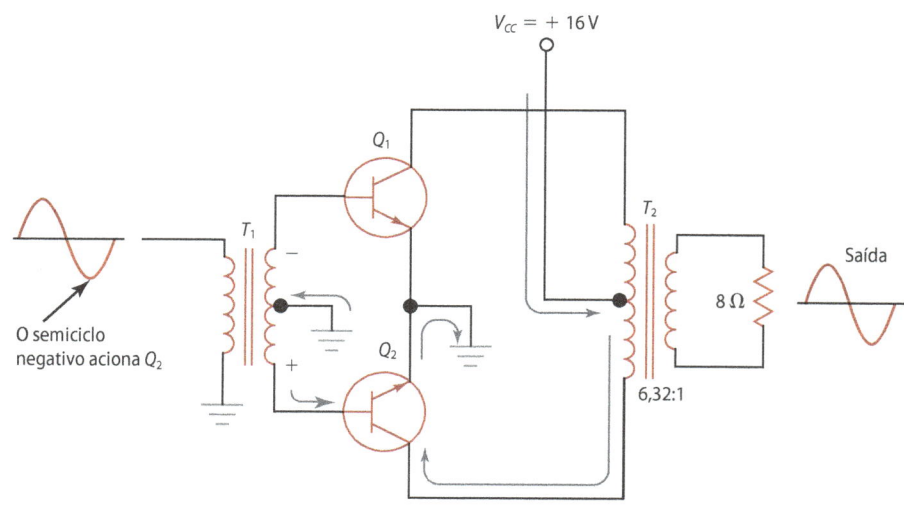

Figura 8-10 Amplificador de potência *push-pull* classe B com o transistor Q_2 ligado.

cia *push-pull* classe B. A Figura 8-11 mostra as retas de carga CA e CC para o circuito *push-pull*. A reta de carga CC é vertical. Há uma resistência muito pequena no circuito do coletor, assim, a inclinação da reta de carga CA é estabelecida pela carga do transformador no circuito do coletor.

O transformador T_2 possui relação de espiras de 6,32:1, a qual determina a carga CA a ser enxergada pelo circuito do coletor. Apenas metade do enrolamento primário conduz a corrente em qualquer instante. Portanto, apenas metade da relação de espiras é utilizada no cálculo da relação de impedância:

$$\frac{6,32}{2} = 3,16$$

Agora, a carga no coletor será igual ao quadrado da metade da relação de espiras multiplicada pela resistência de carga:

$$\text{Carga}_{CA} = (3,16)^2 \times 8\,\Omega = 80\,\Omega$$

Cada transistor enxerga uma carga CA de 80 Ω. A reta de carga CA da Figura 8-11 varia entre 16 V e 200 mA, de modo que se tem uma inclinação de 80 Ω:

$$R = \frac{V}{I} = \frac{16\,V}{0,2\,A} = 80\,\Omega$$

A Figura 8-11 está correta, mas mostra apenas um transistor.

Há outra forma de analisar um circuito *push-pull* graficamente. De acordo a Figura 8-12, é possível constatar a variação completa da saída, que cor-

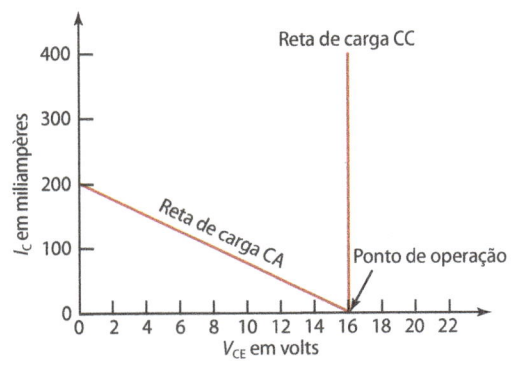

Figura 8-11 Retas de carga para o amplificador classe B.

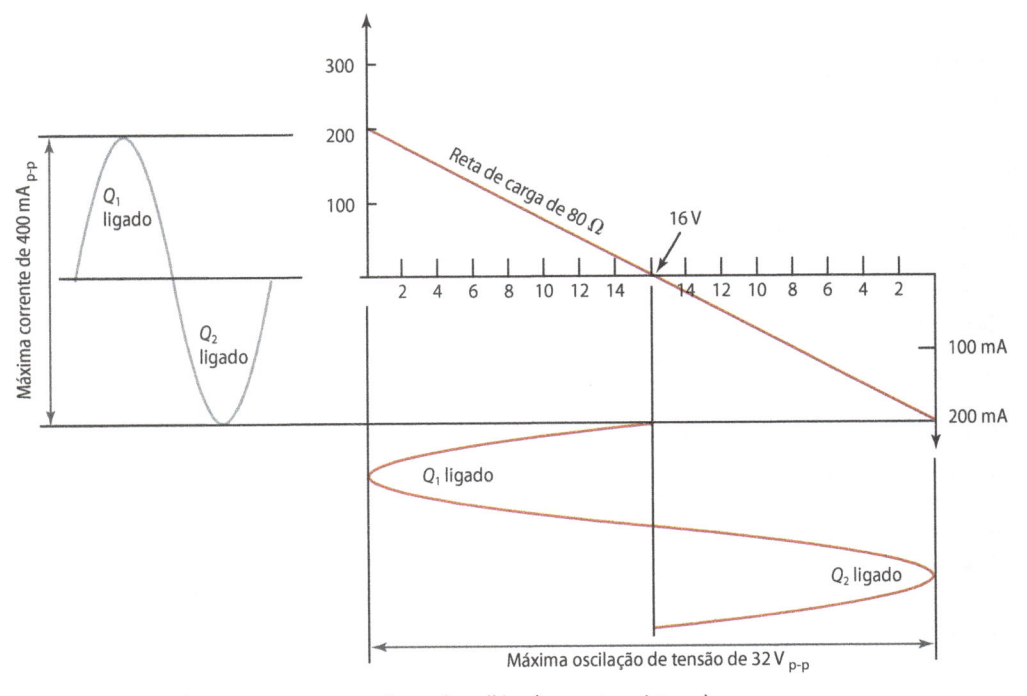

Figura 8-12 Reta de carga para a operação *push-pull* (ambos os transistores).

responde a 32 V de pico a pico. Esse valor deve ser convertido na forma eficaz:

$$V_{rms} = \frac{V_{p-p}}{2} \times 0{,}707 = \frac{32\,V}{2} \times 0{,}707 = 11{,}31\,V$$

Agora, a corrente eficaz pode ser calculada:

$$I_{rms} = \frac{V_{p-p}}{2} \times 0{,}707 = \frac{400\,mA}{2} \times 0{,}707 = 141{,}4\,mA$$

Finalmente, a potência é dada por:

$$P = V \times I = 11{,}31\,V \times 141{,}4\,mA = 1{,}6\,W$$

Para determinar o rendimento do circuito *push-pull* classe B, deve-se calcular a potência de entrada CC. A tensão de alimentação é 16 V, enquanto a corrente de entrada varia de 0 a 200 mA. De forma semelhante à classe A, a corrente média do coletor é necessária:

$$I_{méd} = I_P \times 0{,}637 = 200\,mA \times 0{,}637 = 127{,}4\,mA$$

O amplificador *push-pull* classe B extrai 2,04 W da fonte de alimentação para fornecer um sinal de saída de 1,6 W. Assim, o rendimento é:

$$\text{Rendimento} = \frac{P_{CA}}{P_{CC}} \times 100\%$$
$$= \frac{1{,}6\,W}{2{,}04\,W} \times 100\% = 78{,}5\%$$

O melhor rendimento para a classe A é de 50%, o melhor rendimento para a classe B é 78,5% e este aumento torna o circuito *push-pull* classe B adequado para aplicações em altas potências. Para sinais menores, o amplificador classe B drena uma potência menor da fonte. O valor de 2,04 W não é fixo no cálculo realizado anteriormente. À medida que o sinal de entrada é reduzido, a potência retirada da fonte também diminui.

Transistores de potência classe A devem possuir especificações de potência elevada, sendo essa a razão pela qual são sempre polarizados com metade da corrente de saturação. Por exemplo, para construir um amplificador classe A de 100 W, o transistor deve ser capaz de processar pelo menos 200 W. Tal fato se baseia na seguinte expressão:

$$\text{Rendimento} = \frac{P_{CA}}{P_{CC}} \times 100\%$$
$$= \frac{100\,W}{200\,W} \times 100\% = 50\%$$

> **EXEMPLO 8-6**
>
> Determine o rendimento do amplificador *push-pull* da Figura 8-10 quando este é acionado com uma tensão cuja variação é metade do valor máximo. A potência de saída será reduzida a um quarto do valor máximo ou 0,4 W, porque a potência varia com o quadrado da tensão. Entretanto, vamos realizar os cálculos para ter certeza disso. Metade da oscilação da tensão corresponde a 16 V_{p-p} na Figura 8-10 e:
>
> $$V_{rms} = \frac{V_{p-p}}{2} \times 0{,}707 = \frac{16}{2} \times 0{,}707 = 5{,}66\,V$$
>
> A corrente de pico a pico agora é de 200 mA e a corrente eficaz é:
>
> $$I_{rms} = \frac{I_{p-p}}{2} \times 0{,}707 = \frac{200\,mA}{2} \times 0{,}707 = 70{,}7\,mA$$
>
> $$P_{CA} = V_{rms} \times I_{rms} = 5{,}66\,V \times 70{,}7\,mA = 0{,}4\,W$$
>
> Isso corresponde ao valor esperado. Assim, a corrente CC média é:
>
> $$I_{méd} = I_P \times 0{,}637 = 100\,mA \times 0{,}637 = 63{,}7\,mA$$
>
> A potência de entrada CC é:
>
> $$P_{CC} = V \times I = 16\,V \times 63{,}7\,mA = 1{,}02\,W$$
>
> Observe que este valor corresponde à metade do valor obtido quando o amplificador foi acionado com a máxima tensão. Assim, espera-se que o rendimento seja metade do valor obtido anteriormente:
>
> $$\text{Rendimento} = \frac{P_{CA}}{P_{CC}} \times 100\%$$
> $$= \frac{0{,}4\,W}{1{,}02\,W} \times 100\% = 39{,}2\%$$
>
> O rendimento diminui quando o amplificador classe B não é acionado com a oscilação de tensão máxima. Entretanto, este é um arranjo mais eficiente que o amplificador classe A acionado com metade da oscilação de tensão máxima.

Observe a equação: 200 W são processados pelo transistor, mas apenas 100 W são obtidos na saída. Essa diferença de 100 W aquece o transistor. O que ocorre quando não há sinal de entrada? O sinal de saída será nulo. Ainda assim, 200 W entram no transistor, o que se converte em calor.

> **EXEMPLO 8-7**
>
> O rendimento do amplificador da Figura 8-10 pode ser calculado para a condição de ausência de sinal na entrada? Quando não há sinal, os transistores encontram-se desligados e não há circulação de corrente. Assim, a potência CC é nula. A equação não pode ser resolvida, porque a divisão por zero consiste em uma indeterminação:
>
> $$\text{Rendimento} = \frac{P_{\text{saída}}}{P_{\text{entrada}}} \times 100\% = \frac{0\,W}{0\,W} \times 100\%$$
> $$= \textit{Valor indefinido}$$
>
> Assim, o rendimento não pode ser calculado neste caso. Entretanto, pode-se chegar a uma conclusão: o rendimento de um amplificador classe B não é nulo como no caso do amplificador classe A na ausência de um sinal de entrada.

A especificação de potência para a classe B em um dado nível corresponde a apenas um quinto do valor necessário para a classe A. Para construir um amplificador de 100 W, utiliza-se um transistor de 200 W no caso da classe A. Para a classe B, tem-se:

$$\frac{200}{5} = 40\,W$$

Dois transistores de 20 W operando na configuração *push-pull* fornecem uma saída de 100 W. Dois transistores de 20 W custam um pouco menos que um transistor de 200 W. Essa é uma vantagem promissora que circuitos *push-pull* classe B fornecem sobre arranjos classe A para aplicações de altas potências.

O tamanho do dissipador de calor é outro fator a ser considerado. A especificação de um transistor baseia-se em uma temperatura de operação segura. Para a operação em altas potências, o transistor é montado sobre um dispositivo que dissipa o calor gerado. Um amplificador classe B utilizará um dispositivo cuja capacidade de dissipação é de $\frac{1}{5}$ da potência do arranjo.

Há diversos motivos que justificam a utilização de amplificadores classe B em altas potências.

Entretanto, a distorção pode ser considerável em alguns casos, já que o circuito *push-pull* é capaz de eliminar a maior parte da distorção, embora esta ainda exista. Isso é chamado de **DISTORÇÃO DE CRUZAMENTO**.

A junção base-emissor de um transistor comporta-se como um diodo. É necessária uma tensão de aproximadamente 0,6 V para polarizar a junção base-emissor de um transistor de silício.

Isso significa que aproximadamente os primeiros 0,6 V do sinal de entrada de um amplificador *push-pull* classe B não serão amplificados. O amplificador possui uma **BANDA MORTA** de aproximadamente 1,2 V. A junção base-emissor também se comporta de forma bastante não linear próximo ao ponto de ativação. A Figura 8-13 mostra a curva característica de uma junção base-emissor típico. Observe a curvatura próxima à região de polarização direta correspondente a 0,6 V. Enquanto um transistor é desligado e o outro inicia a condução em um arranjo *push-pull*, a curvatura distorce o sinal de saída. A banda morta e a não linearidade tornam o circuito *push-pull* classe B inaceitável para algumas aplicações.

O efeito da distorção de cruzamento no sinal de saída é mostrado na Figura 8-14(*a*), ocorrendo à medida que o sinal passa de um transistor para outro. A distorção de cruzamento é muito perceptível e quando se tratam de pequenos sinais de entrada. De fato, se o sinal de entrada

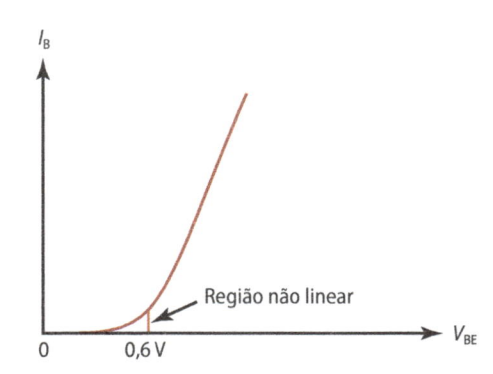

Figura 8-13 Curva característica para uma junção base-emissor.

> **Sobre a eletrônica**
>
> **Potência e volume do áudio.**
> Fontes de alimentação para amplificadores de áudio de alta potência normalmente empregam grandes capacitores de filtro para melhorar o fornecimento de potência de pico. Alguns amplificadores de áudio empregam circuitos de proteção para evitar a ocorrência de danos em níveis elevados de volume e na ocorrência de curtos-circuitos nos terminais de saída.

é de 1 V_{P-P} ou menos, não haverá sinal de saída em transistores de silício. De acordo com a Figura 8-14(b), essa distorção é menos aparente em grandes sinais, o que pode ser uma informação importante na busca e solução de problemas em circuitos.

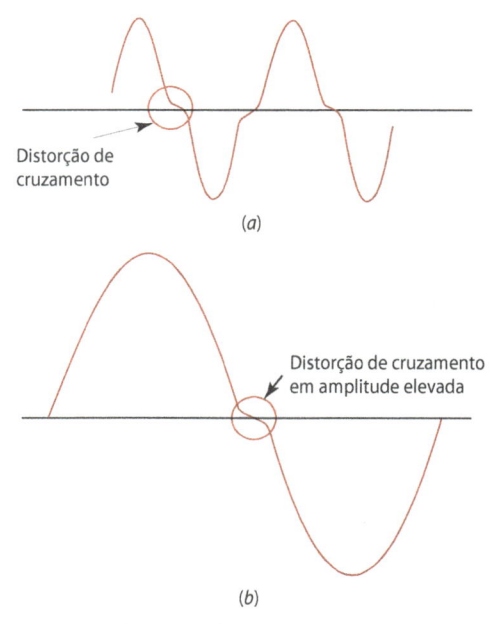

Figura 8-14 Distorção de cruzamento no sinal de saída.

Teste seus conhecimentos

Verdadeiro ou falso?

16. Observe a Figura 8-9. Os transistores Q_1 e Q_2 operam em paralelo.
17. Observe a Figura 8-10. Os transistores Q_1 e Q_2 nunca estarão ativos simultaneamente.
18. A distorção de cruzamento é ocasionada pela não linearidade das junções base-emissor dos transistores.

Resolva os seguintes problemas.

19. Observe a Figura 8-10. O transformador T_2 possui uma relação de espiras de 20:1. Qual é a carga enxergada pelos coletores de Q_1 e Q_2?
20. Um amplificador de potência classe A é projetado de modo a entregar uma potência de 5 W. Qual é a potência dissipada no transistor quando o nível do sinal de entrada é nulo?
21. Um amplificador de potência *push-pull* classe B é projetado de modo a entregar uma potência de 10 W. Qual é a máxima potência que será dissipada em cada transistor?
22. Observe a Figura 8-12. Considere que o amplificador seja acionado com metade da máxima oscilação de tensão. Calcule a potência rms de saída.
23. Observe a Figura 8-12. Considere que o amplificador seja acionado com metade da máxima oscilação de tensão. Calcule a potência média de entrada.
24. Observe a Figura 8-12. Considere que o amplificador seja acionado com metade da máxima oscilação de tensão. Calcule o rendimento do amplificador.

❯❯ *Amplificadores de potência classe AB*

A solução para o problema da distorção de cruzamento consiste em fornecer uma polarização direta para as junções base-emissor. Assim, isso evitará que a tensão base-emissor V_{BE} alcance a parte não linear da curva. Isso está ilustrado na Figura 8-15, onde a polarização direta é baixa resultando em um amplificador CLASSE **AB**, o qual possui características intermediárias entre as classe A e B.

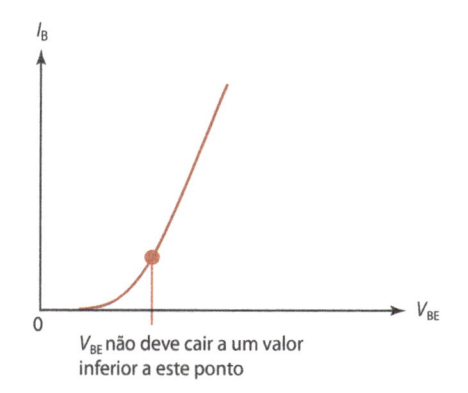

Figura 8-15 Cálculo da admitância de transferência direta.

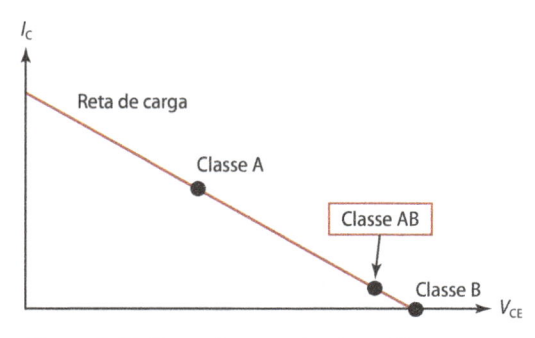

Figura 8-16 Ponto de operação classe AB.

O ponto de operação para a classe AB é mostrado na Figura 8-16. Note que o amplificador AB opera próximo ao corte.

A Figura 8-17 representa um amplificador *push-pull* classe AB. Os resistores R_1 e R_2 formam um divisor de tensão para polarizar as junções base-emissor diretamente. A corrente de polarização circula por ambas as partes do enrolamento secundário de T_1. O capacitor C_1 aterra o *tap* central do transformador para sinais CA. Sem isso, a corrente da fonte circulará em R_1 e R_2, de modo que boa parte do sinal será perdida (dissipada na forma de calor).

Um amplificador classe AB não possui um rendimento tão alto quanto um amplificador classe B, embora este seja superior ao rendimento de um amplificador classe A. Trata-se de uma classe de amplificador que produz distorção mínima e rendimento razoável, sendo o tipo mais popular para aplicações de áudio em altas potências. Amplificadores semelhantes ao arranjo da Figura 8-17 são populares em rádios portáteis e gravadores.

Agora que o problema da distorção em amplificadores *push-pull* foi resolvido, é hora de verificar os transformadores. Esses componentes são muito caros para aplicações em altas potências onde se deseja obter alta qualidade e, assim, devem ser eliminados do projeto.

Os transformadores de acionamento podem ser eliminados através de uma combinação de polaridades dos transistores. Um sinal positivo aplicado na base de um transistor NPN tende a ativá-lo, um sinal positivo aplicado na base de um transistor

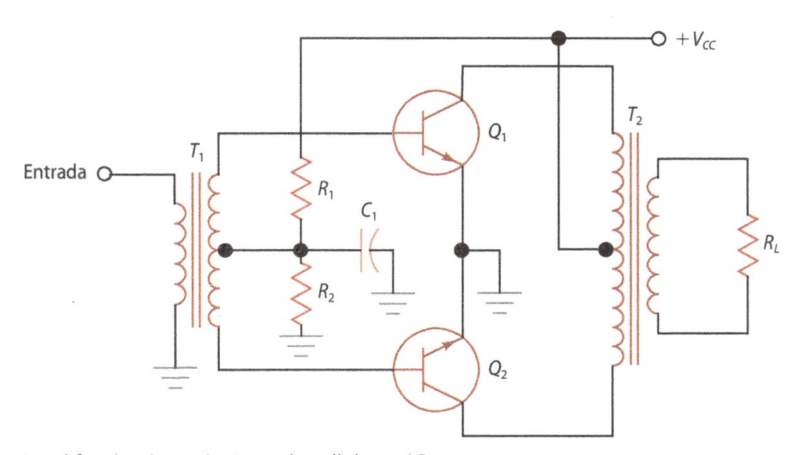

Figura 8-17 Amplificador de potência *push-pull* classe AB.

EXEMPLO 8-8

Determine o valor de R_1 considerando a operação na classe AB, sendo a fonte de alimentação de 12 V e $R_2 = 1$ kΩ. Utiliza-se a equação do divisor de tensão, considerando uma queda de tensão de 0,6 V para a classe AB:

$$0,6\,V = \frac{1\,k\Omega}{1\,k\Omega + R_1} \times 12\,V$$

Elimina-se a fração multiplicando ambos os lados pelo denominador:

$$0,6\,V(1\,k\Omega + R_1) = 1k\Omega \times 12\,V$$

Divide-se ambos os lados por 12 V:

$$0,05(1\,k\Omega + R_1) = 1\,k\Omega$$

Aplica-se a propriedade distributiva:

$$50\,\Omega + 0,05\,R_1 = 1\,k\Omega$$

Subtrai-se 50 Ω de ambos os lados:

$$0,05\,R_1 = 950\,\Omega$$

$$R_1 = 19\,k\Omega$$

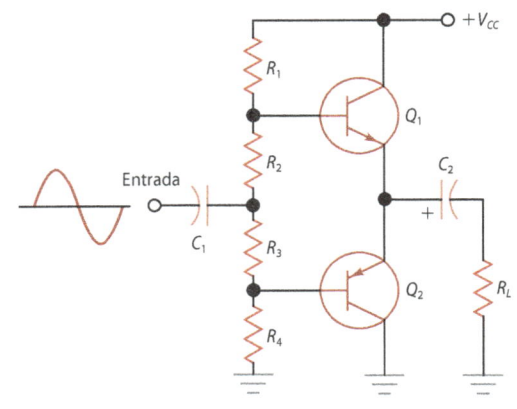

Figura 8-18 Amplificador com simetria complementar.

PNP tende a desativá-lo. Isso significa que a operação *push-pull* pode ser obtida sem a utilização de transformadores de acionamento com *tap* central.

Transformadores de saída podem ser eliminados utilizando uma configuração de amplificador diferencial. O amplificador seguidor de emissor (coletor comum) é conhecido por sua impedância de saída reduzida, o que permite um bom casamento com cargas de baixa impedância como alto-falantes.

A Figura 8-18 mostra um projeto de amplificador onde os transformadores são eliminados. O transistor Q_1 e Q_2 são dos tipos NPN e PNP, respectivamente. A operação *push-pull* é obtida sem o transformador de acionamento com *tap* central. Note que a carga está acoplada capacitivamente com os terminais emissores dos transistores. Os transistores operam como seguidores de emissores.

O circuito da Figura 8-18 é conhecido como amplificador com simetria complementar. Os transistores são dispositivos complementares, pois são dos tipos NPN e PNP. As curvas da Figura 8-19 mostram as características simétricas dos transistores NPN e PNP. Uma boa combinação das características é necessária no amplificador com simetria complementar. Por essa razão, os fabricantes disponibilizam pares de transistores NPN-PNP com boa simetria.

A Figura 8-20 mostra o sinal de saída em um amplificador com simetria complementar quando o sinal de entrada torna-se positivo. O transistor Q_1 do tipo NPN é ligado; o transistor Q_2 do tipo PNP é desligado. A corrente circula na carga, em C_2 e Q_1, retornando para a fonte de alimentação. Essa corrente carrega C_2 da forma indicada. Note que não há inversão de fase no amplificador, embora isso fosse esperado em um seguidor de emissor.

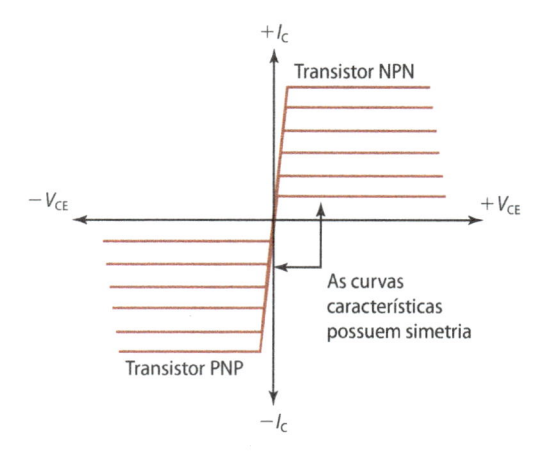

Figura 8-19 Simetria NPN-PNP.

EXEMPLO 8-9

Selecione valores para R_2 e R_3 na Figura 8-18 considerando uma fonte de alimentação de 12 V e $R_1 = R_4 = 10\ k\Omega$. Para a classe AB, considera-se uma queda de tensão de 0,6 V para cada transistor ou 1,2 V para ambos. Inicialmente, ajusta-se a equação do divisor de tensão para determinar o valor de R_2 e R_3:

$$1,2\ V = \frac{R_T}{20\ k\Omega + R_T} \times 12\ V$$

Essa equação pode ser resolvida da mesma forma que no Exemplo 8-8, de modo que se obtém $R_T = 2,22\ k$. Cada resistor deve ser de metade desse valor, isto é, 1,11 kΩ.

Quando o sinal de entrada torna-se negativo, o fluxo da corrente é mostrado na Figura 8-21. Agora Q_1 encontra-se desligado e Q_2 está ligado. Dessa forma, C_2 é descarregado do modo indicado. Novamente, a saída encontra-se em fase com a entrada. O capacitor C_2 normalmente possui valor elevado (da ordem de 1000 μF ou mais), o que é necessário para obter uma boa resposta em baixa frequência para pequenos valores de R_L.

Outra possibilidade é mostrada na Figura 8-22, sendo que essa configuração é conhecida como **AMPLIFICADOR COM SIMETRIA QUASE COMPLEMENTAR**. Os transistores de saída Q_4 e Q_5 são complementares.

Por outro lado, os transistores de acionamento Q_1 e Q_2 são complementares. Um sinal de entrada positivo acionará o transistor NPN Q_1, o que por sua vez desligará o transistor Q_2 PNP. Isso resulta em uma ação do tipo *push-pull* porque os transistores de acionamento fornecem a corrente de base para os transistores de saída. Novamente, não há necessidade de transformadores com *tap* central na saída.

Note que são utilizados diodos na Figura 8-22 para a polarização. Esses diodos fornecem a compensação da temperatura. Transistores tendem a conduzir uma corrente maior à medida que a temperatura aumenta, o que é indesejável. A queda de tensão em um diodo é reduzida com o aumento da temperatura. Se a queda de tensão no diodo for parte da tensão de polarização do amplificador, tem-se a compensação. Além disso, a queda de tensão reduzida no diodo também reduzirá a corrente do amplificador. Assim, o ponto de operação torna-se mais estável neste arranjo.

Há vários circuitos integrados (CIs) disponíveis para aplicações de potência. A Figura 8-23 mostra o amplificador de potência de 1 W TPA4861 fabricado por Texas Instruments. Trata-se de um amplificador de áudio adequado para dispositivos alimentados por baterias de 3,3 ou 5 V, como computadores portáteis. Tal CI utiliza uma carga conectada em ponte (do inglês *bridge tied load* – BTL) para melhorar a obtenção de potência na saída. A tensão

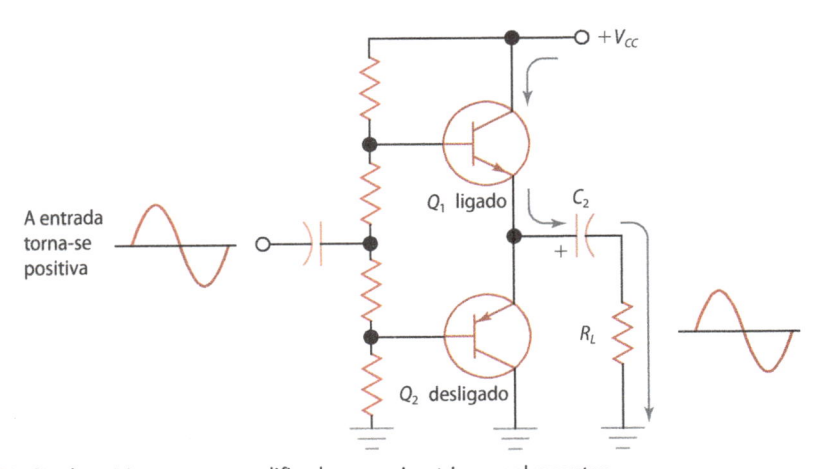

Figura 8-20 Sinal positivo em um amplificador com simetria complementar.

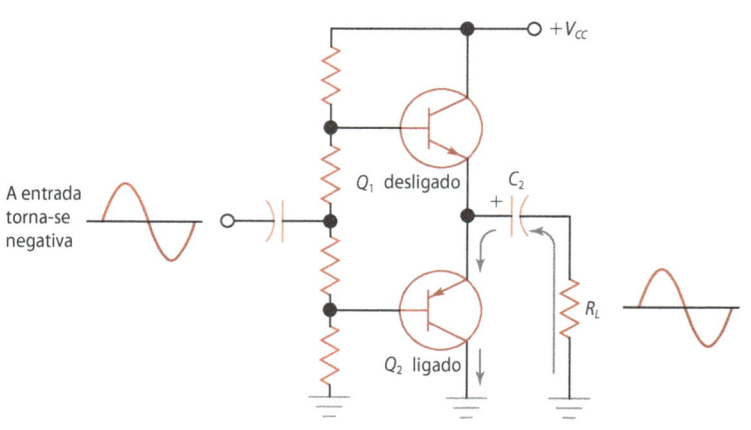

Figura 8-21 Sinal negativo em um amplificador com simetria complementar.

de alimentação relativamente baixa limita a potência que pode ser entregue à carga, mas o circuito BTL otimiza esse aspecto. Em um circuito com carga aterrada (semelhante ao da Figura 8-22), e considerando uma carga de 8 Ω e tensão de alimentação de 5 V, a máxima potência de saída é de apenas 250 mW. A maior variação da tensão de saída é cerca de apenas 1 V menor que a tensão de alimentação. Assim, como uma oscilação de 4 V, tem-se:

$$V_{saída(rms)} = \frac{4 V_{p-p}}{2} \times 0{,}707 = 1{,}414$$

$$P_{saída} = \frac{V^2}{R_L} = \frac{1{,}414^2}{8} = 250 \text{ mW}$$

Na Figura 8-23(a), há duas saídas e, assim, a oscilação de tensão na carga é o dobro da tensão de pico a pico em cada saída. Utilizando o mesmo valor da carga e da tensão de alimentação, tem-se:

$$V_{saída(rms)} = \frac{8 V_{p-p}}{2} \times 0{,}707 = 2{,}83$$

$$P_{saída} = \frac{V^2}{R_L} = \frac{2{,}83^2}{8} = 1 \text{ W}$$

Isso corresponde a uma potência de saída quatro vezes maior que a obtida no circuito com a carga aterrada. Lembre-se de que a potência varia com o quadrado da tensão, de modo que, ao se dobrar a tensão, é possível obter o quádruplo da potência para qualquer valor fixo de carga.

Por que a oscilação da tensão na Figura 8-23(a) é o dobro do valor de pico na saída de um amplificador? Note que os amplificadores operam defasados. O símbolo do triangulo representa um amplificador. Como se trata de um CI, não há necessidade de preocupação com o circuito contido em seu interior. Quando um sinal é aplicado a uma entrada (−), a fase do amplificador é invertida. A saída do amplificador de cima [pino 5 na Figura 8-23(a)] aciona um dos terminais da carga, bem como a entrada (−) do amplificador de baixo. Assim, a saída no pino 8 encontra-se defasada de 180° em relação à saída no pino 5. Quando um terminal da carga é acionado no sentido positivo, o outro é acionado no sentido negativo.

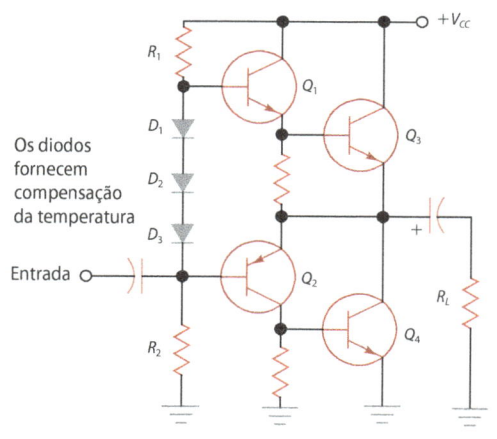

Figura 8-22 Amplificador com simetria quase complementar.

(a) Circuito com carga amarrada em ponte

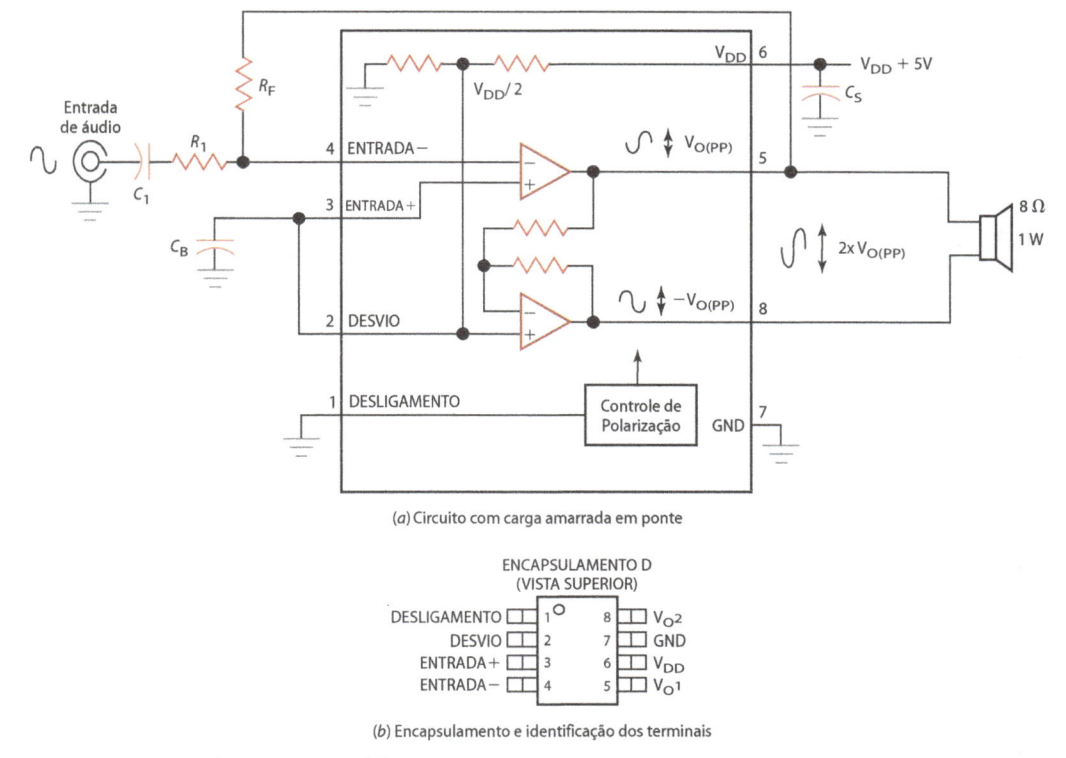

(b) Encapsulamento e identificação dos terminais

Figura 8-23 Amplificador TPA4861 fabricado por Texas Instruments.

Em um pico, a tensão no alto-falante da Figura 8-23(a) é +4 V no terminal de cima e 0 V no terminal de baixo. No outro pico, tem-se 4 V no terminal de baixo e 0 V no terminal de cima. O mesmo sinal CA de pico a pico circula no alto-falante como se este estivesse conectado a uma fonte de tensão com 8 V de pico a pico.

EXEMPLO 8-10

Calcule os valores de pico das correntes no alto-falante da Figura 8-23(a). Quando o terminal superior do alto-falante é positivo, a seguinte corrente circula:

$$I_{pico(superior)} = \frac{4\,V}{8\,\Omega} = 0{,}5\,A$$

Quando o terminal inferior é positivo, o sentido da corrente é invertido:

$$I_{pico(inferior)} = 0{,}5\,A$$

EXEMPLO 8-11

Calcule ambos os valores de pico das correntes para um alto-falante de 8 Ω conectado a uma fonte de sinal com 8 V de pico a pico. A tensão de pico é metade do valor de pico a pico. Assim, tem-se no sentido positivo:

$$I_{pico(superior)} = \frac{4\,V}{8\,\Omega} = 0{,}5\,A$$

No sentido negativo, a corrente no alto-falante inverte seu sentido:

$$I_{pico(inferior)} = 0{,}5\,A$$

Amplificadores em ponte oferecem outra vantagem importante, pois não há necessidade de utilizar de capacitores de acoplamento de saída (semelhante ao mostrado na Figura 8-22). Isso ocorre porque não há tensão CC que possa ser bloqueada. Na Figura 8-22, a saída do amplificador possui uma componente CC que é igual à metade da tensão de alimentação. Observa-se na Figura 8-23(a) que o alto falante é diretamente conectado às saídas. Como os capacitores de acoplamento de saída devem possuir tamanho considerável de modo a fornecer uma boa resposta de baixa frequência, isso também representa uma vantagem. Amplificadores em ponte também são utilizados em veículos e podem ser implementados a partir de componentes discretos (não sendo restritos apenas a CIs).

Teste seus conhecimentos

Responda às seguintes perguntas.

25. O rendimento do amplificador classe AB é melhor que dispositivos classe A, mas não tão bom quanto o rendimento de amplificadores classe B?
26. Observe a Figura 8-17. Considere que C_1 esteja em curto-circuito. Em qual classe o amplificador operará?
27. Observe a Figura 8-17. Considere que a temperatura de operação de Q_1 e Q_2 seja alta. O capacitor C_1 pode ser curto-circuitado? Por quê?
28. Observe a Figura 8-17. Considere que a temperatura de operação de Q_1 e Q_2 seja alta. O resistor R_2 pode ser aberto? Por quê?
29. Observe a Figura 8-18. Um sinal de entrada aciona C_1 no sentido positivo. Em qual sentido o terminal superior de R_L será acionado?
30. Observe a Figura 8-18. Um sinal de entrada aciona C_1 no sentido positivo. Qual transistor encontra-se desligado?
31. Observe a Figura 8-18. Considere $V_{CC} = 20$ V. Quando não há sinal de entrada, quais devem ser os valores das tensões no emissor de Q_1, na base de Q_1 e na base de Q_2? (*Dica*: Todos os transistores são de silício).

❯❯ Amplificadores de potência classe C

Amplificadores CLASSE C são polarizados além do corte. A Figura 8-24 representa um amplificador classe C com uma fonte de alimentação V_{BB} aplicada no circuito da base. Essa tensão negativa polariza reversamente a junção base-emissor do transistor, o qual não conduzirá enquanto o sinal de entrada não permitir a polarização direta. Isso ocorre durante uma pequena parte do ciclo de entrada, sendo que o transistor conduz durante uma porção reduzida (90° ou menos) da forma de onda de entrada.

De acordo com a Figura 8-24, a forma de onda da corrente no coletor não corresponde a uma onda senoidal completa, e nem sequer a uma meia senoide. Esta distorção extrema significa que o amplificador classe C não pode ser usado em aplicações de áudio, sendo restrito à utilização em radiofrequência.

A Figura 8-24 mostra o CIRCUITO TANQUE no circuito do coletor no amplificador classe C, sendo este responsável por restaurar a onda senoidal de entrada. Note que uma onda senoidal é mostrada nos terminais de R_L. Circuitos tanque são capazes de restabelecer ondas senoidais, mas não ondas retangulares ou sinais de áudio complexos.

A ação do circuito tanque é explicada na Figura 8-25. O pulso de corrente no coletor carrega o capacitor [Figura 8-25(a)]. Depois que isso ocorre, o capacitor se descarrega através do indutor [Figura 8-25(b)]. A energia é armazenada no campo magnético do indutor. Quando o capacitor é totalmente descarregado, o campo é reduzido e mantém a corrente circulando [Figura 8-25(c)]. Assim, o capacitor é novamente carregado, mas na polaridade oposta. Após a redução do campo, o capacitor novamente começa a se descarregar através do indutor [Figura 8-25(d)]. Observe que agora a corrente circula em sentido oposto e que o campo do mag-

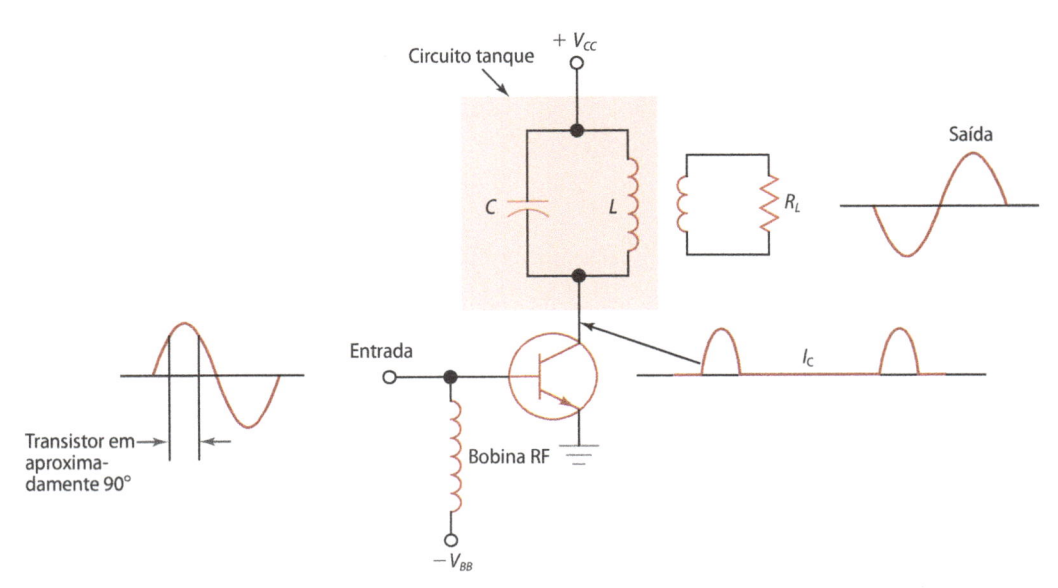

Figura 8-24 Amplificador classe C.

nético do indutor aumenta. Finalmente, o campo magnético do indutor começa a diminuir, de modo que o capacitor é carregado com a polaridade original [Figura 8-25(e)].

A ação do circuito tanque resulta na descarga do capacitor em um indutor, que posteriormente se descarrega no capacitor, e assim por diante. Tanto o capacitor quanto o indutor são dispositivos de armazenamento de energia, e à medida que a energia é transferida de um elemento para outro, uma onda senoidal é gerada. As perdas no circuito (resistência) provocarão uma redução gradativa na onda senoidal; isso é mostrado na Figura 8-26(a), onde se tem uma ONDA SENOIDAL AMORTECIDA. Aplicando-se um pulso ao circuito tanque em cada ciclo, é possível manter a amplitude da onda senoidal constante, como mostra a Figura 8-26(b). Em um amplificador classe C, o circuito tanque é recarregado por um pulso de corrente no coletor a cada ciclo, e dessa forma, a amplitude da onda senoidal é mantida constante.

Os valores da indutância e da capacitância são importantes para o circuito tanque de um amplificador classe C. Esses elementos devem apresentar RESSONÂNCIA na frequência do sinal entrada. A equação da frequência de ressonância é:

$$f_r = \frac{1}{2\pi\sqrt{LC}}$$

Qual é a frequência de ressonância de um circuito tanque que possui capacitância de 100 pF e indutância de 1 μH? Substituindo esses valores na equação anterior, tem-se:

$$f_r = \frac{1}{6{,}28\sqrt{1 \times 10^{-6} \times 100 \times 10^{-12}}} = 15{,}9 \times 10^6 \text{ Hz}$$

A frequência de ressonância é de 15,9 MHz.

Em alguns casos, o circuito tanque é sintonizado em uma frequência cujo valor é o dobro ou o triplo da frequência do sinal de entrada. Isso produz um sinal de saída cuja frequência também é de duas a três vezes maior que a frequência do sinal de entrada. Esses circuitos são denominados MULTIPLICADORES DE FREQUÊNCIA, sendo normalmente empregados quando sinais de altas frequências são necessários. Por exemplo, suponha que um transmissor bidirecional de 150 MHz seja projetado. É

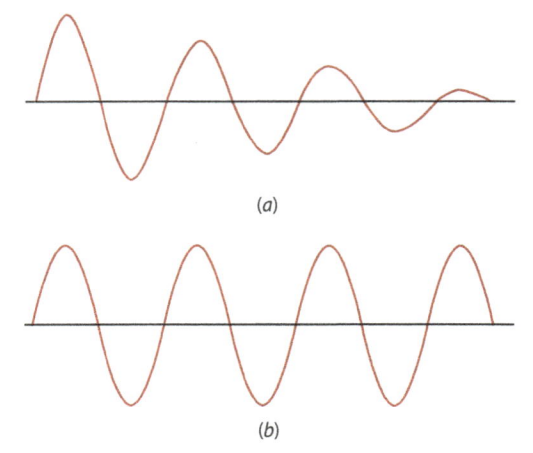

Figura 8-26 Formas de onda do circuito tanque.

normalmente mais fácil começar com valores menores de frequência, que podem ser devidamente multiplicados para obter a frequência de operação desejada. A Figura 8-27 mostra o diagrama de blocos desse transmissor.

O amplificador classe C é o mais eficiente do ponto de vista do rendimento dentre todas as classes de amplificadores analógicos. Seu elevado rendimento é demonstrado pelas formas de onda na Figura 8-28. A forma de onda superior representa o sinal de entrada. Apenas o pico positivo desse sinal polariza a junção base-emissor diretamente. A maior parte do sinal de entrada torna-se menor que esse valor em virtude da polarização negativa (V_{BE}). A forma de onda do meio representa a corrente do coletor I_C, que se encontra no formato de pulsos estreitos. A forma de onda inferior corresponde ao sinal de saída, que é senoidal em virtude da ação do circuito tanque. Note que os pulsos de corrente do coletor ocorrem quando a forma de onda da saída é aproximadamente nula.

Isso significa que há uma pequena dissipação de potência no transistor:

$$P_C = V_{CE} \times I_C = 0 \times I_C = 0\,W$$

Se não há potência dissipada, isso significa que toda a potência é transferida à saída, o que leva à conclusão que amplificadores classe C possuem rendimento de 100%. Na verdade, há dissipação

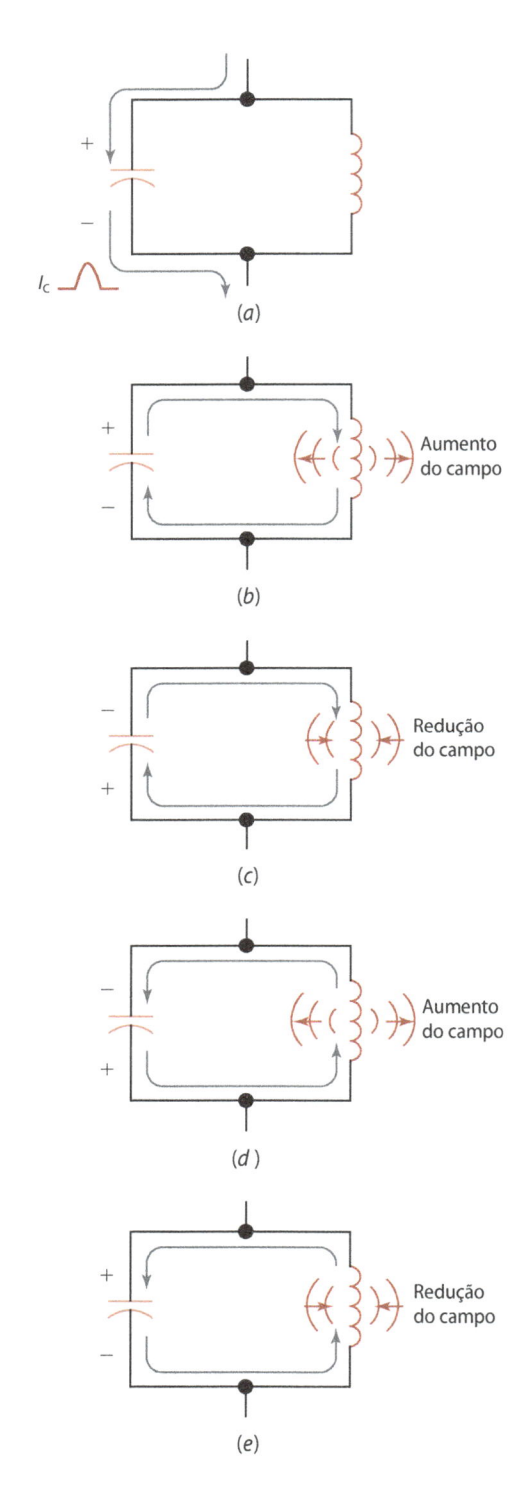

Figura 8-25 Ação do circuito tanque.

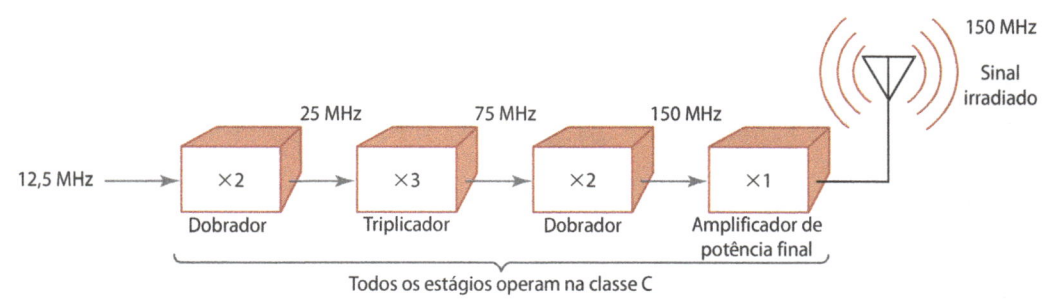

Figura 8-27 Diagrama de blocos de um transmissor de alta frequência.

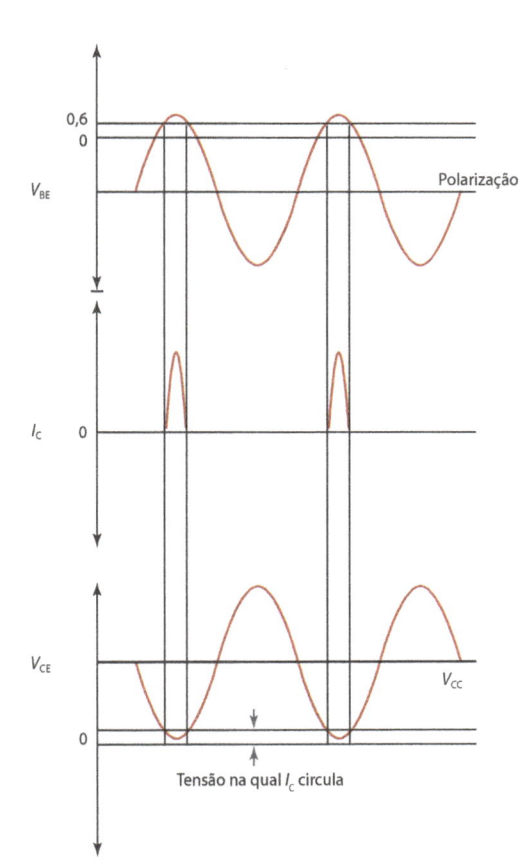

(Diagrama: 12,5 MHz → ×2 Dobrador → 25 MHz → ×3 Triplicador → 75 MHz → ×2 Dobrador → 150 MHz → ×1 Amplificador de potência final → antena 150 MHz Sinal irradiado. Todos os estágios operam na classe C.)

Figura 8-28 Formas de onda do amplificador classe C.

de potencia no transistor. A tensão V_{CE} é pequena quando o transistor está conduzindo, mas não nula. O circuito tanque também apresentará algumas perdas. Amplificadores classe C são capazes de atingir rendimentos da ordem de 85% na prática, sendo muito populares em aplicações de radiofrequência onde os circuitos tanque são capazes de restaurar o sinal senoidal.

Amplificadores classe C reais raramente empregam uma fonte de polarização fixa no circuito da base. A **POLARIZAÇÃO POR SINAL** é mais adequada neste caso, como mostra a Figura 8-29. À medida que o sinal se torna positivo, a junção base-emissor é polarizada e a corrente de base I_B flui da forma indicada, carregando C_1. O resistor R_1 descarrega C_1 durante os picos positivos do sinal de entrada. O resistor R_1 é incapaz de descarregar C_1 completamente, de modo que a tensão remanescente aplicada em C_1 age como uma fonte de polarização. A polaridade do capacitor C_1 polariza a junção base-emissor reversamente.

Uma das vantagens da polarização por sinal é a capacidade de autoajuste de acordo com o nível do sinal de entrada. Amplificadores classe C são projetados para um pequeno ângulo de condução de modo que o rendimento seja alto. Se um amplificador emprega polarização fixa, o ângulo de condução aumentará se a amplitude do sinal de entrada também aumentar. A Figura 8-30 mostra porque isso ocorre. Dois ângulos de condução podem ser vistos para a tensão fixa $-V_{BE}$ mostrada no gráfico. Os ângulos para os sinais pequeno e grande são 90° e 170°, respectivamente. O ângulo de 170° é muito grande, de modo que isso compromete o rendimento. Além disso, o amplificador sofrerá superaquecimento, pois a corrente média é muito maior. A polarização por sinal supera esse problema porque o ângulo de condução tende a perma-

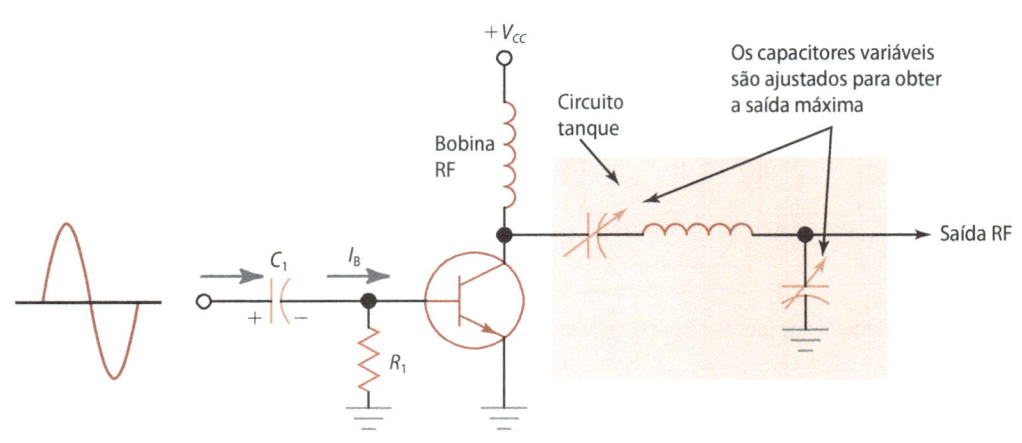

Figura 8-29 Amplificador classe C utilizando polarização do sinal.

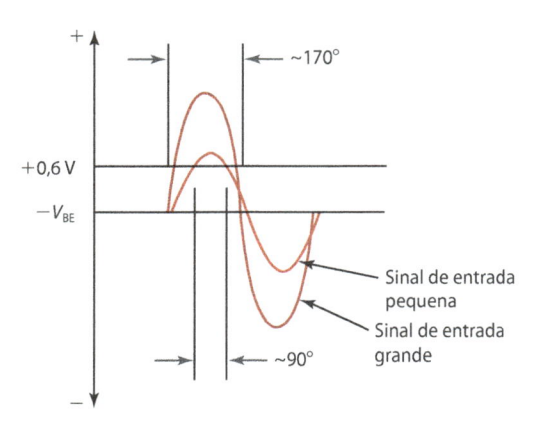

Figura 8-30 O ângulo de condução se altera com o nível do sinal.

necer constante. Por exemplo, se o sinal de entrada na Figura 8-29 torna-se maior, a carga média armazenada em C_1 também aumentará. Assim, a tensão de polarização reversa $-V_{BE}$ também aumentará. Uma polarização reversa maior implica um menor ângulo de condução. O circuito de polarização por sinal ajusta-se automaticamente a alterações na amplitude do sinal de entrada e tende a manter o ângulo de condução constante.

A Figura 8-29 também mostra um tipo diferente de circuito tanque, conhecido como REDE L, que é capaz de casar a impedância do transistor com a carga. Transistores de potência para aplicações em radiofrequência normalmente possuem impedância de saída de aproximadamente 2 Ω. A impedância de carga padrão em RF é 50 Ω. Assim, a rede L é necessária para casar o transistor com 50 Ω.

A Figura 8-31 mostra um amplificador RF de alta potência utilizando VFETs ou MOSFETs de potência. O amplificador consiste em um arranjo *push-pull* e desenvolve uma potência de saída de 1 kW ao longo de uma faixa de frequência de 10 a 90 MHz. O ganho de potência varia de 11 a 14 dB nessa faixa de frequência.

O circuito da Figura 8-31 utiliza realimentação negativa para alcançar esta faixa de frequência tão ampla. Os indutores de 20 nH e os resistores de 20 Ω realimentam uma parte do sinal do dreno no circuito do gatilho de cada transistor. Os transformadores T_1 e T_2 empregam núcleos de ferrite especiais para grandes faixas de frequência, o que explica o funcionamento do amplificador com tais características.

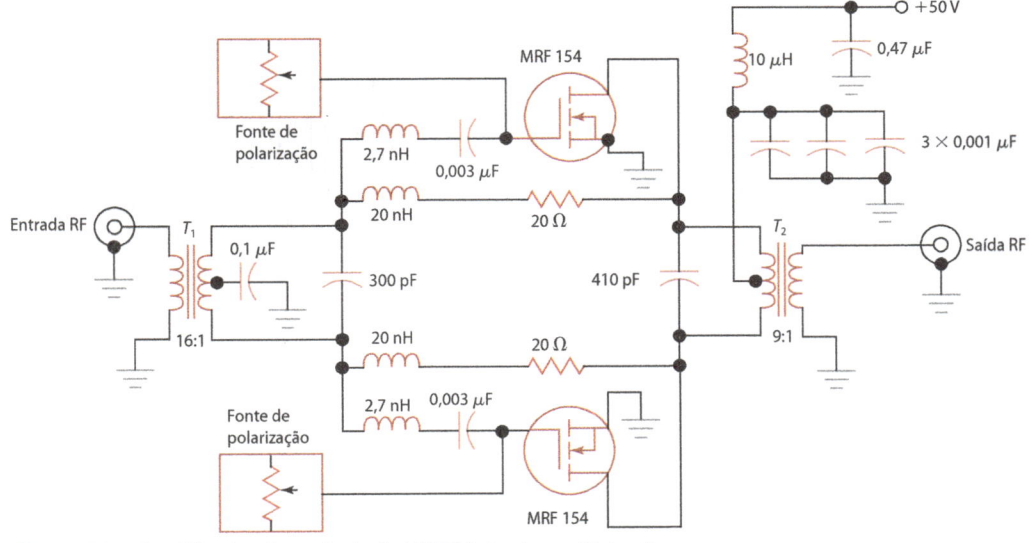

Figura 8-31 Amplificador de potência de 1 kW fabricado por Motorola.

Teste seus conhecimentos

Responda às seguintes perguntas.

32. Observe a Figura 8-24. O transistor é de silício e $-V_{BB} = 6$ V. Qual deve ser a oscilação positiva do sinal de entrada para que o transistor seja ativado?
33. Observe a Figura 8-24. Considere que o sinal de entrada seja uma onda quadrada. Qual é o sinal esperado em R_L considerando um circuito tanque com elevado valor de Q*?
34. A classe C é mais eficiente que a classe B?
35. A classe C possui o menor ângulo de condução?
36. A frequência de entrada de um estágio RF triplicador é 10 MHz. Qual é a frequência de saída?
37. Um circuito tanque emprega uma bobina de 6,8 μH e um capacitor de 47 pF. Qual é a frequência de ressonância do circuito?
38. Observe a Figura 8-29. Considere que o amplificador é acionado por um sinal e que o nível da tensão na base do transistor seja negativo. O que acontecerá à tensão na base se o sinal de entrada aumentar?

» *Amplificadores chaveados*

Amplificadores chaveados também são chamados de amplificadores digitais ou CLASSE D. Um amplificador digital de potência pode ser uma escolha mais adequada que um dispositivo analógico.

Amplificadores digitais empregam os transistores de saída como chaves. Como tais dispositivos assumem os estados ligado e desligado, os amplificadores tornam-se muito eficientes.

Em um amplificador de potência linear, os transistores são capazes de produzir uma quantidade significativa de calor. Além disso, pode haver uma queda de tensão considerável quando os dispositivos conduzirem altas correntes, o que aquece os transistores e deteriora o rendimento dos amplificadores. Um amplificador ideal converte toda a energia extraída da fonte de alimentação em um

---

* N. de R. T.: Neste caso, Q é o parâmetro conhecido como fator de qualidade do circuito ressonante e, dessa forma, não deve ser confundido com o ponto quiescente. Quanto maior for o valor de Q, mais próximo de uma senoide será o sinal.

sinal de saída útil sem que haja geração de calor. Amplificadores digitais aproximam-se da característica ideal em virtude da operação liga-desliga. Suponha que um amplificador digital ideal forneça 50 V em 10 A. Analisando a dissipação de potência no coletor nesses dispositivos de saída, tem-se:

$$P_{C(desligado)} = V_{CE} \times I_C = 50\,V \times 0\,A = 0\,W$$

$$P_{C(sat)} = 0\,V \times 10\,A = 0\,W$$

Nunca há dissipação de potência no transistor em um dispositivo digital ideal. Naturalmente, um amplificador digital real apresenta alguma potência dissipada. Isso ocorre porque V_{CE} nunca é nula, mesmo que o transistor se encontre em saturação muito forte. Entretanto, a dissipação é muito pequena se comparada ao caso dos projetos lineares equivalentes. Por exemplo, em níveis audíveis normais, um amplificador linear drenará uma corrente três vezes maior da fonte de alimentação do que um dispositivo correspondente da classe D.

Amplificadores chaveados normalmente empregam modulação por largura de pulso (do inglês *pulse width modulation* – PWM). Observe a Figura 8-32. A forma de onda retangular mostra um pulso cuja largura varia ao longo do tempo. Note que o valor médio da onda PWM corresponde a uma senoide neste caso. Se a forma de onda digital básica possui frequência suficientemente grande, seu valor médio pode ser aproximadamente igual ao valor desejado de uma forma de onda analógica.

Amplificadores de áudio classe D utilizam frequências de chaveamento* da ordem de centenas de quilohertz. A Figura 8-33 mostra um filtro de demodulação cuja utilização é recomendada pelo fabricantes Texas Instruments (TI). Trata-se de um filtro passa-baixa que permite que frequências de áudio na faixa de até 20 kHz cheguem ao alto-falante, embora a frequência de modulação seja atenuada. Esse é um filtro balanceado que deve ser utilizado como uma carga conectada em ponte.

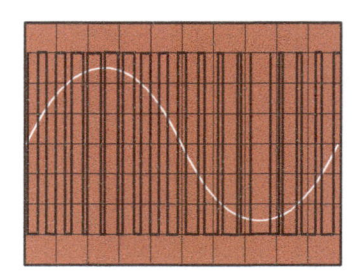

Figura 8-32 Forma de onda PWM e seu respectivo valor médio.

A Figura 8-34 mostra um amplificador de áudio estéreo de 210 W por canal que utiliza o CI TAS5162 da TI. O rendimento desse amplificador digital é maior que 90% com uma carga de 6 Ω, o que permite o uso de uma fonte de alimentação e um dissipador com dimensões reduzidas. O CI TAS5162 encontra-se sob o dissipador e possui oito terminais de saída independentes para acionar duas cargas conectadas em ponte. Os filtros de demodulação e os conectores de saída localizam-se acima do dissipador de calor. O CI TAS5162 requer sinais PWM em suas respectivas entradas.

O CI na parte de baixo da placa na Figura 8-34 corresponde a um modulador por largura de pulsos (PWM) digital com oito canais modelo TAS5518 fabricado por TI. Sua entrada corresponde a um sinal estéreo modulado por código de pulso (do inglês *pulse code modulated* – PCM) na forma serial (1 *bit* por vez) com até 24 *bits* de resolução por amostra de áudio. A modulação PCM foi mostrada no Capítulo 1, sendo que a Figura 1-2 do capítulo supracitado mostra a saída do conversor A/D como uma série de números binários. Sinais PCM são utilizados com CDs, arquivos de som em computadores no formato WAV e em muitas outras aplicações. Como o armazenamento e a transmissão digital de dados são amplamente utilizados nos dias atuais, soluções totalmente digitais para aplicações de áudio são convenientes. Se o processamento digital de sinais também for parte do sistema, então esse tipo de abordagem se torna ainda mais conveniente.

A tendência da utilização de sistemas de áudio digitais é cada vez maior. Na Figura 8-35(*b*), a chave

---

* N. de R. T.: A frequência de chaveamento também pode ser chamada de frequência de comutação.

encontra-se fechada e o indutor é carregado. A corrente aumenta linearmente ao longo do tempo. A taxa de crescimento real da corrente é proporcional à tensão e inversamente proporcional ao valor da indutância. Por exemplo, para o caso de uma tensão de 100 V e um indutor de 100 mH, tem-se:

$$\frac{\Delta I}{\Delta T} = \frac{V}{L} = \frac{100}{0,1} = 1000 \text{ A/s}$$

Mil ampères correspondem a uma corrente muito alta! Entretanto, a chave permanece fechada por apenas 1 ms, de modo que a corrente chega a apenas 1 A. Em outras palavras, a chave (ou transistor) permanece fechada por um curto intervalo de tempo em um amplificador PWM. Outra razão pela qual os dispositivos permanecem ligados por um período pequeno é a saturação do núcleo. Se a corrente se tornar muito alta, o núcleo do indutor (ou motor) será incapaz de conduzir um fluxo magnético adicional. Esse fenômeno é conhecido como saturação do núcleo magnético e deve ser evitado. Se este PONTO DE SATURAÇÃO for alcançado, a indutância será drasticamente reduzida, de modo que a taxa de crescimento da corrente aumentará significativamente.

A Figura 8-35(c) mostra o que ocorre quando a chave é aberta. A energia armazenada no indutor deve ser liberada. O campo magnético começa a ser reduzido e mantém a corrente no indutor no mesmo sentido de circulação durante o processo de carga. Esta é a finalidade do diodo, que é polarizado diretamente quando a chave é aberta, permitindo que a corrente seja reduzida a zero, como mostra a Figura 8-35(d). Esses elementos são chamados de DIODOS DE RODA LIVRE. Sem esse diodo, uma tensão extremamente alta seria gerada no momento da abertura da chave. Assim, isso provocaria um arco ou mesmo a danificação do dispositivo em se tratando de uma chave de estado sólido. Transistores

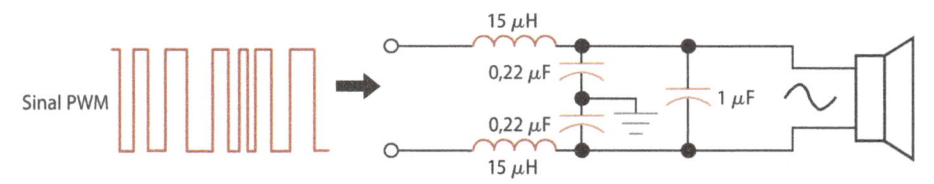

Figura 8-33 Filtro de saída classe D.

Figura 8-34 Amplificador estéreo de 60 W fabricado por Texas Instruments.

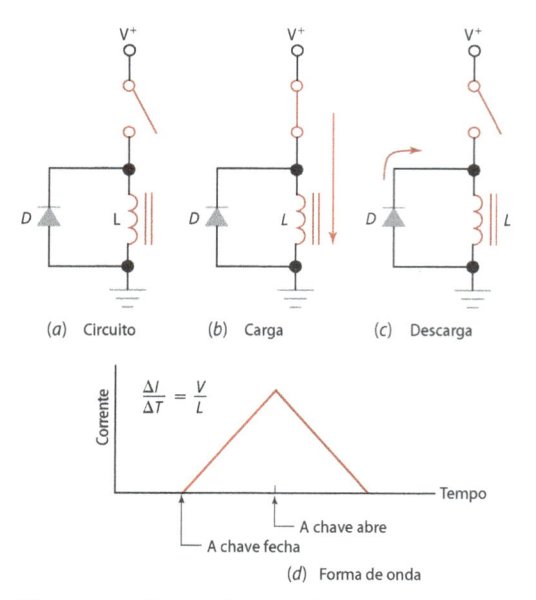

Figura 8-35 Carga e descarga do indutor.

de efeito de campo de potência não requerem um diodo externo, pois possuem um diodo intrínseco que serve ao mesmo propósito.

A Figura 8-36 mostra um arranjo mais prático, capaz de fornecer corrente bidirecional para a carga. Quando Q_1 está ligado, a corrente no indutor circula para a fonte de tensão positiva. Quando Q_2 está ligado, a corrente no indutor circula a partir da fonte de tensão negativa. Os transistores Q_1 e Q_2 nunca devem permanecer ligados simultaneamente porque isso provocaria um curto-circuito entre as fontes $V+$ e $V-$.

A Figura 8-36 também mostra algumas formas de onda possíveis. Começando pela parte superior, Q_1 está ligado por um dado intervalo de tempo, sendo que a corrente no indutor cresce a partir de zero. Quando Q_1 é desligado, D_2 é polarizado diretamente e a corrente continua a circular até que o indutor seja descarregado. Então, Q_2 é ligado e a corrente de carga começa a crescer novamente, mas no sentido oposto. Agora, a fonte de alimentação negativa fornece a corrente. Quando Q_2 é desligado, D_1 é polarizado e descarrega o indutor. A forma de onda na carga mostra que a corrente média é nula. De outra forma, não há componente CC na corrente de carga.

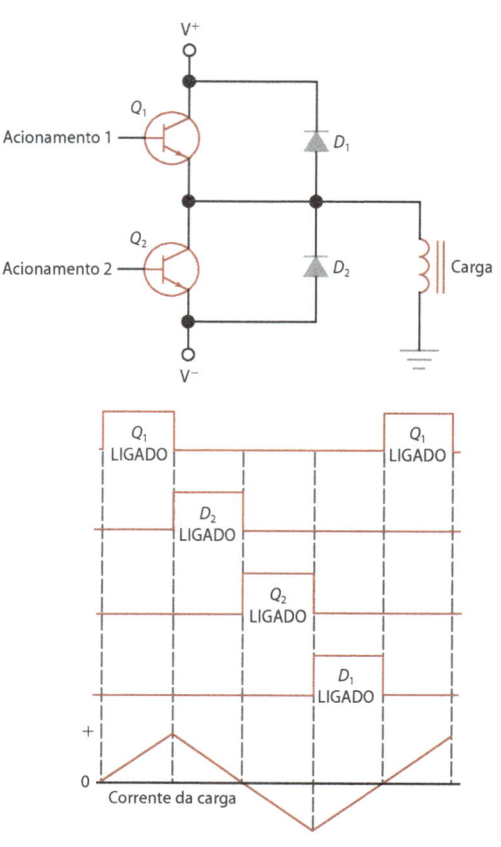

Figura 8-36 Circuito de modulação por largura de pulso e respectivas formas de onda.

Se as fontes de alimentação positiva e negativa da Figura 8-36 possuírem capacitores de filtro de saída, estes dispositivos serão carregados quando os diodos estiverem em condução, ou então, se a fonte de alimentação consistir de baterias recarregáveis, as baterias serão recarregadas através dos diodos. Essa ação é denominada regeneração. A energia armazenada nos diodos retorna à fonte e não é perdida na forma de calor.

Veículos elétricos também utilizam a frenagem regenerativa. Isso também ocorre quando motores comportam-se como geradores no momento de desaceleração do veículo.

Teste seus conhecimentos

Responda às seguintes perguntas:

39. Um amplificador digital aplica pulsos de 50 V a uma carga de 150 mH. Determine a taxa de crescimento da corrente na carga.
40. Quando um amplificador digital é utilizado com uma carga indutiva, a saída não deve permanecer ativa por um longo período de tempo para evitar que aconteça o que com o núcleo magnético?
41. Os componentes de roda livre na Figura 8-35 são o quê?
42. Qual é a diferença do rendimento de amplificadores digitais, se comparado com o rendimento de amplificadores lineares?
43. Na Figura 8-36, os transistores Q_1 e Q_2 não devem ser ligados de que forma?
44. Quando a modulação PWM é empregada para gerar uma corrente de carga senoidal, a frequência de chaveamento digital, em relação à frequência da senoide, deve ser de que forma?

RESUMO E REVISÃO DO CAPÍTULO

Resumo

1. Todos os amplificadores são tecnicamente amplificadores de potência. Apenas os dispositivos que trabalham com grandes sinais são chamados dessa forma.
2. O amplificador de potência normalmente é o último estágio do sistema de processamento de sinais.
3. Amplificadores devem possuir rendimento elevado. O rendimento é definido como a relação entre a potência de saída e a potência CC de entrada.
4. O baixo rendimento em um amplificador implica a utilização de uma fonte de alimentação com maior custo e tamanho. Isso também significa que o amplificador converterá boa parte da energia elétrica em calor.
5. Amplificadores classe A operam no centro da reta de carga, possuindo distorção reduzida e ângulo de condução de 360°.
6. Amplificadores classe B operam no corte, sendo que o ângulo de condução é de 180°.
7. Amplificadores classe B não possuem consumo de corrente constante a partir da fonte de alimentação. A corrente é nula quando não há sinal de entrada.
8. A classe B é mais eficiente que a classe A.
9. A polarização controla o ponto e a classe de operação em amplificadores analógicos.
10. O máximo rendimento teórico para a operação na classe A é 25%. Com o transformador de acoplamento, esse valor torna-se 50%.
11. Em um amplificador com acoplamento com transformador, a relação de impedâncias é igual ao quadrado da relação de espiras.
12. A corrente fixa drenada da fonte de alimentação é a principal desvantagem dos amplificadores classe A. O rendimento é reduzido quando se trabalha com pequenos sinais.
13. Um único transistor classe B amplificará metade do sinal de entrada.
14. Dois transistores classe B podem operar de forma *push-pull*.
15. O máximo rendimento teórico para a operação na classe B é 78,5%.
16. Um amplificador classe B drena uma corrente menor quando se trabalha com pequenos sinais.
17. Para uma dada potência de saída, transistores classe B serão especificados para uma potência igual a um quinto do valor necessário para a classe A.
18. A maior desvantagem da configuração classe B *push-pull* é a distorção de cruzamento.

19. A distorção de cruzamento pode ser eliminada fornecendo uma polarização direta às junções base-emissor dos transistores.
20. Amplificadores classe AB são polarizados em uma condição ligeiramente acima do corte.
21. A operação na classe AB é a mais popular quando se trata de aplicações de áudio de alta potência.
22. A operação *push-pull* pode ser obtida sem transformadores com *tap* central utilizando um par de transistores NPN-PNP.
23. Um amplificador que emprega um par de transistores NPN-PNP para a operação *push-pull* é denominado amplificador com simetria complementar.
24. Pares complementares possuem curvas características simétricas.
25. Diodos podem ser utilizados para estabilizar o ponto de operação de amplificadores de potência.
26. Amplificadores de potência são capazes de quadruplicar a máxima potência de saída para qualquer valor de tensão de alimentação e resistência de carga, eliminando a necessidade do capacitor de acoplamento de saída.
27. Amplificadores classe C são polarizados além do corte.
28. O ângulo de condução de amplificadores classe C é de aproximadamente 90°.
29. Amplificadores classe C desenvolvem uma distorção muito grande, inviabilizando-os para aplicações de áudio. Assim, são úteis em aplicações de radiofrequência.
30. Um circuito tanque pode ser utilizado para restaurar um sinal senoidal em um amplificador classe C.
31. O circuito tanque deve apresentar ressonância na frequência do sinal. Em um multiplicador de frequência, o tanque possui ressonância em uma frequência que é um múltiplo da frequência do sinal de entrada.
32. O amplificador classe C possui um rendimento teórico máximo de 100%. Na prática, esse valor pode chegar ao máximo de 85%.
33. Amplificadores chaveados também são chamados de amplificadores classe D ou amplificadores digitais de potência.
34. Amplificadores chaveados normalmente empregam modulação por largura de pulso, sendo reconhecidos por seu elevado rendimento.

Fórmulas

Rendimento:

$$\text{Rendimento} = \frac{P_{saída}}{P_{entrada}} \times 100\% = \frac{P_{ca}}{P_{cc}} \times 100\%$$

Potência dissipada (perdida):

$$\text{Rendimento} = \frac{P_{saída}}{P_{entrada}} \times 100\% = \frac{P_{ca}}{P_{cc}} \times 100\%$$

Valores RMS (ondas senoidais):

$$\text{Rendimento} = \frac{P_{saída}}{P_{entrada}} \times 100\% = \frac{P_{ca}}{P_{cc}} \times 100\%$$

Potência do sinal (CA): $P = V_{rms} \times I_{rms}$

Valores médios (onda senoidal): $I_{méd} = I_p \times 0{,}637$ e $P_{méd} = P_{CC} = V_{CC} \times I_{méd}$

Ressonância: $f_r = \dfrac{1}{2\pi\sqrt{LC}}$

Dissipação de potência no coletor: $P_C = V_{CE} \times I_C$

Taxa de variação da corrente no indutor: $\dfrac{\Delta I}{\Delta T} = \dfrac{V}{L}$

Questões

Responda às seguintes perguntas.

8-1 Observe a Figura 8-1. Em qual dos três estágios o rendimento é mais importante?

8-2 Um amplificador entrega uma potência de 60 W. Sua tensão de alimentação é 28 V e a corrente extraída da fonte é 4 A. Qual é o rendimento do amplificador?

8-3 Um amplificador possui rendimento de 45% e apresenta potência nominal de 5 W na saída. Qual será a corrente drenada de uma bateria de 12 V quando for fornecido o valor de potência nominal?

8-4 Qual classe de amplificador apresenta a menor distorção?

8-5 Qual é o ângulo de condução do amplificador classe B?

8-6 O ponto de operação de um amplificador encontra-se no centro da reta de carga. Qual é a classe do amplificador?

8-7 Observe a Figura 8-7. Qual é o rendimento máximo teórico desse circuito? Qual é o nível do sinal quando o rendimento é obtido?

8-8 O que acontecerá ao rendimento do amplificador da Figura 8-7 à medida que o nível do sinal é reduzido?

8-9 Observe a Figura 8-7. Qual é a relação de espiras necessária para converter uma carga de 80 Ω em uma carga do coletor de 1,28 kΩ?

8-10 Um amplificador classe A com acoplamento com transformador opera com alimentação de 9 V. Qual é a máxima variação da tensão de pico a pico no coletor?

8-11 Observe a Figura 8-9. O que deve ser feito a V_{CC} para que o circuito possa utilizar transistores PNP?

8-12 Observe a Figura 8-9. Quando o nível do sinal de entrada é nulo, qual será a corrente drenada da fonte de 16 V?

8-13 Observe a Figura 8-9. Qual é a fase do sinal na base de Q_1 se comparado à base de Q_2? Qual componente é responsável por esse fato?

8-14 Observe a Figura 8-9. Considere uma onda senoidal aplicada entre os coletores com 24 V de pico a pico. O transformador possui rendimento de 100%. Calcule:
a. Tensão $V_{p\text{-}p}$ na carga (não esqueça de utilizar metade do valor da relação de espiras)
b. Tensão V_{rms} na carga
c. Potência na carga P_L

8-15 Calcule a máxima especificação de potência para cada transistor em um amplificador *push-pull* classe B projetado para uma potência de saída de 100 W.

8-16 Calcule a máxima especificação de potência para o transistor de um amplificador *push-pull* classe A projetado para uma potência de saída de 25 W.

8-17 Em qual nível do sinal a distorção de cruzamento torna-se mais evidente?

8-18 Observe a Figura 8-17. Quais são os dois componentes responsáveis por estabelecer a polarização direta das junções base-emissor de Q_1 e Q_2?

8-19 Observe a Figura 8-17. Não há sinal de entrada? Assim, o amplificador drenará corrente da fonte de alimentação?

8-20 Observe a Figura 8-17. O que acontecerá à corrente drenada da fonte de alimentação à medida que o nível do sinal de entrada aumentar?

8-21 Observe a Figura 8-18. Qual é a configuração de Q_1?

8-22 Observe a Figura 8-18. Qual é a configuração de Q_2?

8-23 Observe a Figura 8-21. Quando o sinal de entrada torna-se negativo, o que fornece energia à carga?

8-24 O principal motivo para utilizar a classe AB no amplificador *push-pull* é a eliminação da distorção. Qual é o nome dado a esse tipo particular de distorção?

8-25 Observe a Figura 8-22. Considere que um sinal acione a entrada no sentido positivo. O que ocorre com a corrente que circula em Q_1 e Q_3?

8-26 Observe a Figura 8-22. Considere que um sinal acione a entrada no sentido positivo. O que ocorre com o terminal superior de R_L?

8-27 Observe a Figura 8-22. Considere que Q_2 seja polarizado com saturação forte (capaz de conduzir uma corrente maior). O que ocorrerá com Q_4?

8-28 Observe a Figura 8-22. Quais são os transistores que operam com simetria complementar?

8-29 Qual é a classe de amplificador não digital que possui o melhor rendimento?,

8-30 Observe a Figura 8-24. O que permite que o sinal de saída no resistor de carga seja uma onda senoidal?

8-31 Observe a Figura 8-24. O que torna o ângulo de condução do amplificador tão pequeno?

8-32 Observe a Figura 8-29. Qual é o papel desempenhado pela carga do capacitor C_1?

8-33 Observe a Figura 8-29. Quais são os dois papéis desempenhados pelo circuito tanque?

8-34 Observe a Figura 8-29. O que acontecerá à polarização reversa na base do transistor se o nível do sinal de acionamento aumentar?

Problemas

8-1 Determine o rendimento de um amplificador que produz uma saída de 18 W quando drena 300 mA de uma fonte de alimentação de 200 V.

8-2 Determine a dissipação de potência no amplificador do Problema 8-1.

8-3 Um amplificador fornece 130 W, possui rendimento de 40% e é alimentado por uma fonte de tensão de 24 V. Qual será a corrente drenada da fonte quando o amplificador fornecer potência de saída máxima?

8-4 Observe a Figura 8-5. Altere o valor da tensão de alimentação para 24 V. Determine a máxima potência do sinal de saída não distorcido, a corrente quiescente da fonte de alimentação e o rendimento quando o amplificador for acionado com o valor máximo.

8-5 Determine o rendimento do circuito do Problema 8-4 quando o amplificador for acionado com um quarto do seu valor máximo.

8-6 Observe a Figura 8-7. Altere a relação de espiras para 2,5:1. Qual é a carga CA existente no coletor do transistor?

8-7 Determine a tensão rms na carga para o Problema 8-6 quando o sinal do coletor for de 15 V de pico a pico.

8-8 Observe a Figura 8-10. Altere a relação de espiras para 10:1. Qual é a carga vista pelos coletores dos transistores?

8-9 Qual é a mínima especificação de potência do transistor para um amplificador classe A com acoplamento com transformador de 20 W?

8-10 Suponha que o circuito do Problema 9-9 seja substituído por um amplificador classe B push-pull. Qual é a especificação de potência necessária para cada transistor?

8-11 Observe a Figura 8-17. Considere $V_{BE}=0,6$ V, $R_1=4,7$ kΩ e que a tensão de alimentação é de 20 V. Calcule o valor necessário para R_2.

8-12 Um amplificador com carga aterrada opera com tensão de alimentação de 12 V. Determine a máxima potência que pode ser entregue a uma carga de 4 Ω (desconsiderando as perdas nos transistores).

8-13 Um amplificador com carga acoplada em ponte opera com tensão de alimentação de 12 V. Determine a máxima potência que pode ser entregue a uma carga de 4 Ω (desconsiderando as perdas nos transistores).

8-14 O circuito tanque em um amplificador classe C possui um indutor de 0,2 μH e um capacitor de 22 pF. Qual é a frequência de ressonância?

8-15 Determine a taxa de crescimento da corrente se um indutor de 35 mH possui uma tensão de 240 V aplicada em seus terminais.

8-16 No Problema 8-15, considere que a tensão acabou de ser aplicada ao indutor. Qual será o valor da corrente após decorrido 200 ms? Qual será a aparência de um gráfico válido para o circuito entre 0 e 200 ms?

Raciocínio crítico

8-1 Por que o rendimento teórico de um amplificador não pode ser maior que 100%?

8-2 Você é capaz de identificar algum problema em um circuito *push-pull* onde os transistores não são combinados adequadamente?

8-3 Você consegue encontrar uma solução para resolver o problema da Questão 8-2?

8-4 Por que a taxa de falhas em amplificadores de potência é maior que no caso de amplificadores de pequenos sinais?

8-5 Amplificadores capazes de desenvolver potências de saída superiores a 1 kW são baseados na tecnologia de tubos a vácuo. Por quê?

8-6 Os diodos empregados para compensar termicamente os transistores em amplificadores de potência são normalmente montados sobre o mesmo dissipador utilizado para resfriar os transistores. Por quê?

8-7 Suponha que se esteja trabalhando com um amplificador RF de potência semelhante ao mostrado na Figura 8-29. O fusível da fonte V_{CC} é continuamente rompido. Qual pode ser o problema?

Respostas dos testes

1. F
2. V
3. F
4. F
5. V
6. V
7. 40%
8. 167 W
9. 0,768 W
10. 0,6 W
11. 720 Ω
12. 7,5 V de pico a pico; 88 mW
13. F
14. V
15. F
16. F
17. V
18. V
19. 800 Ω; 800 Ω
20. 10 W
21. 2 W
22. 0,4 W
23. 1,02 W
24. 39,2% (Nota: Isso corresponde à metade do rendimento obtido quando se aciona o amplificador com a oscilação máxima.)
25. Sim
26. Classe B
27. Não, porque isso removeria a polarização direta, tendendo a reduzir a temperatura de operação.
28. Sim, porque isso aumenta a polarização direta.
29. Positivo
30. Q_2
31. 10; 10,7 e 9,3 V
32. De 6,6 a 6,7 V
33. Onda senoidal
34. Sim
35. Sim
36. 30 MHz
37. 8,9 MHz
38. A tensão aumentará em módulo (tornando-se mais negativa).
39. 333 A/s
40. Saturação
41. Diodos
42. O rendimento de amplificadores digitais é significativamente maior do que o rendimento de amplificadores lineares.
43. Simultaneamente
44. Deve ser significativamente maior

apêndice A

Solda e processo de soldagem*

De uma simples tarefa a uma fina arte

A soldagem é o processo de junção de dois metais através do uso de uma liga metálica utilizada na fusão em baixa temperatura. A soldagem é um dos processos de junção mais antigos conhecidos pelo homem, sendo inicialmente desenvolvidos pelos egípcios para a fabricação de armas como lanças e espadas. Desde então, a prática evoluiu até se tornar o processo atualmente conhecido e utilizado na fabricação de dispositivos eletrônicos. A soldagem não é mais a tarefa simples de outrora; atualmente, consiste em uma fina arte que requer cuidado, experiência e amplo conhecimento sobre os fundamentos envolvidos.

A importância do elevado padrão de qualidade na manufatura não pode ser desprezada. Junções de solda defeituosas têm sido a causa de diversos problemas em equipamentos e, portanto, a soldagem é um processo crítico.

O material incluído neste apêndice foi elaborado para fornecer ao estudante os conhecimentos fundamentais e habilidades básicas necessárias para realizar a soldagem com alta confiabilidade, de forma semelhante ao que ocorre nos produtos eletrônicos modernos.

Os tópicos abordados incluem o processo de soldagem, a seleção adequada e a utilização de uma estação de solda.

O conceito-chave presente neste apêndice é a soldagem com alta confiabilidade. Grande parte de nossa tecnologia depende de incontáveis junções de solda individuais que existem nos equipamentos. A soldagem com alta confiabilidade foi desenvolvida em resposta às falhas iniciais que ocorrem nos equipamentos espaciais. Desde então, o conceito passou a ser amplamente aplicado, a exemplo de equipamentos médicos e militares. Atualmente, está presente nos diversos produtos eletrônicos utilizados em nosso cotidiano.

A vantagem da solda

A soldagem é o processo de junção de duas peças metálicas de modo a formar um caminho elétrico confiável. Inicialmente, por que se deve soldá-los? Os dois pedaços de metal podem ser unidos com porcas e parafusos ou outro tipo de peça mecânica. Esse método apresenta duas desvantagens. Primeiro, a confiabilidade da conexão não pode ser garantida devido a eventuais vibrações e choques mecânicos. Segundo, como a oxidação e a corrosão ocorrem continuamente em peças metálicas, a condutividade elétrica entre as duas superfícies é progressivamente reduzida.

Uma conexão soldada não apresenta nenhum desses inconvenientes. Não há movimentação na junta e não há interfaces metálicas que possam oxidar. Um caminho condutor contínuo é formado em virtude das próprias características da solda.

---

* Este material é fornecido como cortesia de PACE, Inc., Laurel, Maryland.

A natureza da solda

A solda utilizada em eletrônica consiste em uma liga metálica com baixa temperatura de fusão constituída por diversos metais em várias proporções. Os tipos mais comuns de solda consistem em uma mistura de estanho e chumbo. Quando as proporções são idênticas, a solda é denominada 50/50 — 50% de estanho e 50% de chumbo. De forma semelhante, a solda 60/40 consiste de 60% de estanho e 40% de chumbo. As porcentagens normalmente são identificadas nos diversos tipos de solda, embora às vezes apenas a porcentagem de estanho seja apresentada. O símbolo químico do estanho é Sn; assim, o símbolo Sn 63 indica que a solda contém 63% de estanho.

O chumbo puro (Pb) possui um ponto de fusão de 327 °C (621 °F); o estanho puro apresenta um ponto de fusão de 232 °C (450 °F). Quando esses metais são combinados na proporção 60/40, o ponto de fusão é reduzido para 190 °C (374 °F) – menos que ambos os pontos de fusão dos metais individuais.

A fusão geralmente não ocorre totalmente de uma vez. De acordo com a Figura A-1, a solda começa a derreter a 183 °C (361 °F), mas o processo só se torna completo a 190 °C (374 °F). Entre esses valores de temperatura, a solda encontra-se no estado plástico (semilíquido), o que indica que apenas parte do material foi derretida.

A faixa plástica da solda variará de acordo com a proporção de estanho e chumbo, como mostra a Figura A-2. Diversas proporções de estanho e chumbo são mostradas ao longo da parte superior da figura. Existe uma proporção de mistura desses metais para a qual não há estado plástico, sendo conhecido como solda eutética. Essa proporção equivale a 63/37 (Sn 63), sendo que o material se derrete e se solidifica completamente a 183 °C (361 °F).

O tipo de solda mais utilizado na soldagem manual em eletrônica é do tipo 60/40 porque, durante o estado plástico, deve-se tomar cuidado para não movimentar os elementos da junção durante o período de resfriamento, pois isso pode provocar a soldagem incorreta de um dado componente. De forma característica, esse tipo de solda possui aspecto irregular e opaco em vez de brilhante. Assim, tem-se uma soldagem não confiável, que não é característica de processos com alta confiabilidade.

Algumas vezes, é difícil manter a junção estável durante o resfriamento como, por exemplo, quando a soldagem é utilizada nas placas de circuito impresso em esteiras em movimento existentes nas linhas de montagem. Em outros casos, pode ser necessário empregar aquecimento mínimo para evitar a danificação de componentes sensíveis ao calor. Em ambas as situações supracitadas, a solda eutética torna-se a melhor escolha, pois a solda muda do estado líquido para sólido sem se tornar plástica no resfriamento.

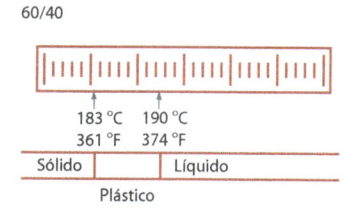

Figura A-1 Faixa plástica da solda 60/40. A fusão se inicia em 183 °C (361 °F) e se torna completa em 190 °C (374 °F).

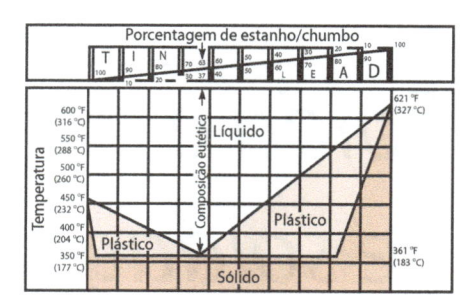

Figura A-2 Características de fusão de soldas de estanho-chumbo.

A ação de molhagem

Para uma pessoa que observa um processo de soldagem à primeira vista, aparentemente a solda une os metais como uma cola quente, mas o que ocorre é bem diferente.

Uma reação química ocorre quando a solda quente entra em contato com a superfície de cobre. A solda se dissolve e penetra na superfície. As moléculas da solda e cobre se unem para formar uma nova liga metálica, que é parcialmente constituída de cobre e solda e possui características próprias. Essa reação é denominada molhagem e forma uma camada metálica intermediária entre a solda e o cobre (Figura A-3).

A molhagem adequada ocorre apenas se a superfície do cobre encontra-se livre de contaminações e películas de óxidos que se formam quando o metal é exposto ao ar. Além disso, as superfícies da solda e do cobre precisam alcançar uma temperatura adequada.

Mesmo que a superfície esteja aparentemente limpa antes da soldagem, pode ainda haver uma fina camada de óxido sobre ela. Quando a solda é aplicada, a substância age como uma gota d'água sobre uma superfície do óleo porque a camada de óxido evita que a solda entre em contato com o cobre. Assim, não ocorre a reação química e a solda pode ser facilmente removida da superfície. Para uma boa aderência da solda, as camadas de óxido devem ser removidas antes do início do processo.

» O papel do fluxo

Conexões de solda confiáveis podem ser obtidas apenas em superfícies limpas. Processos de limpeza adequados são essenciais para obter sucesso na soldagem, embora isso por si só seja insuficiente em alguns casos. Isso ocorre porque os óxidos são formados muito rapidamente nas superfícies dos metais aquecidos, o que impede a soldagem adequada. Para resolver este problema, deve-se utilizar materiais denominados fluxos, que são constituídos de resinas naturais ou sintéticas e às vezes contêm aditivos chamados de ativadores.

A função do fluxo é remover óxidos na superfície, mantendo-a limpa durante a soldagem. Isso ocorre porque a ação do fluxo é muito corrosiva em valores de temperatura próximos ou iguais ao ponto de fusão. Além disso, a substância atua rapidamente na remoção dos óxidos, prevenindo sua formação posterior e permitindo que a solda forme a camada intermediária desejada.

O fluxo deve ser utilizado em uma temperatura inferior à da solda para que desempenhe seu papel antes que o processo de soldagem efetivamente seja iniciado. A substância é muito volátil e, portanto, é necessário que seja aplicada na superfície de trabalho, e não apenas na ponta do ferro de solda aquecido. Assim, obtém-se a remoção dos óxidos e o processo de solda torna-se eficiente.

Há vários tipos de fluxos disponíveis para aplicações variadas. Por exemplo, fluxos ácidos são empregados na soldagem de chapas metálicas. Na brasagem de prata (que utiliza temperaturas de fusão muito superiores àquelas existentes nas ligas de estanho), uma pasta bórax é utilizada. Cada um desses tipos de fluxo remove óxidos e, em diversos casos, apresenta outras finalidades. Os fluxos empregados na soldagem manual em eletrônica são rosinas puras, rosina misturada com ativadores suaves que aceleram a capacidade de fluxo da rosina, fluxos com baixo resíduo/impuros e fluxos solúveis em água. Fluxos ácidos ou fluxos altamente ativados nunca devem ser utilizados em eletrônica. Vários tipos de solda com núcleo são normalmente empregados, de modo que é o possível controlar a quantidade de fluxo utilizado na junção (Figura A-4).

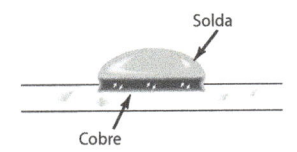

Figura A-3 Ação da molhagem. A solda fundida é dissolvida e penetra na superfície de cobre limpa, formando uma camada intermediária.

» Ferros de solda

Em qualquer tipo de soldagem, o primeiro requisito necessário além da própria solda é o calor. O calor pode ser utilizado em várias formas: por con-

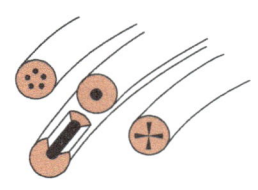

Figura A-4 Tipos de solda com núcleo com porcentagens variáveis de solda/fluxo.

dução (por exemplo, através de ferros de solda, ondas térmicas, na fase de vapor), convecção (ar quente) ou irradiação (IR). Vamos abordar apenas o método por condução por meio da utilização de um ferro de solda.

Existem estações de solda com diversos tamanhos e formas, mas esses dispositivos são basicamente constituídos por três elementos: uma resistência de aquecimento; um bloco aquecedor, que age como um reservatório de calor; e uma ponta ou bico que transfere calor para a realização da tarefa. A estação de produção padrão consiste em um sistema com operação em malha fechada com temperatura variável, onde as pontas podem ser trocadas, sendo fabricado a partir de plásticos à prova de descarga eletrostática.

» Controle do aquecimento da junção

O controle da temperatura da ponta não é o verdadeiro desafio na soldagem, mas sim controlar o ciclo de aquecimento do trabalho – o que envolve a velocidade do aquecimento, a temperatura e o tempo que permanece aquecido. Esse ciclo é afetado de várias formas, de modo que a temperatura da ponta do ferro de solda não é um fator crítico.

O primeiro fator que deve ser considerado é a massa térmica relativa da área que será soldada. Essa massa pode variar amplamente.

Considere uma placa de circuito impresso com face única ou simples. Existe uma quantidade relativamente pequena de massa, de modo que a superfície se aquece rapidamente. Em uma placa de face dupla com furos metalizados, a massa então se torna o dobro. Placas com múltiplas camadas possuem uma massa ainda maior, ainda sem considerar a massa dos terminais dos componentes. A massa dos terminais pode variar bastante, pois alguns pinos são mais longos que outros.

Além disso, pode haver componentes montados sobre a placa. Novamente, a massa térmica torna-se maior, a qual tende a aumentar com a inclusão de fios de conexão.

Portanto, cada conexão possui uma massa térmica. A comparação dessa massa combinada com a massa da ponta do ferro de solda é denominada massa térmica relativa, determinando o tempo de duração e o acréscimo de temperatura do trabalho.

Com uma pequena massa de trabalho e um ferro com ponta pequena, o aumento da temperatura é lento. Quando o oposto ocorre, isto é, um ferro de solda com ponta grande é utilizado em uma pequena massa de trabalho, a temperatura aumentará rapidamente, ainda que a temperatura da ponta do ferro de solda seja a mesma.

Agora, considere a capacidade do ferro de solda em manter um dado fluxo de calor. Essencialmente, esses dispositivos são instrumentos utilizados na geração e armazenamento de calor, sendo que o reservatório é constituído do bloco aquecedor e da ponta. Existem pontas com tamanhos e formatos variados, sendo este o caminho de circulação do fluxo térmico. Para pequenos trabalhos, uma ponta cônica é empregada, de modo que uma quantidade pequena de calor é transferida. Para trabalhos maiores, pontas grandes semelhantes a um formão são empregadas, de modo que o fluxo de calor é maior.

O reservatório térmico é preenchido pelo elemento aquecedor, mas, quando um ferro de solda para grandes trabalhos é utilizado, o reservatório deve ser capaz de fornecer calor a uma taxa mais rápida do que é gerado. Assim, o tamanho do reservatório é importante, ou seja, um bloco aquecedor maior pode manter um fluxo maior que um reservatório menor.

A capacidade de um ferro de solda pode ser aumentada utilizando um elemento aquecedor maior, aumentando, dessa forma, a potência elétrica do dispositivo. O tamanho do bloco e a potência definem a taxa de recuperação de um ferro de solda.

Se uma grande quantidade de calor é necessária para uma dada conexão, a temperatura correta é obtida com uma ponta de tamanho adequado. Assim, um ferro de solda com maior capacidade e taxa de recuperação deve ser empregado. Portanto, a massa térmica relativa é um parâmetro importante que deve ser considerado no controle do ciclo térmico de trabalho.

Um segundo fator importante é a condição da superfície da área a ser soldada. Se existe a presença de óxidos ou outros elementos contaminantes cobrindo a superfície ou os terminais, haverá uma barreira para o fluxo de calor. Então, mesmo que o ferro de solda possua tamanho e temperatura adequados, não será fornecida uma quantidade de calor suficiente para derreter a solda. Em soldagem, uma regra básica consiste no fato de não ser possível realizar uma boa conexão de solda em uma superfície suja. Antes do processo de soldagem, deve-se utilizar um solvente para limpar a superfície e remover a eventual camada de gordura ou sujeira. Em alguns casos, deve-se aplicar uma fina camada de solda nos terminais dos componentes antes do processo de soldagem propriamente dito para remover a oxidação intensa.

Um terceiro fato que deve ser considerado é a conexão térmica, isto é, a área de contato entre o ferro de solda e a superfície de trabalho.

A Figura A-5 mostra a vista da seção transversal da ponta de um ferro de solda tocando um terminal arredondado. O contato ocorre apenas no ponto indicado pelo símbolo "X", de forma que a área de conexão é muito pequena, como se houvesse uma reta tangente interceptando o terminal em um único ponto.

A área de contato pode ser significativamente ampliada aplicando-se uma pequena quantidade de solda na ponta do contato entre a ponta e a área de trabalho. Essa ponte de solda cria um contato térmico e garante uma rápida transferência de calor.

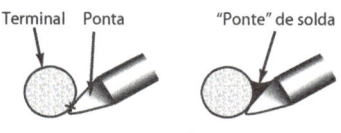

Figura A-5 Visão da seção transversal (à esquerda) da ponta do ferro de solda encostada em um terminal redondo. O sinal "X" mostra o ponto de contato. O uso de uma ponte de solda (à direita) aumenta a área de junção e a velocidade de transferência do calor.

Diante dos fatos supracitados, é evidente que há muitos fatores que tornam a transferência de calor mais rápida em uma dada conexão além da temperatura do ferro de solda. Na verdade, a soldagem é um problema de controle muito complexo, o qual envolve muitas variáveis que possuem influências entre si. Além disso, deve-se considerar que o tempo é uma variável crítica. A regra geral da soldagem com alta confiabilidade consiste no fato de que não se deve transferir calor por mais de 2 segundos após o início do derretimento da solda (molhagem). Se essa regra for descumprida, isso pode causar a danificação do componente ou da placa.

Considerando todos esses aspectos, aparentemente a soldagem é um processo muito complexo para ser controlado em um intervalo de tempo tão curto, mas há uma solução simples – o fator indicador de reação da peça. Este fator é definido como a reação da peça às ações do trabalho desenvolvido, que são percebidas pelos sentidos humanos como visão, tato, olfato, audição e paladar.

De forma simples, os fatores indicadores se traduzem na forma como o trabalho responde a suas ações envolvendo causa e efeito.

Em qualquer tipo de trabalho, suas ações fazem parte de um sistema em malha fechada, cuja operação se inicia quando alguma ação é executada na peça. Assim, a peça reage aos estímulos e uma reação é percebida, de modo que se deve modificar a ação inicial até que se obtenha o efeito desejado. Os fatores indicadores da peça surgem a partir de mudanças percebidas pelos sentidos da visão, tato, olfato, audição e paladar (Figura A-6).

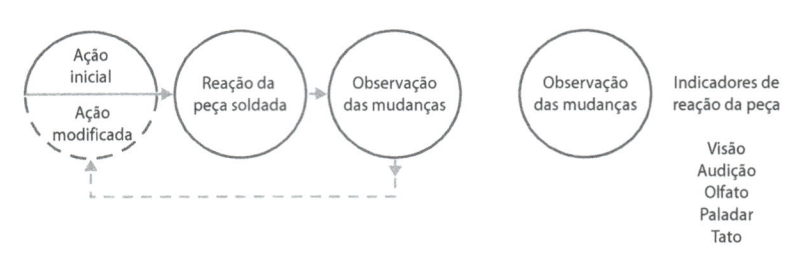

Figura A-6 O trabalho pode ser entendido como uma operação em malha fechada. A realimentação surge a partir da reação da peça e é utilizada para modificar a ação. Os indicadores de reação (à direita), que são mudanças perceptíveis pelos sentidos humanos, consistem na forma de verificação da qualidade da soldagem.

Para a soldagem e dessoldagem, um indicador primário consiste na determinação da taxa do fluxo térmico – observando-se a velocidade do fluxo de calor que circula na conexão. Na prática, isso representa a taxa de derretimento da solda, que deve ser igual a 1 ou 2 s.

O indicador inclui todas as variáveis envolvidas na obtenção de uma conexão de solda satisfatória com efeitos térmicos mínimos, incluindo a capacidade do ferro de solda e a temperatura de sua ponta, as condições da superfície, a conexão térmica entre a ponta e a peça e as massas térmicas relativas existentes.

Se a ponta do ferro de solda é muito grande, a taxa de aquecimento pode ser muito elevada para ser controlada. Se a ponta é muito pequena, pode ser produzido um tipo de solda que se assemelha a um "mingau"; a taxa de aquecimento será muito pequena, ainda que a temperatura da ponta seja a mesma.

Uma regra geral que permite evitar o sobreaquecimento consiste em uma ação de trabalho rápida, isto é, deve-se usar um ferro de solda aquecido que seja capaz de derreter a solda em 1 ou 2 s para uma dada conexão de solda.

>> Seleção do ferro de solda e da ponta

Uma boa estação de solda para trabalhos relacionados à eletrônica deve possuir temperatura variável e ferro de solda do tipo lápis constituído por plástico à prova de descarga eletrostática, cujas pontas podem ser trocadas mesmo que o ferro esteja aquecido (Figura A-7).

A ponta do ferro de solda deve ser completamente inserida no elemento aquecedor e devidamente fixada. Assim, tem-se a máxima transferência de calor do aquecedor para a ponta.

A ponta deve ser removida diariamente para evitar a oxidação resultante do contato entre o elemento aquecedor e a ponta. Uma superfície brilhante

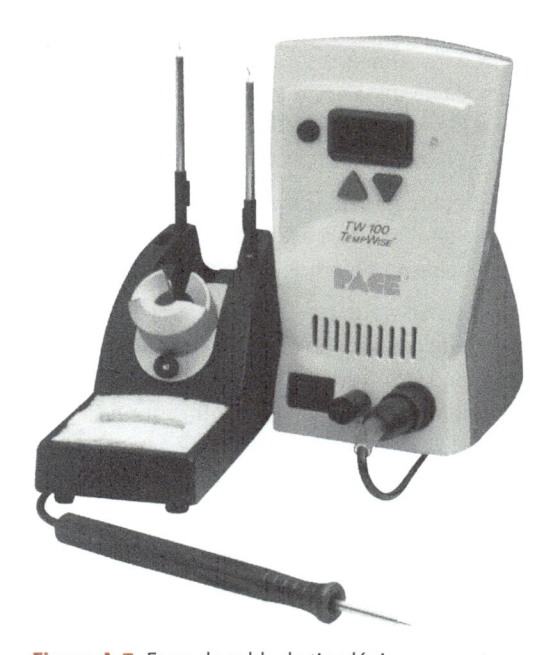

Figura A-7 Ferro de solda do tipo lápis com pontas que podem ser trocadas.

com uma leve camada de estanho pode ser mantida na superfície de trabalho da ponta para garantir a transferência de calor adequada e evitar a contaminação da conexão de solda.

A ponta revestida de estanho é inicialmente preparada segurando-se um pedaço de solda com núcleo na face da placa, sendo que o estanho se espalhará pela superfície quando atingir a temperatura de fusão. Uma vez que a ponta possua a temperatura de operação adequada, o processo de deposição de estanho ocorrerá de forma eficiente porque a oxidação ocorre rapidamente em altas temperaturas. A ponta com estanho aquecida deve ser limpa em uma esponja molhada para limpar os óxidos existentes nela. Quando o ferro de solda não for utilizado, a ponta deve ser revestida com uma camada de solda.

>> Realizando a conexão de solda

A ponta do ferro de solda deve ser aplicada à área de massa térmica máxima na conexão que deve ser feita. Isso permitirá que a temperatura dos terminais soldados aumente rapidamente, tornando o processo de solda mais eficiente. A solda fundida flui adequadamente em direção à parte da conexão que está sob preparação.

Quando a conexão de solda é aquecida, uma pequena quantidade de material é aplicada na ponta para aumentar a conexão térmica com a área aquecida. A solda é então aplicada no lado oposto da conexão de forma que a superfície de trabalho seja capaz de derretê-la, e não o ferro de solda. Nunca derreta a solda encostando-a na ponta do ferro,

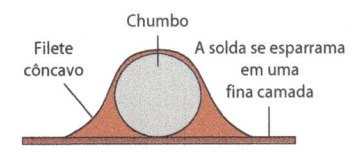

Figura A-8 Seção transversal de um terminal redondo soldado sobre uma superfície plana.

permitindo que ela escorra sobre uma superfície cuja temperatura seja inferior ao ponto de fusão.

A solda com fluxo aplicada em uma superfície limpa e devidamente aquecida derreterá e escorrerá sem contato direto com a fonte de calor, formando uma camada fina sobre a superfície (Figura A-8). A soldagem inadequada apresentará um aspecto irregular, de forma que não existirá um filete côncavo. Os componentes soldados devem ser mantidos de forma estática até que a temperatura seja reduzida, permitindo a solidificação da solda. Isso evitará que a conexão de solda torne-se inadequada ou sofra rupturas.

A seleção de solda com núcleo com diâmetro adequado auxiliará no controle da quantidade de solda que é aplicada na conexão (por exemplo, utilização de diâmetros menores ou maiores para conexões de menor ou maior porte, respectivamente).

>> Remoção do fluxo

A limpeza pode ser necessária para remover determinados tipos de fluxo após a soldagem. Se a limpeza for necessária, o resíduo do fluxo deve ser removido assim que possível, preferivelmente dentro de até uma hora após o término do processo de soldagem.

apêndice B

Dispositivos termiônicos

Dispositivos termiônicos (tubos a vácuo) dominaram a eletrônica até o princípio da década de 1950. Desde aquela época, os dispositivos de estado sólido tornaram-se a tecnologia dominante. Atualmente, tubos a vácuo são utilizados apenas em aplicações especiais, como amplificadores RF de alta potência, tubos de raios catódicos (incluindo as telas dos televisores) e alguns dispositivos de micro-ondas. A emissão termiônica envolve o uso de calor para liberar elétrons de um elemento denominado catodo. O calor é produzido energizando-se um filamento ou circuito aquecedor no interior do tubo. Um segundo elemento denominado anodo pode ser utilizado para atrair os elétrons liberados. Como cargas opostas se atraem, o anodo se torna positivo em relação ao catodo.

Um terceiro eletrodo pode ser inserido entre o anodo e o catodo para controlar o movimento dos elétrons entre esses terminais. Assim, este eletrodo é chamado de grade de controle, sendo normalmente negativo em relação ao catodo. A carga negativa repele os elétrons do catodo e evita que estes alcancem o anodo. De fato, o tubo pode ser atravessado por um potencial de grade altamente negativo. A Figura B-1 mostra o símbolo esquemático de uma válvula triodo a vácuo e as polaridades envolvidas. À medida que o sinal se desloca no sentido positivo, a corrente de placa aumenta. À medida que o sinal se desloca no sentido positivo, a corrente de placa diminui. Assim, a corrente de placa é uma função do sinal aplicado à grade. A potência do sinal do circuito da grade é muito menor que aquela do circuito da placa. O tubo a vácuo fornece um ganho de potência satisfatório.

Tubos a vácuo podem utilizar grades adicionais localizadas entre a grade de controle e a placa para

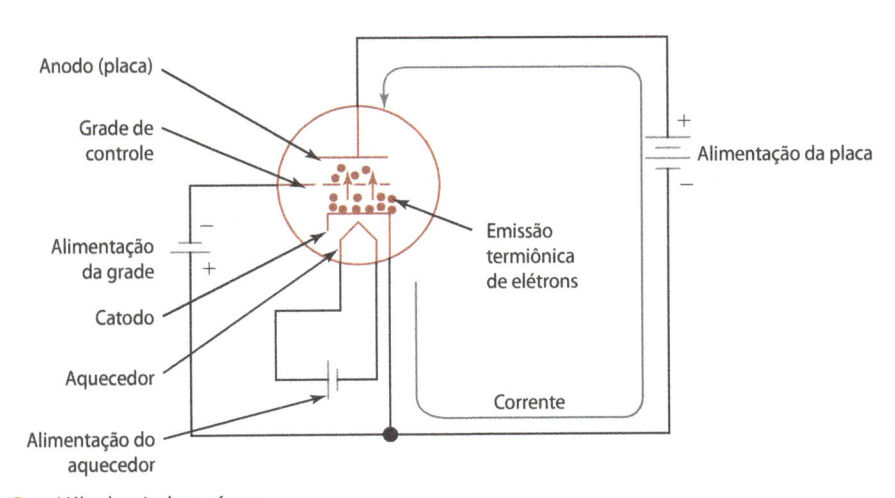

Figura B-1 Válvula triodo a vácuo.

se obter uma operação otimizada. As grades adicionais melhoram o ganho e o desempenho em alta frequência. O tubo da Figura B-1 é chamado de válvula triodo a vácuo (sendo que o aquecedor não é considerado um elemento do arranjo). Se uma grade com tela for incluída, tem-se um tetrodo (quatro eletrodos). Se forem incluídas uma grade com tela e uma grade supressora, o dispositivo se torna um pentodo (cinco eletrodos). A utilização de tubos a vácuo resulta em excelentes amplificadores de alta potência. É possível operar alguns tubos a vácuo com potenciais da ordem de milhares de volts e correntes de placa medidas em ampères. Esses tubos fornecem potências de saída da orem de diversos milhares de watts. É até mesmo possível desenvolver amplificadores RF modulados em amplitude com potências de 2.000.000 W utilizando quatro tetrodos especiais, sendo este um exemplo da capacidade de potência extraordinária dos tubos a vácuo.

O tubo de raios catódicos é um tubo a vácuo empregado na visualização de gráficos, figuras ou dados. A Figura B-2 mostra uma estrutura básica, onde o catodo é aquecido e produz uma emissão termiônica. Um potencial positivo é aplicado ao primeiro anodo, ao segundo anodo e ao revestimento de aquadag. Esse campo positivo acelera o fluxo de elétrons em direção à tela. O interior da tela é revestido com um fósforo químico que emite luz quando é atingido por um feixe de elétrons.

De acordo com a Figura B-2, os elétrons são focados na forma de um fluxo estreito, o que permite produzir um pequeno ponto de luz na tela. As placas de deflexão podem mover o eixo na horizontal e na vertical. Por exemplo, uma tensão positiva aplicada na placa de deflexão vertical superior atrairá o feixe, que então se movimentará para cima. Assim, o ponto de luz pode se mover para qualquer posição da tela.

A grade mostrada na Figura B-2 permite o controle da intensidade do eixo. Uma tensão negativa aplicada na grade repelirá os elétrons do catodo, evitando que estes cheguem à tela. Uma alta tensão negativa provocará a parada do fluxo de elétrons, de modo que o ponto de luz desaparecerá.

Controlando a posição e a intensidade do ponto, qualquer tipo de informação de uma figura pode ser apresentado na tela. Como o fósforo retém o brilho momentaneamente e o olho humano é capaz de registrar a imagem por um breve período, o efeito de movimentação do ponto ao longo da tela representa uma figura completa na tela. Se isso for repetido continuamente, o efeito de um

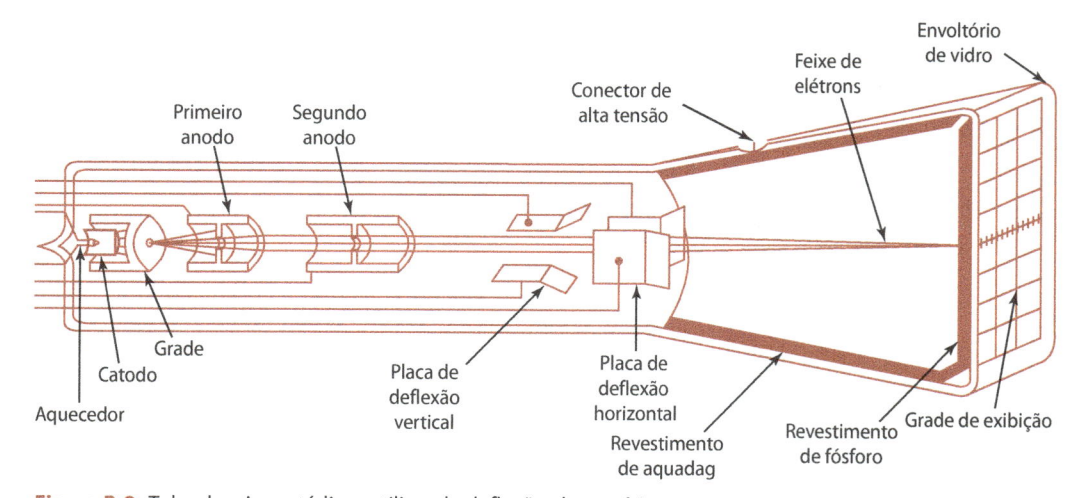

Figura B-2 Tubo de raios catódicos utilizando deflexão eletrostática.

filme é produzido. É assim que o tubo de uma televisão funciona. As cores podem ser exibidas utilizando diversos tipos de fósforos químicos.

O sistema de deflexão pode ser diferente daquele mostrado na Figura B-2. A deflexão magnética utiliza bobinas enroladas ao redor do estrangulamento do tubo de raios catódicos. Quando uma corrente circula no tubo, o campo magnético resultante defletirá o feixe de elétrons. Tubos de imagem de televisores normalmente empregam a deflexão magnética, ao passo que osciloscópios utilizam a deflexão eletrostática.

Glossário de termos e símbolos

Termo	Definição	Símbolo ou Abreviação
Acoplamento	Significado da transferência de sinais eletrônicos.	
Acoplamento capacitivo	Método de transferência de sinal que utiliza um capacitor série para bloquear ou eliminar a componente CC do sinal.	
Alias	Sinal quantizado inadequadamente representado como um sinal de frequência mais baixo (esses sinais são evitados com o uso de uma frequência de amostragem adequada e um filtro *anti-alias*).	
Amostra	Valor único obtido durante o processo de quantização (o número da amostra é normalmente representado pelo índice *n*).	$x_{[n]}$
Amplificador	Circuito ou dispositivo projetado para aumentar o nível de um sinal.	▷
Amplificador base comum	Configuração de amplificador de onde o sinal de entrada é realimentado no terminal emissor, sendo que o sinal de saída é obtido a partir do terminal coletor.	BC
Amplificador coletor comum	Configuração de amplificador de onde o sinal de entrada é realimentado no terminal base, sendo que o sinal de saída é obtido a partir do terminal emissor. É também conhecido como seguidor de emissor.	CC
Amplificador de erro	Circuito ou dispositivo de ganho que responde ao erro (diferença) entre dois sinais.	▷
Amplificador de potência	Amplificador projetado para possuir um nível considerável de tensão de saída, corrente de saída ou ambos. É também conhecido como amplificador de grandes sinais.	▷

Termo	Definição	Símbolo ou Abreviação
Amplificador diferencial	Dispositivo de ganho que responde à diferença seus dois terminais de entrada.	
Amplificador emissor comum	Tipo de amplificador mais amplamente utilizado, onde o sinal de entrada é realimentado no terminal base, sendo que o sinal de saída é obtido a partir do terminal coletor.	EC
Amplificador inversor	Amplificador onde o sinal de saída é defasado em 180° da entrada.	
Amplificador não inversor	Amplificador onde o sinal de saída encontra-se em fase com o sinal de entrada.	
Amplificador operacional	Amplificadores de alto desempenho com entradas inversora e não inversora. São normalmente empregados na forma de circuito integrado para desempenhar diversas funções e obter ganhos variados.	Amp op
Ângulo de condução	Número de graus elétricos que representa o intervalo durante o qual um dado dispositivo se encontra ativo.	
Anodo	Elemento de dispositivo eletrônico que recebe o fluxo de corrente de elétrons.	
Arsenieto de Gálio	Material semicondutor utilizado em aplicações de alta frequência.	GaAs
Atenuador	Circuito utilizado para reduzir a amplitude de um sinal.	
Avalanche	Condução reversa repentina de um componente eletrônico ocasionada pela tensão reversa excessiva aplicada em seus terminais.	
Avalanche térmica	Condição de um circuito onde a temperatura e a corrente são mutuamente interdependentes e se tornam incontroláveis.	
Banda lateral simples	Variação da modulação em amplitude. A portadora e uma das duas bandas laterais são suprimidas. A sigla significa *single sideband*.	SSB
Bandas laterais	Frequências inferiores e superiores à frequência portadora, criadas pela modulação.	
Barreira de potencial	Diferença de potencial existente na região de depleção de uma junção PN.	
Base	Região central de um transistor de junção bipolar que controla o fluxo de corrente do emissor para o coletor.	B
Beta	Ganho de corrente entre base e coletor em um transistor de junção bipolar. Também é chamado de h_{FE}.	β

Termo	Definição	Símbolo ou Abreviação
Brick wall	Resposta em frequência de um filtro ideal (a transição da banda passante para a banda de corte ocorre imediatamente). Os filtros reais que apresentam resposta retangular são ditos aguçados.	
Busca de problemas	Processo lógico e sequencial de ações para determinar falhas ou problemas em um circuito, parte de um equipamento ou um sistema.	
Capacitor de bloqueio	Capacitor que elimina a componente CC do sinal.	
Casamento de impedância	Condição onda a impedância da fonte de um sinal se iguala à impedância da carga do sinal. É normalmente desejada no sentido de se obter a melhor transferência de potência da fonte para a carga.	
Catodo	Elemento de um dispositivo eletrônico que fornece o fluxo de corrente de elétrons.	
Ceifador	Circuito que remove parte de um sinal. O ceifamento pode ser necessário em um amplificador linear ou um limitador.	
Chave estática	Chave que não possui partes móveis, sendo geralmente constituída por tiristores.	
Ciclos limites	Oscilações indesejadas em um processador digital de sinais causadas por erros de quantização ou de estouro numérico.	
Circuito aberto	Condição de resistência ou impedância infinita e fluxo de corrente nulo.	
Circuito bootstrap	Circuito de realimentação normalmente empregado para aumentar a impedância de entrada de um amplificador. O termo também pode ser utilizado para se referir a um circuito utilizado para iniciar alguma ação quando o sistema é energizado pela primeira vez.	
Circuito com sinais mistos	Circuito que contém tanto funções analógicas quanto digitais. Muitos circuitos integrados consistem em dispositivos com sinais mistos.	
Circuito discreto	Circuito eletrônico composto de dispositivos individuais (transistores, diodos, resistores, capacitores, entre outros) interconectados com fios ou trilhas em placas de circuito impresso.	
Circuito integrado	Combinação de vários componentes de circuitos em uma única estrutura cristalina (monolítica), em um substrato de suporte (filme grosso) ou em uma combinação de ambos.	CI
Circuito tanque	Circuito *LC* paralelo.	

Termo	Definição	Símbolo ou Abreviação
Coeficiente	Valor fixo empregado no processo de acumulação e multiplicação de um sistema DSP (o número coeficiente é normalmente representado pela letra *n*). Coeficientes de filtros digitais também são chamados de *taps*.	$h_{[n]}$
Coeficiente de temperatura	Variação de uma dada grandeza ou característica a cada grau Celsius, a partir de uma dada temperatura.	
Coletor	Região de um transistor de junção bipolar que recebe o fluxo de portadores de corrente.	C
Comparador	Amplificador de alto ganho que possui uma saída determinada pela magnitude relativa de dois sinais.	
Componente CA	Valor que flutua ou se altera em uma forma de onda ou um sinal. Uma corrente CC pura não possui componente CA.	
Componente CC	Valor médio de uma forma de onda ou sinal. Sinais puramente alternados possuem valor médio nulo, isto é, não possuem componente CC.	
Comutação	Interrupção do fluxo de corrente. Em circuitos com tiristores, o termo se refere ao método de desligamento do dispositivo.	
Conexão em cascata	Conexão de um dispositivo seguido de outro. A saída do primeiro circuito é conectada à entrada do segundo e assim por diante. Circuitos como filtros e amplificadores podem ser conectados em cascata.	
Controle automático de frequência	Circuito projetado para corrigir a frequência de um oscilador ou a sintonia de um receptor. A sigla significa *automatic frequency control*.	AFC
Controle automático de ganho	Circuito projetado para corrigir o ganho de um amplificador de acordo com o nível do sinal de entrada. A sigla significa *automatic gain control*.	AGC
Controle automático de volume	Circuito projetado para fornecer volume de saída constante a partir de um amplificador ou receptor de rádio. A sigla significa *automatic volume control*.	AVC
Conversão digital-analógica	Circuito ou dispositivo que converte um sinal digital em um sinal analógico equivalente.	Conversor D/A
Conversor	Circuito que converte um nível de tensão CC em outro. O termo também pode se referir a um dispositivo capaz de converter a frequência.	

Termo	Definição	Símbolo ou Abreviação
Conversor analógico-digital	Circuito ou dispositivo utilizado para converter um sinal ou grandeza analógica na forma digital (normalmente binária).	A/D
Convolução	Termo formal para o processo de acumulação e multiplicação que é utilizado no processamento digital de sinais para combinar amostras de sinais e coeficientes. O símbolo da convolução é o asterisco ($y_{[n]} = x_{[n]} * h_{[n]}$).	*
Corrente CC pulsante	Corrente CC que possui uma componente CA (por exemplo, a saída de um retificador).	
Corrente de fuga	Em semicondutores, corresponde a uma corrente dependente da temperatura que circula em condições de polarização reversa.	
Corrente puramente CA	Corrente alternada sem componente CC. Possui valor médio nulo.	
Corrente puramente CC	Corrente contínua sem componente CA. Não possui ondulação ou ruído, sendo representada por uma linha reta no osciloscópio.	
Corte	Condição de polarização onde não há fluxo de corrente.	
Cristal	Transdutor piezoelétrico utilizado para o controle da frequência, conversão de vibrações em eletricidade ou filtrar determinadas frequências. O termo também se refere à estrutura física dos semicondutores.	
Curvas características	Gráficos que representam o comportamento elétrico ou térmico de circuitos ou componentes eletrônicos.	
Darlington	Circuito que utiliza dois transistores bipolares diretamente acoplados para obter ganho de corrente muito alto.	
Decibel	Um décimo de um bel. Taxa logarítmica utilizada para medir o ganho e a perda em circuitos e sistemas eletrônicos.	dB
Decimação	Redução da frequência de amostragem em um sistema DSP ao descartar amostras discretas. É também conhecido com subamostragem.	
Demodulação	Recuperação da inteligência a partir de um sinal de rádio ou de televisão. É também conhecida como detecção.	

Termo	Definição	Símbolo ou Abreviação
Depleção	Condição de indisponibilidade de portadores de corrente em um cristal condutor. O termo também se refere ao modo de operação de um transistor de efeito de campo no qual os portadores do canal são reduzidos pela tensão de gatilho.	
Descarga eletrostática	Fluxo de elétrons potencialmente destrutivo devido ao surgimento de um desbalanceamento de cargas ocasionado pela fricção entre dois materiais não condutores. A sigla significa *electrostatic discharge*.	ESD
Descontinuidade	Mudança de amplitude de um sinal que ocorre em um instante de tempo nulo. Uma forma de onda consiste em um exemplo de descontinuidade, pois o valor máximo muda instantaneamente para o valor mínimo.	
Desvio ou bypass	Filtro passa-baixa empregado para remover a interferência em alta frequência de uma fonte de alimentação ou componente, como um capacitor que fornece um caminho de baixa impedância para a corrente em alta frequência.	
Detector de cruzamento por zero	Comparador que muda de estado quando sua entrada cruza o ponto de tensão nula.	
Detector de produto	Detector especial que recebe transmissões com a portadora suprimida, como uma largura de banda única.	
Detector de razão	Circuito utilizado para detectar sinais modulados em frequência.	
Diac	Dispositivo semicondutor bilateral utilizado no disparo de outros dispositivos.	
Diagrama de blocos	Desenho que utiliza um bloco com nome próprio para representar cada seção principal de um sistema eletrônico.	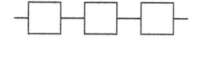
Diagrama de Bode	Gráfico que demonstra o desempenho do ganho ou da fase de um circuito eletrônico em diversas frequências.	
Diodo	Componente eletrônico de dois terminais que permite que a corrente circule em um único sentido. Tipos diferentes de diodo podem ser empregados na retificação, regulação, sintonia, disparo e detecção. Também podem ser empregados como indicadores.	

Termo	Definição	Símbolo ou Abreviação
Diodo zener	Diodo projeto para operação na região de ruptura com queda de tensão estável. É normalmente utilizado como regulador de tensão.	
Discriminador	Circuito empregado na detecção de sinais modulados em frequência.	
Dispositivo bipolar	Existência de duas polaridades de portadores (lacunas e elétrons).	
Dispositivo chaveado	Circuito ou arranjo onde o elemento de controle é ligado e desligado para se obter alta frequência.	
Dispositivo linear	Circuito ou componente onde a saída corresponde a uma função de primeiro grau (reta) da entrada.	
Dispositivo programável	Elemento ou circuito onde as características operacionais podem ser modificadas por meio de uma tensão ou corrente de programação, ou ainda algumas informações de entrada.	
Distorção	Mudança (normalmente indesejada) em algum aspecto do sinal.	
Distorção de cruzamento	Distúrbios em um sinal analógico capazes de afetar parte do sinal próxima ao eixo zero ou ao eixo médio.	
Domínio da frequência	Perspectiva de análise onde a amplitude do sinal é plotada em função da frequência do sinal (sendo que a visualização em um analisador de espectro consiste em um exemplo).	
Domínio do tempo	Perspectiva de análise onde a amplitude é plotada em função do tempo (sendo que a tela de um osciloscópio consiste em um exemplo).	
Dopagem	Processo de adição de átomos como impurezas em cristais semicondutores para modificar suas propriedades elétricas.	
Dreno	Terminal de um transistor de efeito de campo que recebe os portadores de corrente a partir do terminal fonte.	D
Eletrônica analógica	Ramo da eletrônica que trata de grandezas que variam infinitamente. É também chamada de eletrônica linear.	
Eletrônica digital	Ramo da eletrônica que trata de níveis de sinais finitos e discretos. A maioria do sinais é binária, sendo altos ou baixos.	
Emissor	Região de um transistor bipolar de junção que envia os portadores de corrente para o emissor.	E
Epitaxial	Camada de cristal fina depositada que forma uma parte da estrutura elétrica de determinados semicondutores.	

Termo	Definição	Símbolo ou Abreviação
Erro de quantização	Diferença entre os valores originais do sinal contínuo e os valores quantizados (discretos). Esse erro diminui à medida que o número de bits aumenta.	
Fenômeno de Gibb	Distorções em um sinal periódico composto por uma série de Fourier que são causadas por descontinuidades existentes nesse sinal.	
Filtro	Circuito projetado para separar uma dada frequência ou grupo de frequências das demais.	
Filtro ativo	Filtro eletrônico que utiliza dispositivos com ganho ativo (normalmente amplificadores operacionais) para separar uma frequência ou grupo de frequências das demais.	
Filtro de entrada capacitivo	Circuito de filtragem (normalmente utilizado em uma fonte de alimentação) que emprega um capacitor como primeiro componente do arranjo.	
Filtro de entrada tipo choque	Circuito de filtragem (normalmente utilizado em uma fonte de alimentação) que emprega um indutor de filtro (*choke*) como primeiro componente do arranjo.	
Filtro digital	Sistema que separa as frequências de um sinal utilizando processamento digital de sinais (DSP).	
Filtro recursivo	Filtro que utiliza realimentação. Em um sistema DSP, a saída exibirá resposta de impulso infinito (IIR). A resposta de um sistema IIR decresce exponencialmente após sua entrada se tornar nula.	
Firmware	*Software* que nunca (ou raramente) é alterado. É normalmente armazenado em um CI (consulte o termo sistemas embarcados).	
Flip-flop	Circuito eletrônico que possui dois estados. É também conhecido como multivibrador. Pode possuir oscilação livre (como um oscilador) ou exibir um ou dois estados estáveis.	
Flyback	Classe de circuitos indutivos onde a energia é transferida durante o colapso do campo magnético em uma bobina ou transformador.	
Fonte	Terminal de um transistor de efeito de campo que envia portadores para o dreno.	
Fonte de alimentação bipolar	Fonte de alimentação que produz tensões positivas e negativas em relação ao referencial de terra. Também é chamada de fonte bipolar ou simétrica.	

Termo	Definição	Símbolo ou Abreviação
Frequência de amostragem	Taxa na qual um sinal contínuo é convertido em um sinal discreto.	f_s
Frequência de Nyquist	Corresponde à metade da frequência de amostragem em um sistema DSP. Também é chamado de limite de Nyquist, pois representa a frequência mais alta com a qual o sistema é capaz de lidar.	$f_s/2$
Frequência de quebra	Frequência na qual a resposta ou ganho de um circuito é reduzida em 3 dB a partir da melhor resposta ou ganho.	f_b
Frequência intermediária	Frequência padrão de um receptor na qual todos os sinais de entrada são convertidos antes da detecção. A maior parte do ganho e da seletividade de um receptor é produzida no amplificador de frequência intermediária. A sigla significa *intermediate frequency*.	IF
Função periódica	Funções que se repetem continuamente ao longo do tempo (a exemplo de ondas senoidais, triangulares e quadradas).	
Ganho	Relação entre a saída e a entrada. Pode ser medido em termos da tensão, corrente ou potência. É também conhecido como multiplicação.	A ou G
Ganho de corrente	Característica de determinados componentes semicondutores onde uma pequena corrente é capaz de controlar outra corrente maior.	A_I
Ganho de potência	Relação entre a potência de saída e a potência de entrada, sendo normalmente expressa em decibéis.	A_P ou G_P
Ganho de tensão	Razão entre a tensão de saída e a tensão de entrada de um amplificador, sendo normalmente expressa em decibéis.	A_V ou G_V
Gatilho	Terminal de um transistor de efeito de campo que controla a corrente de dreno.	G
Grampeador	Circuito que soma uma componente CC a um sinal CA. É também conhecido como restaurador CC.	
Heteródino	Processo de mixagem de duas frequências para criar novas frequências (soma e diferença).	
Histerese	Efeito com limiar dual que é verificado em determinados circuitos.	
Imagem	Segunda frequência indesejada com a qual um conversor heteródino interagirá para gerar a frequência intermediária.	

Termo	Definição	Símbolo ou Abreviação
Integrador	Circuito eletrônico que fornece a soma continua de sinais ao longo de um dado período de tempo.	
Interferência eletromagnética	Forma de interferência que entra e sai de circuitos eletrônicos na forma de radiação de energia em alta frequência. A sigla significa *electromagnetic interference*.	EMI
Intermitente	Falha que aparece apenas de tempos em tempos. Pode estar relacionada ao choque mecânico ou à temperatura.	
Interpolação	Aumento da frequência de amostragem em um sistema DSP inserindo zeros entre amostras discretas (também chamada de sobreamostragem).	
Janela	Método de suavização dos coeficientes de filtros DSP (ou amostras discretas) no intuito de reduzir a oscilação causada pelo fenômeno de Gibb.	
Lacunas	Portadores positivamente carregados que se deslocam no sentido oposto ao fluxo de elétrons e podem ser encontrados em cristais semicondutores.	
Largura de banda de pequenos sinais	Faixa de frequência total de um amplificador na qual o ganho para pequenos sinais encontra-se a 3 dB de seu melhor ganho.	
Latch	Dispositivo que tende a permanecer em condução após o disparo inicial. O termo também se refere a um dispositivo digital que armazena uma de duas condições possíveis.	
Lead dress	Posição exata e comprimento de dispositivos eletrônicos e seus respectivos terminais. Pode afetar o desempenho de determinados circuitos (especialmente aqueles que operam em altas frequências).	
Limitação de corrente do tipo foldback	Tipo de limitação de corrente onde a corrente decresce além do ponto de limiar à medida que a resistência de carga é reduzida.	
Limitador	Circuito que grampeia as porções com elevadas amplitudes de um sinal no intuito de reduzir o nível de ruído ou evitar que outro circuito seja disparado.	
Limitador de corrente	Circuito ou dispositivo que impede o fluxo de corrente acima de um valor previamente determinado.	

Termo	Definição	Símbolo ou Abreviação
Limitador de surto	Circuito ou componente (normalmente um resistor) utilizado na limitação de surtos durante a energização em valores seguros.	
Malha de captura de fase	Circuito eletrônico que utiliza realimentação e um comparador de fase para controlar a frequência ou a velocidade. A sigla significa *phase-locked loop*.	PLL
Malha de terra	Curto-circuito (indesejado) ocasionado por equipamento de teste aterrado ou outro nó de conexão com o terra que normalmente deveria conduzir corrente.	
Modo de condução crítica	A corrente de carga passa a circular em um transformador no exato momento em que a corrente de descarga se anula. Circuitos *flyback* são capazes de operar nesse modo. A sigla significa *critical conduction mode*.	CCM
Modo de intensificação	Operação de um transistor de efeito de campo onde a tensão de gatilho é utilizada para gerar mais portadores de corrente no canal.	
Modulação	Processo de controle de algum aspecto do sinal periódico, como amplitude, frequência ou largura de pulso. Utilizado para inserir inteligência em sinais de rádio ou televisão.	
Modulação em amplitude	Processo de utilização de um sinal com frequência mais baixa para controlar a amplitude instantânea de um sinal com frequência mais alta. É normalmente empregada para inserir inteligência (áudio) em um sinal de rádio.	AM
Modulação em frequência	Processo de utilização de um sinal de frequência mais baixa para controlar a frequência instantânea de outro sinal com frequência mais alta. É normalmente empregada para inserir inteligência (áudio) em um sinal de rádio.	
Modulação por código de pulso	Um sinal é representado por uma série de números binários, sendo que tais sinais são encontrados na saída de conversores analógicos-digitais. Esses sinais são encontrados na forma serial (1 bit por vez) ou paralela (8, 16, 24 ou 32 bits por vez). A sigla significa *pulse-code modulation*.	PCM
Modulação por largura de pulso	Controle da largura de ondas retangulares no intuito de inserir inteligência ou controlar o valor médio CC. A sigla significa *pulse-width modulation*.	PWM

Termo	Definição	Símbolo ou Abreviação
Modulador balanceado	Modulador em amplitude especial projetado para cancelar a portadora, disponibilizando apenas as bandas laterais como saídas. É utilizado em transmissores com banda lateral única.	
Multicaminho	Os sinais de rádio se refletem em vários objetos, de forma que o sinal recebido pode ser comprometido quando várias componentes chegam ao receptor em instantes distintos. A distorção multicaminho pode ocasionar erros de dados e desempenho insatisfatório em redes sem fio.	
Multiplexação com divisão de frequência	Utilização de duas ou mais frequências portadoras em um único meio. Seu propósito é aumentar a quantidade de informação que pode ser enviada em um dado período de tempo.	FDM
Multiplicação e acumulação	Processo básico utilizado em DSP. Amostras de sinais e coeficientes são multiplicados e acumulados. O nome formal do processo é convolução. A sigla significa *multiply and accumulate*.	MAC
Multiplicador de frequência	Circuito cuja frequência de saída é um múltiplo inteiro da frequência de entrada. Também é conhecido como dobrador, triplicador, etc.	
Multiplicadores de tensão	Circuito de alimentação CC utilizados no aumento da tensão da rede CA sem o uso de transformadores.	
Neutralização	Aplicação de uma realimentação externa a um amplificador para cancelar o efeito da realimentação interna (no interior do transistor).	
Offset	Erro na saída de um amplificador operacional ocasionado por desbalanços no circuito de entrada.	
Onda contínua	Tipo de modulação onde a portadora é ligada e desligada seguindo um dado padrão como o código Morse. A sigla significa *continuous wave*.	CW
Ondulação	Componente CA existente na saída de uma fonte de alimentação CC.	
Optoisolador	Dispositivo de isolação que utiliza luz para conectar a saída à entrada. É utilizado em casos onde deve haver uma resistência elétrica extremamente alta entre a saída e a entrada.	
Oscilador	Circuito eletrônico que gera formas de onda CA e frequências variadas a partir de uma fonte CC.	

Termo	Definição	Símbolo ou Abreviação
Oscilador Clapp	Oscilador Colpitts sintonizado em série conhecido por sua ótima estabilidade de frequência.	
Oscilador Colpitts	Circuito que normalmente emprega um tanque capacitivo com *taps*.	
Oscilador com deslocamento de fase	Circuito oscilador caracterizado pela existência de uma rede *RC* de defasamento ao longo de sua conexão de realimentação.	
Oscilador com frequência variável	Oscilador com frequência de saída ajustável. A sigla significa *variable-frequency oscillator*.	VFO
Oscilador controlado numericamente	Outro termo utilizado para designador o sintetizador digital direto (DDS). A sigla significa *numerically-controlled oscillator*.	NCO
Oscilador controlado por tensão	Circuito oscilador onde a frequência de saída é função de uma tensão de controle CC. A sigla significa *voltage-controlled oscillator*.	VCO
Oscilador de frequência de batimento	Circuito receptor de rádio que fornece um sinal portador para o código de demodulação ou transmissores com banda lateral única.	BFO
Oscilador de relaxação	Osciladores caracterizados por componentes de temporização *RC* para controlar a frequência do sinal de saída.	
Oscilador Hartley	Circuito conhecido pela utilização de tanque indutivo com *taps*.	
Placa de circuito impresso	Lâmina com revestimento de cobre sobre uma superfície isolante como fibra de vidro ou resina epoxy. Partes do cobre são removidas, deixando apenas as conexões dos componentes eletrônicos que constituem circuitos completos.	PCI
Polarização	Tensão ou corrente de controle aplicada em um circuito ou dispositivo eletrônico.	
Ponto de operação	Condição média de um circuito determinada por uma tensão ou corrente de controle. Também é denominado ponto quiescente.	
Portador	Carga ou partícula em movimento em um dispositivo eletrônico que mantém o fluxo de corrente. O termo também pode se referir a um sinal de rádio ou televisão não modulado.	
Portadores majoritários	Correspondem aos elétrons em um semicondutor do tipo N. Em um semicondutor tipo P, são representados pelas lacunas.	
Portadores minoritários	Correspondem aos elétrons em um semicondutor do tipo P. Em um semicondutor tipo N, são representados pelas lacunas.	

Termo	Definição	Símbolo ou Abreviação
Primeira harmônica	Menor frequência existente na série de Fourier.	
Processamento digital de sinais	Sistema que utiliza conversores A/D e D/A juntamente com um microprocessador para alterar as características de um sinal analógico. A sigla significa *digital signal processor*.	DSP
Produto ganho-largura de banda	Alta frequência na qual o ganho do amplificador é 0 dB (unitário)	f_t
Proteção por curto-circuito	Circuito de proteção utilizado para queimar um fusível ou abrir o circuito da fonte de alimentação no caso da ocorrência de sobretensões.	
Push-pull	Circuito que utiliza dois dispositivos, onde cada um dos mesmos atua durante metade da oscilação completa do sinal.	
Quadratura	Relação de defasagem de 90° entre dois sinais.	
Quantização	Processo de conversão de um sinal contínuo em um sinal discreto (também conhecido por conversão analógica digital ou A/D).	
Razão de rejeição de modo comum	Relação entre o ganho diferencial e o ganho de modo comum em um amplificador. Mede a capacidade de rejeitar um sinal de modo comum e é normalmente expresso em decibéis. A sigla significa *common-mode rejection ratio*.	CMRR
Realimentação	Aplicação de parte do sinal de saída de um circuito novamente na entrada. Existente em sistemas de malha fechada, onde uma saída é conectada a uma entrada.	
Rede de acesso local sem fio	Sistema de comunicação em radiofrequência que estabelece uma comunicação entre dispositivos digitais e sistemas. A sigla significa *wireless local area network*.	WLAN
Rede de avanço-atraso	Circuito que fornece amplitude máxima e deslocamento de fase para uma dada frequência denominada ressonante. Produz ângulos de avanço e de atraso abaixo e acima da frequência de ressonância, respectivamente.	
Rede duplo T	Circuito que contém dois ramos arranjados na forma da letra *T*, podendo ser empregado como filtro *notch* ou controlar a frequência de um oscilador.	
Região ativa	Região de operação entre a saturação e o corte. A corrente em um dispositivo ativo é função da polarização de controle.	

Termo	Definição	Símbolo ou Abreviação
Regulador	Circuito ou dispositivo utilizado para manter uma dada grandeza constante.	
Regulador de tensão	Circuito utilizado na estabilização da tensão.	
Relação intrínseca de corte	Em um transistor de unijunção, representa a relação de tensão necessária para disparar e levar o transistor à tensão total aplicada em seus terminais.	η
Rendimento	Relação que indica a potência útil de saída extraída a partir da entrada.	η
Resistência série efetiva	Resistência parasita de um componente. É normalmente mais evidente em capacitores eletrolíticos, que desenvolvem alta resistência e podem dissipar potência considerável. A sigla significa *effective series resistance*.	ESR
Resistor de drenagem	Carga fixa utilizada para descarregar (drenar) filtros.	
Resistor swamping	Resistor utilizado para minimizar diferenças em componentes individuais. Podem ser utilizados para garantir o balanço ou divisão da corrente em dispositivos conectados em paralelo.	
Resposta ao impulso finita	A saída do sistema sempre é reduzida a zero depois que a entrada retorna a zero (sistema DSP sem realimentação). A sigla significa *finite impulse response*	FIR
Retificação	Processo de conversão de corrente alternada em corrente contínua.	
Retificador controlado de silício	Dispositivo utilizado no controle de temperatura, luminosidade ou velocidade de um motor. A condução ocorre do catodo para o anodo quando o dispositivo é disparado. A sigla significa *silicon-controlled rectifier*.	SCR
Ruído	Porção indesejada ou inteferência em um sinal.	
Saturação	Condição na qual um dispositivo como um transistor permanece ativado. Quando um dispositivo encontra-se saturado, o fluxo de corrente é limitado por uma carga externa conectada em série com o mesmo.	
Saturação forte	Estado no qual um dispositivo como um transistor possui um sinal de entrada maior que o necessário para mantê-lo plenamente ativo.	
Saturação fraca	Situação limite na qual um dispositivo como um transistor possui um sinal de entrada suficiente apenas para permanecer em condução plena.	

Termo	Definição	Símbolo ou Abreviação
Schmitt trigger	Amplificador com histerese utilizado no condicionamento de sinais em circuitos digitais.	
Seletividade	Capacidade de um circuito selecionar frequências de interesse existentes entre uma ampla faixa de frequência.	
Semicondutor óxido metálico	Dispositivo semicondutor discreto ou integrado que utiliza um metal e um óxido (dióxido de silício) como parte importante de sua estrutura. A sigla significa *metal oxide semiconductor*.	MOS
Semicondutor óxido metálico complementar	Circuitos integrados que contêm transistores de canais N e P. A maioria dos circuitos integrados utiliza esta estrutura. A sigla significa *complementary metal oxide semiconductor*.	CMOS
Semicondutores	Categoria de materiais que possuem quatro elétrons de valência e características elétricas intermediárias entre condutores e isolantes.	
Sensibilidade	Capacidade de um circuito de responde a sinais fracos.	
Série de Fourier	Número de ondas senoidais que devem ser somadas entre si para sintetizar uma dada função periódica.	
Servomecanismo	Circuito de controle que regula o movimento ou a posição.	
Silício	Elemento químico que consiste em um material semicondutor utilizado na fabricação da maioria absoluta dos dispositivos de estado sólido como diodos, transistores e circuitos integrados.	
Simetria complementar	Circuito projetado com dispositivos que possuem polaridades opostas, como transistores NPN e PNP.	
Sinal contínuo	Sinal com número infinito de amplitudes (também conhecido como sinal analógico).	
Sinal discreto	Sinal com número limitado de amplitudes (também chamado de sinal digital).	
Síntese digital direta	Método de geração de formas de onda baseado em uma tabela de busca e um acumulador de fase. A sigla significa *direct digital synthesis*.	DDS
Sintetizador de frequência	Método de geração de muitas frequências exatas sem recorrer a múltiplos osciladores controlados por cristal. Baseia-se normalmente em tecnologia PLL ou DDS.	
Sistema embarcado	Sistemas onde *hardware* e *software* são combinados em um único CI ou vários CIs.	

Termo	Definição	Símbolo ou Abreviação	
Sistema multitaxa	Sistema DSP onde mais de uma frequência de amostragem é utilizada ou alterada por meio de interpolação, decimação ou ambos os processos.		
Slew rate	Capacidade de um circuito de produzir uma ampla variação na saída em um curto período de tempo.		
Super-heteródino	Receptor que utiliza o processo de conversão de frequência heteródino para converter a frequência de um dado sinal de entrada em uma frequência intermediária.		
Supressores de radiofrequência	Bobina utilizada para eliminar ou bloquear frequências de rádio (altas) A sigla significa *radio-frequency choke*.	RFC	⌒⌒⌒
Tap	Coeficiente utilizado em um filtro digital.		
Tecnologia de montagem sobre superfície	Método de fabricação de circuitos impressos no qual os terminais dos componentes são soldados lateralmente sobre a placa, sem atravessar orifícios existentes na superfície. A sigla significa *surface-mount technology*.	SMT	
Terra virtual	Ponto não aterrado de um circuito que atua como um terminal de terra		
Tiristor	Termo genérico utilizado para representar dispositivos de controle como retificadores controlados a silício e triacs.		
Traçador de curvas	Dispositivo eletrônico utilizado para traçar curvas características em um tubo de raios catódicos.		
Transdutor	Dispositivo que converte um efeito físico em um sinal elétrico (a exemplo de um microfone). O termo pode também ser utilizado para designar um dispositivo que converte um sinal elétrico em um efeito físico (a exemplo de um motor).		
Transformada de Fourier	Procedimento matemático que converte sinais no domínio do tempo para o domínio da frequência.		
Transformada de Hilbert	Operação desempenhada por um sistemas DSP que desloca (ou defasa) um sinal discreto em 90°.		
Transformada discreta de Fourier	Procedimento matemático que converte um sinal discreto no domínio do tempo em um sinal discreto no domínio da frequência. A sigla significa *discrete Fourier transform*.	DFT	
Transformada discreta de Fourier inversa	Procedimento matemático que converte um sinal no domínio da frequência para um sinal no domínio do tempo.		

Termo	Definição	Símbolo ou Abreviação
Transformada rápida de Fourier	Procedimento de cálculo mais rápido que converte sinais discretos no domínio do tempo em sinais discretos no domínio da frequência. Baseia-se em um método eficiente de decomposição de números utilizando potências de dois. A sigla significa *fast Fourier transform*.	FFT
Transformador ferro-ressonante	Tipo especial de transformador de alimentação que emprega um capacitor ressonante e um núcleo saturado para obter regulação tanto na carga quanto na entrada.	
Transistor	Grupo de dispositivos de estado sólido de controle ou amplificação que normalmente possui três terminais.	
Transistor de efeito de campo	Dispositivo de estado sólido que emprega uma tensão de terminal (gatilho) para controlar a resistência do canal semicondutor.	FET
Transistor de unijunção	Transistor utilizado em aplicações de controle e temporização. O dispositivo é repentinamente ligado quando a tensão do emissor atinge a tensão de disparo. A sigla significa *unijunction transistor*.	UJT
Transistor de unijunção programável	Dispositivos de resistência negativa utilizados em circuitos de temporização e controle, sendo disparados (ligados) por uma tensão pré-determinada que é estabelecida por dois resistores. Esses dispositivos substituíram os transistores de junção unipolar, que não são programáveis. A sigla significa *programmable unijunction transistor*.	PUT
Transistor série de passagem	Transistor conectado em série com a carga para controlar a tensão ou a corrente na carga.	
Transitório da rede CA	Tensão anormalmente alta de curta duração que surge na rede de alimentação CA.	
Triac	Dispositivo bidirecional de controle em onda completa que é equivalente à conexão de dois retificadores controlados a silício em antiparalelo (chave CA triodo).	
Varistor	Resistor não linear cuja resistência é uma função da tensão aplicada em seus terminais.	
Varistor óxido metálico	Dispositivo utilizado para proteger circuitos e equipamentos sensíveis de transitórios da rede CA. A sigla significa *metal oxide varistor*.	MOV

Créditos das fotos

Prefácio

Página x (à esquerda): © Cindy Lewis; p. x (à direita): © Lou Jones.

Capítulo 2

Página 57, p. 62 (à esquerda): Cortesia de Tektronix; **p. 62 (no meio):** © Judith Collins/Alamy RF; **p. 62 (à direita):** Cortesia de Tektronix; **p. 69 (à esquerda):** Cortesia de Sony Electronics, Inc.; **p. 69 (à direita), p. 309:** © Judith Collins/Alamy RF.

Capítulo 3

Página 100: Cortesia de Vectron International.

Capítulo 4

Página 127 (canto superior esquerdo), p. 127 (canto superior direito), p. 127 (canto inferior esquerdo): Cortesia de Ericsson, Inc.; **p. 127 (no centro à direita):** © Don MacKinnon/Getty Images; **p. 127 (canto inferior direito):** Cortesia de Ericsson, Inc.; **p. 128 (no interior da figura, no canto superior esquerdo):** Cortesia de Magellan; **p. 128 (foto principal):** AP/Wide World Photos; **p. 128 (no interior da figura, no canto inferior esquerdo):** © Mark Reinstein/The Image Works; **p. 128 (no interior da figura, no canto inferior direito):** Cortesia de Casio; **p. 145:** Freescale Semiconductor; **p. 148:** Cortesia de Fluke.

Capítulo 5

Página 186: Cortesia de Onkyo; **p. 187:** Cortesia de Agilent Technologies, Inc. **p. 188 (à esquerda):** © Mark Joseph/Digital Vision/Getty; **p. 188 (à direita):** © Jeff Maloney/Vol. 39 Photodisc/Getty Images;

Capítulo 6

Página 213: © Blair Seitz/Photo Researchers, Inc.

Capítulo 8

Página 308: Cortesia de Pioneer Electronics; **p. 309:** Cortesia de Boeing Satellite Systems, Inc.

Índice

A

Ação do circuito tanque, 263-264
Acoplamento capacitivo, 197-199, 203-204
  acoplamento direto, 198-200, 203-204
  acoplamento do transformador, 200-204
  definição, 197-198
  visão geral (tabela), 203-204
Acoplamento do amplificador, 197-204, 246-247
Admitância de transferência direta, 214-216
Alumínio, 27-28
Amortecimento, 79-80
Amplificação, 90
Amplificador, 8-9
  acoplamento. *Veja* Acoplamento do amplificador.
  baixo ruído, 172-173
  buffer, 183-184
  classes, 245-247
  configuração, 246-247
  Darlington, 198-199
  distorcido, 170-172
  estabilização, 176-182
  função geral, 115-117
  grandes sinais. *Veja* Amplificador de grandes sinais.
  isolação, 183-184
  linear, 170-172
  pequenos sinais. *Veja* Amplificador de pequenos sinais.
  potência, 116-117, 241-242, 246-247
  rendimento. *Veja* Rendimento.
  seletividade, 202-203
  simetria complementar, 257-258
  sintonizado, 202-204
  tensão, 116-117, 246-247
Amplificador a MOSFET com polarização zero, 219-220
Amplificador a transistor NPN, 187-188
Amplificador a transistor PNP, 186-187
Amplificador base comum, 185-187
Amplificador coletor comum, 182-187
Amplificador com FET de canal N, 214-215
Amplificador com simetria quase complementar, 258-260
Amplificador com transformador acoplado, 200-201
Amplificador de dois estágios, 183-184
Amplificador de dois estágios com chave para inserir ou remover a realimentação negativa, 227-228
Amplificador de grandes sinais, 241-275
  amplificador com simetria complementar, 258-260
  amplificador com simetria quase complementar, 258-260
  amplificador de potência classe A, 245-251
  amplificador de potência classe AB, 245-246, 256-263
  amplificador de potência classe B, 245-246, 250-257
  amplificador de potência classe C, 245-246, 262-267
  amplificador de potência classe D, 245-246, 267-271
  CI amplificador de potência, 259-260
  circuito tanque, 263-264
  classes, 245-246
  compensação de temperatura, 259-260
  distorção no cruzamento, 255-257
  fórmulas, 272-273
  onda senoidal amortecida, 263-264
  rede em L, 265-266
  rendimento. *Veja* Rendimento.
  ressonância, 263-264
  saturação do núcleo, 268-270
  sinal de polarização, 265-266
  visão geral (tabelas), 245-247
Amplificador de modo comum, 213-214
Amplificador de pequenos sinais, 116-117, 159-239
  acoplamento, 197-204. *Veja também* Acoplamento do amplificador.
  amplificador a transistor NPN, 187-188
  amplificador a transistor PNP, 186-187
  amplificador base comum, 185-187
  amplificador coletor comum, 182-187
  amplificador em cascata, 233, 234
  amplificador emissor comum, 167-175, 186-187
  amplificador PET, 213-221. *Veja também* Amplificadores FET.
  análise de Fourier, 210-212
  ativo, 173-174
  capacitância distribuída, 189-191
  casamento de impedância, 182-183
  ceifamento, 170-172, 210-211
  condição de fase, 170-171
  condição estática, 169-170
  corte, 172-174
  distorção, 170-172
  efeito pelicular, 190-191
  estabilização do amplificador, 176-182
  fórmulas, 193-194, 236-237

ganho, 159-168
ganho de tensão em estágio acoplado, 204-212
harmônicas, 210-212
impedância característica, 182-183
impedância de entrada, 181-182
modelos, 188-191
multiplicador de frequência, 211-212
ponto Q, 207-210
realimentação negativa, 221-230. *Veja também* Realimentação negativa.
resposta em frequência, 230-234
reta de carga, 170-173
reta de carga do sinal, 207-210
saturação, 172-174, 176-177
simulação, 188-191
teorema da superposição, 209-210
varredura de parâmetro, 189-190
Amplificador de potência, 116-117, 241-242
Amplificador de potência classe A, 245-251
Amplificador de potência classe AB, 245-246, 256-263
Amplificador de potência classe B, 245-246, 250-257
Amplificador de potência classe C, 245-246, 262-267
Amplificador de potência classe D, 245-246, 267-271
Amplificador de potência *push-pull* classe B, 251-252
Amplificador de potência RF Motorola de 1 kW, 266-267
Amplificador de tensão, 116-117
Amplificador digital, 267-269
Amplificador em cascata, 206-208, 233, 234
Amplificador emissor comum, 167-175, 186-187, 230
Amplificador emissor comum com realimentação do emissor, 225
Amplificador estéreo de 60 W da Texas Instruments, 268-270
Amplificador JFET, 219-220
Amplificador JFET de canal P, 219-220
Amplificador NPN-PNP com realimentação em série, 229
Amplificador RF base comum, 185-186

Amplificador RF sintonizado, 203-204
Amplificador superamortecido, 170-172
Amplificador TPA4861, 260-261
Amplificador TPA4861 da Texas Instruments, 260-261
Amplificadores à base de transistores de efeito de campo. *Veja* Amplificadores FET.
Amplificadores chaveados, 267-271
Amplificadores com ruído reduzido, 172-173
Amplificadores FET, 213-221
admitância de transferência direta, 214-216
amplificador JFET, 219-220
amplificador modo comum, 213-214
capacitor de desvio da fonte, 218-219
modo de depleção, 219-220
modo de intensificação, 219-220
MOSFET, 219-221
polarização da fonte, 216-218
polarização fixa, 218-219
polarização por combinação, 218-219
Análise CA, 179-180
Análise CC, 179-180
Análise da tensão, 139-140
Análise de Fourier, 210-212
Analogia com corrente de lacunas, 33-35
Ângulo de condução, 243-244
Anodo, 49-50, A9-A10
Armazenamento de portadores minoritários, 144-145
Arquitetura do instrumento TekScope, 93-94
Arsênio, 31-32
Atenuador, 8-9
Átomo de boro, 32-33
Átomo de cobre, 26-27
Audição, 1-2
Automóveis elétricos, 108-109
Avalanche térmica, 144-145

B

Banda morta, 255-256
Barreira, 53-54
Barreira de potencial, 42-43

β, 121-122
β_{CA}, 126-129
β_{CC}, 126-129
BJT, 117-118, 146-148
Bohr, Niels, 34-36
Busca de defeitos em nível de componentes, 9-10

C

Cabos de fibra ótica, 60-63
Capacitância
distribuída, 189-191
parasita, 189-190
Capacitor
como um dispositivo de armazenamento de energia, 84-85
de acoplamento, 15-16, 95-96, 167-169
desvio da fonte, 218-219
utilização, 15-16
emissor, 180-182
Capacitor de bloqueio, 15-16
Capacitor de filtro, 84-87
Capacitores de bloqueio CC, 167-169
Capacitores eletrolíticos, 86-87, 102-104, 106-107
Carbono, 27-28
Carga e descarga do indutor, 268-270
Casamento de impedância, 182-183, 200-201
Catodo, 49-50, A9-A10
Ceifamento do amplificador, 170-172, 210-211
Chave, 9-10
Chave de estado sólido, 149-150
Chaves a transistor, 149-154
Choque, 88-89
Choque de radiofrequência (RFC), 15-16
CI amplificador de potência, 259-260
CI TAS5162, 267-269
Circuito analógico, 4-5
Circuito *boostrap*, 223-224
Circuito com carga conectada em ponte (BTL), 259-260
Circuito Darlington, 199-200
Circuito digital, 4-5
Circuito e formas de onda da modulação por largura de pulso, 270-271
Circuito impresso, 27-28

Circuito integrado (CI), 2-4
Circuito linear, 6-7
Circuito retificador, 51-53
Circuito retificador em ponte com filtro, 88-89
Circuito tanque, 263-264
Circuitos eletrônicos analógicos, 8-10
Cobre, 26-28
Coeficiente de temperatura negativa, 31-32
Coeficiente de temperatura positiva, 26-27
Comparador, 8-9
Compensação de temperatura, 259-260
Componentes CC, 12-13
Composto, 27-28
Condição a vazio, 96-97
Condição de fase, 170-171
Condição estática, 169-170
Condicionador de baterias controlado por computador, 150-151
Condutância, 214-216
Condutor, 26-28
Conector polarizado, 92-93
Conexão da carga, 170-173
Conexão em cascata, 206-207
Conexão térmica, A4-A5
Constante de tempo do circuito, 84-85
Contador, 6-7
Controlador, 8-9
Conversão analógica-digital (A/D), 7-8
Conversão de valores eficazes em valores médios, 77-83
Conversão digital-analógica (D/A), 7-8
Conversor, 9-10
Corrente alternada trifásica, 82-83
Corrente CC pulsante de onda completa, 74-75
Corrente CC pulsante em meia-onda, 74-75
Corrente de base, 124-125
Corrente de coletor, 124-125
Corrente de escuro, 140-141
Corrente de fuga, 136-138
Corrente de lacuna, 122-123
Corrente de saturação, 170-172
Corrente puramente alternada, 12-13
Corrente puramente contínua, 12-13
Correntes em um transistor PNP, 123-124

Correntes no transistor NPN, 120-121
Corte, 172-174
Cristais de silício puro, 30-31
Cristal, 30-31
Curva característica
    diodo, 46-49
    JFET, 141-142
    transistor, 124-132
    MOSFETs de intensificação, 143-144
    UJT, 148-149
    VMOS, 144-145
Curva característica volt-ampère, 46
Curva de potência constante, 126-129

D

Dados de transistores, 130-133
Decibel (dB), 161-162
Deflexão eletrostática, A10
Deflexão magnética, A10
Desvio, 15-16
Detector, 9-10
Diagrama de blocos, 9-11
Diagrama esquemático do circuito dobrador em meia-onda, 102-104
Diamantes, 27-28
Diodo, 41-70
    como ceifador ou limitador, 54-55
    como grampeador/restaurador CC, 57-58
    curvas características, 46-49
    de sintonia, 62-63
    efeito capacitor, 62-63
    fórmulas, 67-68
    fotodiodo, 60-61
    identificação dos terminais, 49-53
    junção PN, 41-46
    LED, emissor de luz, 58-61
    PIN, 62-63
    polarização direta, 43-45
    polarização reversa, 44-45
    portador de alta energia, 54-55
    regulação de tensão, 54-55
    retificador, 53-54
    roda livre, 268-270
    ruptura por avalanche, 48-49
    Schottky, 53-54
    símbolo esquemático, 49-50
    teste como ohmímetro, 50-51
    tipos de encapsulamento, 49-50
    varicap, 62-63
    zener, 54-55

Diodo de sintonia, 62-63
Diodo emissor de luz infravermelha (IRED), 59-60
Diodo varactor, 62-63
Diodos de barreira, 53-54
Dióxido de silício, 29
Display de sete segmentos, 60-61
Display numérico a LEDs, 60-61
Dispositivo eletrônico digital, 4-5
Dispositivos registrados, 107-109
Dispositivos termiônicos, A9-A10
Dissipação de potência no coletor, 126-129
Dissipação de potência no transistor, 126-129
Distorção, 170-172
    ceifamento, 170-172, 210-211
    cruzamento, 255-257
    realimentação negativa, 225-227
    ondas triangulares, 226-227
Divisor, 6-7, 9-10
Divisor de tensão, 204-205
Dobrador de onda completa, 93-94
Dobrador de tensão em meia-onda, 93-95
Dobradores de tensão, 91-93
Dopagem, 31-32
DSP, processamento digital de sinais, 6-8

E

ECAP, I74-75
Efeito da capacitância do diodo, 62-63
Efeito de carga do amplificador, 182-183
Efeito pelicular, 190-191
Elétron de valência, 26-27
Elétron perdido, 32-33
Emissão termiônica, A9-A10
Encontrando problemas, 9-10
    fase do sinal, 199-200
    fonte de alimentação, 101-105
    passos do processo, 101-102
    sem tensão de saída, 101-102
    tensão de saída baixa, 103-104
    transistores de chaveamento, 150-153
Encontrando problemas em fontes de alimentação, 101-105

Equação
    divisor de tensão, 177-179
    transcendental, 188-189
Equivalente em paralelo, 206-207
Escala dBA, 165-166
Escala dBm, 165-166
Especificações
    catálogo de componentes, 130-131
    fontes de alimentação, 107-109
Especificações de transistores em catálogos, 130-131
Especificações do diodo retificador, 106-107
Estabilização do amplificador, 176-182
Estado sólido, 2-4

F

Família de curvas do coletor, 124-125
Fator indicador de reação da peça (WPI), A5-A6
Ferros de solda, A4-A5
Fibra em modo único, 61-62
Fibra multimodo, 60-62
Fibra multimodo com índice graduado, 61-62
Fibra multimodo de índice degrau, 60-62
Figura de ruído, 132-133
Filtro, 84-89
    fontes de alimentação, 84-89
Filtro capacitivo, 85-87
Filtro de entrada do tipo choque, 88-89
Filtro de saída classe D, 267-269
Filtro do tipo choque, 88-89
Filtros eletrolíticos, 106-107
Fluxo, A2-A5, A7
Fontes chaveadas, 86-87
Fontes de alimentação, 71-113
    bipolar, 71-72
    choque, 88-89
    conversão de valores eficazes em valores médios, 77-83
    encontrando problemas, 101-105
    filtro, 84-89
    filtro capacitivo, 85-87
    formulário, 111
    limitador de surtos, 94-95
    medições flutuantes, 91-95
    multiplicadores de tensão, 90-95
    ondulação, 84-85
    ondulação e regulação, 95-97
    peças de reposição, 104-109
    porcentagem da ondulação, 95-96
    porcentagem da regulação de tensão, 96-97
    problema do chassis energizado, 92-93
    reguladores zener, 98-100
    resistor de drenagem, 96-97
    retificação, 72-78
    retificação trifásica, 82-83
    retificador de meia-onda, 74-75
    retificador de onda completa, 74-78
    retificador em ponte, 76-78
    transformador de isolação, 90-93
Força eletromotriz, 26-27
Forma de onda
    analógico, 7-8
    circuito com filtro capacitivo, 86-87
    circuito tanque, 263-265
    digital, 6-7
Forma de onda PWM, 267-269
Formas de onda de um amplificador classe C, 263-265
Formas de onda de um circuito com filtro capacitivo, 86-87
Fórmulas
    amplificadores de grandes sinais, 272-273
    amplificadores de pequenos sinais, 193-194, 236-237
    diodo, 67-68
    fontes de alimentação, 111
    introdução, 22
    transistor, 156
Fotodiodo, 60-61
Fototransistor, 140-141
Frenagem regenerativa, 270-271
Frequências harmônicas ímpares, 211-212
Funções analógicas, 8-11

G

Ganho
    amplificador, 115-116
    amplificador de pequenos sinais, 159-168
    de corrente, 115-116, 179-180
    de potência, 115-116, 161-163, 179-180
    de tensão. *Veja* Ganho de tensão.
    definição, 117-118, 159-160
    em malha aberta, 221-222
    em malha fechada, 221-222
    logarítmico, 161-162
    realimentação negativa, 225
    unidade de medida, 117-118
    verificação, 135-137
Ganho de potência em dB, 163-164
Ganho de tensão, 115-116
    amplificador de pequenos sinais, 160-161
    amplificador em cascata, 207-208
    amplificador fonte comum, 21
    em dB, 162-163
    estágios acoplados, 204-212
    expressão, 117-118
    medição, 179-180
Ganho em malha aberta, 221-222
Ganho em malha fechada, 221-222
Ganho logarítmico, 161-162
GASFET, 36-37
Germânio, 31-32
Grade de controle, A9-A10
Gráfico log-log, 231-232
Gráfico semilogarítmico, 230
Grafite, 27-28
Grampeamento, 57-58
Grampeamento negativo, 57-58
Guias de substituição, 106-107, 130-131

H

Harmônicas, 210-212
Haste de descarga, 96-97

I

Identificação dos terminais de um diodo, 49-53
IGBT, 146-148
Impedância característica, 182-183
Impedância de entrada, 181-182, 204-207
Impedância de entrada do amplificador, 204-207
Impureza doadora, 31-33
Impurezas, 31-32
Indústria automotiva, 20-21
Indutância de dispersão, 189-190
Indutância parasita, 189-190
Injeção de lacunas, 146-148
Injeção de sinais, 139-140
Interferência, 210-211
Íon positivo, 42-43
IRED, 59-60

Isolador, 27-28
Iteração, 188-189

J

JAN, 108-109
JEDEC, 107-109
JFET, 140-142
JFET de canal N, 141-142
JFET de canal P, 141-142
JIS, 107-108
Junção base-emissor, 118-119
Junção coletor-base, 118-119
Junção do transistor, 134-135

K

Kilby, Jack, 2-4

L

Lacuna, 32-33
LED, 58-61
LED laser, 59-60
LED ultravioleta (UV LED), 59-60
LED UV, 59-60
Lei de Kirchhoff das tensões, 177-179, 188-189
Ligação covalente, 30-31
Ligação iônica, 29
Limitador, 54-55
Limitador de surto, 94-95
Limitadores, 8-9, 53-54
Limite da audição humana, 165-166
Logaritmo, 161-162

M

Malha de terra, 91-93
Manuais de dados, 130-131
Massa térmica relativa, A4-A5
Material ativo, 29
MD, 50-53
Medições flutuantes, 91-95
Medidores de ESR, 102-104
Mho, 216
Microminiaturização, 18-19
Microprocessador, 2-4
Mobilidade de portadores, 36-37
Modelos, 188-191
Modo de depleção, 141-142, 219-220
Modo de intensificação, 143-144, 219-220

Modo do dispositivo, 190-191
Modo ESR, 102-104
Modulação por largura de pulso (PWM), 267-269
Molhagem, A2-A3
MOSFET, 141-144, 146-148, 219-221
MOSFET com gatilho duplo, 219-220
MOSFET de canal N, 141-142
MOSFETs de modo de intensificação, 143-144
Motor CC, 151-153
Motor de passo, 150-153
Motores de indução, 151-153
Multímetro digital (MD), 50-53
Multiplicador, 9-10
Multiplicador de frequência, 211-212
Multiplicadores de tensão, 90-95

N

Nêutron, 25-26
Notação com subíndice duplo, 177-179
Notação com subíndice simples, 177-179
Noyce, Robert, 2-4
Núcleo, 25-26
Número caseiro, 108-109
Número de espiras, 200-201
Números de dispositivos não registrados, 108-109

O

Onda senoidal amortecida, 263-264
Ondas senoidais, 226-227
Ondas triangulares, 226-227
Ondulação, 84-85
Ondulação e regulação, 95-97
Optoacopladores, 60-61, 140-141
Optoisolador, 60-61, 140-141
Optoisolador 4N35, 140-141
Órbita de valência, 25-26
Origem, 46
Oscilador, 9-10
Osciloscópio, 15-16
Ouro, 27-28

P

Padrão 70, 7 V, 202-203
Peças de reposição, 104-109
Pentodo, A9-A10

Polaridade, 49-50, 134-135, 198-199
Polaridade da junção NPN, 134-135
Polaridade da junção PNP, 134-135
Polarização
  combinação, 218-219
  direta, 43-45
  fixa, 218-219
  fonte de, 216-218
  nula, 219-220, 243-244
  por sinal, 265-266
  reversa, 44-45
  transistores, 118-119
Ponto de disparo, 148-149
Ponto de operação do amplificador classe A, 243-244
Ponto de operação do amplificador classe AB, 256-257
Ponto de operação do amplificador classe B, 243-244
Ponto de ruptura reversa, 48-49
Ponto quiescente (Q), 207-210
Porcentagem da regulação de tensão, 96-97
Porcentagem de ondulação, 95-96
Portador de corrente, 26-27
Portador térmico, 30-31
Portadores majoritários, 34-36
Portadores minoritários, 34-36
Potencial de ionização, 42-43
Prata, 27-28
Problema do chassis energizado, 92-93
Produção de portadores térmicos, 30-31
Produto entre ganho e largura de banda, 126-129
Próton, 25-26
Pulso de alta velocidade, 61-62
Push-pull, 250-251
PWM, 267-269

R

Realimentação
  CA, 222-223
  CC, 222-223
  coletor, 222-223
  fonte, 216-218
  Taxa de realimentação, 221-222
Realimentação negativa, 221-230
  circuito *bootstrap*, 223-224
  Íon negativo, 42-43
  largura de banda, 225

realimentação CA, 222-223
realimentação CC, 222-223
realimentação do coletor, 222-223
ruído/distorção, 225-227
taxa de realimentação, 221-222
Reatância capacitiva, 167-169
Reclassificação da potência de trabalho, 100
Reconhecimento da taxa de transferência de calor, A5-A6
Rede em L, 265-266
Região ativa, 173-174
Região de depleção do diodo, 42-43
Região de resistência negativa, 148-149
Regulação de tensão, 54-55
Regulador, 9-10, 98
Regulador *shunt* zener, 98
Reguladores zener, 98-100
Rendimento
 amplificador classe A, 247-250
 amplificador classe AB, 245-246
 amplificador classe B, 254-256
 amplificador classe C, 245-246, 263-265
 amplificador classe D, 245-246
 equação, 241-242
Resistência baixa, 26-27
Resistência negativa, 148-149
Resistor
 de carga do coletor, 167-168
 de polarização da base, 167-168
Resistor de drenagem, 96-97
Resposta da temperatura, 31-32
Resposta em frequência, 230-234
Ressonância, 263-264
Restaurador CC, 57-58
Reta de carga CA, 248-249
Reta de carga CC, 248-249
Reta de carga do amplificador a transistor, 172-173
Reta de carga do amplificador classe A, 247-248
Reta de carga do sinal, 207-210
Retificação, 72-78
Retificação trifásica, 82-83
Retificador, 9-10
Retificador de meia-onda, 74-75
Retificador de onda completa, 74-78
Retificador em ponte, 76-78
RFC, 15-16

Risco de choque, 91-93
Ruído, 165-166
Ruptura de avalanche, 48-49
Ruptura do coletor, 128-130
Ruptura secundária, 144-145

S

Saturação, 172-174, 176-177
Saturação do núcleo, 268-270
Saturação forte, 149-150
Saturação leve, 149-150
Seguidor de emissor, 185-186, 257-258
Seguidor de emissor Darlington, 200-201
Seletividade, 202-203
Semicondutor, 25-39
 composto, 36-37
 condutor, 26-28
 germânio, 31-32
 isolador, 27-28
 orgânico, 37
 portador majoritário/minoritário, 34-36
 silício, 29-32
 tipo N, 31-33
 tipo P, 32-36
Semicondutor óxido metálico vertical (VMOS), 143-145
Sensibilidade à temperatura, 198-199
Sensibilidade a β, 177-179
Shannon, Claude, 2-4
Siemens, 214-216
Signal PCM, 267-269
Silício, 29-32
Silício cristalino, 30-31
Silício do tipo N, 32-33
Silício do tipo P, 33-35
Silício estirado, 36-37
Silício intrínseco, 30-31
Símbolo do diodo Schottky, 53-54
Símbolo esquemático de um diodo, 49-50
Simetria NPN-PNP, 258-259
Simulação, 188-191
Simulação de circuitos, 188-191
Sinais, 8-9
Sinal de áudio, 8-9
Sinal modulado por código de pulso (PCM), 267-269
Sintonia do amplificador da televisão, 210-211

Sistemas com tensão constante, 202-203
SMT, 18-20
Solda 50/50, A1-A2
Solda 60/40, A1-A2
Solda eutética, A2-A3
Solda/processo de soldagem, A1-A7
 ação de molhagem, A2-A3
 controle do aquecimento de uma junção, A4-A6
 definição, A1-A2
 ferros de solda, A4-A5
 fluxo, A2-A5, A7
 natureza da solda, A1-A3
 realizando uma conexão de solda, A7
 remoção do fluxo, A7
 seleção do ferro de solda, A5-A7
 vantagens, A1-A2
Somador, 8-9
SPICE, 189-190
Substituição exata, 104-105
Substrato, 2-4

T

Taxa de impedância, 200-201
Tecnologia de montagem em superfície (SMT), 18-20
Tensão, 26-27
Tensão de avalanche, 48-49
Tensão de base, 177-179
Teorema
 da superposição, 15-16, 209-210
Terminal catodo, 49-50
Testadores de capacitores, 102-104
Teste com ohmímetro
 defasamento de 180°, 170-171
 diodo, 50-51
 lei de Ohm, 148-149, 214-215
 transistor, 134-137
Teste de circuitos, 139-140
Teste de transistores, 132-140
Teste dinâmico, 132-133
Tetrodo, A9-A10
Thompson, J. J., 1-2
Tipos de encapsulamento de transistores, 131-132
Tipos de encapsulamento de um diodo, 49-50
Traçado de sinais, 139-140

Traçador de curvas, 126-129, 132-133, 153-154
Traçador de curvas Tektronic, 153-154
Transformador, 116-117
Transformador abaixador, 116-117, 202-203
Transformador de acionamento, 250-252
Transformador de isolação, 91-93
Transformador de saída, 251-252
Transformador elevador, 116-117, 202-203
Transformador sintonizado, 202-203
Transistor, 115-158
   amplificação, 115-118
   avalanche térmica, 144-145
   bipolares de junção, 144-145
   BJT, 117-118, 146-148
   corrente de fuga, 136-138
   curvas características, 124-132
   Darlington MJ3000, 137-140, 146-148
   de chaveamento, 149-154
   de germânio, 129-130, 137-138
   de revestimento (*overlay*), 132-133
   dissipação de potência, 126-129
   dissipação de potência no coletor, 126-129
   DMOS, 145-146
   FET, 140-146
   folhas de dados/manuais, 130-133
   fórmulas, 156
   fototransistor, 140-141
   IGBT, 146-148
   JFET, 140-142
   MOSFET, 141-144, 146-148
   NPN, 117-118
   PNP, 117-118
   ruptura do coletor, 128-130
   ruptura secundária, 144-145
   silício, 129-130, 137-138
   substituição, 132-133
   teste, 132-140
   teste com ohmímetro, 134-137
   UJT, 146-149
   unipolar, 140-141
   VFET, 143-146
Transistor bipolar de gatilho isolado (IGBT), 146-148
Transistor de efeito de campo a óxido semicondutor metálico (MOSFET), 141-144, 146-148
Transistor de efeito de campo de junção (JFET), 140-142
Transistor de unijunção (UJT), 146-149
Transistor VMOS, 143-145
Transistores 2N2222, 122-123
Transistores de chaveamento Darlington, 152
Transistores MOSFET de potência, 152
Tubo a vácuo, 1-3

U
UJT, 146-149

V
Valor médio, 79-80
Valores médios quadráticos (rms), 79-80
Valores rms, 79-80
Válvula triodo a vácuo, A9-A10
Varredura de parâmetro, 189-190
Velocidade variável (motores de indução), 151-153
Velocímetro analógico, 2-3
Velocímetro digital, 2-3
Verificação da junção, 134-135
Verificação do ganho, 135-137
Verificação do ganho NPN, 136-137
Verificação do ganho PNP, 136-137
VFET, 143-146
VFET à base de GaAS, 145-146
Visão histórica geral, 1-5